Le crâne d'*Homo sapiens* en Eurasie: croissance et variation depuis 100 000 ans

Hélène Coqueugniot

BAR International Series 822
1999

Published in 2019 by
BAR Publishing, Oxford

BAR International Series 822

Le crâne d'Homo sapiens en Eurasie: croissance et variation depuis 100 000 ans

ISBN 9781841711218 paperback
ISBN 9781407351551 e-book

DOI https://doi.org/10.30861/9781841711218

A catalogue record for this book is available from the British Library

This book is available at www.barpublishing.com

BAR Publishing is the trading name of British Archaeological Reports (Oxford) Ltd. British Archaeological Reports was first incorporated in 1974 to publish the BAR Series, International and British. In 1992 Hadrian Books Ltd became part of the BAR group. This volume was originally published by John and Erica Hedges in conjunction with British Archaeological Reports (Oxford) Ltd / Hadrian Books Ltd, the Series principal publisher, in 1999. This present volume is published by BAR Publishing, 2019.

BAR
PUBLISHING

BAR titles are available from:

BAR Publishing
122 Banbury Rd, Oxford, OX2 7BP, UK
EMAIL info@barpublishing.com
PHONE +44 (0)1865 310431
FAX +44 (0)1865 316916
www.barpublishing.com

REMERCIEMENTS

Je tiens à remercier les personnalités qui m'ont fait l'honneur de juger la thèse qui est à l'origine du présent ouvrage : Mesdames E. Cunha (Université de Coimbra), N. Minugh-Purvis (Université MCP Hahnemann, Philadelphie), A.-m. Tillier (UMR 5809 CNRS, Talence) et Messieurs O. Dutour (Université de la Méditerranée, Marseille), J.-J. Hublin (EP 1781 CNRS, Paris), B. Vandermeersch (Université Bordeaux 1, Talence).

Je remercie sincèrement Mr le Professeur Bernard Vandermeersch pour la confiance qu'il m'a accordée, en m'accueillant au sein du laboratoire où j'ai pu mener mes recherches, ainsi que pour la caution qu'il a apportée à chacune de mes démarches.

Je tiens à exprimer ma profonde gratitude à Anne-marie Tillier qui m'a permis de prendre part à ses côtés au développement de la paléoauxologie. Elle a joué jusqu'au bout, et avec tant de bienveillance, le rôle de Directrice de Thèse, à la fois guide et conseillère. Sa disponibilité et son expérience m'ont été précieuses.

Je souhaite remercier toutes les personnes qui m'ont autorisé l'accès au matériel squelettique récent : Mesdames B. Boissavit-Camus (Centre national d'archéologie urbaine, Tours), D. Castex (UMR 5809 CNRS, Talence), E. Cunha (Département d'Anthropologie, Université de Coimbra), M. Dobisikova (Département d'Anthropologie, Narodni Muzeum, Prague), T. Molleson (British Museum of Natural History, Londres), J. M. Monge (University Museum, Philadelphie), M. Sansilbano-Collilieux (Institut d'Anthropologie, Faculté de Médecine, Caen) et Messieurs É. Crubézy (Université Paul Sabatier, Toulouse III), D. Joly (Maison de l'Archéologie, Chartres), A. Langaney (Laboratoire d'Anthropologie, Musée de l'Homme, Paris), J.-P. Lassau (Institut d'Anatomie, Université René Descartes, Paris), A. E. Mann (University Museum, Philadelphie), M. Stloukal (Département d'Anthropologie, Narodni Muzeum, Prague).

Mes remerciements s'adressent également aux responsables de collections qui m'ont fait suffisamment confiance pour me laisser étudier du matériel fossile immature : Mesdames M.-H. Thiault (Musée des Antiquités Nationales, Saint-Germain en Laye) et A.-m. Tillier et Messieurs J.-J. Cleyet Merle (Musée National de Préhistoire, Les Eyzies), L. Duport (La Rochefoucauld), H. de Lumley (Institut de Paléontologie humaine, Paris), C. B. Stringer (British Museum of Natural History, Londres, Angleterre) et B. Vandermeersch.

A ces remerciements, j'associe les personnes qui m'ont facilité l'accès au matériel osseux : Mesdames D. Grimaud-Hervé (Institut de Paléontologie humaine, Paris), L. Humphrey (British Museum of Natural History, Londres), S. Jousse (Musée de l'Homme, Paris), M.-S. Larguèze (Musée des Antiquités Nationales, Saint-Germain en Laye), M.-A. Rocha (Département d'Anthropologie, Université de Coimbra) et Messieurs V. Cerny (Prague), M. Chech (Musée de l'Homme, Paris), R. Kruszynski (British Museum of Natural History, Londres).

Je suis reconnaissante aux personnes qui m'ont permis de reproduire leurs documents, ou qui ont accepté de réaliser certaines des photographies : Madame A.-m. Tillier et Messieurs Y. Dodo (Tohoku University School of Medicine, Sendai, Japon), J. Granat (Paris), A. Pinchasov (Université de Tel Aviv), P. Sellier (UMR 5809 CNRS, Talence), M. Toussaint (Belgique).

Mes remerciements vont également à l'ensemble des membres du Laboratoire d'Anthropologie des Populations du Passé, de l'Université Bordeaux 1, qui m'ont toujours apporté le soutien indispensable à la réalisation d'un travail de recherche. En particulier je remercie Madame J. Cathalaa et Monsieur F. Houët pour leur disponibilité, ainsi qu'Aurélie, Hélène, les Sandrine et David pour leur amical soutien.

Je tiens à mentionner le précieux appui que m'a apporté le Conseil Régional d'Aquitaine : en effet, mes recherches n'auraient pu être menées à bien sans la bourse qui m'a été allouée pendant une période de trois ans.

Enfin, les remerciements qui suivent sont adressés aux personnes chères à mon cœur. Mes parents, Christine, Marc, Evelyne et Amandine, Hervé et Cata, votre soutien et vos encouragements permanents m'ont aidée à mener cet ouvrage à son terme. Je vous exprime ici tout l'amour et toute la fierté que j'ai, de vous avoir pour famille.

SOMMAIRE

APPLICATION DE L'ÉTUDE À LA PALÉOANTHROPOLOGIE.
L'EXEMPLE DES ENFANTS DE L'ESPÈCE *HOMO SAPIENS*

ANNEXES

RESUMÉ

La tête osseuse est, chez l'homme actuel, la région du squelette pour laquelle la variabilité morphologique est la mieux documentée.
Très peu de données sont, en revanche, disponibles concernant la mise en place de cette variabilité et son développement durant la croissance de l'individu.
Notre base de données regroupe 761 enfants, issus de collections de référence et de séries archéologiques, et répartis selon 4 classes d'âges définies suivant le stade d'éruption dentaire.
Trois catégories de caractères sont définis : ceux impliqués dans des processus de maturation osseuse, ceux qualifiés de juvéniles et les derniers ont une connotation phylogénétique. Pour chaque catégorie, une analyse de la variabilité des traits ainsi sélectionnés, prend en considération l'âge, le sexe et l'origine géographique des enfants. L'expression uni- ou bilatérale des caractères des caractères est également testée. De plus, l'examen d'adultes issus des mêmes séries permet d'analyser l'évolution de chacun des caractères au-delà de la dernière classe d'âge définie pour les sujets non-adultes. La discussion des résultats de l'analyse prend également en compte les éventuelles liaisons entre les caractères sélectionnés.
Cette étude de la variabilité morphologique des caractères de la tête osseuse, au cous de l'ontogenèse, permet, enfin, de rediscuter des données couramment admises pour les enfants fossiles et particulièrement celles visant à isoler les enfants néandertaliens.

ABSTRACT

In modern humans, the morphological variation of the skull is well known among adults.
By contrast, a few data are available about the origin and development of this anatomical variation during growth.
761 children have been studied, originated from known-age collections and from archaeological ones ; four age classes of children were defined according to the dental eruption stages.
Three categories of anatomical features have been selected : (1) traits involved in maturation patterns, (2) traits designed as juvenile and (3) traits with phylogenetic implication. For each category, the analysis of the variation is conducted taking into consideration 3 main factors : age, sex and geographical origin of the children. Unilaterality or bilaterality of the traits is also studied. In addition, adults from the same collections have been examined to analyse the evolution of each trait between adolescence and adulthood. The discussion of the results take into account the potential relationships between some traits.
This research on the skull variation during ontogeny allows us to discuss data concerning fossil children, and special attention is given to the features employed to distinguish neandertal children.

INTRODUCTION

La variabilité morphologique de la tête osseuse est, chez l'homme actuel, bien documentée pour l'adulte. Chez les hommes du Pléistocène supérieur, c'est également la région du squelette la plus étudiée ; au sein du groupe des Néandertaliens, des analyses détaillées de la morphologie crânienne des sujets adultes, ont conduit à des propositions de hiérarchisation des caractères (*e. g.* Smith et Spencer, eds., 1984 ; Mellars et Stringer, eds., 1989 ; Hublin et Tillier, eds., 1991).

En règle générale, l'interprétation taxonomique ou phylogénétique des squelettes adultes est plus aisée, du fait d'une meilleure conservation des ossements et d'une expression complète des caractères anatomiques spécifiques au groupe fossile.

L'étude des individus immatures a, de ce fait, longtemps été différée par rapport à celle des adultes, en particulier lorsque dans un site, les deux groupes étaient représentés. Rappelons que le plus ancien fossile humain mis au jour en Europe, l'enfant d'Engis 2, découvert en 1829 dans une grotte de la province de Liège (Schmerling, 1933), n'a fait l'objet d'une étude détaillée que plus d'un siècle après sa découverte (Fraipont, 1936).

Les analyses de la croissance des enfants fossiles ont contribué depuis peu au débat sur les origines de l'homme moderne et sa relation avec les néandertaliens. L'importance et l'intérêt de l'étude de la morphologie immature, au sein de la lignée néandertalienne, se sont donc progressivement accrus. L'étude des enfants du Paléolithique moyen a, en effet, trouvé une nouvelle justification, à partir de l'hypothèse, relativement répandue, que les caractères qui distinguent les néandertaliens des premiers hommes anatomiquement modernes, pouvaient répercuter des différences légères dans les processus de croissance ou dans quelque autre aspect du développement (*e. g.* Howell, 1957 ; Brothwell, 1975 *in* Minugh-Purvis, 1988). De nombreux caractères cités dans les discussions phylogénétiques se mettent en place pendant la croissance et il s'avère donc intéressant de saisir le moment de cette apparition pour dégager les différences existant au sein de l'espèce *Homo sapiens*.

Les précurseurs des études ontogénétiques

C'est en 1964 que Vlcek aborda, pour la première fois à propos des Néandertaliens, le problème des modalités de l'ontogenèse, faisant ainsi œuvre de pionnier dans le domaine. Il débuta ses recherches par l'analyse de la morphologie des régions orbitaires et la comparaison avec les hommes modernes, puis il étendit son travail à l'ensemble du squelette facial (Vlcek, 1970).
A la suite de Vlcek, l'étude des modalités de la croissance du squelette crânien chez les néandertaliens, s'est développée ces vingt dernières années, et a été étendue à l'ensemble de la tête osseuse (*e. g.* Ferembach, 1970 ; Tillier, 1981, 1982, 1983a,b ; Hublin, 1980 ; Heim, 1982, 1991 ; Minugh, 1983 ; Minugh-Purvis, 1988, 1997 ; Minugh-Purvis et Radovcic, 1991 ; Madre-Dupouy, 1992 ; Maureille, 1994).

Ces travaux ont mis en évidence que la morphogenèse du crâne des néandertaliens est plus complexe que cela n'avait d'abord été envisagé. En effet, chez les enfants de cette lignée, un décalage chronologique existe au cours de la croissance, dans l'acquisition des caractères autapomorphes (Tillier, *op. cit.*). Deux groupes de caractères dérivés sont à distinguer : les caractères "précoces" qui affectent essentiellement les os de la voûte du crâne sont présents sur les plus jeunes représentants de la lignée, tandis que les caractères dérivés "tardifs", situés pour la plupart sur le massif facial, se mettent en place avec l'individualisation de la dentition permanente.

L'approche de la croissance des enfants fossiles

L'hypothèse d'une différence de maturation osseuse, entre les enfants néandertaliens et les enfants modernes, s'est développée ces dernières années (*e. g.* Heim, 1982 ; Trinkaus, 1984 ; Dean *et al.*, 1986). Parmi les arguments en faveur d'un changement biologique dans la maturation osseuse entre les deux groupes, la taille du crâne est le premier critère utilisé (Wolpoff, 1980).
Ainsi, une maturation plus rapide des enfants néandertaliens, par rapport aux enfants actuels, aurait permis au jeune enfant fossile d'une part, d'acquérir plus rapidement les moyens de résister aux agressions du milieu et d'autre part, une indépendance plus précoce vis-à-vis de sa mère (Heim, Trinkaus, *op. cit.*). Seul l'enfant de morphologie moderne aurait, selon ces auteurs, le privilège de disposer d'une croissance prolongée, étant confronté à un milieu plus favorable.

Une croissance plus rapide des enfants néandertaliens est une hypothèse reprise et développée par Dean *et al.* (*op. cit.*). Ces auteurs ont suggéré que la capacité cérébrale importante de l'enfant de Devil's Tower ne pouvait s'expliquer que par une croissance du cerveau plus rapide chez le fossile, dès le stade *in utero*.
Cette dernière hypothèse a été discutée, en particulier lors de la comparaison de la capacité crânienne de l'enfant fossile avec celle calculée pour les enfants du Paléolithique

supérieur et les enfants actuels de même âge dentaire (Minugh-Purvis, 1988 ; Tillier 1988 ; Coqueugniot, 1994).

Selon Minugh-Purvis (1988), en-dehors de la capacité crânienne, il semble impossible de trouver des arguments pour statuer sur une précocité de maturation osseuse chez tous les enfants néandertaliens. En particulier, l'examen des synostoses des sutures crâniennes, pour cet auteur, ne révèle pas de différence, au sein des enfants du Pléistocène supérieur, comme entre ceux-ci et les enfants actuels étudiés. Toute discussion concernant d'éventuelles variations du rythme de développement entre néandertaliens et hommes modernes, doit, de plus, être abordée avec la plus grande prudence étant donné que seules des études transversales de la croissance sont réalisées et que la notion de variation individuelle ne peut être négligée (Tillier, 1989).
Depuis quelques années, suite aux nombreuses découvertes d'enfants du Pléistocène moyen et supérieur (*e.g.* Arsuaga *et al.*, 1997 ; Duarte *et al.*, 1999 ; Golovanova *et al.*, 1999), des auteurs tiennent à établir une différenciation morphologique, dès les plus jeunes âges, entre les néandertaliens et d'autres représentants de l'espèce *Homo sapiens*. Ces auteurs, afin de permettre une meilleure reconnaissance de la morphologie des néandertaliens non-adultes représentés par des pièces isolées, visent à établir une distinction sur la base de traits morphologiques très spécifiques (*e. g.* Rak *et al.* 1994, 1996 ; Maureille, 1994 ; Hublin *et al.*, 1996).
Ainsi, à partir de la morphologie de l'enfant néandertalien Amud 7, une valeur autapomorphique a été proposée par Rak *et al.* (*op. cit.*), à la forme allongée du foramen magnum, ainsi qu'à la présence d'un tubercule ptérygoïdien médial sur la partie interne de l'angle de la mandibule.
De la même façon, l'observation d'une suture incisive ouverte sur toute la hauteur du processus frontal de l'os maxillaire de Roc de Marsal, a conduit Maureille (*op. cit.*) à attribuer une valeur autapomorphique à ce caractère.
Sur l'os temporal, des critères de différenciation morphologique ont également été établis et concernent, entre autres, la forme des canaux semi-circulaires (Hublin *et al.*, *op. cit.*).

Les intérêts et les objectifs de l'étude

Il est évident que pour des études phylogénétiques, la pertinence des caractères est importante, mais elle passe, avant tout, par la prise en compte de la variabilité individuelle. Cette dernière n'est pas toujours facile à appréhender au sein même d'un groupe fossile. C'est pourquoi la différenciation de caractères phylogénétiques pertinents nécessite, selon nous, une comparaison avec des données actuelles suffisamment importantes pour couvrir une gamme convenable de la variation individuelle.

Si le polymorphisme existant à l'intérieur d'un groupe d'individus est une notion importante dans l'expression d'un caractère morphologique, depuis les grands travaux de Le Double (1903, 1906), Augier (1931), Berry et Berry (1967) et Ossenberg (1969), la connaissance de la variabilité morphologique de la tête osseuse a peu progressé pour les sujets immatures. Des lacunes subsistent dans ce domaine et transparaissent dans certains travaux portant sur des fossiles non-adultes.
Le biais introduit dans l'interprétation qui s'en dégage nous a incité à cerner cette variabilité au cours de l'ontogenèse, par l'étude de quelques caractères crâniens et mandibulaires. Il ne peut être question de considérer tous les traits anatomiques de la tête osseuse, ni d'élargir la discussion à tous les arguments morphologiques avancés pour justifier la distinction biologique entre hommes modernes et néandertaliens.
Nous avons donc choisi de retenir des caractères dont la sélection se fonde sur leur emploi ultérieur dans les discussions touchant aux enfants fossiles. Trois catégories de traits morphologiques ont ainsi été définis :

- des caractères impliqués dans la discussion des processus de maturation osseuse

Pour discuter les hypothèses formulées sur les vitesses de croissance entre enfants récents et fossiles, nous avons examiné les processus d'ossification intéressant l'os temporal et plus spécifiquement le plancher tympanique.
Le schéma de synostose, de quelques sutures crâniennes intéressant l'os frontal (suture métopique), l'os occipital (*sutura mendosa*), l'os maxillaire (suture incisive), et des synchondroses intracrâniennes (synchondroses intra-occipitales antérieure et postérieure), a également été étudié.

- des caractères qualifiés de juvéniles

Sur la tête osseuse des enfants modernes, d'autres caractères que les sutures crâniennes montrent des phénotypes particuliers, observables uniquement au cours des premières classes d'âges. Ces caractères s'estompent par la suite, ce qui explique l'appellation que nous avons retenue.
Il s'agit, sur l'os temporal, de la position médiale du processus styloïde ; sur la mandibule, de l'absence d'incurvation mandibulaire antérieure et de pont mylo-hyoïdien, et enfin du fort développement des dépressions mandibulaires antérieures.

Nous avons souhaité vérifier si ces morphes se retrouvent également chez les représentants fossiles les plus jeunes de l'espèce *Homo sapiens*.

- des caractères à connotation phylogénétique

Parmi ces caractères, ont été retenus dans notre analyse : la présence d'un pont osseux sur l'incisure mastoïdienne, ainsi que des traits morphologiques intéressant la face : la forme des orbites, la saillie de l'épine nasale antérieure, le nombre et la position du(des) foramen(s) mentonnier(s), la présence d'une fosse génio-glosse, la forme du foramen mandibulaire, la saillie de la lingula, et le développement latéral du processus condylaire.

La mise en place de ces traits anatomiques chez les enfants de la lignée néandertalienne, dès les plus jeunes âges, a été analysée. Nous avons également examiné la variabilité de ces caractères chez d'autres représentants immatures de l'espèce *Homo sapiens*.
De plus, une valeur autapomorphique, au sein des enfants du groupe néandertalien, a été attribuée à quelques caractères de la tête osseuse. La forme allongée du foramen magnum, l'absence d'incisure supra-orbitaire, la différenciation d'une fente structurale médiale[1] sur le palais osseux et l'identification sur la mandibule d'un tubercule ptérygoïdien médial, en plus d'un tubercule ptérygoïdien inférieur, ont ainsi été analysés.
Pour confirmer ou infirmer la valeur phylogénétique de ces caractères, il est important de mettre en évidence d'une part leur présence systématique chez tous les représentants immatures de la lignée néandertalienne, d'autre part leur disparition chez tous les enfants extérieurs à ce groupe fossile.

Nous avons fait le choix de privilégier l'examen de ces caractères, sur des fossiles provenant de sites qui ont livré des représentants non-adultes et adultes. De plus, chaque fois que cela était possible, les prédécesseurs immatures appartenant au genre *Homo* ont également été examinés.

Un grand nombre des caractères sélectionnés sont dits "ostéoscopiques" : ce sont des caractères non-métriques présentant plusieurs phénotypes ou morphes, excepté le morphe "absent". Lorsque celui-ci fait partie des dispositions possibles, il s'agit alors d'un caractère défini comme "discret" dans des populations actuelles adultes. Toutefois, tous les caractères présentant le morphe "absent" n'appartiennent pas forcément à la catégorie des caractères discrets (*versus* Mallegni et Trinkaus, 1997).

Les caractères discrets sont, selon Le Double (1903, 1906), des dispositions anatomiques qui s'écartent de l'état habituel sans être pathologiques, et correspondent selon Berry et Berry (1967) à des variations morphologiques mineures du squelette. Le terme de "discret" est pris dans son sens latin de "séparé", pour définir un caractère codé comme "présent" ou "absent" (Crubézy, 1991). Mais souvent, un codage binaire est insuffisant pour refléter la gamme de variation qui existe, et il faut alors préférer un codage multiple en distinguant plusieurs morphes dans l'expression d'un caractère (Hauser et de Stefano, 1989 ; Braga, 1995a).
Les caractères discrets ont été classés en quatre grandes catégories par Ossenberg (1969), en fonction de leur étiologie ; nous ne retiendrons dans notre étude que trois d'entre elles :

- **les caractères "hypostotics"**[2] correspondent, chez l'adulte, à la persistance d'états fœtaux ou immatures du développement somatique, c'est-à-dire à une ossification ou une synostose incomplète. Parmi les caractères constituant notre base de recherches, nous comptons, dans cette catégorie, les sutures métopique, mendosa, incisive, ainsi que le foramen de Huschke.

- **les caractères "hyperostotics"** sont liés, chez l'adulte, à l'ossification d'éléments anatomiques généralement cartilagineux, ligamentaires ou dure-mériens. Dans cette catégorie se placent le pont mylo-hyoïdien, ainsi que l'incisure et le foramen supra-orbitaires.

- **les orifices et sillons représentent des variations**, soit au niveau du nombre, soit au niveau de la position ou de la situation des afférences et efférences vasculo-nerveuses qui traversent l'os. Les foramens mentonniers doubles ou multiples s'inscrivent dans cette dernière catégorie.

Si pour Berry et Berry (1967), les caractères discrets sont tous de bons indicateurs génétiques, de nombreuses controverses remettent en cause le système trop simpliste "d'effet seuil". En effet, la majorité des caractères apparaissent actuellement comme des caractères polyfactoriels, déterminés par des facteurs à la fois génétiques et mésologiques (*e. g.* Ossenberg, 1969 ; Corruccini, 1974).
En conséquence, les fréquences d'apparition de la plupart des caractères discrets diffèrent d'une population à une autre. Chez les adultes, ces traits ont d'ailleurs été utilisés pour mettre en évidence des variations liées à l'origine géographique des individus (*e. g.* Kellock et Parsons, 1970a, b ; Ardito, 1977 ; Muller, 1977).

Excepté l'aspect génétique, les caractères discrets sont donc bien documentés chez l'adulte actuel (Ossenberg, 1969 ; Hauser et de Stefano, 1989), et depuis peu également chez les grands singes africains (Braga, 1995a). En revanche, aucune étude n'a été encore réalisée sur la variabilité de ces traits anatomiques chez l'enfant.
A ce sujet, Dastugue (1984 : 243) estimait qu'il serait "infiniment délicat d'utiliser les caractères discrets en période de croissance, même si certains d'entre eux sont présents de manière précoce". Le caractère discret doit, selon l'auteur, être stable et il ne peut être pris en considération "qu'après achèvement du système auquel il appartient".

Pourtant, il a été récemment prouvé que des informations originales pouvaient être apportées par l'étude des caractères discrets au cours de la croissance (Braga, 1995a). Des caractères discrets, et notamment les caractères "hypostotics" sont, de plus, de bons indicateurs d'hétérochronies (Braga, *op.cit.*), puisque leur présence correspond à un état immature du développement. Ces variations de croissance entre un ancêtre et son descendant (Gould, 1977) sont utilisées par des auteurs pour expliquer les mécanismes de l'évolution (*e. g.* Guihard-Costa, 1994 ; Picq, 1996 ; Bogin, 1997 ; Rice, 1997).

[1] Anciennement "sinus interincisif secondaire latéral".
[2] Aucune traduction française de ces termes n'étant satisfaisante (Crubézy, 1991), nous conserverons, dans le reste de cette étude, l'appellation anglaise.

Nous estimons donc que la prise en considération de caractères discrets au sein de notre corpus de données peut apporter des précisions utiles et notamment, permettre de définir ou de préciser la limite entre ceux-ci et des caractères "ostéologiquement" normaux, pour un âge donné.

Cette étude s'est appuyée sur l'examen de collections de référence, de sexes et âges connus. Mais celles-ci étant peu nombreuses, nous avons élargi notre corpus de données par l'observation de matériel issu de séries archéologiques, pour lesquelles les âges et les sexes des enfants, en l'absence d'archives, ne sont pas connus.

L'objectif de cette recherche est de permettre, grâce à nos observations, une meilleure compréhension des processus de croissance au sein de l'espèce *Homo sapiens* et de reconsidérer par la suite certains aspects de l'ontogenèse des néandertaliens. Dans ce but, nous avons arbitrairement privilégié l'étude d'enfants issus des séries ostéologiques européennes. Ceux-ci sont les mieux représentés dans notre échantillon d'enfants récents : nous avons, en effet, orienté notre étude vers les collections conservées en Europe, en raison de leur accessibilité.
Par ailleurs, il est important de tenter d'identifier des caractères particuliers à une région géographique définie. C'est pourquoi deux séries ostéologiques non européennes ont, de plus, été examinées.

Les enfants ont été classés en quatre catégories, suivant leur stade de développement dentaire, un tel classement permettant de mettre en évidence l'apparition d'un caractère en liaison avec la mise en place d'une génération de dents.

Enfin, à partir des enfants issus des collections de référence, l'éventualité d'une liaison d'un caractère à un sexe a été testée. La notion de dimorphisme sexuel a, en effet, été introduite dans la littérature paléoanthropologique pour expliquer que certains traits anatomiques, notamment ceux associés à la robustesse du squelette, ne soit pas communs à tous les jeunes individus.
Ainsi, en raison de sa grande capacité crânienne, évoquée précédemment, l'enfant de Devil's Tower, a été classé parmi les garçons (Dean *et al.*, 1986). Le fragment de corps mandibulaire de l'adolescent de Montgaudier a été attribué à un sujet féminin du fait de ses faibles dimensions mandibulaires et dentaires (Mann et Vandermeersch, 1997). La taille des dents a également été utilisée pour sexuer les enfants de Shanidar 7 (Senyürek, 1959 *versus* Trinkaus, 1983), Subalyuk 2 (Thoma, 1963 *versus* Pap *et al.*, 1996), et Kébara 1 (Smith et Arensburg, 1977).

Cependant, à partir de l'étude des restes de Krapina, Wolpoff (1979) a conclu que le critère dentaire n'est pas un bon outil pour déterminer le sexe, dans la lignée néandertalienne.
De plus, l'analyse de la variabilité en fonction du sexe de différents caractères métriques de la tête osseuse, chez les adultes néandertaliens, aurait mis en évidence un faible dimorphisme sexuel (Heim, 1981-1982). Selon cet auteur, très peu de caractères montrant une liaison au sexe ont pu être retenus, compte tenu des variations individuelles et géographiques. L'étude qu'il a réalisée est donc "une invitation à la prudence lorsque les éléments isolés du squelette, et plus particulièrement les crânes et les mandibules, font l'objet d'une attribution sexuelle arbitraire fondée sur la généralisation aux Hommes du Pléistocène, des différences sexuelles établies à partir de populations modernes" (Heim, *op. cit.* : 465).
Ainsi, la possibilité d'une relation entre la morphologie et l'estimation du sexe chez les enfants fossiles, demeure encore problématique. Il semblerait prématuré, pour certains auteurs, de proposer, pour des os crâniens ou mandibulaires isolés, une solution en terme de dimorphisme sexuel, alors que la question de l'estimation du sexe pour des squelettes immatures actuels complets, est loin d'être résolue (Majo *et al.,* 1993 ; Tillier, 1995).

La volonté d'examiner la variabilité morphologique de la tête osseuse au cours de l'ontogenèse, à partir d'une vision transversale de la croissance, dans les populations actuelles comme dans les populations fossiles, peut évidemment être discutée.
Afin de reconstituer certains aspects de la croissance actuelle, nous avons collecté des données provenant d'enfants issus de nombreuses séries, d'origines géographiques variées. Mais, comme l'ont souligné Saunders et Hoppa (1993), ces enfants sont "the non-survivors of the population" et cette restriction est à prendre en considération dans des études ontogénétiques.

Notre recherche est articulée en 3 parties principales :

Dans un premier chapitre consacré au **matériel et à la méthodologie**, les séries de référence et celles archéologiques qui constituent la base de notre corpus de données morphologiques sur les enfants modernes, sont recensées et brièvement présentées.
Un exposé synthétique des méthodes statistiques utilisées pour le traitement de ces données non-métriques termine ce chapitre.

Le second chapitre traite de la **variabilité des caractères morphologiques sélectionnés, sur la tête osseuse des enfants.**
Les traits anatomiques constituant les trois catégories de notre étude sont rapidement définis. Volontairement, les détails de la description anatomique et de l'origine embryologique de chaque caractère ne sont pas abordés ; nous renvoyons le lecteur à des ouvrages de référence, pour plus d'informations sur ce sujet.
La variabilité des caractères concernés, chez les adultes actuels, est elle aussi succinctement présentée.
Nous avons, en revanche, privilégié la partie (souvent inédite) concernant la variabilité de ces caractères chez les non-adultes. La liaison des différents morphes avec l'âge et l'origine géographique des individus, a été testée, chez les

enfants et chez les adultes, ces derniers n'étant utilisés qu'à titre comparatif.
Pour les sujets immatures, nous avons entrepris la recherche d'une éventuelle relation du caractère avec l'un des deux sexes. Pour les caractères bilatéraux, leur situation symétrique ou asymétrique, sur la tête osseuse, a également été examinée.

Le dernier chapitre constitue une **application de cette étude à la paléoanthropologie**. Les enfants fossiles de l'espèce *Homo sapiens*, qui servent à la discussion de la signification des traits anatomiques sélectionnés, sont inventoriés rapidement dans un tableau récapitulatif.
Puis, une révision de ces pièces fossiles non-adultes est entreprise, et chaque fois que cela est possible, les prédécesseurs immatures appartenant au genre *Homo* sont également examinés.
Une discussion s'ensuit à propos de la pertinence de quelques caractères utilisés actuellement en paléontologie humaine, en fonction de la variabilité mise en évidence précédemment chez les enfants actuels.

En conclusion, seront rappelés les **principaux résultats** de cette recherche.

MATÉRIEL ET MÉTHODOLOGIE

I. COLLECTIONS OSTEOLOGIQUES D'ENFANTS

1. Introduction

Le but de cette recherche est d'étudier la croissance de la tête osseuse et sa variabilité chez les hommes modernes, par l'observation de certains caractères morphologiques. Une appréciation de cette variabilité devrait contribuer à une meilleure compréhension de l'évolution des caractères concernés au sein de l'espèce *Homo sapiens*.

L'étude de la variabilité du squelette céphalique au cours de l'ontogenèse est subordonnée à l'acquisition de matériel osseux immature. Ce matériel doit être :
- suffisamment bien conservé pour permettre toutes les observations nécessaires, et en particulier les 2 côtés de la tête osseuse pour la notation des caractères bilatéraux.
- suffisamment nombreux pour tenter de cerner, le mieux possible, la variabilité morphologique au cours de la croissance.

Des collections de référence ont été examinées. Ces séries sont constituées de squelettes d'enfants d'âges civils et parfois également, de sexes connus. Elles sont toutes européennes : deux séries françaises, une anglaise et une portugaise. Ces quatre collections permettent d'illustrer tous les stades de la croissance, puisque l'une d'elle est constituée exclusivement de nouveau-nés, l'une d'enfants en bas-âge et la dernière comprend uniquement des grands enfants et des adolescents.

Dans le souci d'élargir notre investigation, notre corpus de données a dû être complété par l'observation de matériel issu de fouilles archéologiques, pour lesquelles les âges et les sexes des enfants, en l'absence d'archives, ne sont pas connus.

Nos observations devraient permettre une meilleure compréhension des processus de croissance au sein de l'espèce *Homo sapiens* et en particulier dans le groupe des néandertaliens. Les comparaisons qui ont été faites entre enfants fossiles et récents, ont arbitrairement privilégié les sujets issus des séries ostéologiques européennes. Ceux-ci sont les mieux représentés dans notre échantillon d'enfants récents notamment en raison d'une plus grande facilité d'accès aux collections situées en Europe.

Par ailleurs, il s'est avéré intéressant de tenter d'identifier des caractères particuliers à une région géographique définie. C'est pourquoi deux séries archéologiques non européennes (iraniennes) ont été examinées.

Enfin, nous avons voulu vérifier si des caractères particuliers mis en évidence sur des enfants, sont également reconnaissables au stade adulte. A cet effet, une soixantaine d'individus adultes ont été choisis au hasard, dans des séries d'origines géographiques variées, et pour lesquelles les liens familiaux entre adultes et enfants sont connus (collection de Spitalfields) ou tout au moins probables (séries de Rajhrad et Tepe Hissar - Hasanlu).

Les têtes osseuses des enfants ont été classées en quatre catégories, suivant leur stade de développement dentaire. Un tel classement permet de lier l'apparition d'un caractère à la mise en place d'une des deux générations de dents. Les quatre catégories retenues sont les suivantes :
- **La classe 1** correspond aux nouveau-nés. Ceux-ci font l'objet d'une catégorie particulière car le crâne et la mandibule, **avant l'éruption des dents déciduales**[3], montrent des caractères tout à fait distinctifs. Les sutures sont largement ouvertes, de sorte que les os ne sont pas engrenés les uns aux autres et les fontanelles sont encore présentes au niveau du bregma, du lambda, de l'astérion et du ptérion. A ce stade de développement, certains traits anatomiques n'ont pu être observés, comme la présence d'une suture métopique, puisque les deux hémi-frontaux ne sont pas soudés. De même, le trajet de l'incisure mastoïdienne ne peut être suivi car, à ce stade, elle n'est pas encore individualisée.
- **La classe 2** correspond aux enfants présentant **uniquement des dents déciduales**, à un niveau occlusal ou éruptif. Pendant cette période de développement, les fontanelles bregmatique, lambdoïde et sphénoïde se ferment et les os du crâne se sont engrenés. Les caractères non visibles précédemment peuvent, à ce stade de la croissance, être observés.
- **La classe 3** correspond aux enfants présentant **la première molaire permanente** au niveau occlusal ou en éruption, en plus de la dentition déciduale.
- **La classe 4** correspond aux "adolescents" et comprend tous les enfants ayant la **deuxième ou la troisième molaire permanente**, à un niveau éruptif ou occlusal. Pour établir une limite supérieure à cette classe, nous avons considéré que le stade mature commençait avec la synostose de la synchondrose sphéno-occipitale, c'est-à-dire en général vers l'âge de 18 ans (Birkner, 1980). Bien que cette catégorie soit la plus importante en nombre, nous n'avons pas voulu la diviser, car un trop grand fractionnement aurait interdit

---

[3] Les dents déciduales ne sont pas encore visibles au niveau occlusal, mais la calcification des germes des dents déciduales est un processus déjà en cours depuis l'âge de 5 mois *in utero*, environ.

certains traitements statistiques, en particulier pour des caractères osseux très rarement exprimés.

Concernant la répartition des enfants, l'utilisation des classes d'âges démographiques ne nous semble pas adaptée à une étude sur la croissance. En effet, l'âge civil des enfants issus des séries archéologiques ne peut évidemment être connu : leur âge est estimé à partir du développement dentaire, avec un intervalle de variation parfois important. Un enfant peut alors se trouver "à cheval" sur 2 classes d'âges, entre lesquelles il est impossible de trancher de manière objective. De plus, les âges déterminant les classes démographiques n'ont, selon nous, peu de relation avec des phases importantes du développement.

2. Collections de référence

Les collections de référence sont présentées dans un ordre géographique.

• Collection du Musée de l'Homme (Paris, France)

Au sein de la série du Laboratoire d'Anthropologie du Musée de l'Homme, nous avons pu étudier 87 enfants, dont 24 sont sexués et se répartissent en 12 garçons et 12 filles. Il s'agit de matériel actuel provenant d'instituts médico-légaux et de collections personnelles (Broca et Henri-Martin entre autres).
Bien que "les âges civils" des non-adultes de cette série soient connus, il n'en a pas été tenu compte, les individus n'étant apparemment pas souvent classés dans leur boîte respective. La figure 1 représente la répartition des enfants selon les 4 classes dentaires.

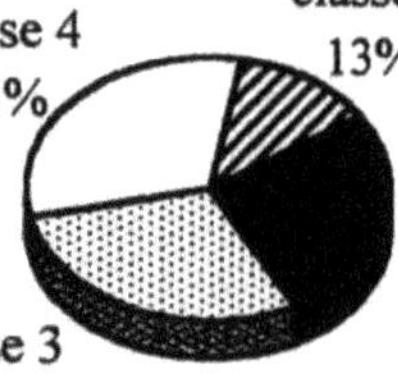

Figure 1. Répartition des enfants du Musée de l'Homme par classes d'âges

• Collection des Musées anatomiques Delmas-Orfila-Rouvière (Paris, France)

A l'Institut d'Anatomie de l'Université René Descartes (Paris V), nous avons eu accès à la collection de squelettes immatures, comprenant 109 individus dont la tête osseuse a été préparée par les anatomistes.
Du fait de leur très jeune âge, les différentes pièces osseuses crâniennes sont isolées, ce qui facilite l'examen de certains caractères comme la suture incisive sur la composante nasale de l'os maxillaire.
Il s'agit d'enfants actuels très jeunes, (les âges civils allant de 0 à 30 mois), dont le sexe n'est pas précisé.
La répartition selon les classes dentaires est représentée sur la figure 2.

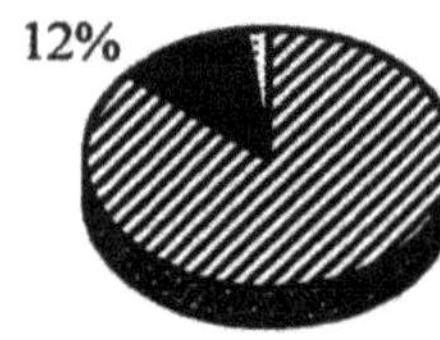

Figure 2. Répartition des enfants des Musées anatomiques par classes d'âges

• Collection de Spitalfields (Londres, Angleterre)

Pendant la restauration de l'église, la crypte de Christ Church, à Spitalfields, a dû être vidée. Les fouilles alors menées ont livré environ 968 individus répartis en : 311 adultes masculins, 312 adultes féminins et 215 enfants.
383 sujets étaient accompagnés d'informations sur les plaques des cercueils, portant sur le nom, les dates de naissance et de décès, et, pour les adultes, la profession, la date de mariage et le nombre d'enfants (Molleson *et al.*, 1993). Les dates de naissance allaient de 1646 à 1852 et les dates de décès de 1729 (date à laquelle l'église fut consacrée) à 1852. Puis, à partir de 1858, l'inhumation dans la crypte a été interdite. Bien que les naissances s'étalent sur 200 ans, l'échantillon est essentiellement constitué d'individus nés durant le XVIIIe siècle, et surtout au début de la seconde moitié de ce siècle.
La reconstitution des contextes sociaux des individus nommés a montré que la majorité d'entre eux étaient d'origine huguenote[4], ce qui explique que 41.6 % des noms soient français et 33.1 % seulement soient anglais.
En fonction de l'état de conservation des os, notre étude a porté sur 79 individus immatures dont la répartition par classes d'âges est représentée sur la figure 3.
Parmi les 79 enfants, 31 filles et 45 garçons s'ajoutent à 3 sujets non sexués.
Une soixantaine d'individus adultes pris au hasard dans la population (30 hommes et 30 femmes) ont été étudiés en complément.

[4] Le terme huguenot est employé pour les réfugiés protestants français qui s'étaient enfuis en raison des persécutions religieuses en 1572 au moment du massacre de la Saint Barthélémy. Ils sont venus se réfugier en Angleterre, un des pays européen à offrir la liberté du culte aux Protestants. Les huguenots qui ont émigré travaillaient auparavant en France dans des industries françaises de la soie, et arrivaient surtout de la région de Saintonge (Charente-Maritime) et de Bordeaux. Certains se sont installés à Spitalfields, centre anglais de l'industrie de la soie. Dans les premiers temps, les huguenots se mariaient entre eux puis vers le XIXe siècle des unions avaient lieu avec les anglais.

A propos des enfants inhumés dans la crypte, un retard dans la croissance et dans la dentition est apparent chez quasiment tous les enfants de plus d'1 an (Molleson *et al.*, 1993).
Il a été suggéré que ce retard soit le résultat de déficiences dans l'alimentation au moment du sevrage, l'alimentation étant riche en céréales mais carencée en protéines et en zinc.
Il n'y a pas d'argument plaidant en faveur d'un rattrapage de croissance chez les enfants plus âgés. D'autres preuves concernant la santé précaire de nombreux enfants sont constituées par la présence de lésions sur le squelette.

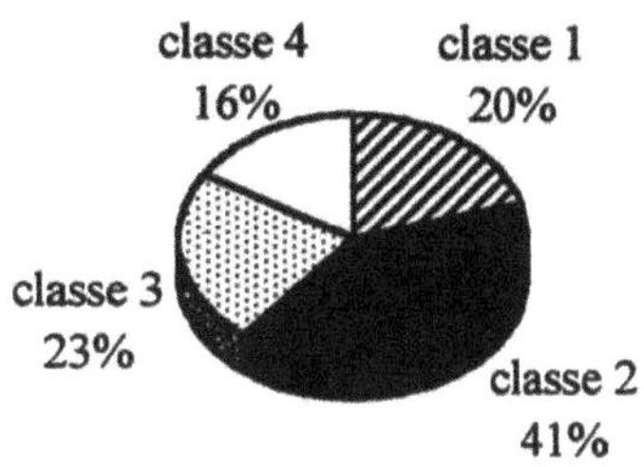

Figure 3. Répartition des enfants de Spitalfields par classes d'âges

◆ **Collection de squelettes identifiés du Musée anthropologique de l'Université de Coimbra (Portugal)**

La collection comprend 505 squelettes appartenant à des individus nés entre 1822 et 1921, et décédés entre 1904 et 1936 (Rocha, 1995). Cette collection, réunie par le Professeur Eusébio Tamagnini, est composée d'une part de 498 squelettes exhumés du plus grand cimetière de Coimbra : "Cemitério da Conchada", et d'autre part de 7 squelettes d'individus disséqués au Musée Anatomique de l'Université de Coimbra.
Bocquet-Appel et Xavier de Morais (1987) ont réalisé une première étude sur le matériel osseux de Coimbra, dans le but de cerner la variation biologique de la population portugaise au XIXe siècle.
De cette collection, nous avons pu étudier les 24 têtes osseuses immatures conservées, dont les âges sont compris entre 7 et 16 ans (tableau 1). Ces enfants, nés au Portugal continental ou insulaire, appartiennent tous à la classe dentaire n°4.

Âges (ans)	7	8	9	10	11	12	14	16
Filles	3	-	1	5	2	3	1	-
Garçons	-	1	1	1	1	-	-	5

Tableau 1. Nombre d'enfants par âge et par sexe dans la collection de Coimbra

3. Séries archéologiques

Pour les enfants issus des séries archéologiques, deux problèmes se sont posés : d'une part, celui de l'estimation de l'âge et d'autre part, celui de la diagnose sexuelle.

3. 1. Estimation de l'âge des enfants

La détermination de l'âge au décès des individus immatures est basée sur la corrélation de l'âge biologique avec l'âge civil. Celle-ci est d'autant plus forte que l'individu décédé est jeune. L'âge biologique repose soit sur l'analyse des processus de croissance et de maturation osseuse, soit sur l'observation du stade de calcification et d'éruption dentaires.

Pour la plupart des séries archéologiques étudiées, des âges avaient déjà été proposés pour les sujets non-adultes, faisant appel à des méthodes différentes. Celles-ci sont nombreuses (Schour et Massler, 1940 ; Moorreess, Fanning et Hunt, 1963 ; Legoux, 1966 ; Ubelaker, 1978), et établies à partir de populations actuelles ; leur application à des populations anciennes présuppose que les processus de croissance n'ont pas varié au cours du temps. Cette hypothèse est "certainement onéreuse, mais ces écueils [...] sont incontournables et nous n'avons guère d'autre alternative" (Tillier et Duday, 1990 : 91).
Cependant, ces âges n'ont pas été pris en compte dans cette étude et un classement en fonction du stade d'éruption dentaire a été privilégié. Ainsi, seuls les âges civils des enfants issus de collection de référence ont permis d'établir les limites de variation notamment pour les caractères impliqués dans des processus de maturation osseuse.

Pour certains enfants, aucun élément dentaire n'était conservé. Nous avons préféré ne pas les prendre en compte dans l'étude, plutôt que de leur attribuer un âge calculé à partir de la longueur des os longs des membres (Stloukal et Hanakova, 1978). Ces méthodes basées sur la stature fournissent des résultats trop peu précis pour une étude ontogénétique et doivent, par ailleurs, être assortis d'un intervalle de confiance très large (Bruzek *et al.*, 1996).

3. 2. Les difficultés d'une diagnose sexuelle

La diagnose sexuelle des squelettes non-adultes pose de nombreux problèmes. Certains auteurs (Krogman et Iscan, 1986 ; Schutkowski, 1987 ; Weaver, 1980) ont proposé d'utiliser les caractères métriques de l'os coxal pour sexuer les sujets immatures.
Or, il est très difficile de définir avec précision des points ostéométriques chez les enfants en bas âge, tels ceux de la partie iliaque de la grande incisure ischiatique (Majo, 1996).
Il existe, de plus, une grande variabilité dans ce domaine, d'une population à une autre (Duday *et al.*, 1995).
Les fonctions discriminantes de Schutkowski (1990), applicables, selon l'auteur, à l'ensemble des sujets immatures, ont été testées sur des séries d'enfants de sexes connus (Majo *et al.*, 1993). Les résultats nous incitent à moins d'optimisme et il semble nécessaire de définir, pour chaque série étudiée, de nouvelles fonctions.
Par ailleurs, l'emploi de caractères morphologiques a également été suggéré (Schutkowski, 1990 ; Mittler et Sheridan, 1992), mais les tests de fiabilité montrent, une fois

de plus, que la détermination du sexe sur le squelette immature est encore très aléatoire[5].
En conséquence, la diagnose sexuelle des enfants issus des séries archéologiques n'a donc pas été tentée, suivant en cela la démarche préconisée par Stewart (1968).
Ainsi, seules les séries de référence pour lesquelles le sexe des non-adultes est connu "civilement", ont permis une analyse de la variabilité sexuelle des traits morphologiques de la tête osseuse.

3. 3. Présentation des séries

Les séries archéologiques sont présentées dans un ordre chronologique.

• La nécropole de Tepe Hissar (Iran)

Tepe Hissar est situé dans le nord-est de l'Iran, aux pieds des Monts Elbourz et au Sud-Est du village de Damghan. Ce site a été fouillé entre 1931 et 1932 par E. F. Schmidt, de l'Université Muséum d'Archéologie et d'Anthropologie de Pennsylvanie (Schmidt, 1933, 1937), puis en 1976, une seconde campagne de fouille a été menée en collaboration avec l'Université de Turin et le Centre iranien de recherches archéologiques. Le site serait daté entre 2000 et 4000 BC (Dyson, 1968). Le matériel anthropologique, conservé à l'Université Muséum, à Philadelphie (USA), a été en partie étudié par Kappers (1934), et Krogman (1940).
La totalité du matériel provenant des fouilles de la nécropole n'a, semble-t-il, pas été ramenée à Philadelphie, car sur un total de 1637 tombes recensées par Schmidt (1937), 479 individus seulement ont pu être retrouvés. Étant donné l'excellent état de conservation du matériel osseux, il semblerait que seuls les os les mieux préservés aient été ramenés aux USA (Nowell, 1978).
En 1971, Nowell a recensé 292 individus pour lesquels un âge dentaire pouvait être proposé, suivant la méthode de Miles (1963). Il a ainsi identifié 58 enfants de moins de 18 ans. Nous avons pu en examiner 49 et pour les raisons évoquées précédemment, les âges proposés par Nowell n'ont pas été repris et les enfants ont été classés suivant les 4 catégories que nous avons définies au départ de cette étude (figure 4).

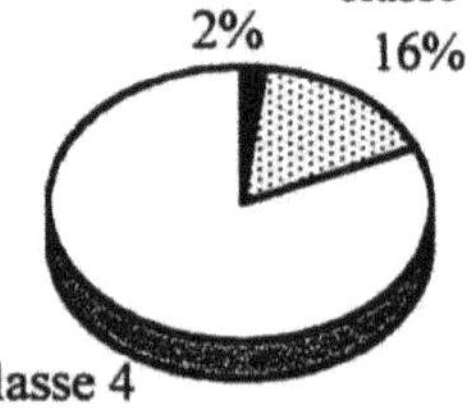

Figure 4. Répartition des enfants de Tepe Hissar par classes d'âges

• La nécropole de Hasanlu (Iran)

Le site d'Hasanlu a été découvert suite à un projet dirigé par R. H. Dyson Jr, destiné à redécouvrir l'histoire culturelle de la Vallée Solduz-Ushnu et en particulier celle de la période de l'Âge du Fer.
Hasanlu est une des plus grandes nécropoles du Nord-Ouest de l'Iran. Elle est située entre les monts du Zagros et le sud du lac Daryace-ye-Orumiye, sur une butte appelée "la Citadelle", de 200 mètres de diamètre et haute de 25 mètres. Les fouilles de ce site, financées par l'Université Muséum et le Metropolitan Muséum of Art de New York, ont eu lieu entre 1957 et 1977 (Dyson, 1989).

Les principaux restes osseux découverts dans ce site sont datés de l'Âge du Fer (Hasanlu V et IV C-B) entre 2000 et 800 BC (Dyson et Muscarella, 1989). Ces squelettes sont, pour la plupart, les victimes de la Bataille d'Hasanlu qui a vu la Citadelle envahie puis détruite par un énorme incendie. Plus de 250 squelettes ont été découverts, hommes femmes et enfants, morts dans l'incendie ou victimes de violence. Il semblerait que ce massacre corresponde au moment où la vallée Solduz-Ushnu a été annexée par les deux Rois urartiens, Ishpuini et Menua, vers 800 BC, dans le but d'étendre leurs territoires vers le Sud.
Nous avons pu retrouver 47 têtes osseuses immatures dont la répartition suivant les 4 catégories d'âges dentaires est représentée sur le figure 5.

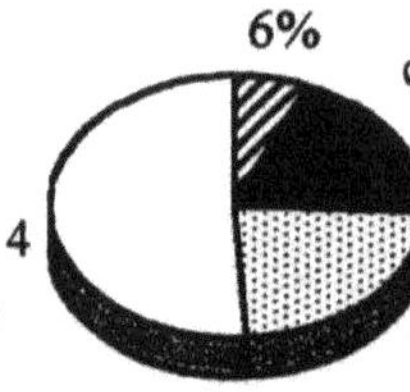

Figure 5. Répartition des enfants de Hasanlu par classes d'âges

Les deux sites iraniens étant quasiment contemporains, nous avons rassemblé les données, afin d'obtenir un corpus de données suffisant pour une bonne comparaison avec les séries ostéologiques européennes.
Nous avons par ailleurs examiné 54 têtes osseuses d'adultes issus des deux gisements, afin de vérifier si certains caractères étaient typiques de cette "population iranienne".

• La nécropole de Saint-Chéron à Chartres (Eure et Loir, France)

La fouille de la nécropole de Saint-Chéron est consécutive à un projet de construction d'un lycée. Une étude d'impact, réalisée en 1989, a révélé un site dense en vestiges de diverses natures couvrant plusieurs périodes (nécropoles à inhumation, nécropoles à incinérations).

[5] En dehors des méthodes génétiques (Stone *et al.*, 1996).

Un sauvetage programmé a eu lieu sur 15 mois (de Juillet 1989 à Septembre 1990) sous la direction de D. Joly (Responsable de la Maison de l'Archéologie, Chartres). La fouille s'est concentrée sur un secteur de la nécropole à inhumations, c'est-à-dire 2000 m² environ. La datation du site a été possible par le mobilier funéraire *in situ*, et la période d'utilisation du cimetière s'étale de la fin du IVe siècle à la fin du Ve siècle après Jésus-Christ.
Les 471 squelettes découverts (dans des sépultures individuelles, sépultures doubles et réductions) ont fait l'objet d'une thèse (Castex, 1994).

Parmi les 145 enfants dénombrés, nous avons exclu ceux dont les restes étaient trop fragmentaires. Notre étude a donc porté sur 68 individus, dont la distribution dans les 4 classes dentaires est représentée sur la figure 6.

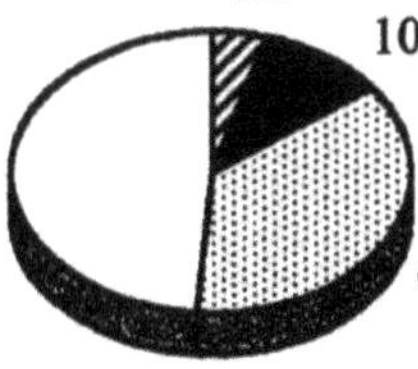

Figure 6. Répartition des enfants de Chartres Saint-Chéron par classes d'âges

• La nécropole de Rajhrad (République Tchèque)

A 10 km au Sud de Brno (Moravie), sur une colline proche de Rebesovice, l'Abbé G. Volny, du Monastère de Rajhrad, a mis au jour en 1846 les 45 premières sépultures slaves de la nécropole de Rajhrad (Dudik, 1854 *in* Hanakova *et al.*, 1986). Puis entre les années 1972 et 1976, les autres sépultures constituant la nécropole ont été découvertes sur le versant Sud de la colline, dans la partie Nord-Est de la commune de Rajhrad. 574 tombes ont été localisées de façon exacte, auxquelles s'ajoutent 56 tombes en parties détruites que nous n'avons pas étudiées. Cette nécropole a été fouillée quasiment dans sa totalité. Elle a été datée, par le mobilier trouvé dans les sépultures, entre la deuxième moitié du IXe et le Xe siècle après JC, la plus grande densité d'inhumations ayant eu lieu à la fin du IXe siècle.

En fait, deux cimetières coexistent sur cette colline, distants l'un de l'autre de 250 mètres. Le second cimetière est situé sur la commune de Rajhradice. Les archéologues de Brno y ont découvert dans les années 1953-1954, 216 tombes (Nekvasil, 1954 *in* Hanakova *et al.*, 1986), et en 1975, 27 nouvelles sépultures (Stana, 1977). Les squelettes de la nécropole de Rajhradice sont entreposés à l'Institut Anthropos du Musée de Moravie à Brno ; ceux de la nécropole de Rajhrad sont conservés dans le dépôt du Musée National à Kunratice, dans la banlieue praguoise.

Le matériel ostéologique issu de la nécropole de Rajhrad se compose de 683 individus, dont 277 enfants et 406 adultes. Parmi ceux-ci, on dénombre 226 femmes, 116 hommes et 64 individus dont le sexe n'a pu être déterminé. Selon les auteurs, les individus inhumés dans cette nécropole étaient plus pauvres que ceux de Rajhradice, et pourraient être des artisans et des agriculteurs.

Un premier inventaire du matériel de Rajhrad a été réalisé par Hanakova *et al.* (1986). Les auteurs ont apporté, en plus de certaines mesures crâniennes, quelques observations sur la morphologie et éventuellement la pathologie. Tous les individus ont été âgés et les adultes ont été sexués, mais les méthodes utilisées n'ont pas été clairement précisées. Parmi les 277 enfants constituant la série, le parfait état de conservation des ossements a permis l'examen de 209 d'entre eux, dont la répartition selon les classes dentaires est représentée sur la figure 7. Nous avons également étudié 60 individus adultes, 30 hommes et 30 femmes, pris au hasard dans la population des inhumés. Ceci pour vérifier l'existence ou non d'une liaison propre à la population morave, des caractères particuliers mis en évidence chez les sujets immatures.

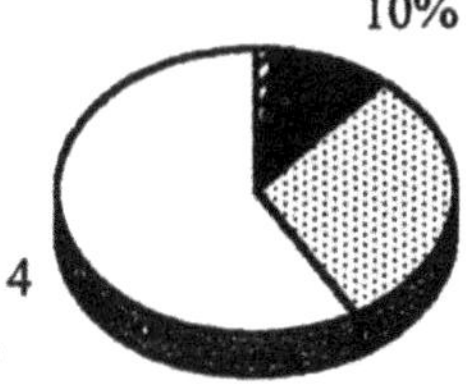

Figure 7. Répartition des enfants de Rajhrad par classes d'âges

• La nécropole de Saint-Étienne à Toulouse (Haute-Garonne, France)

La fouille de sauvetage de la nécropole est consécutive à la construction d'un parc de stationnement souterrain sur la place Saint-Étienne à Toulouse, au pied de la cathédrale. Le quartier de la place Saint-Étienne est inclus dans le périmètre de l'enceinte gallo-romaine du Haut Empire.
Les fouilles ont été menées sous la direction de R. Lequement, Directeur des Antiquités Historiques de Midi-Pyrénées, et réalisées par quatre archéologues : R. Filippa, X. Peixoto, S. Robert et C. Sauvage, d'août 1986 à août 1987. Le cimetière a été fouillé sur un peu plus de la moitié de sa superficie.
Près de 250 individus ont été retrouvés parmi lesquels 60% d'enfants décédés en bas-âge ou mort-nés. La nécropole a été datée entre le XIe et le XIIIe siècle après Jésus-Christ (Telmon *et al.*, 1993).
En fonction de l'état de conservation, seule une faible partie du matériel a pu être traitée : 24 mandibules et maxillaires.

Les enfants se répartissent suivant les classes dentaires représentées sur la figure 8.

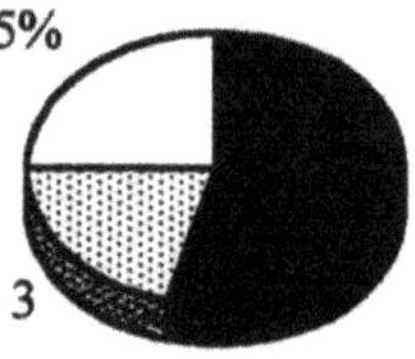

Figure 8. Répartition des enfants de Saint-Étienne par classes d'âges

• **La nécropole de Saint-Martin de Cognac (Charente, France)**

A la suite d'un projet de revalorisation du faubourg le plus ancien de la ville, la fouille d'un terrain jouxtant l'église Saint-Martin, à Cognac (Charente), a révélé la présence d'un cimetière sur une surface de 800 m^2.
La fouille a été menée de 1986 à 1987 dans le cadre d'une opération de sauvetage, par une équipe d'archéologues de la région Poitou-Charentes, sous la direction de B. Boissavit-Camus (1988, 1989). Ce cimetière n'a pas été fouillé dans sa totalité. Les tombes les plus anciennes ont été datées du VIIe siècle après Jésus-Christ, et les plus récentes de la fin du XVIIIe siècle. Le matériel archéologique présent sur le site a permis d'identifier 12 grandes phases successives d'utilisation, dont 6 appartiennent à la période médiévale (VIIe-XVe siècle), et 6 appartiennent à la période moderne (fin XVe- XVIIIe siècle).

Les structures et pratiques funéraires de la partie médiévale du cimetière ont été décrites par Sansilbano-Collilieux (1994), qui a décompté en tout 562 individus dont 180 sujets immatures. La grande majorité de ces derniers ne sont représentés que par des restes très fragmentaires mélangés à ceux des adultes (Sansilbano-Collilieux, 1994). Seulement 12 enfants ont pu être retenus pour notre étude.

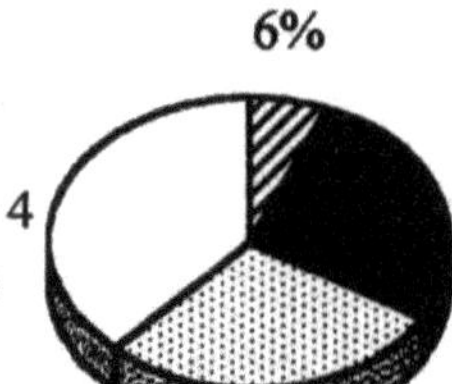

Figure 9. Répartition des enfants de Saint-Martin de Cognac par classes d'âges

En revanche, les enfants appartenant à la partie plus récente du cimetière, constituent un échantillon plus nombreux, dont la composition et l'âge dentaire au décès sont connus (Hervouet-Mawer, 1992). Parmi les 60 enfants décomptés, 53 ont été intégrés dans notre étude.
La répartition des 65 enfants de Saint-Martin de Cognac selon les classes dentaires est représentée sur la figure 9.

Au total, nous avons travaillé sur 761 têtes osseuses immatures, dont la répartition suivant les 4 classes dentaires est la suivante :
classe 1 : 15.1 %
classe 2 : 22.6 %
classe 3 : 23.3 %
classe 4 : 39.0 %

On constate, après l'intégration des séries archéologiques, une nette sous-représentation des jeunes enfants dans notre échantillon. Ce problème est fréquent lors de l'analyse de cimetières anciens (*e. g.* Acsadi et Nemeskéry, 1970 ; Masset, 1973a, b, 1976 ; Sellier, 1989 ; Castex, 1994 ; Sansilbano-Collilieux, 1994 ; Guy *et al.*, 1997).

Plusieurs hypothèses ont été émises pour interpréter ce déficit des très jeunes enfants inhumés. Leur représentation n'atteint, en effet, jamais le pourcentage établi par les démographes. Celui-ci est d'environ 45 à 58% des décès, respectivement pour les périodes allant des premiers siècles de notre ère jusqu'au XVIIe siècle, en France (Blayo, 1975).

- La première de ces hypothèses concerne la moins bonne conservation des squelettes d'enfants de moins de 5 ans (Angel, 1969 ; Petersen, 1975). Elle est mise en doute par un grand nombre d'auteurs (Masset, 1973b, 1976 ; Sellier, 1993). En effet, dans le cas du cimetière de Saint-Martin de Cognac, il existe un déficit en enfants de moins de 5 ans ; or, pour la partie ancienne de ce cimetière (VIIe-XVe siècle), la majorité des non-adultes a été retrouvée dans des tombes contenant plusieurs individus de tous âges (Sansilbano-Collilieux, 1994). Il faudrait donc imaginer une destruction différentielle n'affectant que les très jeunes individus, et non les enfants plus âgés ou les adultes (Sansilbano-Collilieux, 1994).

- La deuxième hypothèse est que les sépultures des très jeunes enfants sont situées plus en surface que les autres tombes. Elles peuvent donc être détruites plus facilement par des labours ou des altérations superficielles du sol. C'est le cas pour le cimetière de Saint-Chéron à Chartres, qui présente également un déficit en enfants de moins de 5 ans.
Des observations faites par les archéologues ont montré que les sépultures de périnataux mises au jour se trouvaient quasiment en surface après le décapage (Castex, 1994).
De plus, dans ce cimetière les profondeurs moyennes d'inhumations varient significativement en fonction de l'âge des individus : les jeunes individus sont inhumés moins profondément que le reste de la population.

- Enfin, la dernière hypothèse, et la plus couramment admise, évoque des secteurs d'inhumation particuliers pour les enfants en bas-âge, à l'écart du reste de la population. Ces jeunes enfants peuvent être inhumés en dehors des limites de la nécropole, ou bien dans une zone particulière du cimetière, non fouillée si le site n'est pas exploité dans sa totalité. La fouille de la partie ancienne du cimetière de Saint-Martin de Cognac ayant été fragmentaire, c'est cette hypothèse qui a été privilégiée (Sansilbano-Collilieux, 1994), même si des arguments d'ordre socio-culturel (infanticide, avortement) peuvent également être invoqués pour justifier le biais dû à la sous-représentation des enfants de moins de 5 ans. De plus, pour la partie récente de ce même cimetière (XV-XVIIIe siècle), une zone regroupant uniquement des sujets immatures a été mise au jour.

En conclusion, les tests statistiques mis en œuvre pour le traitement de nos données non-métriques devront prendre en considération ces différences de représentation des 4 classes dentaires, qui pourraient éventuellement biaiser nos résultats.

II. METHODOLOGIE

L'examen puis, le traitement de caractères non métriques examinés sur les têtes osseuses d'enfants ont nécessité la résolution de 2 problèmes : la mise au point d'un codage des caractères morphologiques, adapté aux ossements immatures ainsi que l'application d'un traitement statistique adapté aux données non métriques.

1. Sélection et codage des caractères de la tête osseuse

1. 1. Codages binaire et multiple

Certains des caractères étudiés ne présentent que 2 morphes possibles : ils peuvent être présents ou absents. Ils ont donc reçu un code binaire : 0 dans le cas d'absence et 1 dans le cas de présence.
Mais pour beaucoup de caractères, un tel codage était insuffisant pour refléter la gamme de variation existante : par exemple pour repérer la position d'un caractère, médiale, centrale ou latérale, ou son nombre, 1, 2 ou plus. Un codage multiple a ainsi permis de distinguer les différents morphes pouvant exister dans l'expression de tels caractères.

1. 2. Présentation du codage des caractères morphologiques

• La suture métopique

Cette suture peut être codée comme **absente (0),** ou **présente (2)** lorsque son trajet peut être suivi du nasion jusqu'au bregma. Dans les cas, rares, de présence **partielle (1),** la suture a toujours eu pour point de départ le bregma et non le nasion, et sa longueur minimale était de 25 mm.
Nous avons distingué la suture supra-nasale de la suture métopique, dont la morphologie et l'origine sont bien différentes. La première, en effet, est d'un aspect très complexe, en forme de zigzag tandis que la seconde a un trajet très droit. De plus, la suture supra-nasale est la conséquence de processus complexes d'ossifications qui ont lieu après la fermeture de la partie nasale de la suture frontale (Hauser et de Stefano, 1989).

• La *sutura mendosa* (figure 10)

Cette suture a reçu, pour chaque côté du crâne, un codage binaire : **(1) suture ouverte** et **(0) suture absente.**
Nous n'avons pas pris en considération la suture occipitale transverse, qui diffère de la *sutura mendosa* par son aspect plus complexe et par le fait qu'elle, seule, peut diviser complètement l'écaille occipitale en 2 parties, supérieure et inférieure.

• Les synchondroses intra-occipitales antérieure (SIA) et postérieure (SIP) (figure 10)

Le crâne étant examiné en *norma basilaris,* les deux synchondroses ont reçu le code **(1)** lorsqu'elles étaient largement **ouvertes,** et **(2)** lorsqu'elles étaient complètement **synostosées.**
Des cas de fermeture **en cours** ont été également enregistrés **(15),** rares pour la synchondrose antérieure, beaucoup plus fréquents pour la postérieure. De plus, pour cette dernière synchondrose, nous avons différencié les cas où seule la **partie médiale** était **synostosée (151),** des cas où la **partie latérale seule** était **fermée (152).**

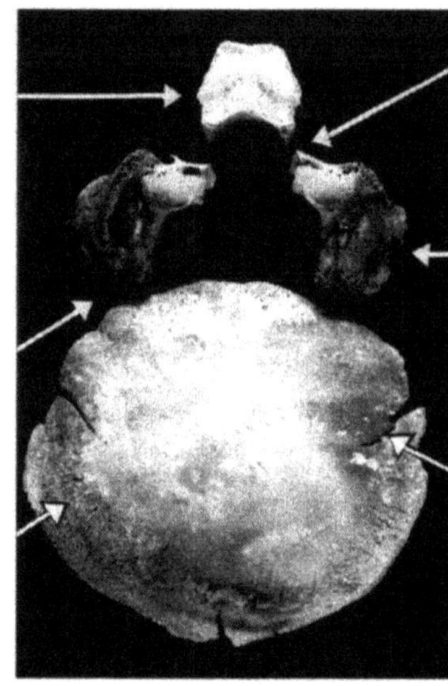

Figure 10. Composantes de l'os occipital chez un nouveau-né de la collection Spitalfields

• Le foramen de Huschke

Le crâne observé en *norma basilaris,* le foramen a été codé, pour chaque côté, comme **absent (0)** ou **présent (1).** Cette dernière catégorie inclut les foramens de plusieurs millimètres de diamètre comme les très petits. En revanche, lorsque le plancher tympanique montre une surface translucide extrêmement fine, nous avons codé le foramen de Huschke comme absent, cette morphologie étant caractéristique d'une fermeture récente du plancher tympanique.

• La suture incisive (figure 11)

Cette suture a été observée, à droite et à gauche, sur les différentes composantes de l'os maxillaire qu'elle parcourt. Nous avons, pour cela, repris en partie la méthodologie élaborée par Maureille (1994).
Quelle que soit la face de l'os maxillaire examinée, un même codage a été utilisé. Nous avons noté si la suture était **absente (0),** présente seulement sous forme de **trace (1),** ou **visible sur tout son trajet (2).**

Chaque crâne a été observé successivement en *norma basilaris, norma facialis* et enfin plus ou moins en *norma lateralis,* pour apprécier la présence de la suture respectivement sur la face palatine, sur les fosses nasales et sur la face nasale du processus frontal de l'os maxillaire. Pour cette dernière partie, lorsque le crâne était entier il nous a été souvent difficile, voire dans certains cas impossible, de repérer si la suture incisive était présente au-dessus de la crête conchale, même avec l'aide d'un puissant jet lumineux.

S1 S2

S3

Figure 11. Hémi-maxillaire droit d'un enfant de Saint-Etienne
S1 : suture incisive
S2 : fente structurale latérale
S3 : fente structurale médiale

• La position du processus styloïde par rapport à l'alignement de l'incisure mastoïdienne et du foramen stylo-mastoïdien.

Chez les très jeunes enfants, le processus styloïde n'est pas encore soudé au crâne. C'est donc la fossette styloïdienne, à l'extérieur de laquelle une partie du processus styloïde va faire saillie, qui caractérise la position du futur processus.

La position du processus styloïde (ou de la fossette styloïdienne) est donc appréciée par rapport à la droite virtuelle formée par le trajet de l'incisure mastoïdienne et du foramen stylo-mastoïdien. Le processus est codé séparément pour chaque côté et peut se trouver décalé **médialement (1)** par rapport à cette droite, positionné **dans l'axe de la droite** (2), ou décalé **latéralement (3).**

• L'incurvation mandibulaire antérieure (figure 12)

L'incurvation est repérée plus facilement lorsque la mandibule est examinée en *norma lateralis*. Le codage est le suivant : incurvation **absente (0)**, **vestigiale (1)** ou **développée (2).**

• Les dépressions mandibulaires antérieures (figure 12)

Nous avons repris pour ce caractère le codage adopté par Arensburg *et al.* (1989). Les dépressions, situées de part et d'autre de la symphyse mandibulaire, peuvent être **absentes (0)**. Lorsqu'elles sont présentes, elles peuvent être seulement **vestigiales (1)**, ou **franchement exprimées (2).**
L'estimation du creusement des dépressions peut paraître subjectif, mais ce caractère est difficilement mesurable.

Incurvation mandibulaire antérieure

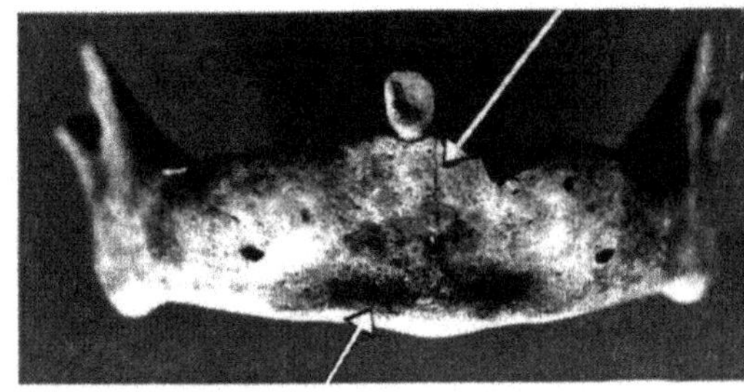

Dépressions mandibulaires antérieures

Figure 12. Mandibule d'un enfant de Saint-Etienne
Vue antérieure

• Le sillon et le pont mylo-hyoïdiens

Sur la face interne de chaque branche mandibulaire, le sillon mylo-hyoïdien est enregistré comme **peu profond (1)**, ou **profond (2)**. Dans quelques cas, le sillon mylo-hyoïdien n'est **pas du tout différencié (0).**
Par ailleurs, le sillon put être suivi **d'un bout à l'autre** de son parcours **(0)** ou interrompu par **un (1) ou plusieurs (2 ou 3...) ponts** mylo-hyoïdiens. Pour chaque pont identifié, sa position sur le sillon mylo-hyoïdien (supérieure, moyenne ou inférieure) a été relevée.

• Le pont osseux et la forme de l'incisure mastoïdienne

L'existence d'un pont osseux coupant l'incisure mastoïdienne dans sa partie antérieure a été codée selon un mode binaire : **(0) : absent** ou **(1) : présent.**

Par ailleurs, nous avons utilisé un codage multiple pour rendre compte de la variabilité de l'incisure mastoïdienne, du point de vue de sa profondeur et de sa largeur : **(1) : incisure peu profonde et étroite ; (2) : incisure peu profonde et large ; (3) : incisure profonde et étroite** et **(4) : incisure profonde et large.**
Chez les très jeunes enfants, l'incisure mastoïdienne n'est pas totalement individualisée, et dans ces cas-là, sa forme n'a pu être enregistrée.

• La forme de l'entrée de l'orbite

Pour caractériser la forme des orbites, la plupart des auteurs utilisent l'indice orbitaire I.42, calculé à partir des deux diamètres principaux de l'orbite : M.51 et M.52. Or, cet indice n'exprime pas réellement la forme de l'orbite. En effet, si les deux diamètres sont identiques, l'indice ne permet pas de différencier une forme ronde d'une forme carrée. De même, si les deux diamètres n'ont pas la même valeur, l'indice ne peut différencier une forme rectangulaire d'une forme ovale.

C'est pourquoi, même si la méthode est relativement subjective, nous avons préféré caractériser visuellement la forme générale de chaque orbite. Celles-ci ont été classées suivant 4 formes : **rondes (1), ovales (2), carrées (3)** ou **rectangles (4).**

• La saillie de l'épine nasale antérieure

Cette saillie a été codée selon trois morphes, le crâne observé en *norma lateralis*. Son expression pouvait être **faiblement marquée (1), saillante (2)** ou **très saillante (3).** Lorsque l'épine nasale était cassée, nous l'avons codée comme non conservée (x) et nous n'avons pas tenté d'estimer son développement lorsque seule sa racine était visible sur le bord nasal.

• Le nombre et la position du(des) foramen(s) mentonnier(s)

Pour coder le nombre de foramens mentonniers, il est important de distinguer ce foramen qui livre passage aux nerfs et aux vaisseaux mentonniers, d'un trou nourricier, par lequel passent des nerfs et des vaisseaux sanguins. Cette distinction peut être faite à partir de la position et de l'orientation des trous vasculaires, qui sont en général plus proches de la symphyse mandibulaire et dirigés vers l'avant.
Le code utilisé correspond au nombre de foramens : **(1) pour 1 seul foramen ; (2) pour 2 foramens** présents **(3) pour 3 foramens** etc.
La position du foramen mentonnier par rapport à la hauteur du corps, a été estimée "visuellement". Un codage en trois catégories a été adopté : le foramen est situé soit dans la partie **supérieure du corps (1)**, soit dans la partie **moyenne du corps (2)**, soit enfin dans la partie **inférieure (3).**
Dans les cas de foramens mentonniers multiples, chacun a été codé séparément.
Pour la position du foramen mentonnier par rapport à la dentition, nous avons repris le codage adopté par Trinkaus (1983 ; 1993). Chaque dent a été "divisée" en 3 parties : mésiale, centrale et distale. Le foramen mentonnier peut être situé :

- à l'aplomb de la partie **distale de la canine**, ou sous la racine **mésiale de m1 (ou P1) (1)**
- au niveau **central de m1 (ou P1) (2),**
- au niveau de la **racine distale de m1 (ou P1)** ou de la **racine mésiale de m2 (ou P2) (3),**
- au niveau **central de m2 (ou P2)(4),**
- à la verticale de la **racine distale de m2 (ou P2)** ou de la **racine mésiale de M1 (5)**
- ou enfin, au niveau **central de M1 (6).**

Un foramen mentonnier placé antérieurement à la canine ou postérieurement à la première molaire permanente, n'a jamais été observé dans les séries modernes étudiées.
Enfin, dans les cas de foramens multiples, chacun a été pris en compte séparément.

• La fosse génio-glosse (figure 13)

Cette dépression de la face postérieure de la symphyse mandibulaire a reçu un codage binaire : fosse **absente (0)** ou fosse **présente (1).**

La fosse génio-glosse est à différencier du trou génien, qui est moins rare et dont l'aire de développement est moins vaste. Cette distinction a été facilitée par l'observation de plusieurs fosses génio-glosses attestées sur des mandibules fossiles.

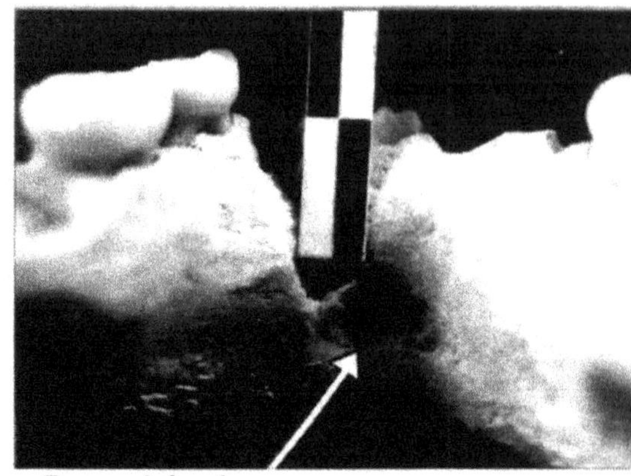

Fosse génio-glosse

Figure 13. Symphyse mentonnière d'un enfant de Rajhrad. Vue interne

• L'ouverture du foramen mandibulaire et le développement de la lingula

Sur la face interne de chaque branche mandibulaire, la direction de l'ouverture du foramen mandibulaire - par où passent les vaisseaux et nerfs alvéolaires inférieurs - a été notée. Elle peut être dirigée vers **l'arrière et le haut (1),** ou présenter une disposition différente, de type **"horizontal-ovale" (2)** (Kallay, 1970), entre autres.
Par ailleurs, la berge antérieure de cette échancrure (la lingula mandibulaire) peut **ne pas être différenciée (0)** ; si elle est présente, elle est parfois **faiblement saillante (1),** ou au contraire **très développée (2).**

• Le développement latéral du processus condylaire par rapport au plan de l'incisure mandibulaire (figure 14)

Nous avons repris la méthode proposée par Schwalbe (1914) pour traduire le développement latéral du processus condylaire.

Sur chacun des processus, deux mesures ont été prises : la largeur totale (ab) et le développement latéral du processus (ec), mesuré depuis son bord externe jusqu'au point fictif de rencontre avec le plan formé par l'incisure mandibulaire. Le développement latéral se calcule par l'indice de largeur du segment externe du condyle : Ise.

Pour traiter cet indice d'une manière qualitative et non quantitative, nous avons essayé d'évaluer la limite à partir de laquelle l'indice Ise correspond à un développement latéral fort, typique de certains représentants du groupe des néandertaliens. Pour cela, l'indice Ise a été calculé sur 12 mandibules d'enfants et d'adultes néandertaliens attestant ce caractère, l'âge n'intervenant pas puisqu'il s'agit d'un rapport.

Nous avons estimé qu'à partir d'une mesure ec correspondant à 35 % de la largeur totale du condyle, le développement latéral est important. Ainsi, dans les séries examinées, lorsque l'indice Ise atteint la limite de 35, un code (2) a été attribué, signifiant que le développement latéral est fort. En revanche, lorsque l'indice est inférieur à cette valeur-seuil, le développement latéral du processus condylaire est donc "normal" et reçoit le code (1).

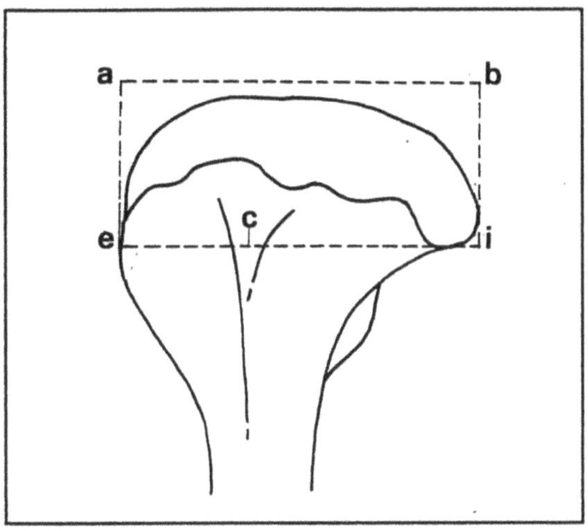

Figure 14. Face antérieure d'un processus condylaire droit (extrait de Schwalbe, 1914)
Ise : indice de largeur du segment externe du condyle
Isi : indice de largeur du segment interne du condyle

$$Ise = \frac{ec \times 100}{ab} \qquad Isi = \frac{ic \times 100}{ab}$$

• La forme du foramen magnum

L'indice du foramen magnum I.33 a été calculé, à partir de ses deux diamètres M.7 (longueur) et M.16 (largeur). Contrairement à l'entrée de l'orbite, il n'est pas besoin de mesure d'angle, l'indice seul suffisant à renseigner sur la forme du foramen magnum.
Afin de traiter ce caractère métrique comme les autres caractères morphologiques, nous avons classé les indices en 3 catégories :
(1) : indices correspondant à un foramen magnum rond : **entre 100 et 85**
(2) : indices correspondant à une forme intermédiaire : **entre 65 et 85**
(3) : indices correspondant à un foramen magnum allongé : **inférieur à 65**.
Ces valeurs-seuils de l'indice I.33 nous ont été inspirées par les publications de Rak *et al.* (1994, 1996), discutant de ce caractère chez les enfants fossiles.

• La vascularisation supra-orbitaire (absence d'incisure supra-orbitaire)

L'incisure supra-orbitaire, située dans la partie médiale du bord supra-orbitaire a été enregistrée, pour chaque orbite, comme **présente (1)** ou **absente (0)**. L'incisure frontale, située encore plus médialement sur le bord supra-orbitaire, est à différencier de l'incisure supra-orbitaire.
Par ailleurs, la présence d'un foramen supra-orbitaire médial, en plus ou à la place de l'incisure supra-orbitaire, a également été notée.
Cette région de l'os frontal, très variable, peut présenter, en plus des caractères déjà signalés, d'autres incisures et foramens situés dans la partie centrale ou latérale de l'orbite, ainsi que des sillons supra-orbitaires. Mais l'état de la vascularisation au delà du niveau médial du rebord orbitaire, n'a pas été traité dans cette étude.

• Les fentes structurales du processus palatin de l'os maxillaire (figure 11)

Nous avons également noté, sur la face palatine de l'os maxillaire, **l'absence (0)** ou la **présence (1)** d'une fente structurale latérale **et** médiale.

• Crêtes et tubercules d'insertion du muscle ptérygoïdien médial (figure 15)

Le code correspond ici au nombre de crêtes d'insertion du muscle ptérygoïdien médial : **une crête (1), deux crêtes (2), trois crêtes (3)** etc.

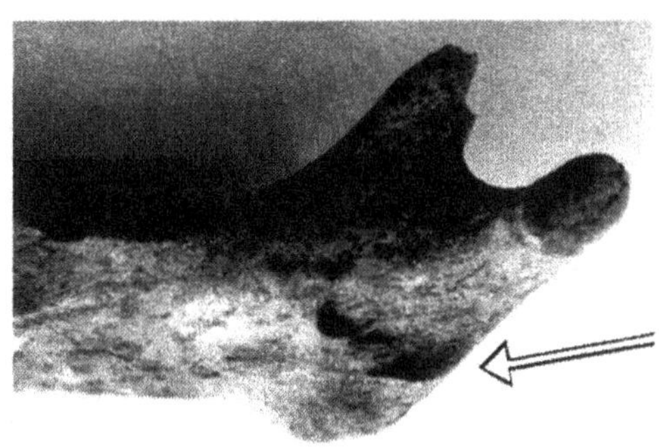

Figure 15. Branche mandibulaire d'un enfant de Saint-Etienne. Vue interne

Les crêtes sont souvent saillantes, et leur décompte ne pose alors aucun problème ; mais parfois elles ne sont que palpables. Nous avons également noté d'une part, si certaines crêtes étaient transformées en tubercules, et d'autre part la position de ceux-ci par rapport au *sulcus colli* : ces tubercules peuvent être situés **dans le prolongement du sillon (1), au-dessous (2),** ou **les deux à la fois** lorsqu'ils sont doubles **(3)**.

1. 3. Subjectivité de certains caractères

Le codage de certains caractères morphologiques peut paraître plus subjectif que pour d'autres. C'est le cas des traits morphologiques rendant compte d'un degré de développement, comme la saillie de l'épine nasale antérieure et de la lingula.

Cependant, une première étude des enfants du Musée de l'Homme nous a permis d'établir pour tous ces caractères "quantitatifs", nos propres schémas de référence, utilisés par la suite, dans l'étude des autres collections.

2. Traitement statistique

2. 1. Analyses Bivariées

Nous disposons de données qualitatives (classes d'âges, sexe, aire géographique, et différents morphes d'un même caractère : présent, absent ...) et dans certains cas de données quantitatives découpées en classes (indice du foramen magnum) ; l'objectif est de savoir si des liaisons peuvent être mises en évidence entre ces variables discontinues.

• Chi² de Pearson

Le Chi² de Pearson est le test inférentiel le plus courant, et permet de savoir s'il existe une association entre deux variables qualitatives, c'est-à-dire si elles sont dépendantes ou indépendantes.
Nous n'allons pas reprendre ici les différentes étapes de ce test ainsi que les formules du Chi², mais simplement rappeler le principe fondamental de ce test non-paramétrique.

Notons, dans un premier temps, que le Chi² s'applique aux fréquences absolues (= fréquences observées = effectifs) des diverses variables, et **jamais aux pourcentages**.
La mesure du Chi² se base sur la comparaison des fréquences observées avec des fréquences théoriques (= fréquences calculées ou fréquences attendues), c'est-à-dire les fréquences pour lesquelles il n'existerait aucune relation entre les variables (= hypothèse nulle).
En fonction du degré de liberté (ddl = (nombre de lignes du tableau-1) x (nombre de colonnes du tableau -1)), **le test du Chi² devient d'autant plus significatif, c'est-à-dire que les variables sont liées ou non-indépendantes, que la probabilité p,** correspondant à la valeur donnée dans la table du Chi², **est inférieure à 0.05**.

La seule restriction à l'utilisation du Chi² (autre qu'une sélection aléatoire de l'échantillon) est que les fréquences théoriques ne soient pas trop faibles. En effet, le Chi² teste les probabilités sous-jacentes dans chaque cellule, et lorsque plus de 20% des fréquences théoriques sont inférieures à 5 ou lorsqu'une seule fréquence théorique est inférieure à 1 (il s'agit des seuils habituellement retenus), ces probabilités ne peuvent être estimées avec une précision suffisante (Schwartz, 1969).
Le test de Chi² fonctionne à partir d'un tableau de contingence, appelé couramment "le tri croisé de deux variables" (figure 16). Dans ce tableau, chaque case contient une valeur n, qui correspond à l'effectif des individus se classant à la fois dans la xème modalité de la variable en lignes, et dans la y^{ème} modalité de la variable en colonnes.

De plus, en marge de ce tableau, sont inscrites les valeurs correspondant aux effectifs de chaque modalité de la variable en ligne ou en colonne (= **fréquences marginales**).

		Caractère y		
		y 1	y 2	
Caractère	**x 1**	n_1	n_2	Total ligne 1
x	**x 2**	n3	n4	Total ligne 2
		Total colonne 1	Total colonne 2	**Total T**

Figure 16. Tableau de contingence de type : 2 x 2

Le test de Chi² est également utilisable avec des tableaux de contingences de plus de 2 lignes et 2 colonnes. C'est d'ailleurs avec ce type de tableaux de contingence à plus de 2 variables que nous avons travaillé.

• Correction de Yates

La correction de Yates permettrait d'améliorer l'approximation de la statistique du Chi², lorsque celui-ci est utilisé en petites tables 2 x 2. Elle consiste à réduire de 0.5, la valeur absolue des différences entre fréquences observées et théoriques, avant l'élévation au carré (formule du Chi², Dagnélie, 1975). Cette correction, qui rendrait l'estimation plus prudente, est souvent appliquée lorsque la table ne contient que de petites fréquences observées, de sorte que certaines fréquences théoriques deviennent inférieures à 10.

Nous n'avons pas utilisé cette correction de Yates car d'une part, il n'y a pas, parmi les statisticiens, de consensus général sur l'utilité d'une correction aussi arbitraire que 0.5 (Plackett, 1964 ; Grizzle, 1967), et d'autre part, pour des tables 2 x 2 et des effectifs faibles, nous préférons le test de Fisher qui a pour résultat une probabilité exacte.

• Test exact de Fisher

La finalité de ce test est identique à celle du Chi², mais à la différence de celui-ci qui utilise un système de modélisation, le test de Fisher permet de calculer une **probabilité exacte**. En effet, ce test fonctionne uniquement pour des n relativement faibles (Total T $\leq$ 500), car il est capable de comptabiliser toutes les tables possibles pouvant être construites à partir des fréquences marginales.
De plus, contrairement au test du Chi², celui de Fisher fonctionne uniquement pour des tables 2 x 2, mais 1 ou 2 fréquences absolues (non alignées dans la table) peuvent être nulles. Ceci est important pour nous, car certains caractères (présence d'un pont mylo-hyoïdien par exemple) sont absents chez les très jeunes enfants.

Il existe d'une part le test de Fisher unilatéral, qui permet de comparer, par exemple, une fréquence observée avec une

valeur moyenne, et d'autre part, le test de Fisher bilatéral, pour comparer entre elles des fréquences observées.
Dans notre étude, **nous avons systématiquement utilisé le test bilatéral de Fisher** car :
- dans notre corpus de données, il n'existe pas de valeur moyenne ou fixe, à laquelle comparer les fréquences observées.
- le test bilatéral prend en compte le fait que la fréquence observée est caractéristique de l'échantillon : il ne s'agit pas de la fréquence absolue propre à la population totale, à laquelle nous n'avons pas accès.
- enfin, des deux tests de Fisher, le bilatéral est le plus "sévère" (exemples d'utilisation § logiciels et programmes statistiques) : les conclusions qu'il permet en sont donc d'autant plus fiables.

• **Phi²**

Le Phi-deux (ϕ^2) a été parfois utilisé dans notre étude, car il permet de mesurer la force de la liaison qui existe entre deux variables qualitatives. Sa valeur est comprise entre 0 (indépendance entre les facteurs) et 1 (corrélation parfaite entre les deux facteurs de la table), et correspond à la valeur du Chi² divisée par la somme des fréquences absolues (= total T).

• **Logiciels et programmes statistiques**

Pour des tables 2 x 2 de Chi² et de Fisher, nous avons utilisé le programme de test non-paramétrique du logiciel Statistica (version 5.1), qui permet d'obtenir directement la valeur p de la probabilité, à partir des fréquences observées.
Exemples d'utilisation de tables 2 x 2 :

Liaison significative

50	100
15	75

Liaison non significative

50	75
25	25

	Liaison significative			**Liaison non significative**		
	Colonne 1	**Colonne 2**	**Total Lignes**	**Colonne 1**	**Colonne 2**	**Total Lignes**
Fréquences, ligne 1 % du total	**50** 20.833 %	**100** 41.667 %	**150** 62.500 %	**50** 28.571 %	**75** 42.857 %	**125** 71.429 %
Fréquences, ligne 2 % du total	**15** 6.250 %	**75** 31.250 %	**90** 37.500 %	**25** 14.286 %	**25** 14.286 %	**50** 28.571 %
Total colonnes % du total	**65** 27.083 %	**175** 72.917 %	**240** 100 %	**75** 42.857%	**100** 57.143 %	**175** 100 %
Chi² (dl = 1)	**7.91**	**p = 0.0049**		**1.46**	**p = 0.2272**	
Phi ²	**0.03297**			**0.00833**		
p exact Fisher :						
unilatéral		**p = 0.0033**			**p = 0.1496**	
bilatéral		**p = 0.0066**			**p = 0.2410**	

Dans les cas où les tables de Chi² sont supérieures à 2 lignes et 2 colonnes, nous avons utilisé le programme de calcul de Chi² créé par F. Houët au Laboratoire d'Anthropologie de Bordeaux 1. Pour cela, il suffit d'entrer les fréquences observées pour obtenir directement la valeur du Chi² et sa probabilité p. Afin de vérifier que les conditions nécessaires à l'application du test de Chi² sont remplies[6], nous avons mis au point un programme, qui permet de calculer les fréquences théoriques, à partir des fréquences observées, pour plusieurs types de tables[7].

• **Tables Stub & Banner ; Calculs réalisés**

Pour l'ensemble des **caractères unilatéraux**, les fréquences absolues de tous leurs morphes ont été obtenues par les tables Stub et Banner, à 2 entrées, afin de vérifier :
- par les tests du Chi², si un caractère était lié à la croissance des enfants, classés selon les 4 classes d'âges, les sexes étant confondus.
- par les test de Fisher ou de Chi², si un caractère était lié à la croissance entre deux classes d'âges successives, chez les enfants, les sexes étant confondus.

Nous avons également vérifié si une liaison existait entre les fréquences observées chez les adultes et celles relevées chez les enfants de la quatrième classe d'âge. Si tel était le cas,

[6] Ce test nécessite que plus de 20 % des fréquences théoriques soit supérieur à 5 et qu'aucune ne soit inférieure à 1.
[7] Si et seulement si les fréquences observées ne remplissent pas déjà les conditions exprimées ci-dessus.

nous en avons déduit que le caractère n'avait pas fini son évolution au stade de l'adolescence.

◆ **Représentation des résultats**

Exemple de représentation des tableaux de fréquences :

	Enfants classe 1	
	n	%
Morphe x1		
Morphe x2		
Total	N	

Classes		1	2
Sexe 1 ou Origine 1	n \ N %		
Sexe 2 ou Origine 2	n \ N %		

où :n = nombre d'observations du morphe x1 ou x2 du caractère et N = nombre total d'observations du caractère

Par ailleurs, nous avons adopté l'écriture mathématique pour certaines probabilités très élevées. Ainsi, au lieu d'écrire p = 0.0000021, nous avons préféré la forme p = 2.1 E-06 (notation scientifique du logiciel Excel. 5).

◆ **Problème de la sur-représentation de la dernière classe d'âge**

Les 4 classes dentaires que nous avons distinguées ne sont pas réparties équitablement du fait de la nature différente des échantillons : Classe 1 : 17.4 % ; Classe 2 : 17.5 % ; Classe 3 : 23.4 % et Classe 4 : 41.7 %. Cette disproportion de la dernière classe d'âge peut-elle avoir une influence sur nos résultats ?

- Lorsque les tests sont effectués au sein d'une même classe d'âge (liaison au sexe..), aucun biais n'intervient.
- En revanche, lorsque l'on teste la variation de fréquences entre deux classes d'âges successives, le biais qui pourrait être le plus marqué, existerait entre la troisième et la quatrième classe d'âge. En effet, le nombre d'enfants de la dernière catégorie est quasiment le double de la catégorie précédente.

Pour mettre en évidence un éventuel biais, nous avons simulé deux situations, où deux échantillons A et B sont d'une part d'effectif égal (n=20 pour les deux) et d'autre part d'effectifs doublés (n = 20 et n = 40), les proportions des morphes restant identiques.

	Classe A	Classe B
Morphe X 1	10	12
Morphe X 2	10	8

χ^2 = 0.40 et p = 0.5250
p. Fisher bilatéral = 0.7512

	Classe A	Classe B
Morphe X 1	10	24
Morphe X 2	10	16

χ^2 = 0.54 et p = 0.4612
p. Fisher bilatéral = 0.5824

On constate que la différence, au niveau de la probabilité du χ^2 et du test de Fisher, est peu importante lorsque l'un des deux échantillons voit son effectif doubler.

Nous avons poursuivi le test jusqu'à décupler le 2ème échantillon, en gardant toujours la même proportion pour les deux morphes :

	Classe A	Classe B
Morphe X 1	10	120
Morphe X 2	10	80

χ^2 = 0.75 et p = 0.3858
p. Fisher bilatéral = 0.4757

Ainsi, même dans des cas extrêmes où l'effectif total d'un échantillon n'est que le dixième de l'autre échantillon, les différences au niveau des probabilités restent peu importantes.

Nous pouvons donc réaliser des tests statistiques entre la troisième et la quatrième classe d'âge, sans craindre que l'effectif de cette dernière vienne perturber les résultats.

2. 2. Analyses Multivariées

Lorsque seules deux variables sont croisées, la table produite est appelée table à double entrée. Les tables croisées permettent d'étendre le croisement à plus de deux variables : c'est la méthode employée dans les cas de caractères bilatéraux.

◆ **Codage des caractères bilatéraux**

Le problème du codage des caractères bilatéraux s'est posé dans cette étude, ceux-ci correspondant à la majorité des caractères étudiés. Quatre possibilités de codage de ces caractères pouvaient être envisagées.

- Dans un premier cas, c'est la tête osseuse qui est utilisée comme unité d'étude et non le côté. Le caractère est alors codé comme "présent", qu'il apparaisse sur 1 côté du crâne, ou sur les 2 côtés (Buikstra, 1972). La mise en évidence d'une apparition bilatérale ou unilatérale du caractère devient impossible. Cette méthode permet donc seulement de connaître **la fréquence du caractère par crâne**.

- Dans un deuxième cas, le caractère est observé sur un côté seulement, choisi arbitrairement (en général, c'est le côté le mieux préservé de chaque crâne examiné). Mais dans le cas de matériel fragmentaire où le trait anatomique ne peut être

observé que d'un côté, cette méthode peut sous-estimer la fréquence d'apparition du caractère. En effet, par cette méthode, seule est donnée **la fréquence du caractère, pour le côté choisi** (Zegura, 1975).

- Dans un troisième cas, les 2 côtés du caractère sont enregistrés séparément puis additionnés sans tenir compte du côté. Enfin, la somme est divisée par 2. Par cette méthode, seule **la fréquence par côté** est ainsi exprimée, elle est équivalente à la fréquence par crâne (Berry et Berry, 1967 ; Ossenberg, 1970 ; Corruccini, 1974).

- Enfin, les 2 côtés d'un caractère peuvent être codés séparément. Cette méthode fournit le plus d'informations puisque l'on a accès à **la fréquence du caractère par côté et également par individu** (Green *et al.*, 1979 ; Perizonius, 1979b ; Ossenberg, 1981).

Il est ainsi possible de tester l'existence d'une corrélation significative dans l'apparition des caractères bilatéraux.

Nous avons **privilégié la dernière de ces méthodes**, car elle apporte le plus grand nombre d'informations et semble la mieux adaptée à notre matériel d'étude.

• Tables croisées à plusieurs entrées ; calculs réalisés

Nous avons donc eu recours à la méthode des tables croisées à plusieurs entrées, pour obtenir les fréquences absolues de plus de 2 variables croisées. Ainsi, comme précédemment, afin de vérifier les liaisons à l'âge des caractères bilatéraux, les fréquences absolues ont été calculées, **côtés confondus (droit et gauche additionnés)**, uniquement lorsque les deux côtés du trait anatomique étaient conservés.
Nous présentons ici un exemple simple de tables Stub et Banner puisque le caractère ne montre que deux morphes, 0 : morphe "absent" et 1 : morphe "présent".

		Huschke G		**Total lignes**
Classe d'âge	**Huschke D**	**0**	**1**	
1	0	n1	n2	
1	1	n3	n4	
	Total			
2	0			
2	1			
	Total			
3	0			
3	1			
	Total			
4	0			
4	1			
	Total			
Total colonnes				

Nous avons également utilisé les tables croisées à plusieurs entrées pour obtenir les fréquences absolues des caractères unilatéraux ou bilatéraux, croisés avec les classes d'âge, le sexe ou la région géographique.

Ces fréquences ont servi à vérifier par un test de Chi² ou de Fisher, suivant les cas :
- si un caractère était lié à un sexe, pour des enfants classés selon les 4 catégories dentaires. A ce propos, les liaisons au sexe des différents caractères, n'ont pu être testées que pour les quelques individus sexués. Pour les autres liaisons (âge, côté et origine géographique), les tests prennent en compte les individus sexués comme ceux dont le sexe n'est pas déterminé.
- si un caractère était lié à une région géographique, pour des enfants classés à la fois selon les 4 catégories dentaires et les différentes séries ostéologiques.
Chaque fois que les deux tests pouvaient être réalisés, nous avons préféré le test de Fisher car il apporte une probabilité exacte sur la "validité" de la liaison.

De plus, pour tous les morphes des caractères bilatéraux, nous avons vérifié par l'intermédiaire des tables croisées à plusieurs entrées et du test de Fisher, si au sein de chacune des 4 classes d'âges, le caractère était présent de manière uni- ou bilatérale (d'où l'importance de coder le caractère sur chaque côté du crâne). Dans les cas d'apparition unilatérale du caractère, nous avons vérifié par un simple test de Fisher, si le caractère était plus fréquent à droite ou à gauche.

Dans l'exemple ci-dessus :
- la fréquence du morphe "absent" bilatéral = n1,
- la fréquence du morphe "présent" bilatéral = n4,
- la fréquence du morphe "absent" unilatéral à droite = morphe "présent" unilatéral à gauche = n2,
- la fréquence du morphe "absent" unilatéral à gauche = morphe "présent" unilatéral à droite = n3.

Ainsi, pour vérifier si un caractère est significativement uni- ou bilatéral, nous avons comparé les fréquences uni- (n2 + n3) et bilatérales (n1 ou n4), aux fréquences correspondant à "l'hypothèse nulle", pour laquelle l'apparition du caractère serait aléatoire, les deux types de fréquences étant alors identiques.

Exemple d'application numérique pour vérifier le caractère uni- ou bilatéral du foramen de Huschke : pour n1 = 20 ; n2 = 4 ; n3 = 6 ; n4 = 16 ; ainsi : n2 + n3 + n4 = **26** ; alors : l'hypothèse nulle : **n = 26 / 2 = 13** dans chaque cas.

Soit la table 2 x 2 :

16	10
13	**13**

p Fisher = 0.5771. Il n'y a donc pas de différence significative entre les fréquences uni- et bilatérales.
Le même principe de calcul est utilisé pour vérifier si, dans les cas d'unilatéralité, la présence du caractère prédomine d'un côté[8].
Par ailleurs, dans les cas de morphes multiples, il peut arriver que la somme de la fréquence bilatérale et des fréquences unilatérales soit impaire. Dans ce cas, nous avons fait deux tests, et les deux probabilités ont été mentionnées dans les résultats.

Par exemple : pour : n4 = 16 et n2 + n3 = 9 (somme = **25**) ; alors : l'hypothèse nulle : **n = 25 / 2** dans chaque cas

soient les 2 tables 2 x 2 possibles :

16	9
12	**13**

16	9
13	**12**

Respectivement p Fisher = 0.39 et 0.56. Il n'y a donc pas de différence significative entre les fréquences obtenues à droite et à gauche.

Il est important de préciser que les tests, autres que la liaison à l'âge (liaison au sexe, symétrie-asymétrie ou région géographique), ont été réalisés au sein de chaque classe d'âge. En effet, un caractère lié à une classe d'âge donnée, **pourrait** fausser les résultats d'un test effectué toutes classes confondues.

De plus, lorsqu'une liaison significative a été mise en évidence chez les enfants, nous avons voulu vérifier, si elle existait également chez les adultes issus des mêmes aires géographiques, lorsque les données étaient disponibles.

[8] Nous n'avons pas utilisé l'équation de Perizonius (1979b) car la multiplication du numérateur par 2 n'est pas clairement explicitée :
$\chi^2 = 2\,[(a-b)^2] / (a+b)$ où a est la fréquence absolue d'un caractère exprimé d'un côté et b la fréquence du même caractère exprimé de l'autre coté.

SÉLECTION ET VARIABILITÉ DES CARACTÈRES DE LA TÊTE OSSEUSE DES ENFANTS

I. CARACTÈRES IMPLIQUÉS DANS DES PROCESSUS DE MATURATION OSSEUSE

1. Suture métopique *(Sutura metopica)* (processus d'ossification de l'os frontal)

1. 1. Définition et ontogenèse

La suture métopique correspond à la persistance de la suture médio-frontale, après l'âge habituel de la synostose.
L'os frontal se développe par 2 points d'ossification principaux et 2 points secondaires. Les points principaux apparaissent entre le 65ème et le 70ème jour au niveau de l'arcade orbitaire (Augier, 1931), d'où ils s'étendent sur la surface antérieure du frontal et la voûte orbitaire ; ils forment deux minces lames osseuses : les 2 hémi-frontaux droit et gauche, séparés par un large intervalle : la suture médio-frontale. Chaque lame est formée de 2 parties :
- la *pars frontalis* = la partie verticale,
- la *pars orbitalis* = la partie horizontale.
Les points secondaires apparaissent après la naissance, dans l'épaisseur du septum nasal cartilagineux, qui formera simultanément la lame perpendiculaire de l'os ethmoïde et l'épine nasale de l'os frontal.

1. 2. Variabilité chez les adultes

Lorsque la suture métopique persiste après l'enfance, son oblitération peut se produire entre 30 et 40 ans (Milanesi *et al.*, 1980) ou ne jamais avoir lieu, elle est alors considérée comme un caractère discret dit "hypostotic", c'est-à-dire reflétant la persistance d'un état foetal ou immature du développement. La suture métopique a été un des premiers caractères discrets enregistrés et l'un de ceux qui ont le plus servi à défendre les hypothèses de regroupements familiaux dans les nécropoles (Crubézy, 1988).

Le métopisme serait un caractère héréditaire selon Sjøvold (1984), même si les estimations d'héritabilité que l'auteur obtient sont plus basses que celles de Self et Leamy (1978) obtenues sur des souris ou celles de Cheverud et Buikstra (1981a, b et c) sur des macaques.

Il ne semble pas exister, pour les adultes, de différences significatives selon le sexe : les fréquences d'apparition du caractère sont similaires pour les hommes et pour les femmes (Vecchi, 1968 ; Corruccini, 1974 ; Dodo, 1974).

La présence de sutures métopiques serait plus grande sur les crânes déformés (déformation bifronto-occipitale, Ossenberg, 1970) et sur des individus carencés en fer (Reimann *et al.*, 1978 ; Stuart-Macadam, 1985).

Sa fréquence d'apparition varierait suivant les groupes ethniques étudiés, de 0 % (Nubiens ; Indiens américains ou Esquimaux canadiens) à 16 % (Indiens, Uttar Pradesh) selon les auteurs (Comas, 1942 ; Linc et Fleischmann, 1969 ; Berry, 1975 ; Kaul *et al.*, 1979 ; Dodo et Ishida, 1987).
Le métopisme pourrait, selon Comas (1942) influer sur un certain nombre de mesures crâniennes (Comas, 1942 ; Peyre, 1979) comme la largeur maximale du crâne (M8), les diamètres frontaux minimal et maximal (respectivement M9 et M10).

Augier (1931) distingue deux sources de métopisme :
- le métopisme s'accompagnant typiquement d'hyperdéveloppement frontal (Papillaut, 1896). Dans ce cas, il y a élargissement de la région frontale et de la partie supérieure de la face, élargissement moins marqué de tout le crâne et une légère augmentation du volume endocrânien. Ce type de métopisme traduirait une prolongation et une activation du développement des os frontaux dont la cause initiale serait encéphalique, le cerveau agissant mécaniquement sur son enveloppe osseuse.
- le métopisme par hypodéveloppement frontal serait beaucoup plus rare que le type précédent. Il y aurait un véritable arrêt ou une insuffisance de développement, cela ne tenant pas à un défaut de développement du cerveau mais plutôt à un trouble osseux relevant lui-même d'un trouble général de l'organisme ; le métopisme serait dans ce cas associé à d'autres symptômes (troubles endocriniens).

1. 3. Variabilité chez les enfants

Liaison à l'âge

A la naissance, les deux hémi-frontaux sont encore isolés ; ils n'entrent en contact et commencent à s'engrener dans la moitié inférieure de la *pars frontalis* qu'au cours du 2ème mois pour constituer la suture métopique. Celle-ci devient parfaitement individualisée autour de 5 mois (dans la série de Spitalfields, à 9 mois, les deux hémi-frontaux peuvent être encore complètement dissociés).
Au-dessus de cette suture, les os frontaux restent séparés l'un de l'autre ainsi que des pariétaux par la fontanelle antérieure ou bregmatique. La fermeture de celle-ci est

également très variable, elle a été observée bien visible jusqu'à plus de 2 ans.
Les très jeunes enfants, n'ayant pas encore les deux-hémi os frontaux soudés, n'ont pas été retenus pour cette étude.

Une suture métopique partiellement ouverte sur son trajet, soit au départ du bregma, soit au départ de la glabelle, a été observée avec une très faible fréquence pour les enfants des classes 3 et 4. De ce fait, les fréquences de ce morphe étant négligeable, les résultats des tests d'indépendance sont identiques pour le morphe "synostosé" ou le morphe "ouvert".
Une liaison hautement significative existe entre le caractère morphologique et le développement des enfants, toutes classes d'âges confondues : $\chi^2 = 183.56$; p = 1.5 E-39. La fréquence du morphe "présent" diminue significativement entre les différentes classes d'âges : classes 1-2 : p Fisher = 0.0000 ; classes 2-3 : p = 0.037 ; classes 3-4 : p = 0.015 (tableau 2).

	Classe 1		Classe 2		Classe 3		Classe 4		Adultes	
	n	%	**n**	%	**n**	%	**n**	%	**n**	%
synostosée	**10**	9	**34**	58	**53**	75	**126**	86	**110**	89
partielle	**0**	0	**0**	0	**1**	1	**4**	3	**4**	3
ouverte	**106**	91	**25**	42	**17**	24	**16**	11	**10**	8
Total	**116**	100	**59**	100	**71**	100	**146**	100	**124**	100

Tableau 2. Fréquences absolues et relatives des différents morphes de la suture métopique, chez les enfants européens, âges séparés et chez les adultes

C'est pourquoi, dans les séries de références européennes examinées, la présence d'une suture métopique a été observée avec des fréquences variables suivant la constitution en âge de la série : Musées anatomiques : 92.6% ; Spitalfields : 62.2% ; Coimbra : 4.1%.

Les premiers signes de synostose complète de la suture métopique apparaissent entre 6 mois (Musées anatomiques Delmas-Orfila-Rouvière) et 10 mois (à Spitalfields, Molleson *et al.*, 1993).
Vers 4-5 ans, la fusion entre les parties droite et gauche de l'os frontal est quasiment achevée. Elle débute par la partie moyenne de la suture métopique et s'étend progressivement et simultanément vers le haut et vers le bas.
Après cet âge, des sutures métopiques peuvent persister pendant la quatrième classe d'âge et jusqu'à l'âge adulte mais n'ont qu'une valeur de caractère discret. En effet, la comparaison de fréquences du morphe "ouvert", entre la classe 4 des enfants et celle des adultes, ne montre aucune différence significative : p Fisher = 0.53 (tableau 2).

Liaison au sexe

Avec toutes les précautions d'interprétation liées au nombre d'observations, le test de Fisher, appliqué au sein de chaque classe d'âge, n'a révélé aucune liaison entre le caractère et un sexe : les comparaisons de fréquences entre filles et garçons ne montrent aucune différence significative (classe 1 : p Fisher = 1.0 ; classe 2 : p = 0.67 ; classe 3 : p = 1.0 ; classe 4 : p = 1.0) (tableau 3).

Sexe \ Classe		1	2	3	4
Filles	**n \ N**	**5 \ 9**	**5 \ 9**	**2 \ 4**	**1 \ 22**
	%	55.5	55.5	50	4.5
Garçons	**n \ N**	**5 \ 10**	**10 \ 15**	**6 \ 12**	**1 \ 14**
	%	50	67	50	7

Tableau 3. Fréquences absolues et relatives de la suture métopique **ouverte (n)**, chez les enfants européens, âges et sexes séparés

Variabilité géographique

Aucune différence significative n'a été constatée, au sein des 3 classes d'âges permettant le test de Fisher, entre les fréquences des enfants issus des échantillons d'Europe occidentale et ceux de la série de Moravie (respectivement p Fisher = 0.13 ; 0.36 et 0.25).
Il en est de même entre les fréquences des enfants d'Europe occidentale et ceux des séries de Tepe Hissar et Hasanlu (respectivement p = 0.29 ; 0.07 ; 0.09 ; 0.47) ; et entre ces derniers et les non-adultes de Rajhrad (respectivement p = 0.53 et 1.0) (tableau 4).

Origine \ Classe		1	2	3	4
Europe occidentale	**n \ N**	**106 \ 118**	**25 \ 57**	**14 \ 50**	**9 \ 102**
	%	90	44	28	9
Moravie	**n \ N**	**0 \ 0**	**0 \ 4**	**3 \ 21**	**7 \ 44**
	%	0	0	14	16
Iran	**n \ N**	**2 \ 3**	**0 \ 5**	**0 \ 9**	**4 \ 28**
	%	67	0	0	14

Tableau 4. Fréquences absolues et relatives de la suture métopique **ouverte (n)**, chez les enfants, âges et origines géographiques séparés

Nous avons vérifié si cette absence de liaison entre le caractère et une région, chez les sujets juvéniles, se retrouvait chez les adultes issus des mêmes aires géographiques.

Comme pour les enfants, aucune différence significative n'est constatée entre les fréquences de métopisme chez les adultes, quelle que soit l'origine géographique des sujets (tableau 5).

Origine \ Morphe		synostosée	partielle	ouverte
Angleterre	**n \ N**	**52 \ 61**	**2 \ 61**	**7 \ 61**
	%	85	3	11
Moravie	**n \ N**	**58 \ 63**	**2 \ 63**	**3 \ 63**
	%	92	3	5
Iran	**n \ N**	**31 \ 32**	**0 \ 32**	**1 \ 32**
	%	97	0	3

Tableau 5. Fréquences absolues et relatives des différents morphes de la suture métopique, chez les adultes, origines géographiques séparées

1. 4. Résumé

Des sutures métopiques sont "ostéologiquement normales" entre 6 mois et 4-5 ans (entre les classes d'âges 1 et 3). Au delà de cet âge, elles sont considérées comme des caractères discrets (figure 17).
Nous n'avons pas trouvé de différences significatives entre filles et garçons dans la fréquence d'apparition de ce caractère qui ne semble pas non plus varier en fonction des régions géographiques examinées.

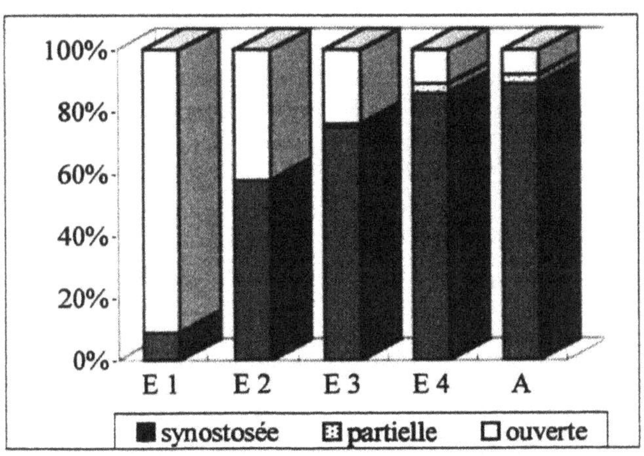

Figure 17. Fréquences relatives des différents morphes de la suture métopique, chez les enfants (E), selon les 4 classes d'âges et chez les adultes (A) issus des séries ostéologiques européennes

Par ailleurs, nous avons voulu vérifier, au sein de la série de Spitalfields, l'hypothèse de Reimann *et al.*, (1978) et Stuart-Macadam (1985), selon laquelle la suture métopique serait plus fréquente sur des crânes carencés en fer.

Il a été montré (Molleson *et al.*, 1993) que parmi les enfants de Spitalfields âgés de plus de 1 an, des retards de croissance étaient visibles. Ces retards pourraient être dûs à des déficiences dans le régime alimentaire après le sevrage, qui serait riche en céréales mais pauvre en protéines et en zinc. D'autres indications sur l'état de santé de nombreux enfants de Spitalfields, sont les nombreuses lésions squelettiques (*cribra orbitalia, cribra parietala*, palais porotique, rachitisme) même si l'étiologie de la plupart d'entre elles n'est pas encore bien connue.

Nous avons donc comparé la fréquence de métopisme à Spitalfields par rapport à celle des autres séries européennes.

Au sein de la première classe d'âge, lorsque les enfants ne sont pas encore sevrés, la fréquence de métopisme à Spitalfields, n'est pas significativement plus élevée que celle des autres échantillons européens étudiés (tableau 6).

En revanche, des différences significatives apparaissent dès la deuxième classe d'âge, entre les fréquences des deux groupes de séries, et se poursuivent dans la classe d'âge suivante (respectivement $p = 0.0000$ et 0.0101), la fréquence de métopisme étant significativement plus élevée à Spitalfields (tableau 6). Ce test permet donc de confirmer l'hypothèse de Reimann *et al.*, (1978) et Stuart-Macadam (1985). Les enfants des classes d'âges 2 et 3 de la série de Spitalfields sont, en effet, significativement plus métopiques que les enfants provenant de séries pour lesquelles les problèmes de carences en fer sont moins graves.

Série \ Classe		1	2	3	4
Spitalfields	**n \ N**	**10 \ 10**	**15 \ 18**	**7 \ 13**	**1 \ 12**
Autres séries	**n \ N**	**96 \ 106**	**10 \ 41**	**10 \ 58**	**15 \ 134**

Tableau 6. Fréquences absolues de la suture métopique **ouverte (n),** à Spitalfields et dans les autres séries européennes, âges séparés

2. *Sutura mendosa* (Processus d'ossification de l'écaille occipitale)

2. 1. Définition et ontogenèse

La *sutura mendosa* correspond à une trace, sur l'écaille occipitale des fœtus et des très jeunes enfants, de l'union entre la portion située au-dessous de la ligne nuchale supérieure d'origine cartilagineuse, et celle située au-dessus, d'origine membraneuse (figure 10).
Le plus fréquemment, la suture débute à partir de l'astérion (68% des cas), plus rarement (21%) au-dessous (Davida, 1914). Du côté endocrânien, la suture est située soit un peu au-dessus du sillon transversal de la surface cérébrale de l'écaille occipitale, soit, et c'est plus rare, dans le sillon même.
La longueur maximale de la suture est de 30 mm environ de chaque côté (Davida, 1914).

L'os occipital se développe par l'intermédiaire de 6 points d'ossification. A la naissance, il est formé par la juxtaposition de 4 pièces osseuses : la partie basilaire, les parties latérales et l'écaille. Cette dernière est formée par 3 points : 1 inférieur et médian et 2 supérieurs :
- le point inférieur : supra-occipital apparaît en **milieu cartilagineux** au début du 3ème mois ; il donne naissance à toute la partie de l'écaille située au-dessous des gouttières transverses.
- les points supérieurs : points latéraux ou interpariétaux se développent comme des **os de membrane** ; ils apparaissent un peu plus tard que les précédents et fusionnent très rapidement par la suite.

La *sutura mendosa*, parfois aussi appelée incisure latérale de l'écaille, marque la jonction des parties d'origines membraneuse et cartilagineuse sur les bords latéraux de la future écaille occipitale.

2. 2. Variabilité chez les adultes

Lorsque la *sutura mendosa* persiste après l'âge normal de fermeture, sa présence est considérée comme un caractère discret dit "hypostotic" (Berry et Berry, 1967).

Aucune corrélation avec d'autres caractères discrets ou avec d'autres indicateurs non spécifiques de stress n'a été mentionnée jusqu'à présent (Dodo, 1974 ; Crubézy, 1988).
Selon Davida (1914), il n'existerait, chez les adultes, aucune différence selon le sexe dans l'apparition de la *sutura mendosa*. Celle-ci s'observerait plus fréquemment de façon symétrique et dans les cas de présence unilatérale sur les crânes, il ne semble pas exister de côté privilégié (Dodo, 1974).
Des différences entre populations ont été notées, avec un pourcentage d'apparition pouvant varier de 7.7 % chez des Indiens Américains (Molto, 1983 *in* Hauser et de Stefano, 1989) à 28 % sur des crânes d'Esquimaux d'Alaska (Dodo et Ishida, 1987).

2. 3. Variabilité chez les enfants

Liaison à l'âge

Une diminution, au cours du développement, de la proportion de *sutura mendosa* ouvertes s'observe, toutes classes d'âges confondues et même entre classes d'âges, testées deux à deux. En effet, les comparaisons de fréquences montrent toutes des différences significatives : ensemble des classes d'âges : $\chi^2 = 545.8$; p = 5.6 E-118 et classes 1-2 : p Fisher = 0.0000 ; classes 2-3 : p = 0.0010 et classes 3-4 : p = 0.0000 (tableau 7).
C'est pourquoi la fréquence de *sutura mendosa* ouvertes, dans les séries européennes de référence, varie selon la constitution en âge de la série : Musées anatomiques : 99% ; Spitalfields : 49% et Coimbra : 6.25%.

	Classe 1		Classe 2		Classe 3		Classe 4		Adultes	
	n	%	**n**	%	**n**	%	**n**	%	**n**	%
synostosée	**3**	1	**61**	60	**121**	80	**324**	95	**211**	95
ouverte	**233**	99	**41**	40	**31**	20	**16**	5	**11**	5
Total	**236**	100	**102**	100	**152**	100	**340**	100	**222**	100

Tableau 7. Fréquences absolues et relatives des différents morphes de la *sutura mendosa*, chez les enfants européens, âges séparés, côtés confondus et chez les adultes

L'âge d'oblitération de la *sutura mendosa* est très variable selon les auteurs. Pour certains, la synostose a lieu peu de temps avant la naissance (Oetteking, 1957), au moment de la naissance (Shapiro et Janzen, 1960), ou quelques mois après (Williams *et al.*, 1995). Des traces de la suture peuvent se retrouver encore quelques années après la naissance (Redfield, 1971 ; Fazekas et Kosa,1978). Grob (1938) a montré, sur des enfants de 1 an, la présence de traces de la suture dans 93% des cas, et cette proportion se réduit à 4% pour des enfants de 5 ans.

A partir de nos échantillons de référence, nous avons trouvé que la synostose complète de la *sutura mendosa* ne s'observe qu'exceptionnellement avant l'âge de 6 mois. A partir de 18 mois des cas de fusion complète sont observés couramment (à Spitalfields, elle n'intervient qu'un an plus tard). On peut

considérer que l'achèvement de la synostose se réalise durant la troisième classe d'âge.
Après cette classe d'âge et chez les adultes, la persistance d'une *sutura mendosa* est considérée comme un caractère discret. En effet, il n'existe aucune différence significative entre la fréquence du caractère chez les enfants de la classe d'âge 4 et celle des adultes : $\chi^2 = 0.018$; $p = 0.89$ (tableau 7). Il est à préciser que le pourcentage de *sutura mendosa* présentes sur des crânes d'adultes européens (5%) (tableau 7) est le plus faible de tous ceux recensés dans la littérature (Hauser et de Stefano, 1989).
Concernant les crânes iraniens adultes que nous avons examinés, le pourcentage de sutures présentes est de 8 % (tableau 11).

Liaison au sexe

Un test de Fisher a mis en évidence une différence significative entre les fréquences chez les filles et chez les garçons, uniquement au sein de la deuxième classe d'âge (respectivement p = 0.48 ; 0.020 ; 0.68 et 1.0), les filles montrant une proportion de *sutura mendosa* fermées plus grande que les garçons (tableau 8).
Celles-ci semblent donc présenter une maturation osseuse plus rapide que chez les garçons, pour cette partie de l'os occipital. Mais ces résultats sont à considérer avec prudence du fait du faible nombre d'enfants sexués.

Sexe \ Classe		1	2	3	4
Filles	**n \ N**	**0 \ 16**	**10 \ 14**	**5 \ 8**	**39 \ 42**
	%	0	71	62.5	93
Garçons	**n \ N**	**2 \ 18**	**8 \ 26**	**11 \ 22**	**25 \ 26**
	%	11	31	50	96

Tableau 8. Fréquences absolues et relatives de la *sutura mendosa* **synostosée (n)**, chez les enfants européens, âges et sexes séparés, et côtés confondus

Bilatéralité ou unilatéralité

Pour le morphe "synostosé", une apparition significativement bilatérale du caractère est constatée, pour les classes d'âges 2, 3 et 4 (respectivement p Fisher = 0.0217 ; 0.0001 et 0.0000) (tableau 9).
Le morphe "ouvert" montre une apparition significativement bilatérale, pour les deux premières classes d'âges (respectivement p = 0.0000 et 0.0008). Pour les deux dernières, la situation du morphe sur l'os occipital est aléatoire : les comparaisons de fréquences, entre une apparition bilatérale et unilatérale, ne montrent aucune différence significative (p = 1.0 pour les deux classes).

Morphe \ Classe		1	2	3	4
synostosée	**n \ N**	**1 \ 2**	**29 \ 32**	**55 \ 66**	**160 \ 164**
	%	50	91	83	97.5
ouverte	**n \ N**	**116 \ 117**	**19 \ 22**	**10 \ 21**	**6 \ 10**
	%	99	86	48	60

Tableau 9. Fréquences absolues et relatives des différents morphes de la *sutura mendosa*, chez les enfants européens, âges séparés, côtés confondus (**n : morphes bilatéraux**)

Dans les cas d'unilatéralité, nous n'avons pas constaté de côté privilégié (tableau 9).

Il semble que lorsque la fréquence absolue d'un morphe est grande, celui-ci apparaît de manière bilatérale alors que lorsque sa fréquence diminue, il apparaît plutôt de façon aléatoire d'un côté ou des deux côtés du crâne.

Variabilité géographique

Une différence significative entre les fréquences des échantillons des deux régions d'Europe est constatée au sein des classes d'âges 2, 3 et 4, qui seules permettent le test de Fisher (respectivement p = 0.0006 ; 0.000 et 0.004) : les enfants de la série de Rajhrad montrent une fréquence plus grande de *sutura mendosa* synostosée (tableau 10). Leur processus de maturation serait donc plus rapide, pour cette partie de l'os occipital.

Cette différence de vitesse de maturation osseuse se retrouve également lorsque l'on compare les fréquences de cette série morave, à celles de Tepe Hissar et Hasanlu, pour les classes d'âges 3 et 4 (respectivement p = 0.0000 et 0.0021) (tableau 10). Entre les séries d'Europe occidentale et les deux séries iraniennes, nous n'avons trouvé qu'une seule différence significative de fréquence, pour la classe 3 uniquement : p = 0.043, la *sutura mendosa* à Tepe Hissar et Hasanlu étant moins fréquemment fermée.
En revanche, pour les trois autres classes, nous n'avons constaté aucune différence : p = 1.0 ; 0.49 et 0.38 (tableau 10).

Origine \ Classe		1	2	3	4
Europe occidentale	**n \ N**	**3 \ 236**	**47 \ 88**	**56 \ 86**	**164 \ 178**
	%	1	53	65	92
Moravie	**n \ N**	**0 \ 0**	**14 \ 14**	**65 \ 66**	**160 \ 162**
	%	0	100	98	99
Iran	**n \ N**	**0 \ 4**	**2 \ 2**	**5 \ 14**	**42 \ 48**
	%	0	100	36	87.5

Tableau 10. Fréquences absolues et relatives de la *sutura mendosa* **synostosée (n)**, chez les enfants, âges et origines géographiques séparés, côtés confondus

Nous avons voulu vérifier si ces différentes liaisons mises en évidence entre le caractère et une région, se retrouvaient chez les adultes issus des mêmes aires géographiques. Il apparaît que les adultes issus du site morave ont les mêmes "comportements" que les enfants. En effet, les fréquences de ce caractère discret sont significativement les plus basses, comparées à celles des séries d'Angleterre (p Fisher = 0.0038) et d'Iran (p = 0.0221) (tableau 11).

Origine \ Morphe		synostosée	ouverte
Angleterre	**n \ N**	**96 \ 106**	**10 \ 106**
	%	90.5	9.5
Moravie	**n \ N**	**115 \ 116**	**1 \ 116**
	%	99	1
Iran	**n \ N**	**59 \ 64**	**5 \ 64**
	%	92	8

Tableau 11. Fréquences absolues et relatives des différents morphes de la *sutura mendosa*, chez les adultes, origines géographiques séparées et côtés confondus

2. 4. Résumé

A partir de nos échantillons de référence, il semble que la synostose complète de la *sutura mendosa* ne s'observe qu'exceptionnellement avant l'âge de 6 mois (qui correspond à la première classe d'âge). A partir de 18 mois la fusion peut être complète (à Spitalfields, elle n'intervient qu'un an plus tard) (figure 18).

La position de la *sutura mendosa*, lorsque le caractère est fréquent, est plutôt bilatérale ; dans les autres cas, elle est aléatoirement unilatérale ou bilatérale.

Il semble exister une différence dans la vitesse de maturation de l'écaille occipitale entre les filles et les garçons, la suture étant plus rapidement synostosée chez les premières.
De même, des variations sont visibles entre les régions géographiques examinées : les enfants et les adultes issus du site de Rajhrad semblent montrer une fréquence moindre de *sutura mendosa* ouverte, que les autres sujets examinés.

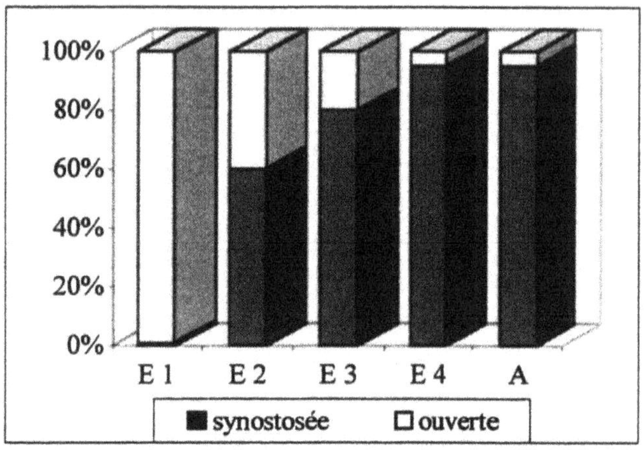

Figure 18. Fréquences relatives des différents morphes de la *sutura mendosa*, chez les enfants (E), selon les 4 classes d'âges et chez les adultes (A) issus des séries ostéologiques européennes

3. Suture incisive *(Sutura incisiva)* (Processus d'ossification de l'os maxillaire)

3. 1. Définition et ontogenèse

La suture incisive représente la zone séparant l'os maxillaire de l'os prémaxillaire, découvert par Goethe en 1832. Cette suture a reçu différents noms, liés aux différentes hypothèses émises sur l'origine de l'os prémaxillaire et sa relation avec l'os maxillaire.

Celle-ci a fait l'objet de nombreuses études basées sur l'observation et la dissection d'embryons à différents stades de leurs développements (*e. g.* Vallois et Cadenat, 1926 ; Kraus et Decker, 1960 ; Behrents et Harris, 1991).

Vallois et Cadenat (*op. cit.*) ont observé sur un embryon de 21 mm CRL[9], l'ébauche conjonctive du maxillaire : c'est une lame basale constituée de 2 parties : la partie maxillaire est postérieure et répond aux molaires. La partie antérieure est la partie prémaxillaire qui répond aux incisives. Alors que la partie antérieure est encore totalement conjonctive, la partie postérieure présente un début d'ossification. La zone d'union entre les deux parties correspond au follicule de la canine déciduale.

La lame basale est ossifiée dans sa totalité sur un embryon de 25 mm CRL, mais ne présente pas encore d'alvéole. De la face supérieure de la lame basale, et perpendiculaire à elle, s'élèvent 2 lames osseuses aplaties : les lames faciales, l'une se détachant du maxillaire et l'autre du prémaxillaire. A la jonction de la lame basale et des lames faciales, se détachent, à la fois du maxillaire et du prémaxillaire, des ébauches de lames palatines. Puis aux stades de 32.8 et 49 mm CRL, les os prémaxillaires et maxillaires ne sont continus qu'au niveau de la lame basale, car au niveau des lames faciales et palatines, les 2 os sont séparés par la suture incisive.

La lame palatine du prémaxillaire est celle qui garde le plus longtemps son indépendance : elle ne s'unit à celle du maxillaire qu'après la naissance, laissant la suture incisive longtemps visible.

Toute suture membraneuse est le résultat des conditions anatomo-physiologiques particulières auxquelles ont été soumis les os qu'elle sépare. Les sutures sont à la fois des joints de rupture et de dilatation (Lebourg et Seydel, 1932). Lorsque la croissance est terminée, la suture peut encore persister pendant de longues années et jouer un rôle amortisseur. C'est pourquoi, malgré sa soudure externe, la suture incisive ne perd pas toutes ses propriétés qui, comme celles de toutes les autres sutures sont doubles : un rôle dans la croissance du pré-maxillaire et un rôle d'amortisseur des forces mécaniques supportées par ce dernier :

- Rôle dans la croissance : Selon Sillmann (*in* Delaire, 1974), l'arc incisivo-canin s'allonge en moyenne de plus de 9 mm entre la naissance et l'âge de 2 ans et d'environ 15 mm entre 2 et 9 ans. La suture incisive permettrait aux os prémaxillaires certains mouvements de rotation antéro-externe autour d'un axe charnière constitué par l'alvéole de la canine déciduale.
- Rôle comme amortisseur des forces occlusales : chaque prémaxillaire subit des forces de la part de la langue sur le palais antérieur, de certains muscles de la lèvre supérieure (muscle buccinateur, muscle incisif supérieur, muscle abaisseur de l'angle de la bouche) et de la mastication - l'importance de ceux-ci augmentant après l'éruption des incisives - (Delaire, 1974 ; Couly, 1991). Les prémaxillaires supportent également des forces liées à l'augmentation de volume des germes des incisives supérieures, et à l'accroissement d'os alvéolaire qu'ils déterminent.

En revanche, l'influence de la suture incisive sur la variation morphologique du maxillaire semble négligeable (Berhents et Harris, 1991).

3. 2. Variabilité chez les adultes

La persistance de la suture incisive chez les adultes est considérée comme un caractère discret "hypostotic".
La composante palatine de cette suture chez les adultes a été notée par Maureille (1994) sur des échantillons d'individus d'origines géographiques différentes : Esquimaux, Européens, Asiatiques, Australiens et Africains. Les pourcentages de présence de ce caractère sont respectivement de 59.4% ; 37.9% ; 21.9% ; 14.7% et 6.3%. La plus forte persistance de la portion palatine de la suture incisive chez les Esquimaux pourrait, selon l'auteur, favoriser "un meilleur développement sous l'effet des contraintes exercées par la croissance des parties molles".

3. 3. Variabilité chez les enfants

- **Suture incisive sur la face palatine**

Liaison à l'âge

La fréquence du morphe "synostosé" étant très faible, nous ne considérerons que les deux morphes "en cours" et "ouvert" pour les calculs des tests d'indépendance.
Il est normal de mettre en évidence une très forte liaison entre la diminution de fréquence du morphe "ouvert" et le développement des enfants, toutes classes d'âges confondues ($\chi^2 = 387.3$; p = 1.2 E-83). Lorsque les classes d'âges sont comparées deux à deux, la diminution de fréquence reste significative : classes 1-2 : p Fisher = 0.0000 ; classes 2-3 : p = 0.0023 ; classes 3-4 : p = 0.0000 (tableau 12). Une liaison existe de même entre l'augmentation de fréquence du morphe "en cours" et le développement des enfants (toutes classes confondues : $\chi^2 = 382.04$; 9 = 1.71 E-82 et testées 2 à 2 : classes 1-2 : p Fisher = 0.0000 ; classes 2-3 : p = 0.0006 et classes 3-4 : p = 0.0000).

[9] CRL : Crown-Rump Length.

Il semble donc, que pour cette partie de l'os maxillaire, la fermeture de la suture incisive se fasse progressivement depuis la première classe d'âge jusqu'à la dernière.

Une différence significative persiste, entre la fréquence du caractère, quelque soit le morphe, chez les enfants de la classe d'âge 4 et les adultes (morphe "synostosé" : χ^2 = 238.07 ; p = 1.03 E-53 ; morphe "en cours" : χ^2 = 119.9 ; p = 6.5 E-28 et morphe "ouvert" : χ^2 = 37.1 ; p = 1.06 E-9) (tableau 12).

On peut en déduire que pour les enfants de la dernière classe d'âge, le processus de maturation du composant palatin de la suture incisive n'est pas encore achevé, alors que pour les adultes, la présence de cette suture n'est considérée que comme un caractère discret.

	Classe 1		Classe 2		Classe 3		Classe 4		Adultes	
	n	%	**n**	%	**n**	%	**n**	%	**n**	%
synostosée	**0**	0	**2**	2	**0**	0	**3**	1	**146**	60
en cours	**4**	2	**27**	23	**69**	43	**260**	85	**98**	40
ouverte	**210**	98	**89**	75	**93**	57	**43**	14	**0**	0
Total	**214**	100	**118**	100	**162**	100	**306**	100	**244**	100

Tableau 12. Fréquences absolues et relatives des différents morphes de la suture incisive, chez les enfants européens, âges séparés, côtés confondus et chez les adultes

Liaison au sexe

La fréquence de suture ouverte est significativement moins élevée, pour les filles de la 2ème classe d'âge (p Fisher = 0.0061). A l'inverse, dans la 4ème classe d'âge, c'est pour les garçons qu'elle est significativement la moins élevée (p = 0.0177) (tableau 13).

Cela semblerait signifier que la maturation de cette partie de l'os maxillaire débute plus précocement chez les filles, tandis que chez les garçons, commençant plus tard, elle serait plus souvent complète au moment de la dernière classe d'âge.

Sexe \ Classe		1	2	3	4
Filles	**n \ N**	**12 \ 12**	**10 \ 14**	**12 \ 12**	**7 \ 38**
	%	100	71	100	18
Garçons	**n \ N**	**12 \ 12**	**32 \ 32**	**20 \ 20**	**0 \ 28**
	%	100	100	100	0

Tableau 13. Fréquences absolues et relatives de la suture incisive **ouverte (n)**, chez les enfants européens, âges et sexes séparés, et côtés confondus

Bilatéralité ou unilatéralité

Quel que soit le morphe, lorsque sa fréquence absolue est grande, son apparition sur le crâne est significativement bilatérale (morphe "ouvert" p Fisher = 0.0000 pour les 3 premières classes d'âges et p = 0.0106-0.023 pour la dernière et morphe "en cours" p = 0.0000 pour les trois dernières classes d'âges : respectivement p = 0.0329 ; 0.0000 et 0.0000) (tableau 14).
En revanche, lorsqu'un morphe est présent avec une fréquence absolue faible, son apparition est aléatoire, soit unilatéralement, soit bilatéralement (morphe "en cours" classe 1 : p = 1.0 et morphe "synostosé" classes 2 et 4 : p = 1.0 pour les 2 classes) (tableau 14).

Dans le cas d'une présence unilatérale sur le crâne, nous n'avons pas constaté de côté privilégié d'apparition.

Morphe \ Classe		1	2	3	4
synostosée	**n \ N**	**0 \ 0**	**2 \ 2**	**0 \ 0**	**1 \ 2**
	%	0	100	0	50
en cours	**n \ N**	**2 \ 2**	**13 \ 14**	**34 \ 35**	**127 \ 131**
	%	100	93	97	97
ouverte	**n \ N**	**105 \ 105**	**44 \ 45**	**46 \ 47**	**20 \ 23**
	%	100	98	98	87

Tableau 14. Fréquences absolues et relatives des différents morphes de la suture incisive, chez les enfants européens, âges séparés, côtés confondus (**n : morphes bilatéraux**)

Variabilité géographique

Pour la classe 2, la fréquence de suture incisive "ouverte" est significativement plus faible dans la série de Rajhrad, que chez les enfants des séries d'Europe occidentale (p Fisher = 0.0035), lesquels montrent plutôt une suture en cours de synostose.

Pour la dernière classe d'âge, c'est la situation inverse qui s'observe (p = 0.0295) (tableau 15).

Origine \ Classe		1	2	3	4
Europe occident	**n \ N**	**214 \ 214**	**78 \ 94**	**46 \ 76**	**11 \ 124**
	%	100	83	60.5	9
Moravie	**n \ N**	**0 \ 0**	**11 \ 22**	**47 \ 86**	**32 \ 178**
	%	0	50	55	18
Iran	**n \ N**	**4 \ 4**	**3 \ 6**	**6 \ 10**	**8 \ 62**
	%	100	50	60	13

Tableau 15. Fréquences absolues et relatives de la suture incisive **ouverte (n)**, chez les enfants, âges et origines géographiques séparés, côtés confondus

Nous avons voulu vérifier si ces variations se retrouvent au sein des populations adultes issues des mêmes aires géographiques.

Pour les adultes, nous retrouvons la même situation que pour la dernière classe d'âge des enfants concernant cette fois-ci le morphe "trace", à savoir que les adultes de Rajhrad montrent une fréquence de ce phénotype plus élevée que chez ceux de la série de Spitalfields dont la face palatine est plus fréquemment vierge de toute suture (p Fisher = 0.0000) (tableau 16). Les individus adultes issus des sites iraniens montrent les mêmes variations que ceux de Rajhrad (p = 0.0000) (tableau 16).

Origine \ Morphe		ouverte	trace	synostosée
Angleterre	**n \ N**	**0 \ 122**	**23 \ 122**	**99 \ 122**
	%	0	19	81
Moravie	**n \ N**	**0 \ 122**	**75 \ 122**	**47 \ 122**
	%	0	61	39
Iran	**n \ N**	**0 \ 64**	**41 \ 64**	**23 \ 64**
	%	0	64	36

Tableau 16. Fréquences absolues et relatives des différents morphes de la suture incisive, chez les adultes, origines géographiques séparées, côtés confondus

◆ **Suture incisive sur les fosses nasales**

Liaison à l'âge

Encore une fois, une relation hautement significative est constatée, entre la croissance de l'enfant et la diminution de fréquence de la suture ouverte (χ^2 = 130.2 ; p = 4.7 E-28).

Deux phases significatives dans la diminution de cette fréquence peuvent être mises en évidence : entre les classes 1-2, au moment de la mise en place de la dentition déciduale (χ^2 = 17.89 ; p = 2.34 E-5 ; entre les classes 3-4, au moment de la mise en place de la dentition permanente complète (χ^2 = 82.27 ; p = 1.18 E-19) (tableau 17).

L'augmentation de la fréquence du morphe "synostosé" montre également une liaison significative avec la croissance, toutes classes d'âges confondues (χ^2 = 41.25 ; p = 5.7 E-9), mais seule l'augmentation observée entre les deux dernières classe d'âges est significative (χ^2 = 7.35 ; p = 0.0066) (tableau 17).

L'augmentation de la fréquence du morphe "en cours" est également liée à la croissance (toutes classes d'âges confondues : χ^2 = 205.42 ; p = 2.8 E-44 ainsi qu'entre les classes 1-2 : p Fisher = 0.0001 et les classes 3-4 : p = 0.0000).

Comme pour la composante palatine de la suture incisive, des différences significatives persistent dans les fréquences des différents morphes, entre les enfants de la classe 4, qui achèvent leur processus de maturation, et les adultes, pour qui la présence d'une suture incisive n'est considérée que comme un caractère discret (morphe "synostosé" : χ^2 = 302.6 ; p = 8.5 E-68 ; morphe "en cours" χ^2 = 205.8 ; p = 1.13 E-46 et morphe "ouvert" : χ^2 = 34.4 ; p = 4.4 E-9) (tableau 17). Ceci peut signifier que le processus de fermeture de la suture incisive sur les fosses nasales ne prend fin qu'après l'adolescence.

	Classe 1		Classe 2		Classe 3		Classe 4		Adultes	
	n	%	**n**	%	**n**	%	**n**	%	**n**	%
synostosée	**0**	0	**2**	2	**7**	4	**37**	12	**213**	87
en cours	**30**	14	**39**	32	**52**	33	**222**	74	**31**	13
ouverte	**184**	86	**81**	66	**97**	62	**39**	13	**0**	0
Total	**214**	100	**122**	100	**156**	100	**298**	100	**244**	100

Tableau 17. Fréquences absolues et relatives des différents morphes de la suture incisive, chez les enfants européens, âges séparés, côtés confondus et chez les adultes

Liaison au sexe

Pour la classe 2 uniquement, la fréquence de suture ouverte, est significativement plus élevée chez les garçons (p Fisher = 0.037) (tableau 18 a). Il semblerait donc que les jeunes garçons montrent un retard de maturation pour cette partie de l'os maxillaire.

En revanche, les garçons de la classe 4 montrent une fréquence significativement plus basse du morphe "en cours de synostose" (p = 0.026), au profit de sutures déjà synostosées (annexes, tableaux 18 b et c).

Comme précédemment, malgré une vitesse de maturation plus basse au départ, les garçons rattrapent leur "retard" au stade de l'adolescence, et se trouvent même en avance sur les filles. Chez elles, une forte fréquence de sutures "en cours de synostose" est encore notée au stade de la classe 4.

Sexe \ Classe		1	2	3	4
Filles	**n \ N**	**12 \ 12**	**6 \ 14**	**8 \ 10**	**2 \ 32**
	%	100	43	80	6.25
Garçons	**n \ N**	**12 \ 12**	**25 \ 32**	**15 \ 20**	**4 \ 24**
	%	100	78	75	17

Tableau 18 a. Fréquences absolues et relatives de la suture incisive **ouverte (n)**, chez les enfants européens, âges et sexes séparés, côtés confondus

Bilatéralité ou unilatéralité

Quelque soit le morphe, lorsque sa fréquence absolue est haute, son apparition est significativement bilatérale. C'est le cas du morphe "en cours" pour les classes d'âges 3 et 4 (respectivement p Fisher = 0.0090 et 0.0000) ; du morphe "ouvert" pour toutes les classes d'âges (respectivement p = 0.0000 ; 0.0013 ; 0.0000 et 0.0203-0.0431) et enfin du morphe "synostosé" pour la classe 4 : p = 0.0030-0.0078) (tableau 19).
Lorsque sa fréquence absolue est basse, le morphe est présent de manière aléatoire, soit bilatéralement, soit unilatéralement : morphe "synostosé" classes 2 et 3 (p = 1.0 pour les 2 classes d'âges) et morphe "en cours" pour les classes 1 et 2 (respectivement p = 0.49 et 0.23-0.36) (tableau 19).
Dans le cas d'une présence unilatérale sur l'os maxillaire, nous n'avons pas constaté de côté privilégié d'apparition.

Morphe \ Classe		1	2	3	4
synostosée	**n \ N**	**0 \ 0**	**0 \ 2**	**2 \ 5**	**18 \ 19**
	%	0	0	40	95
en cours	**n \ N**	**12 \ 18**	**16 \ 23**	**24 \ 28**	**108 \ 114**
	%	67	69.5	86	95
ouvert	**n \ N**	**89 \ 95**	**37 \ 44**	**47 \ 50**	**18 \ 21**
	%	94	84	94	86

Tableau 19. Fréquences absolues et relatives des différents morphes de la suture incisive, chez les enfants européens, âges séparés, côtés confondus (**n : morphes bilatéraux**)

Variabilité géographique

Pour le morphe "ouvert" de la 4ème classe d'âge, la fréquence est significativement plus élevée dans la série de Rajhrad que dans celles d'Europe occidentale (p Fisher = 0.0000), et d'Iran (p = 0.0000) (tableau 20 a).
En revanche, pour le morphe "en cours de synostose" et pour la même classe d'âge, la fréquence est significativement moins haute chez les sujets de Rajhrad (comparaison avec les séries d'Europe occidentale et d'Iran : p = 0.0000) (annexes, tableau 20 b). Pour le morphe "synostosé", le test de Fisher atteint sa limite de validité (p = 0.0541), la fréquence étant plus haute dans la série morave que dans les séries d'Europe occidentale. Les résultats des autres tests sont toujours en limite de "signifiance" : χ^2 = 3.99 ; p = 0.0457 ; χ^2 Yates = 3.32 ; p = 0.0683) (annexes, tableau 20 c).
Il semble donc que dans la série de Rajhrad, les morphes "ouvert" ou "fermé" soient significativement plus fréquents dans la dernière classe d'âge. En revanche, dans les autres séries examinées, on trouve pour la même classe, plus de morphes "en cours de synostose".

Nous avons voulu vérifier si ces variations liées à l'origine géographique des individus se retrouvent dans les populations adultes (tableau 21).

Origine \ Classe		1	2	3	4
Europe occident	**n \ N**	**184 \ 214**	**69 \ 100**	**44 \ 76**	**20 \ 120**
	%	86	69	58	17
Moravie	**n \ N**	**0 \ 0**	**12 \ 22**	**53 \ 80**	**89 \ 178**
	%	0	54.5	66	50
Iran	**n \ N**	**4 \ 4**	**6 \ 8**	**8 \ 12**	**8 \ 60**
	%	100	75	67	13

Tableau 20 a. Fréquences absolues et relatives de la suture incisive **ouverte (n)**, chez les enfants, âges et origines géographiques séparés, côtés confondus

Pour cette partie de la suture incisive, nous retrouvons les variations déjà constatées chez les adolescents, cette fois-ci avec le morphe "trace".
En effet, les adultes de la série de Rajhrad montrent toujours une fréquence plus haute de ce phénotype que ceux de Spitalfields (p Fisher = 0.0000) (tableau 21).
En revanche, à la différence des adolescents, les adultes des échantillons iraniens partagent les mêmes variations que les adultes de la série morave, par rapport aux individus de Spitalfields (p = 0.0000) (tableau 21).

Origine \ Morphe		Ouverte	Trace	Synostosée
Angleterre	**n \ N**	**0 \ 122**	**0 \ 122**	**122 \ 122**
	%	0	0	100
Moravie	**n \ N**	**0 \ 122**	**31 \ 122**	**91 \ 122**
	%	0	25	75
Iran	**n \ N**	**0 \ 64**	**15 \ 64**	**49 \ 64**
	%	0	23	77

Tableau 21. Fréquences absolues et relatives des différents morphes de la suture incisive, chez les adultes, origines géographiques séparées, côtés confondus

- **Suture incisive sur la face nasale, au-dessous de la crête conchale**

Liaison à l'âge

La diminution de la fréquence du morphe "ouvert" au cours de la croissance, toutes classes d'âges confondues, est statistiquement significative (χ^2 = 137.67 ; p = 1.19 E-29). Nous avons pu déceler deux phases dans la fermeture de la suture : l'une très significative entre les deux premières classes d'âges (χ^2 = 47.01 ; p = 7.05 E-12) - au moment de l'éruption de la dentition déciduale - et une seconde, moins nette mais néanmoins significative, entre les deux dernières classes d'âges (χ^2 = 4.01 ; p = 0.0045) (tableau 22).

Le morphe "en cours de synostose" est lié à l'âge (toutes classes d'âges confondues χ^2 = 62.9 ; p = 1.39 E-13) et deux phases significatives sont également mises en évidence dans les variations de sa fréquence : une augmentation nette entre les classes 1 et 2 (χ^2 = 48.8 ; p = 2.8 E-12) coïncidant avec la première phase de diminution du morphe "ouvert" ; puis une diminution entre les deux dernières classes (χ^2 = 8.3 ; p = 0.0039) (tableau 22).

Enfin, l'augmentation significative du morphe "synostosé" entre les classes 2 et 3 (χ^2 = 4.3 ; p = 0.03) et surtout entre les classes 3 et 4 (χ^2 = 24.6 ; p = 7.0 E-7) (tableau 22), permet de comprendre que ce morphe prend le relais du morphe précédent, la synostose complète d'une suture étant toujours précédée d'une phase de transition.
Nous n'avons trouvé aucune trace de cette partie de la suture incisive chez les adultes.

	Classe 1		Classe 2		Classe 3		Classe 4	
	n	%	**n**	%	**n**	%	**n**	%
synostosée	**14**	6.5	**9**	8	**24**	17	**89**	42
en cours	**34**	16	**59**	53	**70**	49	**72**	34
ouverte	**166**	76.5	**44**	39	**48**	34	**51**	24
Total	**214**	100	**112**	100	**142**	100	**212**	100

Tableau 22. Fréquences absolues et relatives des différents morphes de la suture incisive, chez les enfants européens, âges séparés, côtés confondus

Liaison au sexe

Pour la deuxième classe d'âge, la fréquence de suture "ouverte" est significativement plus élevée chez les sujets masculins que chez les filles (tableau 23 a) qui montrent plus de sutures déjà complètement synostosées : p = 0.001 (annexes, tableau 23 b). Ceci peut s'expliquer par une maturation plus rapide de cette composante chez les filles, dans les premières classes d'âges uniquement.

Sexe \ Classe		1	2	3	4
Filles	**n \ N**	**7 \ 12**	**1 \ 12**	**2 \ 8**	**2 \ 14**
	%	58	8	25	14
Garçons	**n \ N**	**7 \ 12**	**16 \ 30**	**9 \ 20**	**2 \ 12**
	%	58	53	45	17

Tableau 23 a. Fréquences absolues et relatives de la suture incisive **ouverte (n)**, chez les enfants européens, âges et sexes séparés, côtés confondus

Bilatéralité ou unilatéralité

L'apparition d'une suture incisive est notée significativement bilatérale chaque fois que la fréquence absolue du morphe est importante : morphe "ouvert" pour les 3 premières classes d'âges (respectivement p Fisher = 0.0000 ; 0.0305 et 0.0015-0.0036) ; morphe "en cours" pour les classes 2 et 3 (respectivement p = 0.0007-0.0016 et 0.0003-0.0007) ; morphe "synostosé" de la classe 4 (p = 0.0000-0.0001) (tableau 24).
En revanche, lorsque la fréquence du morphe est faible, sa présence sur l'os maxillaire est aléatoire, soit bilatéralement soit unilatéralement : morphe "en cours" classes 1 et 4 (respectivement p = 0.53-0.75 et 0.0732) ; morphe "synostosé" classes 1, 2 et 3 (respectivement p = 1.0 ; 0.52-1.0 et 0.09-0.20) et morphe "ouvert" de la classe 4 (p = 0.1872) (tableau 24).

Dans les cas d'unilatéralité, il n'y a pas de côté privilégié d'apparition sur le crâne.

Morphe \ Classe		1	2	3	4
synostosée	**n \ N**	**5 \ 9**	**4 \ 5**	**11 \ 13**	**42 \ 47**
	%	56	80	85	89
en cours	**n \ N**	**13 \ 21**	**28 \ 31**	**33 \ 37**	**30 \ 42**
	%	62	90	89	71
ouverte	**n \ N**	**79 \ 87**	**20 \ 24**	**23 \ 25**	**21 \ 30**
	%	91	83	92	70

Tableau 24. Fréquences absolues et relatives des différents morphes de la suture incisive, chez les enfants européens, âges séparés, côtés confondus. (**n : morphes bilatéraux**)

Variabilité géographique

Deux observations sont faites : les enfants de Rajhrad montrent une fréquence plus haute du morphe "ouvert" que les enfants issus des collections d'Europe occidentale (p = 0.0062), d'Iran (p = 0.0000), et cette différence est significative pour la classe d'âge 4 (tableau 25 a).
En revanche, pour cette même classe, chez les enfants issus des séries d'Europe occidentale et d'Iran, le morphe "synostosé" est significativement plus fréquent (p = 0.02 pour les deux régions). Pour la 3ème classe d'âge, la fréquence de ce morphe est la plus haute au sein de l'échantillon du site morave (p = 0.01) (annexes, tableau 25 b).

Origine \ Classe		1	2	3	4
Europe occident	**n \ N**	**166 \ 214**	**35 \ 96**	**18 \ 68**	**9 \ 72**
	%	78	36	26	12.5
Moravie	**n \ N**	**0 \ 0**	**9 \ 16**	**30 \ 74**	**42 \ 140**
	%	0	56	40.5	30
Iran	**n \ N**	**2 \ 2**	**4 \ 8**	**6 \ 12**	**2 \ 54**
	%	100	50	50	4

Tableau 25 a. Fréquences absolues et relatives de la suture incisive **ouverte (n)**, chez les enfants, âges et origines géographiques séparés, côtés confondus

- **Suture incisive sur la face nasale, au-dessus de la crête conchale**

Liaison à l'âge

Le morphe "ouvert" est extrêmement rare et ne montre aucune liaison à l'âge, semblant signifier que la synostose de cette partie de la suture incisive a commencé bien avant la naissance.

Un test de χ^2 a révélé une liaison significative entre le morphe "en cours de synostose" et l'âge des enfants, toutes classes d'âges confondues ($\chi^2 = 18.7$; $p = 0.0003$). Après la comparaison des classes d'âges deux à deux, seule la diminution de la fréquence du morphe entre les classes 3 et 4 est significative ($\chi^2 = 17.1$; $p = 3.5$ E-5). On constate, une fois encore, que le morphe "synostosé" prend le relais du morphe précédent. Ainsi, l'augmentation de sa fréquence ne devient significative, qu'entre les deux dernières classes d'âges ($\chi^2 = 15.4$; $p = 8.6$ E-5) (tableau 26).
Sur cette partie du maxillaire, aucune trace de suture incisive n'a été observée chez les adultes.

	Classe 1		Classe 2		Classe 3		Classe 4	
	n	%	**n**	%	**n**	%	**n**	%
synostosée	**113**	53	**52**	51	**51**	43	**118**	66
en cours	**97**	45	**48**	47	**65**	55	**58**	33
ouverte	**4**	2	**2**	2	**2**	2	**2**	1
Total	**214**	100	**102**	100	**118**	100	**178**	100

Tableau 26. Fréquences absolues et relatives des différents morphes de la suture incisive, chez les enfants européens, âges séparés, côtés confondus

Liaison au sexe

Aucune différence entre sexes n'est observée, quels que soient le morphe et la classe d'âge envisagés (p Fisher = 0.08 ; 1.0 ; 1.0 ; 0.11) (tableau 27).

Sexe \ Classe		1	2	3	4
Filles	**n \ N**	**2 \ 12**	**5 \ 12**	**7 \ 12**	**4 \ 16**
	%	17	42	58	25
Garçons	**n \ N**	**7 \ 12**	**13 \ 28**	**12 \ 20**	**0 \ 12**
	%	58	46	60	0

Tableau 27. Fréquences absolues et relatives de la suture incisive **en cours de synostose (n)**, chez les enfants européens, âges et sexes séparés, côtés confondus

Bilatéralité ou unilatéralité

Chaque fois que la fréquence absolue d'un morphe est haute, son apparition est significativement bilatérale : morphe "synostosé" pour les 4 classes d'âges (respectivement p Fisher = 0.0031 ; 0.027 ; 0.022 et 0.0000) et morphe "en cours" pour les classes 1 et 3 (respectivement p = 0.012-0.019 et 0.0019-0.0041) (tableau 28).
En revanche, lorsque la fréquence absolue du morphe est faible, son apparition devient aléatoire, soit bilatéralement, soit unilatéralement : morphe "ouvert" pour les 4 classes d'âges (respectivement p = 1.0 ; 1.0 ; 1.0 et 0.42) ; morphe "en cours" pour les classes 2 et 4 (respectivement p = 0.086 et 0.13-0.20) (tableau 28). Aucun côté privilégié n'a été décelé dans les cas de présence unilatérale d'un de ces trois morphes.

Morphe \ Classe		1	2	3	4
synostosée	**n \ N**	**49 \ 64**	**23 \ 29**	**23 \ 28**	**56 \ 62**
	%	77	79	82	90
en cours	**n \ N**	**42 \ 57**	**21 \ 27**	**30 \ 35**	**23 \ 33**
	%	74	78	86	70
ouverte	**n \ N**	**1 \ 1**	**1 \ 1**	**1 \ 1**	**0 \ 4**
	%	100	100	100	0

Tableau 28. Fréquences absolues et relatives des différents morphes de la suture incisive, chez les enfants européens, âges séparés, côtés confondus (**n : morphes bilatéraux**)

Variabilité géographique

Pour la 2ème classe uniquement, les enfants du site morave montrent une fréquence de suture "en cours de synostose" significativement plus haute que les enfants issus des sites d'Europe occidentale (p = 0.0063), dont certains montrent déjà une suture complètement synostosée.

La même différence de fréquences est observée au niveau de la classe 4. En limite de "signifiance" (p Fisher = 0.0516 ; $\chi^2 = 3.89$; $p = 0.0485$ et χ^2 Yates = 3.22 ; p = 0.072) (tableau 29), elle tendrait à montrer que la différence visible au niveau de la classe 2 pourrait se prolonger chez les plus grands enfants.
En revanche, la différence entre la fréquence de ce morphe chez les enfants iraniens et celle notée chez les enfants moraves est nettement significative (p = 0.0001) pour la 4ème classe d'âge (tableau 29). Pour cette partie du maxillaire, les plus jeunes enfants de Moravie semblent en retard dans leur maturation osseuse.

Origine \ Classe		1	2	3	4
Europe occident	**n \ N**	**99 \ 212**	**39 \ 90**	**37 \ 64**	**11 \ 54**
	%	47	43	58	20
Moravie	**n \ N**	**0 \ 0**	**9 \ 10**	**28 \ 54**	**41 \ 116**
	%	0	90	52	35
Iran	**n \ N**	**0 \ 0**	**6 \ 8**	**2 \ 8**	**3 \ 46**
	%	0	75	25	6

Tableau 29. Fréquences absolues et relatives de la suture incisive **en cours de synostose (n)**, chez les enfants, âges et origines géographiques séparés, côtés confondus

3. 4. Résumé

La fermeture de la suture incisive sur les différentes composantes de l'os maxillaire est hautement liée à l'âge. Il apparaît que cette suture commence à se synostoser d'abord sur la face nasale du processus frontal de l'os maxillaire au-dessus de la crête conchale, puis au-dessous. Par la suite, la suture disparaît au niveau des fosses nasales, et c'est sur la face palatine que la suture est visible en dernier (figure 19). Au-dessus de la crête conchale, la suture incisive est rarement ouverte sur toute sa longueur, mais des traces ne sont pas rares dans cette zone. De ce fait, nos résultats ne sont pas en accord avec ceux de Maureille (1994), qui a observé la suture incisive sur une série de 183 individus immatures, dont 29 fœtus, et qui considère qu'à la naissance la suture incisive est totalement synostosée sur la face nasale du processus frontal du maxillaire, au-dessus de la crête conchale.
Nous avons observé, par ailleurs, des différences liées au sexe dans les vitesses de fermeture de la suture incisive, sur la face palatine et les fosses nasales. En effet, les garçons, malgré une maturation moins rapide que les filles au cours des toutes premières années de la vie, rattrapent ce retard au stade de l'adolescence et montrent même alors des fréquences de sutures synostosées significativement plus hautes.

Des variations liées aux origines géographiques des individus ont également été observées, entre les enfants issus des sites d'Europe occidentale, de Moravie et d'Iran.

Mooney et Siegel (1986) ont également mis en évidence des différences, dans les vitesses de fermeture de la suture incisive, entre des populations géographiquement différentes. Les analyses des auteurs concernant la composante palatine de la suture incisive, révèlent qu'en deçà de 40 semaines post - conception, aucune différence n'est visible sur ce point, entre un échantillon d'enfants "blancs" et un autre d'enfants "noirs". Au-delà de cet âge, le second groupe montre une fréquence significativement plus élevée de suture encore complètement ouverte. De même, concernant la composante faciale de la suture incisive, les enfants "blancs" montrent une fréquence significativement plus élevée de sutures fermées, ou en cours de fermeture.

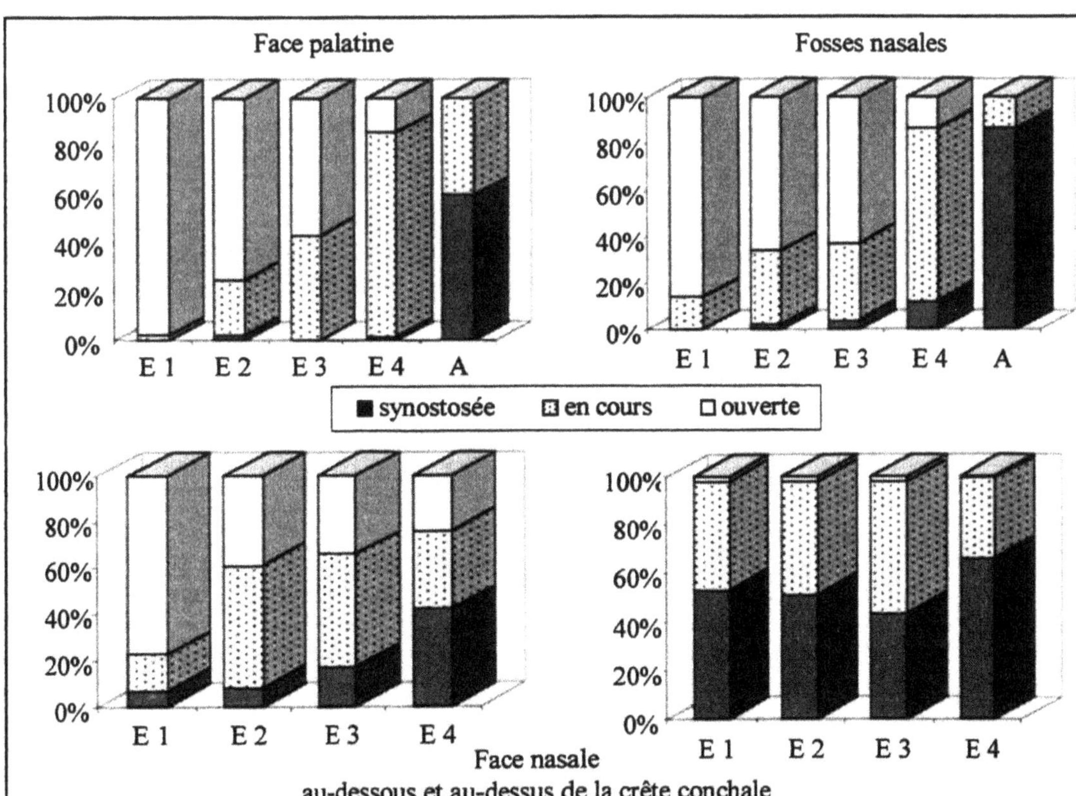

Figure 19. Fréquences relatives des différents morphes de la suture incisive sur les différentes composantes de l'os maxillaire, chez les enfants (E), selon les 4 classes d'âges, et chez les adultes (A) issus des séries ostéologiques européennes

4. Synchondroses intra-occipitales anterieure et posterieure *(Synchondrosis intraoccipitalis anterior et posterior)* (Processus d'ossification de l'os occipital)

4. 1. Définition et ontogenèse

Les synchondroses intra-occipitales sont des bandes cartilagineuses séparant les 4 pièces osseuses qui constituent l'os occipital à la naissance (l'écaille, la partie basilaire et les deux parties latérales, figure 10).
La synchondrose intra-occipitale antérieure (qui sera nommée par la suite SIA) correspond à l'articulation de la base du crâne unissant la partie basilaire et les parties latérales de l'os occipital.
La synchondrose intra-occipitale postérieure (qui sera nommée SIP) correspond à l'articulation de la base du crâne soudant les parties latérales et l'écaille de l'os occipital. Cette synchondrose est aussi appelée charnière obstétricale de Budin, car elle joue un rôle important au moment de l'accouchement.

Le rôle des synchondroses a été discuté par Moore et Lavelle (1974). Ils constatent que 2 vues s'opposent :
- selon Baume (1961, 1968), les synchondroses sont comparables au cartilage épiphysaire des os longs. La morphogenèse du cartilage est sous un contrôle génétique plus rigide que celui des os de membrane, et elle est moins influencée par des forces externes comme celles provenant des activités musculaires. Les synchondroses jouent un rôle dominant dans la détermination de la forme du crâne. Elles devraient porter le nom de "centres actifs de croissance", par opposition aux sutures qui fonctionnent plus comme des "centres passifs de croissance".
- selon Koski et Ronning (1966 *in* Enlow, 1990), les synchondroses ne possèdent pas de fonction spéciale dans la forme générale du crâne, et ne sont pas directement comparables au cartilage épiphysaire des os longs. Ils considèrent plutôt le cartilage des synchondroses comme un intermédiaire entre le cartilage épiphysaire avec son fort potentiel de croissance, et le cartilage condylaire par l'intermédiaire duquel aucune croissance n'a lieu.

4. 2. Variabilité chez les enfants

- **synchondroses intra-occipitales antérieures (SIA)**

Liaison à l'âge

Logiquement, l'augmentation de la fréquence de SIA totalement synostosée est statistiquement liée au développement de l'enfant, toutes classes d'âges confondues (χ^2 = 840.3 ; p = 7.7 E-182) de même que testées deux à deux (classes 2-3 : p Fisher = 0.0028 et classes 3-4 : χ^2 = 430.3 ; p = 1.39 E-95) (tableau 30).
De même, la diminution de la fréquence du morphe "ouvert" au cours de la croissance est significative toutes classes d'âges confondues (χ^2 = 849.4 ; p = 8.3 E-184) ainsi qu'entre les classes 2-3 (p Fisher = 0.0004) et les classes 3-4 (χ^2 = 434.8 ; p = 1.4 E-96) (tableau 30).

	Classe 1		Classe 2		Classe 3		Classe 4	
	n	%	**n**	%	**n**	%	n	%
ouverte	**248**	100	**170**	100	**198**	93	**22**	6
en cours	**0**	0	**0**	0	**4**	2	**6**	2
synostosée	**0**	0	**0**	0	**10**	5	**338**	92
Total	**248**	100	**170**	100	**212**	100	**363**	100

Tableau 30. Fréquences absolues et relatives des différents morphes de la SIA, chez les enfants européens, âges séparés, côtés confondus

L'âge indiqué pour la synostose de la SIA est très variable d'un auteur à l'autre, mais en général, sa fermeture a lieu entre 4 et 10 ans (Sysak, 1960 ; Tillman et Lorenz, 1978 ; Birkner, 1980 ; Scheuer et Mc Laughlin-Black, 1994 ; Madeline et Elster, 1995). A partir d'une étude menée sur 109 squelettes immatures, issus d'une série archéologique d'ex-Yougoslavie, Redfield (1971) a montré qu'avant l'âge de 6 ans aucun enfant ne présentait une SIA soudée.

En revanche, 85% des SIA étaient synostosées sur des enfants âgés de 6 ans, et 100% à partir de 7 ans. Au sein de la population immature de Spitalfields, Molleson *et al.* (1993) ont montré que cette partie de l'os occipital ne commençait à fusionner qu'au delà de 24 mois.

A partir de nos échantillons de référence, des SIA en cours de synostose sont observées dès 4 ans (1 cas à Spitalfields) et plus généralement vers 6 ans. Elles peuvent être complètement fermées dès 7 ans, et le sont au plus tard à 8 ans. Pour illustrer la variabilité de la maturation osseuse, on peut noter que dans la série de Coimbra, 3 enfants de 7 ans d'âge civil présentent une SIA complètement synostosée alors qu'un enfant de même âge civil de la série de Spitalfields ne montre aucune trace d'un début de synostose.

Liaison au sexe

Le test de Fisher n'est réalisable qu'au sein de la dernière classe d'âge. Il n'a révélé aucune liaison statistiquement significative entre la fréquence du morphe et un sexe (p = 0.14) (tableau 31). Il ne semble donc pas exister de différence, dans la vitesse de maturation de cette partie de l'os occipital, entre les filles et les garçons.

Sexe \ Classe		1	2	3	4
Filles	**n \ N**	**0 \ 18**	**0 \ 24**	**0 \ 10**	**44 \ 44**
	%	0	0	0	100
Garçons	**n \ N**	**0 \ 20**	**0 \ 44**	**0 \ 20**	**26 \ 28**
	%	0	0	0	93

Tableau 31. Fréquences absolues et relatives de la SIA **toute synostosée (n),** chez les enfants européens, âges et sexes séparés, côtés confondus

Bilatéralité ou unilatéralité

Pour les morphes "ouvert" et "synostosé", qui ont des fréquences absolues très hautes, une liaison hautement significative a été observée entre ces derniers et une présence bilatérale : morphe "synostosé" classe 4 : p Fisher = 0.0000 ; morphe "ouvert" classes 1, 2 et 3 : p = 0.0000 pour les trois classes d'âges (tableau 32).

En revanche, le morphe "en cours", rarement exprimé, montre une apparition aléatoire, soit d'un côté soit des deux côtés du crâne (classe 3 : p = 1.0 et classe 4 : p = 1.0-0.4). Il en est de même pour le morphe "synostosé" de la classe 3 (p = 0.16-0.44) et pour le morphe "ouvert" de la classe 4 (p = 0.19) (tableau 32). Dans les cas d'unilatéralité, nous n'avons pas constaté de côté d'apparition privilégié.

Morphe \ Classe		1	2	3	4
ouverte	**n \ N**	**124 \ 124**	**85 \ 85**	**99 \ 99**	**10 \ 12**
	%	100	100	100	83
en cours	**n \ N**	**0 \ 0**	**0 \ 0**	**2 \ 2**	**3 \ 3**
	%	0	0	100	100
synostosée	**n \ N**	**0 \ 0**	**0 \ 0**	**5 \ 5**	**168 \ 170**
	%	0	0	100	99

Tableau 32. Fréquences absolues et relatives des différents morphes de la SIA, chez les enfants européens, âges séparés, côtés confondus (**n = morphes bilatéraux**)

Variabilité géographique

Des différences existent pour la dernière classe d'âge, entre d'une part les fréquences des enfants issus des séries d'Europe occidentale et de Moravie, et d'autre part les fréquences des enfants issus des séries de Tepe Hissar - Hasanlu. En effet, les enfants iraniens néolithiques montrent une fréquence de SIA complètement synostosée significativement plus faible que les enfants issus des autres échantillons (comparaisons des enfants iraniens avec les séries d'Europe occidentale p Fisher = 0.0171 et avec la série de Rajhrad p = 0.018) (tableau 33).
Il semble donc qu'il y ait un décalage dans la maturation osseuse de l'occipital pour les échantillons de populations iraniennes observées.

Origine \ Classe		1	2	3	4
Europe occident	**n \ N**	**0 \ 244**	**0 \ 152**	**4 \ 122**	**177 \ 188**
	%	0	0	3	94
Moravie	**n \ N**	**0 \ 4**	**0 \ 18**	**6 \ 86**	**161 \ 172**
	%	0	0	7.5	94
Iran	**n \ N**	**0 \ 6**	**0 \ 6**	**0 \ 12**	**39 \ 48**
	%	0	0	0	81

Tableau 33. Fréquences absolues et relatives de la SIA **toute synostosée (n),** chez les enfants, âges et origines géographiques séparés, côtés confondus

• **synchondroses intra-occipitales postérieures (SIP)**

Liaison à l'âge

De manière prévisible également pour la SIP, la fréquence de la synostose augmente de façon significative au cours du développement, toutes classes d'âges confondues (χ^2 = 656.7 ; p = 5.03 E-142), ainsi que testées deux à deux (classes 1-2 : p Fisher = 0.0000 ; classes 2-3 : p = 0.0000 et classes 3-4 : χ^2 = 211.2 ; p = 7.4 E-48) (tableau 34).
C'est pourquoi, la fréquence du morphe "ouvert" diminue au cours de la croissance, toutes classes confondues (χ^2 = 610.0 ; p = 6.81 E-132) ainsi qu'entre les classes d'âges testées 2 à 2 (classes 1-2 : p Fisher = 0.0000 ; classes 2-3 : p = 0.0000 et classes 3-4 : χ^2 = 185.6 ; p = 2.0 E-42) (tableau 34).

	Classe 1		Classe 2		Classe 3		Classe 4	
	n	%	**n**	%	**n**	%	**n**	%
ouverte	**244**	99	**103**	69	**87**	46	**4**	1
médiale synostosée	**0**	0	**3**	2	**6**	3	**0**	0
latérale synostosée	**2**	1	**30**	20	**18**	10	**12**	3
synostosée	**0**	0	**14**	9	**77**	41	**352**	96
Total	**246**	100	**150**	100	**188**	100	**368**	100

Tableau 34. Fréquences absolues et relatives des différents morphes de la SIP, chez les enfants européens, âges séparés, côtés confondus

L'âge indiqué pour la synostose de la SIP est également très variable d'un auteur à l'autre, mais, la synostose de cette synchondrose débuterait généralement vers 2 ans et pourrait se terminer l'année suivante (Augier, 1931 ; Sysak, 1960 ; Birkner, 1980), après 5 ans (Redfield, 1971), ou après 6 ans (Madeline et Elster, 1995). Au sein de la population immature de Spitalfields (n = 12), Molleson *et al.*, (1993) ont observé que la SIP commençait sa fusion au delà de 12 mois.
A partir de nos échantillons de référence, nous avons pu déterminer que les premières synostoses complètes apparaissent au cours de la classe 2, c'est-à-dire au moment de l'éruption de la dentition déciduale. La SIP est en cours de synostose à partir de 13 mois (Musées Anatomiques et Spitalfields). Le premier cas de SIP complètement fermée a été observé à 21 mois dans la collection des Musées Anatomiques, à Spitalfields, dès 2 ans ½ et au plus tard vers 5 ans ½-6 ans.
La variabilité dans la maturation de cette SIP trouve deux bons exemples au sein de la même série de Spitalfields, où 2 enfants de 4 ans d'âge civil montrent une SIP complètement synostosée alors qu'elle est encore parfaitement ouverte sur un enfant plus âgé (5 ans).
On peut constater que les SIP se synostosent progressivement, d'abord par leurs parties latérales, puis après quelques temps par la partie médiale. Kruyff (1965) a également constaté que ce modèle de fermeture est aussi valable pour les SIA[10].

En effet, les morphes correspondant à une synostose intermédiaire ont également des fréquences liées à l'âge, toutes classes confondues (morphe "latéral synostosé" : χ^2 = 67.22 ; p = 1.6 E-14 et morphe "médial synostosé" : χ^2 = 17.7 ; p = 0.00049) (tableau 34).
L'augmentation de fréquence des deux morphes entre les deux premières classes d'âges est significative (respectivement χ^2 = 46.18 ; p = 1.07 E-11 et χ^2 = 4.9 ; p = 0.025). Puis la fréquence du morphe "latéral synostosé" diminue significativement entre les classes 2-3 et 3-4 (χ^2 = 7.44 ; p = 0.006 et χ^2 = 9.7 ; p = 0.001) (tableau 34).
En revanche, la fréquence de SIP fermée du côté médial reste constante durant le passage de la classe 2 à la classe 3, puis diminue à son tour (χ^2 = 11.8 ; p = 0.0005) (tableau 34).

Liaison au sexe

Pour le morphe synostosé, le test de Fisher n'a pu être réalisé qu'au sein des deux dernières classes d'âges. Il n'a révélé aucune liaison significative entre l'un des 2 sexes et la présence du morphe (respectivement p = 1.0 et 0.63) (tableau 35 a).
De même, aucune liaison n'a été mise en évidence pour les autres morphes de la SIP (annexes, tableaux 35 b, c et d).

Sexe \ Classe		1	2	3	4
Filles	**n \ N**	**0 \ 18**	**0 \ 24**	**5 \ 12**	**42 \ 44**
	%	0	0	42	95
Garçons	**n \ N**	**0 \ 18**	**0 \ 36**	**10 \ 22**	**26 \ 28**
	%	0	0	45	93

Tableau 35 a. Fréquences absolues et relatives de la SIP **toute synostosée (n)**, chez les enfants, européens âges et sexes séparés, côtés confondus

Bilatéralité ou unilatéralité

Lorsque la fréquence absolue d'un morphe est largement représentée (morphe "synostosé" : classes 3 et 4), son apparition est significativement bilatérale (respectivement p Fisher = 0.0023 et 0.0000). Il en est de même pour le morphe "ouvert" des classes 1, 2 et 3 (p = 0.0000 pour les trois classes d'âges) (tableau 36).
En revanche, lorsque la fréquence absolue d'un morphe est faible, son apparition sur le crâne devient aléatoire : il peut être présent unilatéralement ou bilatéralement. C'est le cas du morphe "synostosé" de la classe 2 : p = 0.55-1.0 ; du morphe "latéral ouvert" des classes 2, 3 et 4 (respectivement p = 0.4-1.0 ; 0.4-1.0 et 0.59-1.0) et enfin du morphe "médial ouvert" pour les classes 1, 2 et 3 (respectivement p = 1.0 ; 0.55-1.0 et 0.66-0.69) (tableau 36).

Lorsqu'un morphe est présent unilatéralement, il n'a pas de côté privilégié d'apparition.

Morphe \ Classe		1	2	3	4
ouverte	**n \ N**	**122 \ 122**	**49 \ 54**	**42 \ 45**	**2 \ 2**
	%	100	91	93	100
médiale synostosée	**n \ N**	**0 \ 0**	**0 \ 3**	**3 \ 3**	**5 \ 7**
	%	0	0	100	71
latérale synostosée	**n \ N**	**1 \ 1**	**19 \ 21**	**7 \ 11**	**0 \ 0**
	%	100	90	64	0
synostosée	**n \ N**	**0 \ 0**	**1 \ 3**	**35 \ 42**	**175 \ 177**
	%	0	33	83	99

Tableau 36. Fréquences absolues et relatives des différents morphes de la SIP chez les enfants européens, âges séparés, côtés confondus (**n = morphes bilatéraux**)

Variabilité géographique

Des variations géographiques sont observées entre les échantillons issus d'Europe occidentale et ceux de Moravie, pour les classes d'âges 2 et 3 (respectivement p = 0.0425 et 0.0001), les enfants de Rajhrad ne montrant jamais de SIP fermée latéralement (tableau 37 a).

Pour les autres morphes (annexes, tableaux 37, b, c et d), les enfants les plus âgés de la série de Rajhrad montrent une fréquence de SIP ouverte latéralement, significativement plus faible que celle des enfants provenant des collections d'Europe occidentale et d'Iran.

[10] Mais dans notre échantillon, 5 enfants seulement (= 10 côtés) montrent des SIA en cours de synostose, et pour les 5 il est impossible de préciser quelle partie, médiale ou latérale, a été la première à se fermer.

En revanche, les enfants de Rajhrad de la classe 2, montrent plus fréquemment une SIP complètement ouverte que les enfants d'Europe occidentale. Cela semble signifier que pour les enfants moraves, la SIP se ferme rapidement, entre les classes 2 et 4, alors que pour les enfants issus des autres collections, la fermeture se fait plus graduellement à partir de la deuxième classe d'âge, mais en passant par des phases intermédiaires.

Origine \ Classe		1	2	3	4
Europe occident	**n \ N**	**2 \ 242**	**30 \ 134**	**18 \ 110**	**0 \ 190**
	%	1	22	16	0
Moravie	**n \ N**	**0 \ 4**	**0 \ 16**	**0 \ 78**	**0 \ 178**
	%	0	0	0	0
Iran	**n \ N**	**0 \ 6**	**0 \ 2**	**1 \ 10**	**1 \ 48**
	%	0	0	10	2

Tableau 37 a. Fréquences absolues et relatives de la SIP **latéralement synostosée (n),** chez les enfants, âges et origines géographiques séparés, côtés confondus

4. 3. Résumé

La SIA montre des premiers signes de fusion autour de 4 ans, et elle est complètement synostosée dès 7-8 ans (au cours de la 4ème classe d'âge) (figure 20).
La SIP commence à se fermer plus tôt, autour de 13 mois, et la synostose s'achève généralement autour de 5-6 ans (à partir de la 2ème classe d'âge) (figure 20).
Les vitesses de maturation osseuse des synchondroses intra-occipitales sont identiques chez les filles et les garçons.
En revanche, les vitesses sont variables suivant les régions géographiques. La fermeture de la SIP semble survenir rapidement au sein de l'échantillon morave, tandis qu'elle s'effectue plus progressivement chez les enfants issus des autres échantillons.

Pour la SIA, seuls les morphes "ouvert" ou "fermé" ont été observés : la fermeture semble, pour nos échantillons, s'effectuer sur une courte durée. Elle est la plus rapide chez les enfants des échantillons moraves et d'Europe occidentale.

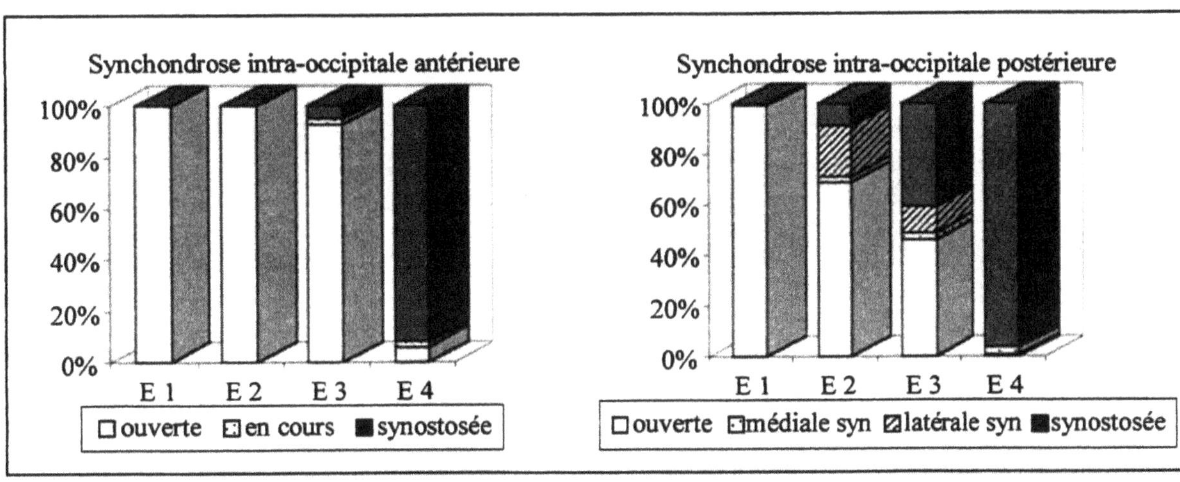

Figure 20. Fréquences relatives des différents morphes de la SIA et de la SIP, chez les enfants (E) issus des séries ostéologiques européennes, selon les 4 classes d'âges

5. Foramen de Huschke *(Foramen acusticum Huschkei)* (Processus d'ossification de l'os temporal)

5. 1. Définition et ontogenèse

Le foramen de Huschke est une ouverture plutôt circulaire, présente au centre de la face antéro-inférieure de la partie tympanique de l'os temporal.
Chez le nouveau-né, l'os temporal est constitué de 3 pièces osseuses primitivement isolées (le pétreux, l'écaille et le tympanal). Ces pièces vont par la suite se développer et se souder entre elles.
Au départ, le tympanal (formé à partir d'un centre qui apparaît au 3ème mois fœtal) est représenté par un anneau osseux incomplet, ouvert vers le haut, et dont chacune des extrémités est fixée sur le bord inférieur de l'écaille temporale (Anson et Singer, 1955).
Des expansions latérales de l'anneau vont donner naissance à la paroi antéro-inférieure du méat auditif externe. Elles ne sont pas régulières dans tous les sens. En effet, les portions antérieures et postérieures des expansions vont croître plus rapidement que les portions moyennes : elles se soudent entre elles pour former le plancher osseux du méat auditif externe, laissant ainsi entre elles un orifice : le foramen de Huschke (Le Double, 1903).

5. 2. Variabilité chez les adultes

Un foramen de Huschke présent chez les adultes, est qualifié de caractère discret "hypostotic", selon la liste établie par Berry et Berry (1967). En effet, ce foramen peut persister tout au long de la vie, avec une fréquence très variable suivant les populations.
De Villiers (1968) a constaté que le caractère était très rare dans les populations sud africaines, avec une fréquence de 1.2%.
Selon Luschan (1896), en revanche, le caractère est très fréquent chez les indiens sud-américains, la fréquence atteignant 70 à 80%. Chez les Aborigènes Australiens, le foramen de Huschke est plutôt rare, de l'ordre de 5.5% (Krogman, 1932), alors que Wood-Jones (1929) signale que, pour ces mêmes populations, il est extrêmement fréquent de rencontrer un tympanal dont le plancher est nettement échancré au niveau de son bord externe.
Sjøvold (1984) mentionne que la déhiscence tympanique chez les adultes, ne se caractérise pas par une héritabilité significative.
Les différences de fréquences suivant le sexe étant non significatives, seules des prédominances seraient à remarquer (Krogman, 1932 ; Corruccini, 1974 ; Perizonius, 1979a).
Des avis différents concernant l'expression symétrique ou non du caractère sont donnés. En effet, la majorité des études indique que l'expression asymétrique du caractère prédomine (Perizonius, 1979a), sans préférence de côté (Cosseddu *et al.*, 1979).
En revanche, Molto (1983 *in* Hauser et De Stefano, 1989) remarque, pour sa part, que le défaut d'ossification apparaît symétriquement de façon prédominante, et que si l'unilatéralité existe, elle est plus commune du côté gauche.
Moller-Holst (1932 *in* Hauser et De Stefano, 1989) a constaté que ces lacunes sont indépendantes des influences exercées sur le crâne. En effet, sur 135 crânes déformés d'Indiens sud-américains, le foramen était présent dans 54% des cas, comme dans 52 % des 206 crânes non déformés.

5. 3. Variabilité chez les enfants

Liaison à l'âge

La relation que l'on pouvait supposer, entre ce caractère et l'âge des enfants, toutes classes confondues, est hautement significative (χ^2 = 378.9, p= 8.04 E-82). La diminution de fréquence du foramen, entre les classes 1 et 2, n'est pas significative (p Fisher = 0.31).
En revanche, elle le devient entre les classes d'âges 2-3 et 3-4 (respectivement p Fisher = 0.0000 et χ^2 = 92.1 ; p = 7.9 E-22) (tableau 38).

	Classe 1		Classe 2		Classe 3		Classe 4		Adultes	
	n	%	**n**	%	**n**	%	**n**	%	**n**	%
absent	**22**	9	**20**	13	**79**	41	**290**	81	**225**	98
présent	**212**	91	**136**	87	**113**	59	**66**	19	**5**	2
Total	**234**	100	**156**	100	**192**	100	**356**	100	**230**	100

Tableau 38. Fréquences absolues et relatives des différents morphes du foramen de Huschke, chez les enfants européens, âges séparés, côtés confondus et chez les adultes

Dans nos échantillons modernes de référence, la fréquence de foramens de Huschke varie donc en fonction de la constitution en âges de la série (Musées Anatomiques : 98.6% ; Spitalfields : 77% et Coimbra : 17%). Dans la littérature, l'âge mentionné pour l'oblitération de cette "*solution de continuité*" est variable d'un auteur à l'autre, mais elle intervient généralement entre 4 et 5 ans (Le Double, 1903 ; Augier, 1931). Dans nos échantillons de référence, on peut rencontrer un plancher tympanique complètement ossifié à partir de 1 an ½ (Spitalfields), tandis

qu'une ossification incomplète de cette zone peut encore se voir au cours de la classe 4.
Il nous paraît de ce fait hasardeux d'utiliser l'ossification du plancher tympanique de l'os temporal, sans autre source d'information, notamment sur la dentition, pour déterminer de manière fiable l'âge d'un individu (*versus* Weaver, 1979 ; Curran et Weaver, 1982).
Une différence significative persiste entre les fréquences du caractère chez les adultes, et chez les enfants de la classe d'âge 4 ($\chi^2 = 36.07$; p = 1.9 E-9) (tableau 38). On peut donc considérer que l'ossification du plancher tympanique ne s'achève complètement qu'après la dernière classe d'âge et que, de ce fait, le caractère revêt une valeur discrète seulement chez l'adulte.

Liaison au sexe

Un test de Fisher, réalisé au sein de chaque classe d'âge, n'a révélé aucune liaison pour l'apparition du caractère en fonction du sexe (respectivement p Fisher = 0.73 ; 0.40 ; 0.15 et 0.99) (tableau 39).

Sexe \ Classe		1	2	3	4
Filles	**n \ N**	**12 \ 18**	**16 \ 20**	**8 \ 8**	7 \ 42
	%	67	80	100	17
Garçons	**n \ N**	**10 \ 18**	**31 \ 34**	**16 \ 22**	**4 \ 24**
	%	56	94	73	17

Tableau 39. Fréquences absolues et relatives du foramen de Huschke **présent (n)**, chez les enfants européens, âges et sexes séparés, côtés confondus

Bilatéralité ou Unilatéralité

Quel que soit le morphe, lorsque sa fréquence absolue est grande, son apparition est significativement bilatérale. C'est le cas du morphe "présent" pour les classes 1, 2 et 3 (p Fisher = 0.0000 pour les 3 classes d'âges) et du morphe "absent" pour les classes 1, 3 et 4 (respectivement p = 0.0124-0.0351 ; 0.0012-0.0024 et 0.0000) (tableau 40).
En revanche, le morphe "présent" de la classe 4 a une apparition aléatoire (p = 0.0580) de même que le morphe "absent" de la classe 2 (p = 0.36-0.18) (tableau 40).
Dans les quelques cas où le foramen est présent unilatéralement, nous n'avons pas constaté de côté privilégié d'apparition.

Morphe \ Classe		1	2	3	4
absent	**n \ N**	**11 \ 11**	**9 \ 11**	**36 \ 43**	**140 \ 150**
	%	100	82	84	93
présent	**n \ N**	**106 \ 106**	**67 \ 69**	**53 \ 60**	**28 \ 38**
	%	100	97	88	74

Tableau 40. Fréquences absolues et relatives des différents morphes du foramen de Huschke, chez les enfants européens, âges séparés, côtés confondus
(n :morphes bilatéraux)

Variabilité géographique

Pour la deuxième classe d'âge, les enfants issus des sites iraniens montrent une fréquence de foramen "présent" significativement plus faible que celle des enfants issus des sites d'Europe occidentale (p Fisher = 0.045) et de Moravie (p = 0.0413).

Ceci se poursuit dans la classe d'âge suivante, les enfants de Tepe Hissar - Hasanlu de même que ceux de Rajhrad montrant une fréquence de foramen de Huschke "présent" significativement plus faible que les enfants issus des sites d'Europe occidentale (p = 0.0001 pour les 2 groupes) (tableau 41).

Pour la dernière classe d'âge, les enfants moraves montrent une fréquence de foramen de Huschke "présent" significativement plus faible que les enfants provenant des séries d'Europe occidentale (p = 0.0006) et des séries iraniennes (p = 0.0091)(tableau 41).

Origine \ Classe		1	2	3	4
Europe occident	**n \ N**	**210 \ 232**	**114 \ 132**	**75 \ 104**	**48 \ 190**
	%	90.5	86	72	25
Moravie	**n \ N**	**2 \ 2**	**22 \ 24**	**38 \ 88**	**18 \ 166**
	%	100	92	43	11
Iran	**n \ N**	**4 \ 4**	**3 \ 6**	**38 \ 88**	**13 \ 48**
	%	100	50	43	27

Tableau 41. Fréquences absolues et relatives du foramen de Huschke **présent (n)**, chez les enfants, âges et origines géographiques séparés, côtés confondus

L'ossification du plancher tympanique semblerait donc plus rapide chez les enfants de Rajhrad, que chez les enfants issus des autres collections.

Nous avons voulu vérifier si ces variations géographiques se retrouvent également chez les adultes issus des mêmes séries.

Les mêmes variations géographiques sont retrouvées chez les adultes : la fréquence du caractère discret est toujours significativement plus basse dans la série de Rajhrad, et elle est la plus haute dans les séries iraniennes (tableau 42).

Origine \ Morphe		absent	présent
Angleterre	**n \ N**	**111 \ 116**	**5 \ 116**
	%	96	4
Moravie	**n \ N**	**114 \ 114**	**0 \ 114**
	%	100	0
Iran	**n \ N**	**52 \ 64**	**12 \ 64**
	%	81	19

Tableau 42. Fréquences absolues et relatives des différents morphes du foramen de Huschke, chez les adultes, origines géographiques séparées, côtés confondus

5. 4. Résumé

Il existe une grande variabilité dans la maturation osseuse du plancher tympanique. Ainsi, un enfant de 18 mois issu de la série des Musées Anatomiques peut montrer une ossification complètement achevée, alors que dans la même série et pour la même classe d'âge, on peut observer un enfant ne portant aucune trace d'ossification (figure 15).

Pour des populations actuelles, on ne peut donc pas utiliser l'ossification du plancher tympanique de l'os temporal, sans autre source d'information, notamment sur la dentition, pour déterminer précisément l'âge d'un individu (*versus* Weaver, 1979 ; Curran et Weaver, 1982).

Il ne semble pas exister de différence dans la vitesse de maturation osseuse de cette zone, entre filles et garçons.
En revanche, les enfants de Rajhrad semblent montrer une fréquence plus faible de foramen de Huschke "présent" que les autres enfants étudiés, en particulier pour les plus âgés d'entre eux.

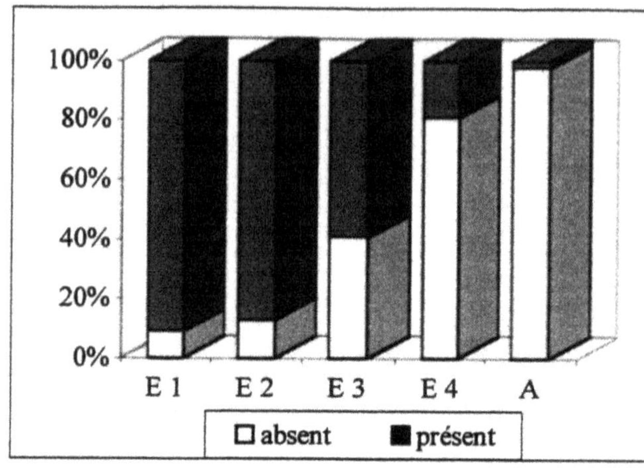

Figure 21. Fréquences relatives des différents morphes du foramen de Huschke, chez les enfants (E), selon les 4 classes d'âges et chez les adultes (A) issus des séries ostéologiques européennes

II. CARACTÈRES QUALIFIÉS DE JUVÉNILES

1. Position médiale du processus styloïde par rapport à l'incisure mastoïdienne et au foramen stylo-mastoïdien *(Processus styloideus ; Incisura mastoidea ; Foramen stylomastoideum)*

1. 1. Définition et ontogenèse

Le processus styloïde, situé sur la face inférieure de la partie pétreuse de l'os temporal, est un processus acéré, vertical et qui peut atteindre jusqu'à 25 mm de longueur. Il donne insertion aux ligaments stylo-mandibulaire et stylo-hyoïdien, et aux muscles stylo-pharyngien, stylo-hyoïdien et stylo-glosse. Il est situé entre le foramen stylo-mastoïdien et l'orifice d'entrée du canal carotidien.
Le processus styloïde appartient embryologiquement à l'ensemble des formations osseuses, fibreuses et cartilagineuses de l'appareil hyoïdien qui se développe à partir du cartilage de Reichert : le cartilage du deuxième arc branchial (Paturet, 1951). Le développement de 2 centres d'ossification contenus dans ce cartilage donne naissance au processus styloïde :
- le centre tympanohyal est en position proximale. Il croît de haut en bas ; il est ainsi presque immédiatement soudé à la partie pétreuse de l'os temporal, par son extrémité proximale. Il est à l'origine d'une petite partie du processus styloïde, qui forme une saillie à l'extérieur de la fossette styloïdienne.
- le centre stylohyal est en position distale. Il se développe également de haut en bas, mais plus tardivement que le centre tympanohyal. Il est à l'origine de la plus grande partie du processus styloïde.

Entre ces deux centres d'ossification persiste une bande cartilagineuse, qui disparaît chez l'adulte lorsque ces derniers se rejoignent.

Le foramen stylo-mastoïdien est situé à l'extrémité antérieure de l'incisure mastoïdienne. C'est l'orifice externe du canal du nerf facial, et aussi l'orifice d'entrée des vaisseaux stylo-mastoïdiens.

1. 2. Variabilité chez les adultes

Nous n'avons trouvé dans la littérature que peu d'études consacrées à la variabilité dans la position de ces trois structures osseuses les unes par rapport aux autres, chez des sujets adultes actuels.
Elyaqtine (1995) a examiné la position du processus styloïde par rapport à l'alignement du foramen stylo-mastoïdien et de l'incisure mastoïdienne dans 5 échantillons d'adultes actuels d'origines géographiques variées : dans un échantillon d'Esquimaux issus du Groenland (n=28) ; dans un échantillon d'Asiatiques issus de Chine (n=30) ; dans un échantillon d'Australiens provenant du Sud-Est du pays (n=28) ; dans un échantillon d'Africains issus d'une série soudanaise (n=30), ainsi que dans un échantillon d'Européens provenant d'une série anglaise (n=24). Ses résultats montrent que l'alignement des trois éléments est majoritaire sur les sujets examinés. Une position légèrement médiale du processus styloïde par rapport à l'alignement de l'incisure mastoïdienne et du foramen stylo-mastoïdien n'a été trouvée qu'avec une fréquence de 3.7% dans l'échantillon de sujets Esquimaux, et de 7.6% dans celui issu d'Australie. Elle n'a jamais été observée dans les 3 autres groupes.

1. 3. Variabilité chez les enfants

Liaison à l'âge

Une liaison hautement significative existe entre le développement de l'enfant (toutes classes d'âges confondues) et une position médiale du processus styloïde ($\chi^2 = 147.8$; p = 7.8 E-32). La diminution de la fréquence de ce morphe est statistiquement significative à chaque changement de classe d'âge (classes 1-2 : p Fisher = 0.0000 ; classes 2-3 : p = 0.0033 et classes 3-4 : p = 0.0418) (tableau 43).

	Classe 1		Classe 2		Classe 3		Classe 4		Adultes	
	n	%	**n**	%	**n**	%	**n**	%	**n**	%
médial	**81**	43	**24**	19	**11**	7	**7**	2.5	**9**	4
aligné	**105**	56	**98**	77	**116**	73	**224**	80.5	**198**	93
latéral	**2**	1	**6**	5	**31**	20	**47**	17	**7**	3
Total	**188**	100	**128**	100	**158**	100	**278**	100	**214**	100

Tableau 43. Fréquences absolues et relatives des différents morphes du processus styloïde, par rapport à l'alignement du foramen stylo-mastoïdien et de l'incisure mastoïdienne, chez les enfants européens, âges séparés, côtés confondus et chez les adultes

En effet, comme l'avait signalé Minugh-Purvis (1988), une position latérale du foramen stylo-mastoïdien s'observe chez le nouveau-né, qui le distingue des enfants plus âgés et des adultes.
Selon l'auteur, pendant la croissance, la position du foramen devient de plus en plus médiale jusqu'à ce que vers 8 ans environ, le foramen se situe dans une position identique à celle des adultes.
Nous constatons, en effet, que la fréquence de la position médiale du processus diminue d'abord au profit de la position alignée, dont l'augmentation est significative, toutes classes d'âges confondues, particulièrement entre les deux

premières (χ^2 = 14.22 ; p = 0.0001). En second lieu, la position latérale du processus voit également sa fréquence augmenter de façon significative (toutes classes confondues : χ^2 = 44.3 ; p = 1.24 E-9 et en particulier entre les classes 2-3 : p Fisher = 0.0001) (tableau 43).

Des différences significatives persistent entre les fréquences des enfants de classe 4 et celles des adultes, au niveau de la proportion des morphes "aligné" (p Fisher = 0.0001) et "latéral" (p = 0.0000) (tableau 43). Il semble donc qu'au stade de développement de la classe 4, le processus styloïde n'ait pas encore atteint sa place définitive : en effet, une position latérale du processus est extrêmement rare chez les adultes, comme l'a observé Elyaqtine (1995).

Liaison au sexe

Une différence significative entre les fréquences des deux sexes est observée au niveau de la première classe d'âge uniquement : la proportion de processus styloïde "médial" chez les garçons est significativement plus haute (p Fisher = 0.0128) (tableau 44 a), alors que les filles de même âge ont une fréquence de processus "aligné" significativement plus élevée (p = 0.0128) (annexes, tableaux 44 b et c).

Sexes \ Classes		1	2	3	4
Filles	**n \ N**	**1 \ 10**	**1 \ 12**	**0 \ 8**	**0 \ 36**
	%	10	8	0	0
Garçons	**n \ N**	**6 \ 8**	**6 \ 32**	**2 \ 18**	**2 \ 24**
	%	75	19	11	8

Tableau 44 a. Fréquences absolues et relatives de la position **médiale (n)** du processus styloïde, chez les enfants européens, âges et sexes séparés, côtés confondus

Bilatéralité ou unilatéralité

Encore une fois, quel que soit le morphe, lorsque sa fréquence est haute, sa présence sur le crâne est significativement bilatérale : morphe "aligné" pour les 4 classes d'âges (respectivement p Fisher = 0.0001-0.0003 ; 0.001 ; 0.0000 et 0.0000) (tableau 45).
En revanche, lorsque sa fréquence diminue, le morphe apparaît de manière aléatoire soit bilatéralement, soit unilatéralement : morphe "latéral" des classes 1 à 4 (respectivement p = 1.0 ; 1.0 ; 0.30 et 0.79) et morphe "médial" des classes 2, 3 et 4 (respectivement p = 1.0 ; 1.0 et 0.19-1.069) (tableau 45).

Classes		1	2	3	4
médial	**n \ N**	**36 \ 45**	**8 \ 16**	**4 \ 7**	**0 \ 7**
	%	80	50	57	0
aligné	**n \ N**	**48 \ 27**	**44 \ 54**	**54 \ 62**	**102 \ 122**
	%	84	81	87	84
latéral	**n \ N**	**1 \ 1**	**2 \ 4**	**13 \ 18**	**17 \ 30**
	%	100	50	72	57

Tableau 45. Fréquences absolues et relatives des différents morphes du processus styloïde, chez les enfants européens, âges séparés, côtés confondus (**n = morphes bilatéraux**)

Dans les cas de présence unilatérale d'un morphe, nous n'avons pas constaté de côté d'apparition privilégié.

Variabilité géographique

Des différences significatives entre régions géographiques sont observées, pour les classes 3 et 4 uniquement. Les enfants issus des sites de Rajhrad et Tepe Hissar - Hasanlu montrent une fréquence significativement plus haute de processus en position alignée, que ceux provenant des séries d'Europe occidentale (p Fisher = 0.0000 pour les deux classes à Rajhrad et p = 0.022 et 0.0000 à Tepe Hissar - Hasanlu) (tableau 46 a).
Chez ces dernières, une position latérale est significativement plus courante, pour ces deux classes d'âges (comparaisons pour les deux classes avec la série de Rajhrad : p = 0.0000 et comparaison pour la dernière classe avec les séries iraniennes : p = 0.0001). (annexes, tableau 46 c).

Origine \Classes		1	2	3	4
Europe occident.	**n \ N**	**105 \ 188**	**79 \ 104**	**40 \ 72**	**82 \ 128**
	%	56	76	55.5	64
Moravie	**n \ N**	**0 \ 0**	**19 \ 24**	**76 \ 86**	**142 \ 150**
	%	0	79	88	95
Iran	**n \ N**	**2 \ 2**	**0 \ 0**	**14 \ 16**	**47 \ 50**
	%	100	0	87.5	94

Tableau 46 a. Fréquences absolues et relatives de la position **alignée (n)** du processus styloïde, chez les enfants, âges et origines géographiques séparés, côtés confondus

Nous avons voulu vérifier si ces variations géographiques se retrouvaient chez les adultes issus des mêmes sites.

Aucune différence significative ne persiste entre les fréquences des adultes issus des différentes régions géographiques examinées, quel que soit le morphe considéré (tableau 47). Cela pourrait s'expliquer par le fait que, chez les enfants de la classe 4, le processus styloïde n'a pas encore atteint sa place définitive sous le crâne.

Origine \ Morphe		Médial	Aligné	Latéral
Europe occident.	**n \ N**	**2 \ 108**	**103 \ 108**	**3 \ 108**
	%	2	95	3
Moravie	**n \ N**	**7 \ 106**	**95 \ 106**	**4 \ 106**
	%	7	90	4
Iran	**n \ N**	**1 \ 64**	**59 \ 64**	**4 \ 64**
	%	1.5	92	6

Tableau 47. Fréquences absolues et relatives des différents morphes du processus styloïde, chez les adultes, origines géographiques séparées, côtés confondus

1. 4. Résumé

Chez les plus jeunes enfants, la fossette styloïdienne occupe une position médiale dans la moitié des cas, alors que le foramen stylo-mastoïdien occupe quant à lui une position latérale, par rapport à l'incisure mastoïdienne.

Puis la fréquence de la position médiale diminue significativement, et chez les adolescents, les mêmes fréquences que chez les adultes s'observent, à savoir, très basses pour ce morphe (figure 22).

Les très jeunes garçons et filles montrent, pour les morphes "médial" et "aligné", des fréquences significativement différentes. Des variations entre régions géographiques ont également été constatées.

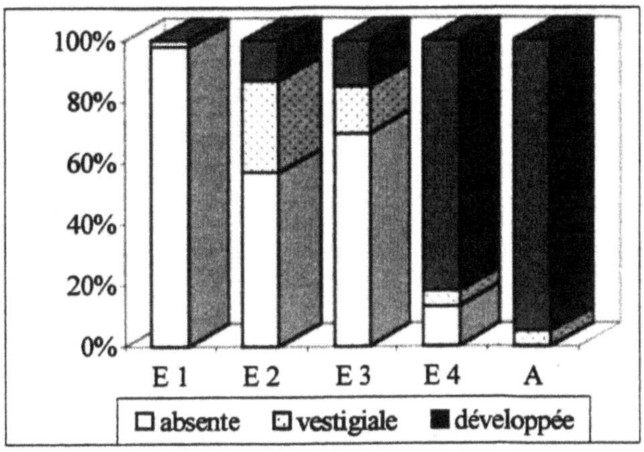

Figure 22. Fréquences relatives des différentes positions du processus styloïde par rapport à l'alignement de l'incisure mastoïdienne et du foramen stylo-mastoïdien, chez les enfants (E), selon les 4 classes d'âges et chez les adultes (A) issus des séries ostéologiques européennes

2. Absence d'incurvation mandibulaire antérieure *(incurvatio mandibulae anterior)*

2. 1. Définition et ontogenèse

L'incurvation mandibulaire antérieure est une dépression plus ou moins marquée, surplombant l'éminence mentonnière, qui s'étend transversalement au-dessous du bord alvéolaire, d'une canine à l'autre. Située entre les parties alvéolaire et basilaire du corps mandibulaire, l'incurvation est le témoin du retrait de la première par rapport à la seconde (figure 12).
Virchow (1920) fut le premier à mentionner l'existence de ce caractère sur les mandibules et proposa de lui attribuer le terme "d'*incurvatio mandibulae anterior*".
Le développement de cette incurvation est soumis à des phénomènes d'apposition et de résorption osseuse dans la région mentonnière (Enlow, 1990).

Pour Weidenreich (1936), l'incurvation mandibulaire antérieure intervient chez l'homme dans l'individualisation de la saillie mentonnière au même titre que la différenciation d'un *trigonum mentale.* C'est, selon l'auteur, l'élément essentiel conduisant à la projection du menton osseux, indépendamment du prognathisme ou de l'orthognathisme de la mandibule. Le menton osseux résulterait uniquement de l'incurvation mandibulaire antérieure, et deux phénomènes présideraient à son apparition et à son développement :
- au cours de l'évolution, la diminution mésio-distale des dents permet le retrait vers l'arrière de la partie alvéolaire ;
- la diminution de hauteur des racines en région labiale accuse le phénomène et autorise un développement important de la partie basilaire.

La diminution du volume des dents antérieures chez l'homme actuel, se répercute sur le volume et l'épaisseur de la partie alvéolaire correspondante. En revanche, la région basilaire, qui porte les surfaces d'insertions musculaires, est beaucoup moins modifiée, conservant sa position et ses dimensions de départ. Elle se projette donc en avant de la portion alvéolaire réduite. Ainsi se forme de manière passive le menton osseux. (Weidenreich, *op. cit.*). Pour étayer son hypothèse, l'auteur compare deux individus, un malais et un australien, et il met en évidence une largeur des dents antérieures équivalentes entre les deux hommes mais des longueurs de racines différentes :
- le premier avec des racines dentaires courtes présente une incurvation mandibulaire très marquée ;
- le second avec des racines longues ne présente qu'une incurvation esquissée.

Selon Dubrul (1954 *in* Ginisty, 1983), l'élément causal lié à la formation de l'incurvation mandibulaire antérieure serait également la gracilité du système dentaire au sein de l'appareil manducateur, associée à la nécessité de conserver la liberté des voies aériennes supérieures, et à la bipédie.
Chez les grands singes, selon Weidenreich (1936), les racines des dents sont très longues, surtout celles des canines, ce qui explique l'absence d'incurvation mandibulaire antérieure et entraînent l'absence de menton osseux.

2. 2. Variabilité chez les adultes

Aucune étude portant sur la variabilité de l'incurvation mandibulaire antérieure chez l'homme actuel n'a été menée jusqu'à présent.

2. 3. Variabilité chez les enfants

Liaison à l'âge

On constate qu'à la naissance, et pendant les premiers mois, voire les premières années de la vie, l'incurvation mandibulaire antérieure est absente ou simplement vestigiale.
L'incurvation mandibulaire antérieure ne s'individualiserait qu'entre 5 et 14 ans, chez l'enfant moderne, son développement étant étroitement lié à celui des dents permanentes antérieures (Meredith, 1957).
A partir de nos séries de référence, nous avons observé des incurvations mandibulaires vestigiales dès 8 mois environ ; cependant, elles ne sont réellement développées qu'à partir de 7 ans environ.

Les trois morphes montrent une liaison significative avec le développement des enfants, toutes classes d'âges confondues (morphe "absent" : χ^2 = 211.6 ; p = 1.3 E-45 ; morphe "vestigial" : χ^2 = 42.7 ; p = 2.7 E-9 ; morphe "développé" : χ^2 = 251.2 ; p = 3.4 E-54) (tableau 48).
Les morphes "absent" et "développé" montrent 2 étapes dans la variation de leur fréquence, ces deux morphes étant opposés : entre les classes 1-2, il y a une diminution significative de la fréquence du morphe "absent" (χ^2 = 46.5 ; p = 9.0 E-12) et une augmentation significative de la fréquence du morphe "développé" (χ^2 = 14.6 ; p = 0.0001) (tableau 48).
Ces tendances sont confirmées entre les classes 3-4 (morphe "absent" : χ^2 = 95.2 ; p = 1.6 E-22 et morphe "développé" : χ^2 = 121.6 ; p = 2.7 E-28) (tableau 48). Il semble donc que le morphe "développé" apparaisse à chaque remodelage osseux lié à l'éruption des dents, de même que la disparition du morphe "absent".

Le morphe "vestigial" connaît une augmentation significative de sa fréquence entre les classes 1-2 (χ^2 = 28.06 ; p = 1.17 E-7), puis cette fréquence diminue significativement entre les classes 2-3 (χ^2 = 5.2 ; p = 0.022) et les classes 3-4 (χ^2 = 8.4 ; p = 0.003) (tableau 48).

Ce morphe agit comme un relais du morphe "développé", c'est donc lui qui apparaît en premier lors de la mise en place de la dentition déciduale. Puis lors de l'éruption des dents permanentes, la fréquence du morphe "développé" augmente et prend le relais du morphe "vestigial".

	Classe 1		Classe 2		Classe 3		Classe 4		Adultes	
	n	%	**n**	%	**n**	%	**n**	%	**n**	%
absente	**101**	98	**38**	57	**76**	69	**25**	13	**0**	0
vestigiale	**2**	2	**20**	30	**17**	15	**10**	5	**6**	5
développée	**0**	0	**9**	13	**17**	15	**151**	81	**112**	95
Total	**103**	100	**67**	100	**110**	100	**186**	100	**118**	100

Tableau 48. Fréquences absolues et relatives des différents morphes de l'incurvation mandibulaire antérieure, chez les enfants européens, âges séparés et chez les adultes

Il persiste des différences significatives lorsque l'on compare les fréquences des enfants de classe 4 et les fréquences des adultes, pour le morphe "absent" (p Fisher = 0.0000) et "développé" (p = 0.0005) (tableau 48). En effet, le morphe "absent" disparaît complètement chez les adultes, au profit d'une incurvation bien développée. Il semble donc que chez les adolescents, cette partie de la symphyse mentonnière n'ait pas complètement achevé son évolution.

Liaison au sexe

Un test de Fisher établi au sein des deux catégories permettant le calcul, n'a révélé aucune liaison entre le morphe "absent" et un des deux sexes (respectivement p = 0.20 et 1.0) (tableau 49 a). Les mêmes résultats ont été obtenus pour les deux autres morphes (annexes, tableaux 49 b et c).

Nos résultats sont en accord avec ceux de Meredith (1957) qui ne relevait aucune différence significative entre les sexes dans le degré de profondeur de cette concavité antérieure du profil mandibulaire.

Sexes \ Classes		1	2	3	4
Filles	**n \ N**	**0 \ 4**	**0 \ 0**	**4 \ 8**	**4 \ 30**
	%	0	0	50	13
Garçons	**n \ N**	**0 \ 0**	**0 \ 0**	**4 \ 4**	**2 \ 18**
	%	0	0	100	11

Tableau 49 a. Fréquences absolues et relatives de l'incurvation mandibulaire antérieure **absente (n),** chez les enfants européens, âges et sexes séparés

Variabilité géographique

Pour la deuxième classe d'âge uniquement, la fréquence du morphe "absent" de l'incurvation mandibulaire antérieure est significativement plus élevée chez les enfants de Tepe Hissar - Hasanlu que dans les séries d'Europe occidentale (p = 0.023) et dans celle de Rajhrad (p = 0.021) (tableau 50 a).

Aucune différence significative n'est notée pour les deux autres morphes (annexes, tableaux 50 b et c).

Origine \ Classes		1	2	3	4
Europe occident.	**n \ N**	**100 \ 102**	**30 \ 49**	**36 \ 48**	**8 \ 74**
	%	98	61	75	11
Moravie	**n \ N**	**1 \ 1**	**8 \ 16**	**40 \ 62**	**17 \ 112**
	%	100	50	64.5	15
Iran	**n \ N**	**2 \ 2**	**9 \ 9**	**7 \ 11**	**4 \ 47**
	%	100	100	64	8.5

Tableau 50 a. Fréquences absolues et relatives de l'incurvation mandibulaire antérieure **absente (n),** chez les enfants, âges et origines géographiques séparés

Nous avons voulu vérifier si ces variations géographiques du caractère, se retrouvaient chez les adultes issus des mêmes séries.

Aucune différence significative n'a été retrouvée entre les fréquences des deux morphes, "vestigial" et "présent", chez les adultes des séries de Spitalfields, Rajhrad ou Tepe Hissar - Hasanlu (tableau 51).

Origine \ Morphe		Absente	Vestigiale	Développée
Europe occident.	**n \ N**	**0 \ 61**	**4 \ 61**	**57 \ 61**
	%	0	7	93
Moravie	**n \ N**	**0 \ 57**	**2 \ 57**	**55 \ 57**
	%	0	4	96
Iran	**n \ N**	**0 \ 32**	**2 \ 32**	**30 \ 32**
	%	0	6	94

Tableau 51. Fréquences absolues et relatives des différents morphes de l'incurvation mandibulaire antérieure absente, chez les adultes, origines géographiques séparées

2. 4. Résumé

L'individualisation d'une incurvation mandibulaire antérieure bien développée semble étroitement liée à la mise en place de la dentition permanente et en particulier à celle des dents antérieures (figure 23).
A partir des séries de référence examinées, une incurvation vestigiale est visible dès 8-10 mois et acquiert véritablement sa taille définitive autour de 7 ans (correspondant à la 4ème classe d'âge). Mais chez les adolescents, cette partie de la

symphyse mentonnière n'a pas encore complètement achevé son évolution.

Ce caractère ne montre aucun dimorphisme sexuel, en revanche, nous avons observé chez les enfants quelques variations géographiques entre les différentes séries examinées

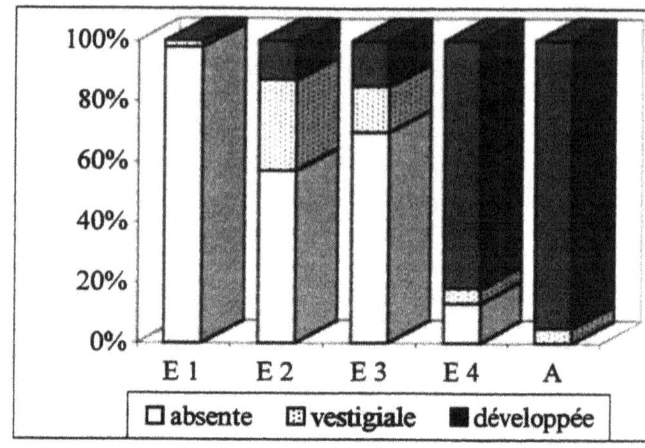

Figure 23. Fréquences relatives des différents morphes de l'incurvation mandibulaire antérieure, chez les enfants (E) selon les 4 classes d'âges et chez les adultes (A) issus des séries ostéologiques européennes

3. Présence de dépressions mandibulaires anterieures[11] *(Fossae mentales)*

3. 1. Définition et ontogenèse

Les dépressions mandibulaires antérieures (selon la définition de Arensburg *et al.*, 1989) sont deux petites concavités ovalaires inconstantes, à grand axe oblique en bas et en dedans, situées sur le côté externe du corps mandibulaire de part et d'autre de la symphyse. Elles sont situées sous les alvéoles dentaires, dans une zone s'étendant des premières prémolaires (ou molaires déciduales) à l'incisive centrale ou latérale (figure 12). Elles permettent l'insertion d'un muscle peaucier de la région mentonnière, et du muscle de la houppe du menton.

Les dépressions mandibulaires antérieures interviennent chez l'homme actuel dans l'individualisation de la saillie mentonnière. Ce sont elles, en effet, qui peuvent accentuer par leur présence la saillie du *trigonum mentale* (*tuber symphyseos et tuberculae lateralia*), un des composants du menton (avec l'incurvation mandibulaire antérieure) (Weidenreich, 1936).
Weidenreich (*op. cit.*) attribua à Toldt (1915 *in* Weidenreich, *op. cit.*) la première utilisation du nom de fosses mentonnières. Humphrey (1858 *in* Arensburg *et al.*, 1989) avait déjà décrit ces dépressions comme de petites encoches situées dans le bord alvéolaire, correspondant à un vestige de "l'ancienne fissure" qui peut être vue encore la 2ème année de la vie. Mais on ne sait pas ce que l'auteur entendait par "ancienne fissure", est-ce la suture symphysaire?
Comme on l'a dit précédemment pour l'incurvation mandibulaire antérieure, la symphyse mentonnière est un lieu d'apposition et de résorption osseuse (Enlow, 1990). Les dépressions mandibulaires correspondent, sur la face antérieure de la symphyse, à l'aire située entre la zone de dépôt osseux et la zone de résorption osseuse, au point où le contour de la surface concave devient convexe : la ligne d'inversion (Enlow, 1990) (figure 24).

Chez les Primates non-humains étudiés par Arensburg *et al.* (*op. cit.*), aucune trace de dépression n'est visible sur la face antérieure de la symphyse, ce qui confirme l'assertion de Hrdlicka (1930), selon laquelle il s'agit d'un caractère propre à l'homme. En fait, chez les grands singes, cette ligne d'inversion existe mais se situe sur la face postérieure de la symphyse.
En effet, il existe une zone de dépôt correspondant à la plaque simienne, et la fosse génio-glosse située sous le torus transverse supérieur (parfois présente chez l'homme actuel) correspond à cette ligne d'inversion. Chez l'homme, souvent à cet endroit, toute la surface est dépositaire, ce qui donne naissance aux processus géni.

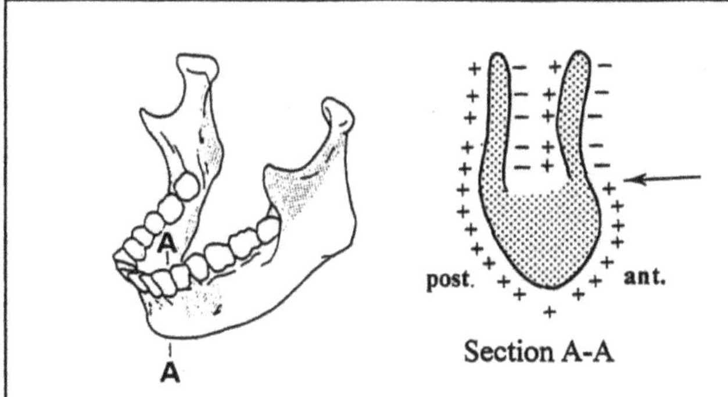

Figure 24. Section de symphyse mentonnière (section A-A).
+ : zones de dépôt osseux ; - : zones de résorption osseuse.
La flèche indique la ligne d'inversion
(extrait de Arensburg *et al.*, 1989)

3. 2. Variabilité chez les adultes

La fréquence d'apparition du caractère diminue avec la maturité puisque 68% de dépressions absentes ont été notées sur des mandibules adultes de Bédouins d'Israël (Arensburg *et al.*, 1989). En effet, les dépressions disparaissent graduellement avec l'âge quand il y a réduction du remodelage alvéolaire à la fin de la mise en place des dents permanentes.
Sur des mandibules édentées, la ligne de réversion peut réapparaître, plus basse sur la face antérieure lorsque les cortex alvéolaires sont résorptifs du côté lingual et buccal. En revanche, sur les mandibules les plus édentées, une résorption complète de l'os alvéolaire empêche la formation d'une dépression, par absence de la zone mandibulaire (Enlow, 1990).

Il existerait des différences de fréquences d'origines géographiques et/ou ethniques dans l'apparition des dépressions mandibulaires (Arensburg *et al.*, 1989). En effet, certaines populations australiennes ou indonésiennes ne possèderaient pas ce caractère alors qu'il serait présent dans 25.5% des cas, sur des populations anglaises du Moyen-Age. Il existerait donc des différences dans le taux de remodelage de la symphyse mandibulaire, mais des interrogations persistent sur la nature génétique et/ou environnementale de ces variations. Pourtant, l'apparition des dépressions dès les premiers stades de l'hominisation, suggère plutôt une origine génétique et auxologique.

Lorsqu'elles sont présentes, les dépressions apparaissent systématiquement de façon bilatérale, et s'étendent latéralement à partir de l'incisive centrale ou latérale. Elles sont horizontales ou faiblement obliques dans une direction postéro-supérieure / antéro-inférieure (Arensburg *et al.*, *op. cit.*).

[11] Anc. Fosses mentonnières *(fossae mentales)*

3. 3. Variabilité chez les enfants

Liaison à l'âge

Le morphe "absent" étant très rare chez les enfants, il ne sera pas pris en compte dans la suite de l'étude portant sur les sujets immatures.
Les morphes "vestigial" et "développé" ont des évolutions inverses, étroitement liées à l'âge (toutes classes confondues : χ^2 = 251 ; p = 3.9 E-54) (tableau 52), comme l'avaient observé Arensburg *et al.*, (1989). Les variations de fréquences de ces deux morphes, au cours de la croissance, se font en deux étapes.

Une première étape entre les classes 1-2 montre une diminution significative de la fréquence du morphe "développé", au profit d'une augmentation du morphe "vestigial" (χ^2 = 6.4 ; p = 0.011) (tableau 52). Cette étape coïncide avec l'éruption de la première génération de dents. Les dépressions semblent, de plus, exagérément profondes chez les plus jeunes enfants en raison du gonflement des germes des canines et incisives.
La deuxième phase d'augmentation de fréquence du morphe "vestigial" (et donc de diminution du morphe "développé"), est hautement significative entre les classes 3-4 (χ^2 = 92.4 ; p = 6.9 E-22) (tableau 52). C'est à partir de la classe 4 que l'absence de dépression est visible sur quelques mandibules.

	Classe 1		Classe 2		Classe 3		Classe 4		Adultes	
	n	%	**n**	%	**n**	%	**n**	%	**n**	%
absentes	**0**	0	**0**	0	**0**	0	**8**	2	**90**	38
vestigiales	**0**	0	**5**	3	**18**	7	**168**	43	**124**	53
développées	**218**	100	**167**	97	**228**	93	**216**	55	**22**	9
Total	**218**	100	**172**	100	**246**	100	**392**	100	**236**	100

Tableau 52. Fréquences absolues et relatives des différents morphes des dépressions mandibulaires antérieures, chez les enfants européens, âges séparés, côtés confondus et chez les adultes

Dans nos séries de référence, le morphe "vestigial" est visible à partir de 18 mois mais ne devient réellement fréquent qu'au delà de 7 ans.
Si l'on compare les fréquences des 3 morphes entre enfants de classe 4 et adultes, les différences sont très significatives, en particulier pour les morphes "absent" et "développé" (morphe "absent" : χ^2 = 145.7 ; p = 1.4 E-33 ; morphe "vestigial" : χ^2 = 3.5 ; p = 0.018 et morphe "développé" : χ^2 = 131.18 ; p = 2.26 E-30) (tableau 52).
Il semble donc que la mandibule des adolescents soit encore en cours de transformation morphologique, puisque les dépressions "développées", qui correspondent à plus de la moitié des cas de la dernière classe d'âge, n'existent chez les adultes que dans seulement 9% des cas (et inversement pour le morphe "absent").

Au moment de la sénescence, lors de la perte des dents, il se remet en place un phénomène d'apposition et de résorption osseuses, qui entraîne de nouveau la formation de dépressions. Celles-ci n'apparaissent alors que vestigiales, car il n'y a plus les germes dentaires dans l'os mandibulaire pour faire ressortir la profondeur des dépressions.
Ceci peut expliquer le fort pourcentage de dépressions vestigiales dans notre échantillon européen, essentiellement constitué d'individus d'âge supérieur à 40-50 ans (échantillon de Spitalfields, moyenne d'âge : 56 ans, n = 61).

Liaison au sexe

Aucune liaison entre le caractère et un sexe n'a été constatée : les différences de fréquences entre filles et garçons sont non significatives, pour les trois classes d'âges permettant un test de Fisher (respectivement p = 1.0 ; 0.16 et 1.0) (tableau 53).

Sexes \ Classes		1	2	3	4
Filles	**n \ N**	**10 \ 10**	**12 \ 12**	**12 \ 16**	**14 \ 46**
	%	100	100	75	30
Garçons	**n \ N**	**10 \ 10**	**28 \ 30**	**26 \ 28**	**8 \ 28**
	%	100	93	93	28.5

Tableau 53. Fréquences absolues et relatives des dépressions mandibulaires antérieures **développées (n)**, chez les enfants européens, âges et sexes séparés, côtés confondus

Bilatéralité ou unilatéralité

Seuls les morphes "absent" de la classe 4 (p = 0.42) et "vestigial" des classes 2 et 4 (p = 1.0 et 0.082), montrent une apparition uni- ou bilatérale aléatoire sur la mandibule (tableau 54).
En revanche, pour les 4 classes d'âges du morphe "développé" (p = 0.0000 pour les 4), et pour le morphe "vestigial" de la classe 4 (p = 0.0000), l'apparition est significativement bilatérale (tableau 54).

Cette particularité avait déjà été observée avant nous par Arensburg *et al.*, (1989) : "In all mandibles in which the ABMD were present, it appears as a bilateral depression".

Dans les quelques cas d'unilatéralité, nous n'avons constaté aucun côté privilégié d'apparition.

Morphe \ Classe		1	2	3	4
absente	**n \ N**	**0 \ 0**	**0 \ 0**	**0 \ 0**	**4 \ 4**
	%	0	0	0	100
vestigiale	**n \ N**	**0 \ 0**	**1 \ 4**	**9 \ 9**	**84 \ 84**
	%	0	25	100	100
développé	**n \ N**	**109 \ 109**	**82 \ 85**	**114 \ 114**	**108 \ 108**
	%	100	96	100	100

Tableau 54. Fréquences absolues et relatives des différents morphes des dépressions mandibulaires antérieures, chez les enfants européens, âges séparés, côtés confondus **(n : morphes bilatéraux)**

Variabilité géographique

La fréquence du morphe "développé", chez les adolescents de la classe 4 issus de la série de Rajhrad, est significativement plus élevée que celle des enfants issus des séries d'Europe occidentale, où elles sont plutôt vestigiales (p = 0.0036) (tableau 55).
De plus, les fréquences des enfants des deux sites iraniens montrent, pour les deux dernières classes d'âges, des différences très significatives avec les fréquences des enfants provenant à la fois des échantillons d'Europe occidentale (classes 3 et 4 : p = 0.0001 et 0.0000) et de Moravie (p = 0.0000 pour les deux classes), la fréquence de dépressions vestigiales étant plus grande à Tepe Hissar - Hasanlu.

Origine \ Classe		1	2	3	4
Europe occident	**n \ N**	**218 \ 218**	**143 \ 148**	**118 \ 130**	**80 \ 168**
	%	100	97	91	48
Moravie	**n \ N**	**0 \ 0**	**24 \ 24**	**110 \ 116**	**136 \ 216**
	%	0	100	95	63
Iran	**n \ N**	**0 \ 0**	**18 \ 18**	**12 \ 22**	**12 \ 92**
	%	0	100	54.5	13

Tableau 55. Fréquences absolues et relatives des dépressions mandibulaires antérieures **développées (n),** chez les enfants, âges et origines géographiques séparés, côtés confondus

Nous avons voulu vérifier si variations géographiques persistent chez les adultes issus des mêmes séries.

Des différences significatives sont également observées entre les fréquences des adultes de Spitalfields et celles des individus de Rajhrad et Tepe Hissar - Hasanlu (p = 0.0000, pour les morphes "absent" et "vestigial") (tableau 56). La proportion de dépressions "vestigiales" et "développées" est plus grande dans la série d'Europe occidentale que dans les deux autres régions géographiques, pour lesquelles les dépressions sont surtout absentes.

Il semblerait que cela soit lié à la constitution en âge des séries, les individus de l'échantillon de Spitalfields étant en moyenne plus âgés.

Origine / Morphe		Absente	Vestigiale	Développée
Europe occident	**n \ N**	**10 \ 122**	**102 \ 122**	**10 \ 122**
	%	8	84	8
Moravie	**n \ N**	**90 \ 114**	**22 \ 114**	**2 \ 114**
	%	79	19	2
Iran	**n \ N**	**46 \ 66**	**20 \ 66**	**0 \ 66**
	%	70	30	0

Tableau 56. Fréquences absolues et relatives des différents morphes des dépressions mandibulaires antérieures, chez les adultes, origines géographiques séparées, côtés confondus

3. 4. Résumé

La profondeur des dépressions mandibulaires antérieures est hautement liée à l'âge. Elles sont extrêmement profondes chez les très jeunes enfants et s'estompent au cours de la croissance, jusqu'à disparaître chez les adultes (figure 25).

Chez les adultes âgés, elles peuvent réapparaître sous forme vestigiale, en raison du remodelage osseux qui intervient au moment de la perte des dents.

Il n'existe pas de différence entre garçons et filles dans la fréquence d'apparition de ce caractère. En revanche, il en existe entre régions géographiques différentes.

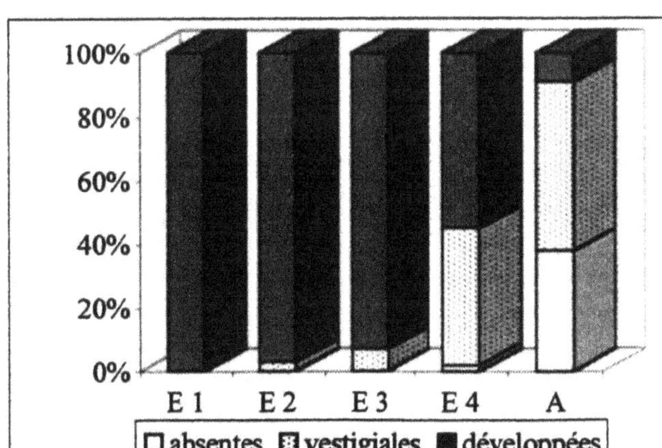

Figure 25. Fréquences relatives des morphes des dépressions mandibulaires antérieures, chez les enfants (E) selon les 4 classes d'âges et chez les adultes (A) issus des séries ostéologiques européennes

4. Absence de pont mylo-hyoïdien et forme du sillon *(Pons mylohyoideus ; Sulcus mylohyoideus)*

4. 1. Définition et ontogenèse

Le sillon mylo-hyoïdien part du foramen mandibulaire et livre passage aux nerfs et vaisseaux mylo-hyoïdiens. Il chemine obliquement vers le bas et vers l'avant en direction du corps mandibulaire "en dessinant une courbe à concavité antéro-supérieure" (Gaspard, 1978). Il s'estompe peu à peu et s'efface complètement à l'aplomb des dents jugales.

Le pont mylo-hyoïdien est une formation osseuse transformant le sillon mylo-hyoïdien en un canal, sur une longueur très variable de son parcours. Différentes hypothèses ont été émises quant à l'origine du pont mylo-hyoïdien.

Pour Le Double (1906), le pont mylo-hyoïdien proviendrait de l'ossification d'une partie du ligament sphéno-mandibulaire, dérivé du premier arc branchial - hypothèse reprise par Dodo (1974). Les ponts mylo-hyoïdiens situés en position proximale sur le sillon résulteraient de l'extension proximale de la lingula mandibulaire. En revanche, les ponts situés en position distale, auraient pour origine une ossification de structures anatomiques différentes (ossification partielle du périoste) (Dodo, *op. cit.*).

Une autre hypothèse considère le pont comme une membrane recouvrant le sillon mylo-hyoïdien et pouvant parfois s'ossifier (Arensburg et Nathan, 1979). Cette hypothèse a été soutenue par Braga (1995), pour qui le pont mylo-hyoïdien serait inexistant avant l'apparition des troisièmes molaires, ce qui plaiderait en faveur d'une ossification secondaire de la membrane recouvrant le sillon mylo-hyoïdien.
Ceci rejoint l'hypothèse formulée antérieurement par Ossenberg (1974), après examen de 3500 mandibules. Selon l'auteur, au niveau du foramen mandibulaire, il existerait une expansion, émise par le ligament sphéno-mandibulaire et constituée de fibres, parfois appelée lame de Hovelacque et Virenque (1913). Cette lame contiendrait des nodules cartilagineux correspondant à des fragments Meckeliens[12] non résorbés. Ceux-ci n'évolueraient pas jusqu'au moment de la puberté, où se déclencherait alors un processus tardif d'ossification. La lame viendrait alors coiffer, sur une certaine longueur, le sillon mylo-hyoïdien et emprisonnerait le paquet vasculo-nerveux dans ledit sillon. Ce phénomène ayant lieu au moment de la puberté, le pont mylo-hyoïdien achèverait rarement son expression avant l'adolescence (l'âge le plus jeune auquel il a été observé par l'auteur est 11 ans). La fréquence de ce caractère connaîtrait donc une augmentation rapide au moment de la puberté, mais resterait ensuite relativement stable une fois la maturité atteinte (Ossenberg, *op. cit.*).
Sawyer *et al.* (1978) ont rapporté la découverte d'un pont mylo-hyoïdien chez un enfant de 6 ans et un de 9 ans dans une population péruvienne précolombienne.

4. 2. Variabilité chez les adultes

Il est possible de distinguer différents types de ponts mylo-hyoïdiens suivant leur localisation sur le sillon et suivant leur nombre (Ossenberg, 1974), mais en général, deux types de ponts sont généralement cités dans la littérature (Kaul et Pathak, 1984 ; Lundy, 1980) :
- le pont le plus commun s'étend à partir d'un point antéro-inférieur de quelques millimètres au foramen mandibulaire, jusqu'au bord antérieur de la zone d'insertion du muscle ptérygoïdien médial.
- le second type est plus rare et correspond soit à un pont perforé ou discontinu, soit à un pont pouvant s'étendre beaucoup plus que le premier type c'est-à-dire quasiment jusqu'au corps de la mandibule.

Ce caractère discret classé parmi les caractères dits "hyperostotics", n'appartient pas à la liste proposée par Berry et Berry (1967). Il ne montrerait pas un réel dimorphisme sexuel, mais seulement des tendances différentes selon les auteurs : il serait plus fréquent chez les hommes selon Ossenberg (1969) et Dodo (1974), alors que Cesnys (1982) l'a plus fréquemment observé sur des mandibules féminines.
Les avis sont également partagés à propos de son apparition plutôt symétrique (Ossenberg, 1981) ou asymétrique (Dodo, 1974) sur la mandibule.
Selon Ossenberg (1969), la fréquence de ce caractère serait plus haute sur des crânes déformés.
La valeur de ce caractère comme marqueur génétique de populations a été discutée entre autres par Yamano et Yamaguchi, (1965), Corruccini (1974), Carpenter (1976), Ossenberg (1976) et Sawyer *et al.* (1978).
Enfin, des variations géographiques ont été notées, les fréquences allant de 0% sur des mandibules de Péruviens Nazca d'époque Pré-Colombienne (Sawyer *et al.*, 1978), à 21 % sur des mandibules de Bédouins (Arensburg et Nathan, 1979), et jusqu'à plus de 33% sur des mandibules d'Amérindiens (Ossenberg, 1974) ou d'Aleuts (Dodo et Ishida, 1987).

4. 3. Variabilité chez les enfants

- **Absence d'un pont mylo-hyoïdien**

Liaison à l'âge

Deux ponts seulement ont été observés sur les 352 hémi-mandibules immatures européennes examinées, tous deux sur des portions gauches de mandibules appartenant à des enfants de la classe d'âge 4 (enfants de 12 ans à Spitalfields et *ca* 10-12 ans à Rajhrad).

[12] L'extrémité proximale du cartilage de Meckel participe à l'ossification du marteau (segment meckelien intra-tympanique), tandis que son extrémité distale contribue à l'ossification mandibulaire (segment meckelien extra-tympanique). La moitié proximale du segment extra-tympanique relie l'épine du sphénoïde à la lingula et se transforme en ligament sphéno-mandibulaire.

La présence de ce caractère est hautement lié à l'âge (χ^2 = 119.8, p = 6.8 E-28) (tableau 57). Sa fréquence étant beaucoup plus élevée chez les adultes que chez les adolescents, ce caractère revêt donc une valeur discrète seulement après la quatrième classe d'âge.

	Enfants classe 4		Adultes	
	n	%	**n**	%
présent	**2**	0.6	**31**	15.5
absent	**350**	99.4	**169**	84.5
Total	**352**	100	**200**	100

Tableau 57. Fréquences absolues et relatives des différents morphes du pont mylo-hyoïdien chez les enfants européens de classe 4 et les adultes européens, côtés confondus

Liaison au sexe

Parmi les deux ponts observés, l'un appartient à une mandibule issue d'une série archéologique, donc de sexe actuellement inconnu, l'autre se situe sur une mandibule féminine de la série de Spitalfields (n°2677).
Étant donné les très rares observations du morphe "présent" chez les enfants, aucune conclusion ne peut être formulée quant à la valeur dimorphique de ce caractère.

Bilatéralité ou unilatéralité

Les deux ponts mylo-hyoïdiens ont été observés du côté gauche de la mandibule, mais ces maigres observations ne permettent aucune conclusion en faveur d'une apparition plutôt unilatérale ou bilatérale du caractère.

Variabilité géographique

Dans ce cas également, nous ne pouvons rien conclure étant donné que l'un des deux ponts a été observé sur une mandibule issue d'une série morave (Rajhrad n°275), et l'autre sur une mandibule provenant d'Angleterre (Spitalfields). Aucun pont n'a été observé sur les mandibules issues des deux séries iraniennes.

N'ayant pu mettre en évidence une éventuelle variation géographique de ce caractère chez les enfants, nous avons voulu voir ce qu'il en était chez les adultes où les ponts mylo-hyoïdiens sont plus fréquents.

Origine \ Morphe		absent	présent
Angleterre	**n \ N**	**71 \ 98**	**27 \ 98**
	%	72.5	27.5
Moravie	**n \ N**	**98 \ 102**	**4 \ 102**
	%	96	4
Iran	**n \ N**	**56 \ 64**	**8 \ 64**
	%	87.5	12.5

Tableau 58. Fréquences absolues et relatives des différents morphes du pont mylo-hyoïdien chez les adultes, origines géographiques séparées, côtés confondus

La fréquence de ponts mylo-hyoïdiens dans la série de Spitalfields est significativement plus élevée que celle obtenue dans la série morave (p Fisher = 0.0000), et dans les séries iraniennes (p = 0.0309) (tableau 58). Ce fait pourrait toutefois être lié à la constitution en âge de l'échantillon choisi au sein de la série de Spitalfields qui peut-être plus vieux que les deux autres échantillons. Si tel était le cas, on pourrait émettre l'hypothèse que la fréquence de ponts mylo-hyoïdiens augmente chez les sujets très âgés.

Les différences observées entre les fréquences de ponts mylo-hyoïdiens, dans les échantillons morave et iranien, ne sont pas statistiquement significatives.

- **Développement du sillon mylo-hyoïdien**

Liaison à l'âge

L'absence de sillon mylo-hyoïdien est un caractère extrêmement rare ; nous n'avons donc pas retenu ce morphe dans la suite de cette étude.

Aucune liaison significative entre la profondeur du sillon et le développement de l'enfant n'est constatée lorsque les classes d'âges sont testées globalement (morphe "peu profond" : χ^2 = 5.9 ; p = 0.11) (tableau 59).
Chez les plus jeunes enfants, le morphe "profond" correspond à presque 80% des observations, puis il diminue légèrement au cours de la classe 2 (la variation de fréquence est en limite du seuil de "validité" : χ^2 = 4.06 ; p = 0.043).
La fréquence atteinte alors, ne montre plus aucune variation significative jusqu'à la dernière classe d'âge (classes 2-3 : χ^2 = 0.021 ; p = 0.88 ; classes 3-4 : χ^2 = 0.48 ; p = 0.48) (tableau 59).

	Classe 1		Classe 2		Classe 3		Classe 4		Adultes	
	n	%	**n**	%	**n**	%	**n**	%	**n**	%
absent	**1**	0.5	**0**	0	**2**	1	**5**	2	**1**	0.5
peu profond	**44**	21	**34**	31	**56**	30	**86**	27	**5**	2.5
profond	**167**	79	**76**	69	**128**	69	**225**	71	**194**	97
Total	**212**	100	**110**	100	**186**	100	**316**	100	**200**	100

Tableau 59. Fréquences absolues et relatives des différents morphes du sillon mylo-hyoïdien, chez les enfants européens, âges séparés, côtés confondus et chez les adultes

Des différences significatives persistent entre adultes et enfants de classe 4, au niveau des fréquences des morphes "peu profond" et "profond" (respectivement $\chi^2 = 51.5$; p = 7.1 E-13 et $\chi^2 = 53.3$; p = 2.7 E-13). Les adultes ne montrent que très rarement le morphe "peu profond" (2.5%), alors qu'il se rencontre avec une fréquence de 27% chez les adolescents (tableau 59).
Il semble donc que la morphologie finale du sillon mylo-hyoïdien ne soit pas encore atteinte à l'âge correspondant à la classe 4.

Liaison au sexe

Aucune différence significative, entre les fréquences chez les filles et chez les garçons, n'a été constatée, quel que soit le morphe considéré (respectivement p Fisher = 0.55 ; 0.50 ; 0.19 et 1.0) (tableau 60).

Sexe \ Classe		1	2	3	4
Filles	**n \ N**	**9 \ 10**	**10 \ 10**	**14 \ 16**	**33 \ 40**
	%	90	100	87.5	82.5
Garçons	**n \ N**	**6 \ 8**	**14 \ 16**	**20 \ 20**	**20 \ 24**
	%	75	87.5	100	83

Tableau 60. Fréquences absolues et relatives du sillon mylo-hyoïdien **profond (n)**, chez les enfants européens, âges et sexes séparés, côtés confondus

Bilatéralité ou unilatéralité

Lorsque les fréquences absolues sont hautes, ce qui est le cas pour le morphe "profond", son apparition est significativement bilatérale (pour les 4 classes d'âges p = 0.0000). Il en est de même pour le morphe "peu profond", excepté pour la première classe d'âge (respectivement p = 0.0275 ; 0.0048 et 0.0009-0.0019) (tableau 61).
En revanche, une apparition aléatoire du morphe "absent", soit unilatéralement, soit bilatéralement, est constatée pour les classes 1, 3 et 4 (respectivement p = 1.0 ; 1.0 ; 0.55-10).
Il en est de même pour le morphe "peu profond" de la première classe d'âge (p = 0.41-0.58).

Dans les cas d'une présence unilatérale d'un des morphes, nous n'avons pas décelé de côté privilégié d'apparition.

Morphe \ Classe		1	2	3	4
absent	**n \ N**	**0 \ 1**	**0 \ 0**	**1 \ 1**	**2 \ 3**
	%	0	0	100	67
peu profond	**n \ N**	**17 \ 27**	**16 \ 18**	**26 \ 30**	**39 \ 47**
	%	63	89	87	83
profond	**n \ N**	**79 \ 88**	**37 \ 39**	**62 \ 66**	**109 \ 116**
	%	90	95	94	94

Tableau 61. Fréquences absolues et relatives des différents morphes du sillon mylo-hyoïdien, chez les enfants européens, âges séparés, côtés confondus (**n : morphes bilatéraux**)

Variabilité géographique

Les enfants iraniens, pour la dernière classe d'âge, montrent une fréquence de sillons mylo-hyoïdiens "profonds", plus élevée que celle observée chez les enfants issus des séries d'Europe occidentale (p = 0.0000), ou de Moravie (p = 0.0000) (tableau 62).

Origine \Classe		1	2	3	4
Europe occident	**n \ N**	**167 \ 210**	**68 \ 100**	**75 \ 108**	**110 \ 154**
	%	79.5	68	69	71
Moravie	**n \ N**	**0 \ 0**	**8 \ 10**	**53 \ 76**	**115 \ 156**
	%	0	80	70	74
Iran	**n \ N**	**4 \ 4**	**12 \ 14**	**11 \ 14**	**73 \ 76**
	%	100	86	78.5	96

Tableau 62. Fréquences absolues et relatives du sillon mylo-hyoïdien **profond (n)**, chez les enfants, âges et origines géographiques séparés, côtés confondus

Nous avons voulu vérifier si ces variations géographiques persistaient chez les adultes issus des mêmes sites.
Contrairement à ce qui est observé chez les enfants, aucune variation géographique significative n'a été constatée entre les fréquences des différents morphes du sillon mylo-hyoïdien, au sein des adultes (tableau 63).

Origine \ Morphe		absent	peu profond	profond
Angleterre	**n \ N**	**1 \ 98**	**2 \ 98**	**95 \ 98**
	%	1	2	97
Moravie	**n \ N**	**0 \ 102**	**3 \ 102**	99 \ 102
	%	0	3	97
Iran	**n \ N**	**2 \ 64**	**1 \ 64**	**61 \ 64**
	%	3	2	95

Tableau 63. Fréquences absolues et relatives des différents morphes du sillon mylo-hyoïdien, chez les adultes, origines géographiques séparées, côtés confondus

4. 4. Résumé

Concernant le pont mylo-hyoïdien, nos observations semblent conforter l'hypothèse d'Ossenberg (1970), selon laquelle ce caractère morphologique serait lié à un phénomène d'ossification, intervenant au moment de la puberté. En effet, les deux seuls cas de ponts mylo-hyoïdiens observés dans nos échantillons immatures appartiennent à des enfants de la dernière classe d'âge.

Une éventuelle liaison de ce caractère, au sexe ou à l'origine géographique des enfants étudiés, n'a pu être mise en évidence.

En revanche, ce caractère "hyperostotic" est beaucoup plus fréquent chez les adultes de Spitalfields, que chez ceux de Rajhrad et de Tepe-Hissar - Hasanlu. Toutefois, on ne peut en conclure avec certitude à une variabilité géographique de ce caractère chez les adultes, en raison de la différence de distribution des âges existant entre les échantillons.

La profondeur du sillon mylo-hyoïdien ne semble réellement varier ni avec l'âge (figure 26) ni en fonction du sexe des individus. En revanche, quelques variations liées aux origines géographiques des sujets sont visibles, chez les enfants.

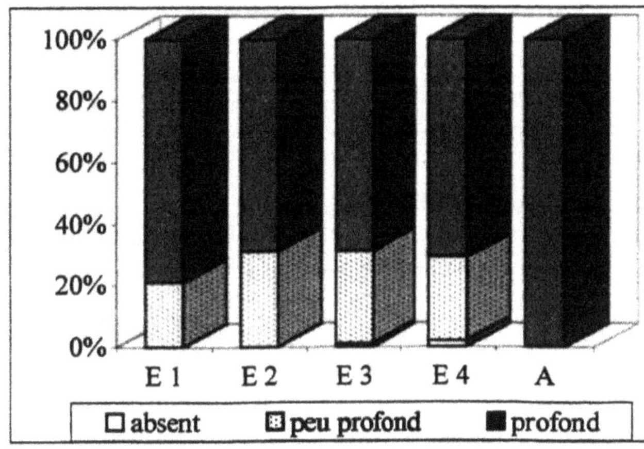

Figure 26. Fréquences relatives des différents morphes du sillon mylo-hyoïdien, chez les enfants (E) selon les 4 classes d'âges et chez les adultes (A) issus des séries ostéologiques européennes

III. CARACTÈRES À CONNOTATION PHYLOGÉNÉTIQUE

1. Pont osseux et forme de l'incisure mastoïdienne *(Incisura mastoidea)*

1. 1. Définition et ontogenèse

L'incisure mastoïdienne est une large gouttière située sur la base de la partie pétreuse de l'os temporal. Elle est inféro-médiale au processus mastoïde, et s'étend du foramen stylo-mastoïdien jusqu'à 2 ou 3 cm en arrière dans la direction du foramen mastoïdien.
Dans l'incisure mastoïdienne s'insère le ventre postérieur du muscle digastrique, qui permet d'abaisser la mandibule et de relever l'os hyoïde. Ce muscle est particulièrement actif durant les phases de mastication et de déglutition.
L'incisure est bordée médialement par une saillie allongée : l'éminence juxta-mastoïdienne. Celle-ci donne insertion au muscle droit latéral accessoire de Winslow, (m. atloïdo-mastoïdien) dans une étroite gouttière transversale où passe l'artère occipitale.

1. 2. Variabilité chez les adultes

Augier (1931) a mentionné l'existence, parfois, d'une bifurcation de l'incisure mastoïdienne, qui serait dûe à un dédoublement du muscle digastrique. Lorsque l'incisure est unique, son étendue ainsi que la saillie des parties voisines, varient en corrélation avec le volume de ce muscle.
Weidenreich (1943) a précisé, à propos de la forme et de la taille de l'incisure mastoïdienne, que la variabilité est grande chez les hommes modernes. L'incisure peut, en effet, être très étroite et ressembler à une simple entaille dans l'os ou, au contraire, apparaître comme un large sillon plat.
De Villiers (1968) note que l'incisure mastoïdienne est en relation avec la taille du processus mastoïde, elle-même en relation avec le sexe. Ainsi, selon l'auteur, les femmes, ayant des processus mastoïdes moins développés que les hommes, auraient une incisure peu profonde.

Weidenreich (1943) a, de plus, noté sur des *Homo erectus* chinois, une incisure mastoïdienne de forme particulière, car interrompue sur son parcours par un pont osseux. Elyaqtine (1995) a examiné 140 os temporaux d'individus adultes modernes d'origines diverses, et aucun ne présentait la disposition décrite par Weidenreich.

1. 3. Variabilité chez les enfants

• Pont sur l'incisure mastoïdienne

Sur l'ensemble des squelettes d'enfants examinés, nous n'avons jamais observé de pont osseux coupant l'incisure mastoïdienne dans sa partie antérieure.

• Formes de l'incisure mastoïdienne

Liaison à l'âge

L'incisure mastoïdienne n'est pas complètement formée chez la plupart des enfants de la première classe d'âge.

Une liaison significative existe entre le morphe "peu profond étroit" et le développement des enfants, toutes classes d'âges confondues (χ^2 = 77.2 ; p = 1.2 E-16). On voit nettement que la fréquence de ce morphe diminue au cours de la croissance, cette diminution étant significative entre les classes 2-3 et 3-4 (respectivement χ^2 =13.2 ; p = 0.0002 et χ^2 = 18.8 ; p = 1.3 E-5) (tableau 64).
Une liaison à l'âge existe également pour le morphe "profond étroit", qui connaît une augmentation de sa fréquence au cours de la croissance, toutes classes confondues (χ^2 = 57.6 ; p = 1.8 E-12) et de manière significative entre les classes d'âges 2-3 et 3-4 (respectivement χ^2 = 20.7 ; p 5.3 E-6 et χ^2 = 6.8 ; p = 0.0089) (tableau 64).
Ces deux morphes montrent donc une évolution opposée : le premier est très fréquent chez les très jeunes enfants, puis sa fréquence diminue en particulier au moment de l'éruption de la première dent permanente. A ce moment le second morphe voit sa fréquence augmenter, et correspond à plus de la moitié des morphes chez les enfants de la dernière classe d'âge.
La fréquence du morphe "profond large" augmente de manière significative au cours de la croissance, toutes classes d'âges confondues (χ^2 = 19.2 ; p = 0.0002), de même qu'entre les deux dernières classes (χ^2 = 6.2 ; p = 0.01) (tableau 64). Mais sa proportion reste bien inférieure à celle du morphe "profond étroit".
Nous n'avons constaté aucune liaison à l'âge pour le morphe "peu profond large".

	Classe 1		Classe 2		Classe 3		Classe 4		Adultes	
	n	%	n	%	n	%	n	%	n	%
peu profonde étroite	**4**	100	**77**	64	**47**	40.5	**40**	18.5	**0**	0
peu profonde large	**0**	0	**23**	19	**14**	12	**20**	9	**0**	0
profonde étroite	**0**	0	**17**	14	**47**	40.5	**120**	55.5	**119**	73
profonde large	**0**	0	**3**	2.5	**8**	7	**36**	17	**43**	27
Total	**4**	100	**120**	100	**116**	100	**216**	100	**162**	100

Tableau 64. Fréquences absolues et relatives des différents morphes de l'incisure mastoïdienne, chez les enfants européens, âges séparés, côtés confondus et chez les adultes

Des différences hautement significatives persistent entre les fréquences chez les enfants de classe 4 et chez les adultes, quel que soit le morphe considéré (respectivement p Fisher = 0.0000 ; 0.0000 ; 0.0004 et 0.0217) (tableau 64). Chez les adultes, la forme peu profonde de l'incisure mastoïdienne ne se rencontre plus, et le morphe "profond étroit" est le plus fréquent.
Il semble donc que cette partie de l'os temporal n'ait pas encore achevée son évolution au cours de la classe 4.

Liaison au sexe

La fréquence du morphe "profond étroit" de la classe 4, n'est pas différente significativement pour les garçons, de celle observée chez les adultes (p = 0.249) alors que celle relevée chez les filles diffère significativement (p = 0.0025) (tableau 65 a). Il semble donc que cette forme de l'incisure mastoïdienne atteigne chez les garçons une fréquence comparable à celle observée chez les adultes plus précocement que chez les filles.
Concernant les fréquences des autres morphes, aucune différence entre les sexes n'a été constatée (annexes, tableaux 65 b, c et d).

Sexe \ Classe		1	2	3	4
Filles	**n \ N**	**0 \ 0**	**2 \ 12**	**4 \ 8**	**11 \ 26**
	%	0	17	50	42
Garçons	**n \ N**	**0 \ 0**	**2 \ 28**	**3 \ 10**	**16 \ 18**
	%	0	7	30	89

Tableau 65 a. Fréquences absolues et relatives de l'incisure **profonde et étroite (n)**, chez les enfants européens, âges et sexes séparés, côtés confondus

Bilatéralité ou unilatéralité

Quel que soit le morphe considéré, lorsque sa fréquence absolue est importante, son apparition est significativement bilatérale : morphe "peu profond étroit" pour la classe 2 (p = 0.0270) et morphe "profond étroit", pour la classe 4 (p = 0.0261-0.0395) (tableau 66).

Morphe \ Classe		1	2	3	4
peu profonde	**n \ N**	**2 \ 2**	**33 \ 44**	**18 \ 29**	**17 \ 23**
étroite	%	100	75	62	74
peu profonde	**n \ N**	**0 \ 0**	**6 \ 17**	**3 \ 13**	**5 \ 15**
large	%	0	35	23	33
profonde	**n \ N**	**0 \ 0**	**7 \ 10**	**19 \ 28**	**49 \ 71**
étroite	%	0	70	68	69
profonde	**n \ N**	**0 \ 0**	**0 \ 3**	**0 \ 8**	**8 \ 28**
large	%	0	0	0	28.5

Tableau 66. Fréquences absolues et relatives des différents morphes de l'incisure mastoïdienne, chez les enfants européens, âges séparés, côtés confondus
(n = morphes bilatéraux)

Dans les cas contraires, l'apparition du caractère est aléatoire et peut être autant bilatérale qu'unilatérale : morphe "peu profond étroit" des classes 1, 3 et 4 (respectivement p = 1.0 ; 0.42-0.59 ; 0.12-0.22) ; morphe "peu profond large" des classes 2, 3 et 4 (respectivement p = 0.72-0.49 ; 0.41-0.22 ; 0.71-0.46) ; morphe "profond étroit" des classes 2 et 3 (p = 0.64 et 0.27) et morphe "profond large" des classes 2, 3 et 4 (respectivement p = 1.0-0.4 ; 0.0769 ; 0.17) (tableau 66).
Dans les cas d'unilatéralité, nous n'avons décelé aucun côté privilégié.

Variabilité géographique

Des différences significatives entre les fréquences des enfants issus des différentes régions géographiques sont constatées pour les trois dernières classes d'âges. Pour la première classe, le faible nombre d'incisures mastoïdiennes observées, ne permet aucun test statistique.
Les enfants issus des sites d'Europe occidentale, pour les classes 3 et 4, montrent la fréquence significativement la plus haute (p = 0.0024 et 0.0000) du morphe "peu profond et étroit" (tableau 67 a). Au sein du site de Rajhrad, pour les mêmes classes d'âges, le morphe "profond et étroit" est significativement plus fréquent que pour les autres séries (p = 0.0046 et 0.0016). Les enfants moraves semblent donc montrer plus tôt que les enfants des séries d'Europe occidentale examinées, les fréquences que l'on trouvera ensuite chez les adultes.
Le morphe "peu profond et large" est significativement plus fréquent pour les classes 2 et 3 dans les sites de Tepe Hissar - Hasanlu que dans le reste des aires géographiques étudiées (annexes, tableaux 67 b, c et d).

Origine \ Classe		1	2	3	4
Europe	**n \ N**	**4 \ 4**	**68 \ 102**	**31 \ 56**	**36 \ 108**
occident	%	100	67	55	33
Moravie	**n \ N**	**0 \ 0**	**9 \ 18**	**16 \ 60**	**4 \ 108**
	%	0	50	27	4
Iran	**n \ N**	**2 \ 2**	**0 \ 4**	**6 \ 14**	**10 \ 48**
	%	100	0	43	21

Tableau 67 a. Fréquences absolues et relatives de l'incisure **peu profonde et étroite (n)**, chez les enfants, âges et origines géographiques séparés, côtés confondus

Nous avons voulu vérifier si ces variations géographiques se retrouvaient chez les adultes issus des mêmes sites.

Les variations géographiques visibles chez les enfants de la dernière classe d'âge, se retrouvent chez les adultes d'Iran et de Moravie. En effet, la fréquence du morphe "peu profond" est toujours plus importante en Iran, comparée à celle du morphe "profond" qui est plus fréquente à Rajhrad (tableau 68).
En revanche, les différences qui existaient chez les enfants, entre les fréquences des caractères à Rajhrad d'une part et

dans les séries d'Europe occidentale, d'autre part, ne se retrouvent plus chez les adultes (tableau 68).

Origine \ Morphe		peu profonde étroite	peu profonde large	profonde étroite	profonde large
Angleterre	**n \ N**	**0 \ 66**	**0 \ 66**	**50 \ 66**	**16 \ 66**
	%	0	0	76	24
Moravie	**n \ N**	**0 \ 96**	**0 \ 96**	**69 \ 96**	**27 \ 96**
	%	0	0	72	28
Iran	**n \ N**	**19 \ 64**	**4 \ 64**	**34 \ 64**	**7 \ 64**
	%	30	6	53	11

Tableau 68. Fréquences absolues et relatives des différents morphes de l'incisure mastoïdienne, chez les adultes, origines géographiques séparées, côtés confondus

1. 4. Résumé

La forme de l'incisure mastoïdienne varie de manière significative avec la croissance de l'individu, ce qui semble normal puisqu'elle livre passage à un muscle dont les dimensions augmentent avec l'âge (figure 27).
Les adolescents masculins de la dernière classe d'âge montrent déjà les mêmes formes d'incisures mastoïdiennes que les adultes ; pour ce caractère, ils semblent donc en avance sur les filles.

Enfin, des variations géographiques existent dans la forme de l'incisure mastoïdienne, aussi bien chez les enfants que chez les adultes. Mais, le sens de ces variations n'est pas constant d'une classe d'âge à l'autre, ce qui rend les résultats difficilement interprétables.

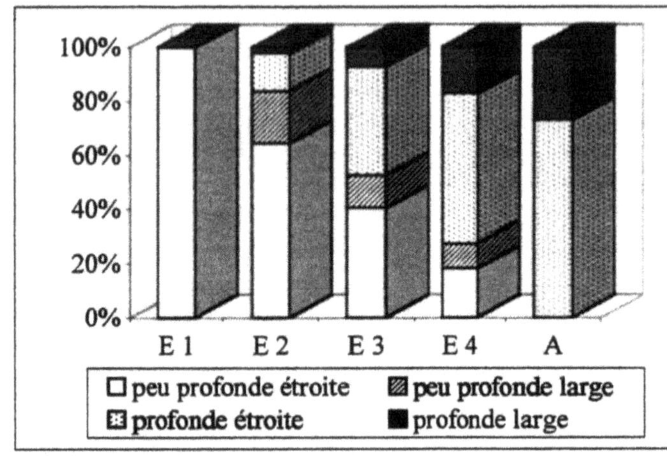

Figure 27. Fréquences relatives des différents morphes de l'incisure mastoïdienne, chez les enfants (E) selon les 4 classes d'âges et chez les adultes (A) issus des séries ostéologiques européennes

2. Caractères de la face

2. 1. Forme de l'entrée de l'orbite
(Aditus orbitae)

2. 1. 1. Définition et ontogenèse

Les orbites sont des cavités paires et symétriques creusées dans la partie supéro-latérale du massif facial supérieur. Elles ont la forme d'une pyramide à 4 pans, à base plus ou moins rectangulaire et au sommet postéro-inféro-médial. Six os prennent part à la constitution des parois de l'orbite : l'os frontal, l'os sphénoïde, l'os ethmoïde, l'os palatin, l'os maxillaire et l'os zygomatique (Paturet, 1951).
A la naissance, l'ensemble de l'orbite est ossifié et a une forme arrondie (Paturet, 1951 ; Ferembach, 1970 ; Hauser et de Stefano, 1989). A partir de deux des diamètres - vertical et transversal - sensiblement égaux de l'orbite, s'observe au cours du développement, une augmentation du diamètre transversal sur le vertical (Paturet, 1951).
L'orbite va s'accroître régulièrement sous l'influence du développement de l'œil et des parties molles qui l'entourent. Durant cette période, l'axe de l'orbite migre vers l'intérieur et il se place de plus en plus dans un plan frontal.
Oehmann (1975 *in* Hauser et De Stefano, 1989) décrit 4 poussées de croissance de l'ouverture orbitaire. La plus importante de ces augmentations (81%) aurait lieu entre la naissance et 2 ans. La dernière poussée de croissance, entre 9 et 11 ans (9%), amènerait l'ouverture orbitaire à sa taille définitive.

2. 1. 2. Variabilité chez les adultes

L'ouverture orbitaire est très variable, à la fois, dans l'épaisseur de son rebord, qui peut aller d'un véritable bourrelet mousse à une crête fine et aiguë, et dans ses forme et taille, qui auraient toutes deux un fort déterminisme génétique (Szilvassy, 1981).
Toutes les formes de l'orbite ne se retrouvent pas avec une fréquence équivalente. La forme arrondie et très vaste n'apparaîtrait chez l'homme actuel que dans des cas exceptionnels, tout au plus chez des individus pathologiques. En général, c'est la forme rectangulaire accompagnée d'une capacité plus faible qui serait prépondérante (Vlcek, 1970 ; Szilvassy, 1981). Cependant, Maureille (1994) a remarqué dans la forme de l'entrée de l'orbite une variabilité géographique non négligeable puisque dans deux échantillons (Australiens et Européens), les orbites seraient surtout de forme rectangulaire, alors que dans deux autres (Asiatiques et Esquimaux), elles paraissent plus carrées voire plus arrondies. Dans un dernier échantillon (Africains), les orbites seraient très rondes.
Il existerait une différence d'origine sexuelle dans la taille de l'orbite, dont la surface serait plus grande chez les hommes que chez les femmes (Szilvassy, 1981).
L'asymétrie serait de règle, avec une ouverture orbitaire droite plus grande qu'à gauche (Kadanoff et Jordanov, 1977).
L'indice orbitaire, calculé à partir des deux diamètres principaux de l'orbite, se montre assez indépendant de la forme générale du crâne cérébral, mais semble lié à celle du crâne facial (Poirier et Charpy, 1931).

2. 1. 3. Variabilité chez les enfants

Liaison à l'âge

Une liaison statistiquement significative existe entre l'âge des individus (toutes classes confondues) et la forme de l'entrée de l'orbite pour le morphe "rond" (χ^2 = 80.7 ; p = 2.2 E-17) et "carré" (χ^2 = 23.7 ; p = 2.7 E-5), l'évolution de l'un semblant correspondre à l'évolution opposée de l'autre (tableau 69).
En effet, la fréquence de la forme ronde de l'entrée de l'orbite est très élevée pendant les premiers mois de la vie, puis elle diminue significativement entre les classes 1-2 (χ^2 = 15.5 ; p = 8.2 E-5) (tableau 69). Par la suite, cette diminution se poursuit au cours des classes d'âges suivantes, mais elle n'a plus une valeur statistique significative.
A l'inverse, la fréquence du morphe "carré" augmente significativement entre les classes 1-2 et 2-3. Les fréquences des deux autres morphes sont très variables mais ne montrent aucune liaison avec l'âge.
Une différence significative persiste entre les enfants de la classe 4 et les adultes au sujet des fréquences des morphes "rond", "carré" et "rectangle" (respectivement χ^2 = 5.7 ; p = 0.016 ; χ^2 = 4.4 ; p = 0.03 et χ^2 = 10.19 ; p = 0.001) (tableau 69). Chez les adultes, se rencontrent significativement plus de formes rectangles et carrées. Il semble donc que la forme de l'orbite n'ait pas terminé son évolution au moment de la classe 4.

	Classe 1		Classe 2		Classe 3		Classe 4		Adultes	
	n	%	n	%	n	%	n	%	n	%
ronde	**16**	73	**8**	21	**10**	10	**20**	7.5	**1**	1
ovale	**2**	9	**2**	5	**2**	2	**20**	7.5	**8**	8
carrée	**0**	0	**12**	32	**50**	51	**130**	49	**37**	37
rectangle	**4**	18	**16**	42	**36**	37	**96**	36	**55**	54
Total	**22**	100	**38**	100	**98**	100	**266**	100	**101**	100

Tableau 69. Fréquences absolues et relatives des différents morphes de l'entrée de l'orbite, chez les enfants européens, âges séparés, côtés confondus et chez les adultes

Liaison au sexe

Un test de Fisher effectué au sein des classes d'âges 1 et 4 (les seules permettant le test) n'a révélé aucune liaison du caractère à l'un des sexes (respectivement p = 1.0 et 0.61) (tableau 70 a). Il en est de même pour les trois autres morphes (annexes, tableaux 70 b, c et d).

Le nombre très faible d'enfants sexués ayant des orbites bien conservées doit nous inciter à la prudence dans l'interprétation de ces résultats.

Sexe \ Classe		1	2	3	4
Filles	**n \ N**	**4 \ 6**	**2 \ 2**	**0 \ 0**	**4 \ 28**
	%	67	100	0	14
Garçons	**n \ N**	**6 \ 10**	**0 \ 0**	**1 \ 2**	**2 \ 16**
	%	60	0	50	12.5

Tableau 70 a. Fréquences absolues et relatives de la forme **ronde (n)** de l'entrée de l'orbite, chez les enfants européens, âges et sexes séparés, côtés confondus

Bilatéralité ou unilatéralité

Quel que soit le morphe, lorsque sa fréquence est suffisamment grande, il apparaît significativement de manière bilatérale : morphe "carré" pour les classes 3 et 4 (respectivement p = 0.0496 et 0.0000) et morphe "rectangle" de la classe 4 (p = 0.0003) (tableau 71).

En revanche, lorsque sa fréquence diminue, le morphe apparaît de manière aléatoire, soit bilatéralement, soit unilatéralement : morphe "rond" des classes 1 à 4 (respectivement p = 0.07 ; 0.42 ; 1.0 et 1.0) ; morphe "ovale" des classes 1 à 4 (respectivement p = 1.0 ; 1.0 ; 1.0 et 0.72) ; morphe "carré" de la classe 2 (p = 0.59-1.0) et morphe "rectangle" des classes 1, 2 et 3 (respectivement p = 1.0 ; 0.61-0.33 et 0.20-0.34) (tableau 71).

Dans les cas de présence unilatérale d'un des morphe, il n'existe pas de côté privilégié d'apparition.

Morphe \ Classe		1	2	3	4
ronde	**n \ N**	**8 \ 8**	**4 \ 4**	**4 \ 6**	**7 \ 13**
	%	100	100	67	54
ovale	**n \ N**	**1 \ 1**	**1 \ 1**	**0 \ 2**	**6 \ 14**
	%	100	100	0	43
carrée	**n \ N**	**0 \ 0**	**5 \ 7**	**22 \ 28**	**60 \ 70**
	%	0	71	79	86
rectangle	**n \ N**	**2 \ 2**	**7 \ 9**	**15 \ 21**	**44 \ 52**
	%	100	78	71	85

Tableau 71. Fréquences absolues et relatives des différents morphes de l'entrée de l'orbite, chez les enfants européens, âges séparés, côtés confondus (**n = morphes bilatéraux**)

Variabilité géographique

Pour la dernière classe d'âge, la fréquence du morphe rectangle" est significativement plus élevée parmi les enfants issus des séries d'Iran et de la collection Morton, que chez les enfants de Rajhrad (respectivement p = 0.0000 et 0.0001) et des séries d'Europe occidentale (respectivement p = 0.0017 et 0.0066) (tableau 72 a).
La fréquence du morphe "carrée" est significativement plus élevée chez ces derniers, pour la dernière classe d'âge, que dans les trois autres groupes (annexes, tableau 72 d).
Enfin, les adolescents de Rajhrad, montrent une proportion du morphe "ovale" significativement plus haute que chez les enfants issus des sites d'Europe occidentale (annexes, tableau 72 c).

Origine \ Classe		1	2	3	4
Europe occident	**n \ N**	**4 \ 22**	**6 \ 18**	**28 \ 60**	**67 \ 175**
	%	18	33	47	38
Moravie	**n \ N**	**0 \ 0**	**10 \ 20**	**8 \ 38**	**29 \ 91**
	%	0	50	21	32
Iran	**n \ N**	**0 \ 2**	**6 \ 6**	**0 \ 6**	**34 \ 48**
	%	0	100	0	71

Tableau 72 a. Fréquences absolues et relatives de la forme **rectangle (n)** de l'entrée de l'orbite, chez les enfants, âges et origines géographiques séparés, côtés confondus

Nous avons voulu vérifier si ces variations géographiques se retrouvaient au sein des populations adultes issues des mêmes sites.
Les particularités visibles chez les enfants les plus âgés, ne se retrouvent pas forcément dans la population adulte. En effet, les adultes de la collection de Rajhrad se caractérisent par des orbites quadrangulaires (carrées ou rectangles). Il en est de même pour les adultes de Spitalfields (tableau 73).

En revanche, les adultes iraniens ne montrent pas les mêmes formes de l'entrée de l'orbite que les enfants, elles sont plutôt carrées chez les adultes et rectangulaires chez les enfants (les différences sont significatives entre les adultes du site iranien d'une part et ceux de Spitalfields et Rajhrad d'autre part) (tableau 73).

Origine \ Morphe		Ronde	Ovale	Carrée	Rectangle
Angleterre	**n \ N**	**2 \ 100**	**8 \ 100**	**36 \ 100**	**54 \ 100**
	%	2	8	36	54
Moravie	**n \ N**	**0 \ 102**	**8 \ 102**	**30 \ 102**	**64 \ 102**
	%	0	8	29	63
Iran	**n \ N**	**0 \ 64**	**2 \ 64**	**56 \ 64**	**6 \ 64**
	%	0	3	87.5	9

Tableau 73. Fréquences absolues et relatives des différentes morphes de l'entrée de l'orbite, chez les adultes, origines géographiques séparées, côtés confondus

2. 1. 4. Résumé

Seuls les morphes "rond" et "carré" de l'entrée de l'orbite montrent des liaisons significatives à l'âge (figure 28). La forme arrondie peut se rencontrer à tous les âges chez les enfants, mais elle est particulièrement fréquente au cours de la première classe d'âge.

La forme de l'orbite n'est pas un caractère discriminant entre filles et garçons. En revanche des variations géographiques existent, chez les enfants et les adultes des séries examinées.

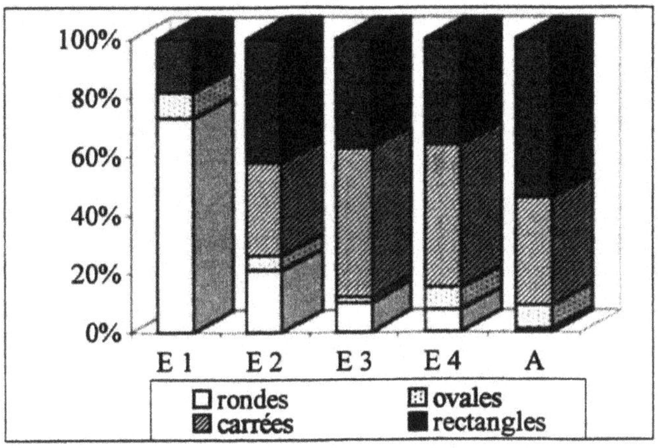

Figure 28. Fréquences relatives des différents morphes de l'entrée de l'orbite, chez les enfants (E), selon les 4 classes d'âges et chez les adultes (A) issus des séries ostéologiques européennes

2. 2. Saillie de l'épine nasale antérieure (*Spina nasalis anterior*)

2. 2. 1. Définition et ontogenèse

L'épine nasale antérieure est une saillie osseuse médiane, de forme triangulaire, correspondant à la projection en avant de la crête nasale, qui s'étend jusqu'au bord antérieur de l'os incisif (Paturet, 1951). La crête nasale est formée par l'union des deux arêtes nasales issues de la jonction des deux processus palatins des os incisifs et maxillaires.

Embryologiquement, l'épine nasale antérieure apparaît très tôt, dès la deuxième quinzaine *in utero*. Sa longueur ne dépasse pas quelques dixièmes de millimètres et son orientation est oblique de bas en haut. Vers la naissance, l'épine nasale antérieure a pris une direction horizontale et sa longueur peut atteindre 2 à 3 millimètres (Le Double, 1906). La variation de son expression est très grande.

Plusieurs modèles ont été proposés pour expliquer le développement de ce relief osseux.

- **Le modèle du déplacement originel**, soutenu par Enlow et Bang (1965).
Dans ce modèle, la région sous-nasale développerait, au cours de la croissance, en réponse au déplacement vers le bas du complexe naso-maxillaire, une résorption périostée laissant apparaître un relief osseux : l'épine nasale antérieure. La formation de cette saillie résulterait de mouvements de résorption et de dépôt de l'os maxillaire : le côté labial de la région prémaxillaire étant résorptif alors qu'un dépôt osseux se ferait sur le côté lingual. Ce côté est impliqué dans une direction de croissance vers le bas.

- **Le modèle de traction septale**, soutenu par Latham (1970) (figure 29).
L'auteur évoque l'existence d'un ligament "septo-prémaxillaire", faisceau fibreux provenant du bord antéro-inférieur du septum nasal et se dirigeant en arrière et en bas, pour s'insérer dans les tissus de la suture entre les prémaxillaires. Des faisceaux latéraux, moins denses, rayonneraient latéralement en arrière vers une insertion large sur les faces nasale et faciale des os prémaxillaires. Ce ligament serait le moyen de transmission de la force liée à la croissance du septum vers le maxillaire. Le septum, en grandissant vers le bas et vers l'avant, exercerait une traction sur l'os prémaxillaire, plutôt qu'une pression. Au niveau de l'insertion du ligament, il existerait une tension telle qu'il donnerait naissance à une apposition périostée : l'épine nasale antérieure.

- **"The functional matrix concept"**, soutenu par Simpson et Mc Collum (1993).
A l'opposé des deux modèles précédents qui expliquent l'individualisation de l'épine nasale antérieure soit par traction, soit par déplacement, "sur un système osseux essentiellement passif" (Braga, 1996), Simpson et Mc Collum (1993) préfèrent un modèle plus dynamique, à l'image de celui utilisé par Enlow (1990) et qu'il nomme "la matrice fonctionnelle". Dans ce modèle, la matrice fonctionnelle des tissus mous joue une rôle important dans le développement osseux, en plus de l'os lui-même.

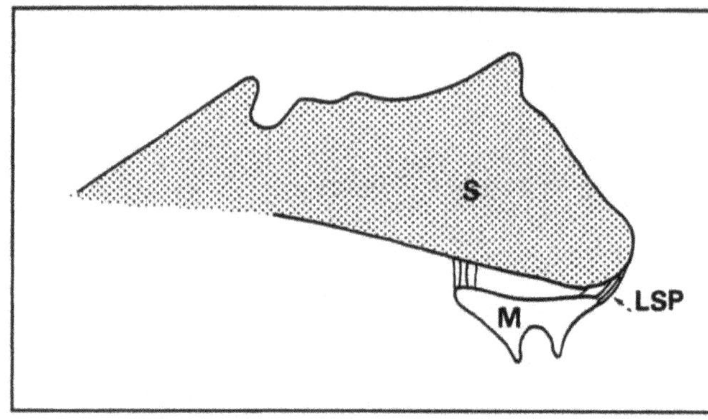

Figure 29. Mode d'attache du maxillaire (M) au septum nasal (S) par l'intermédiaire du ligament septo-prémaxillaire (LSP) (modifié de Latham, 1970)

Mooney et Siegel (1986) ont réalisé une étude ayant pour but de mettre en évidence l'existence d'une relation significative entre la saillie de l'épine nasale antérieure et le degré de fermeture du composant palatin ou facial de la suture incisive.
En effet, selon Latham (1970), l'alignement antéro-postérieur et l'ouverture des sutures maxillaires permettraient un déplacement vers le bas et vers l'avant du maxillaire, durant l'avancement du septum nasal. Le modèle de traction proposé par l'auteur produirait alors des associations entre une face prognathe, une suture incisive ouverte, et une épine nasale antérieure petite ou absente. Inversement, il existerait des associations entre une face orthognathe, une suture fermée ou presque et une épine nasale antérieure proéminente.

Les résultats de cette étude ont été discutés par Simpson et Mc Collum (1993) qui ne voient entre la suture incisive et l'épine nasale antérieure qu'un seul dénominateur commun : l'âge. Braga (1996) a également confirmé que ces deux structures étaient "ontogénétiquement autonomes" chez *Pongo, Gorilla* et *Pan* (excepté chez le chimpanzé nain).

2. 2. 2. Variabilité chez les adultes

Des variations entre populations géographiquement différentes, dans la proéminence de l'épine nasale antérieure et du prognathisme facial, sont bien documentées (De Villiers, 1968 ; Krogman, 1970 ; Enlow, 1990). De Villiers (*op. cit.*) a montré par exemple qu'au sein des populations noires d'Afrique du Sud, l'épine nasale antérieure est absente chez 28.3% des hommes et 30.2% des femmes. Selon l'auteur, des relations de type "génétique" existent entre le degré de développement de l'épine nasale antérieure et celui de l'ouverture nasale : des épines nasales absentes ou légèrement développées seraient associées avec de larges ouvertures nasales, et inversement.

2. 2. 3. Variabilité chez les enfants

Liaison à l'âge

Chez les plus jeunes enfants, la forme très saillante de l'épine nasale antérieure est observée quasi-systématiquement, avec quelques cas seulement de forme saillante. En fait, le faible développement de l'épine nasale antérieure est rare chez les enfants, quelle que soit la classe d'âge considérée.
Quel que soit le morphe, une liaison significative existe entre la fréquence du trait et le développement de l'enfant, toutes classes d'âges confondues : morphe "faible" : $\chi^2 = 10.6$; $p = 0.014$; morphe "saillant" : $\chi^2 = 33.7$; $p = 2.1$ E-7 ; morphe "très saillant" : $\chi^2 = 39.3$; $p = 1.4$ E-8 (tableau 74).
Ces deux derniers morphes se comportent comme deux caractères opposés pour les classes d'âges les plus jeunes. En effet, la fréquence du morphe "très saillant" décroît significativement entre les deux premières classes d'âges (p Fisher = 0.0008), tandis que la fréquence du morphe "saillant" augmente significativement (p = 0.0094) (tableau 74). Ces fréquences semblent ensuite rester constantes, leurs variations entre les classes d'âges suivantes n'étant pas significatives.

	Classe 1		Classe 2		Classe 3		Classe 4		Adultes	
	n	%	**n**	%	**n**	%	**n**	%	**n**	%
faible	**2**	2	**5**	8	**7**	9	**2**	2	**1**	1
saillant	**20**	17	**22**	35	**37**	50	**60**	51	**21**	31
très saillant	**93**	81	**35**	56	**30**	41	**56**	47	**46**	68
Total	**115**	100	**62**	100	**74**	100	**118**	100	**68**	100

Tableau 74. Fréquences absolues et relatives des différents morphes du développement de l'épine nasale antérieure, chez les enfants européens, âges séparés et chez les adultes

Des différences significatives dans les fréquences des morphes "saillant" et "très saillant", persistent entre enfants de classe 4 et adultes (respectivement p Fisher = 0.0092 et p = 0.0093) (tableau 74). Cela semble signifier que l'épine nasale antérieure n'a pas encore atteint sa morphologie définitive au cours de la quatrième classe d'âge, des modifications intervenant par la suite.

Liaison au sexe

Avec les précautions d'interprétation liées au faible nombre d'observations, un test de Fisher révèle une liaison significative entre le sexe masculin et le morphe "saillant", uniquement pour la première classe d'âge (p = 0.033) (tableau 75 a). Ce morphe est significativement plus fréquent, chez les jeunes garçons, que les morphes "très saillant" et "faible".
Ceux-ci sont, en revanche, rencontrés plus souvent chez les petites filles, mais sans que ce résultat soit statistiquement significatif (annexes, tableaux 75 b et c).

Sexe \ Classe		1	2	3	4
Filles	**n \ N**	**0 \ 7**	**3 \ 9**	**1 \ 7**	**3 \ 16**
	%	0	33	14	19
Garçons	**n \ N**	**5 \ 9**	**4 \ 18**	**3 \ 9**	**3 \ 11**
	%	55.5	22	33	27

Tableau 75 a. Fréquences absolues et relatives du morphe **saillant (n)** de l'épine nasale antérieure, chez les enfants européens, âges et sexes séparés

Variabilité géographique

Aucune différence liée à l'origine géographique des individus n'a été révélée, quel que soit le morphe considéré (tableau 76 a et annexes, tableaux 76 b et c).

Origine \ Classe		1	2	3	4
Europe occident	**n \ N**	**92 \ 114**	**31 \ 53**	**13 \ 35**	**30 \ 56**
	%	81	58	37	53.5
Moravie	**n \ N**	**1 \ 1**	**4 \ 9**	**17 \ 39**	**26 \ 62**
	%	100	44	44	42
Iran	**n \ N**	**2 \ 2**	**4 \ 5**	**3 \ 8**	**14 \ 25**
	%	100	80	37.5	56

Tableau 76 a. Fréquences absolues et relatives du morphe **très saillant (n)** de l'épine nasale antérieure, chez les enfants, âges et origines géographiques séparés

Nous avons voulu vérifier si cette absence de variation géographique se retrouvait au sein des populations adultes issues des mêmes sites.
A la différence des enfants, des variations liées aux origines géographiques des individus sont observées chez les adultes.

Les sujets issus de la série de Spitalfields ont une fréquence du morphe "très saillant" significativement plus élevée que celle notée dans la série morave (p = 0.0007) et iranienne (p = 0.0001). Ces deux dernières séries se caractérisent, en revanche, par une fréquence du morphe "saillant" significativement supérieure à celle de la série anglaise (comparaison avec Rajhrad p = 0.0002 et Tepe-Hissar p = 0.0000) (tableau 77).

Origine \ Morphe		faible	saillant	très saillant
Angleterre	**n \ N**	**1 \ 36**	**4 \ 36**	**31 \ 36**
	%	3	11	86
Moravie	**n \ N**	**0 \ 32**	**17 \ 32**	**15 \ 32**
	%	0	53	47
Iran	**n \ N**	**0 \ 31**	**19 \ 31**	**12 \ 31**
	%	0	61	39

Tableau 77. Fréquences absolues et relatives des différents morphes du développement de l'épine nasale antérieure, chez les adultes, origines géographiques séparées

2. 2. 4. Résumé

Une épine nasale antérieure très saillante représente le morphe le plus fréquemment rencontré dans des populations actuelles adultes ou immatures, tous âges confondus (figure 30).

Un changement morphologique influençant le développement de l'épine nasale antérieure semble se produire au moment de la mise en place de la dentition déciduale car la fréquence du caractère "très saillant" diminue alors de manière significative.

Des variations semblent également intervenir après la 4ème classe d'âge, puisque des différences persistent entre les fréquences des différents morphes chez les adolescents et celles observées chez les adultes.

Il semblerait que les très jeunes garçons montrent le morphe "saillant", significativement plus fréquemment, que les deux autres morphes, visibles chez les filles.

Enfin, il n'existe aucune variation liée à l'origine géographique des individus immatures pour ce caractère, quel que soit le morphe considéré. En revanche, les adultes de la série de Spitalfields montre la plus haute fréquence du morphe "très saillant", par rapport aux séries morave et iranienne.

A la suite de ces observations, nous rejoignons Simpson et Mc Collum (1993) et Braga (1996), quant aux doutes sur l'hypothèse de Mooney et Siegel (1991) concernant l'existence d'une association significative entre une suture incisive ouverte, et une épine nasale antérieure petite.

En effet, chez les jeunes enfants, pour qui les composantes palatine et faciale de la suture incisive sont ouvertes, nous avons plutôt observé des épines nasales antérieures particulièrement proéminentes.

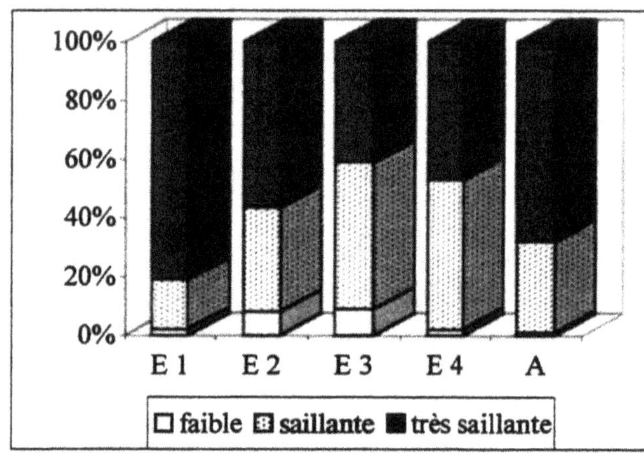

Figure 30. Fréquences relatives des différents morphes de l'épine nasale antérieure, chez les enfants (E), selon les 4 classes d'âges et chez les adultes (A) issus des séries ostéologiques européennes

2. 3. Nombre et position du(des) foramen(s) mentonnier(s) *(Foramen mentale)*

2. 3. 1. Définition et ontogenèse

Le foramen mentonnier est l'orifice de sortie du canal dentaire inférieur. Il a fait l'objet d'observations précises en ce qui concerne sa forme et sa situation. Généralement ovalaire et d'un diamètre moyen de 2 mm (Paturet, 1951), il livre passage au nerf mentonnier et à une artériole issue de l'artère dentaire inférieure. Son bord antéro-inférieur est tranchant et son bord supéro-postérieur mousse ; en arrière, il se prolonge par une gouttière peu profonde, oblique vers le haut et l'extérieur.

Le Double (1906) avait tenté d'expliquer la multiplicité des foramens mentonniers. Si au moment de la naissance, 2 foramens mentonniers existent, contigus ou distants l'un de l'autre, et de dimensions inégales, le plus petit s'oblitérerait avec la mise en place de la dentition permanente, puisqu'il correspond au canal de Serres, en liaison avec les dents déciduales.
Le canal de Serres est un conduit transosseux appelé "canal de la dentition temporaire" car il n'existe normalement que chez les fœtus et les jeunes enfants. Il est parallèle et sous-jacent au canal mandibulaire (figure 31). Le canal de Serres est en fait un conduit transitoire qui s'ouvre postérieurement, dans la région de l'ouverture du canal mandibulaire, au voisinage de la lingula. Il parcourt le corps mandibulaire au-dessous du canal dentaire inférieur et s'ouvre antérieurement entre la symphyse et le trou mentonnier ; postérieurement, il est sous-jacent à l'orifice du canal mandibulaire et toujours beaucoup plus petit que lui.

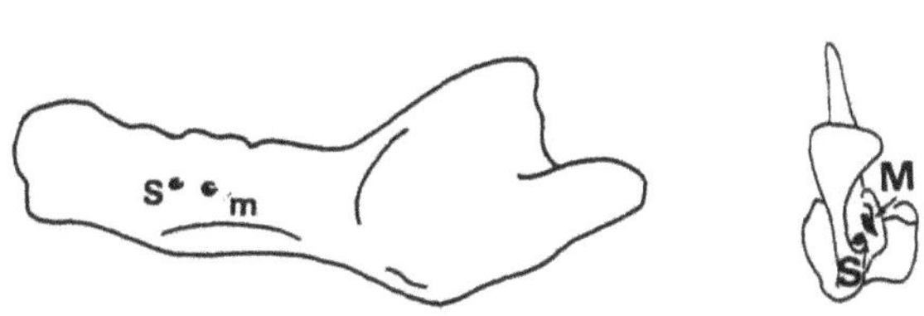

Figure 31. Orifice du canal de Serres (S) par rapport au foramen mentonnier (m) et au foramen mandibulaire (M) (extrait de Gaspard, 1978)

Serres (1817 *in* Gaspard, 1978) avait considéré, après la dissection d'une mandibule d'un enfant, que la dentition déciduale et la dentition permanente étaient alimentées par 2 artères dentaires différentes :

- une supérieure, passant par le canal dentaire classique et répondant à la dentition permanente.
une inférieure, passant par le canal de Serres et répondant à la dentition déciduale.

L'âge de la disparition du canal de Serres varie suivant les auteurs, entre 8 ans (Paturet, 1951) et 10 ans (Olivier, 1949), au terme de la dentition déciduale.

Une autre hypothèse a été formulée par Chanderot (1972), qui a observé les mandibules de divers Primates possédant de nombreux foramens mentonniers, sur lesquelles la partie antérieure du canal de Serres était fermée. Il ressortait de son étude que l'existence de plusieurs foramens mentonniers chez l'homme s'expliquait par la résurgence d'un dispositif plus complexe, présent chez les Primates et Insectivores. Pour l'auteur, l'existence occasionnelle, chez l'homme, d'orifices mentonniers doubles, serait un vestige d'un "passé mammalien" où la fonction exploratrice des organes péribuccaux était particulièrement importante.

Chanderot (*op. cit.*) conteste ainsi l'interprétation de Vallois et Bennejeant (1913) suivant laquelle 10% des trous mentonniers surnuméraires seraient des reliques du canal de Serres. En revanche, il admet que l'orifice postérieur du canal de Serres peut subsister assez tardivement. Mais dès l'âge de 7 ans environ, toute la partie antérieure dudit canal aurait disparu.

Au départ, chez les jeunes enfants, l'orifice mentonnier serait situé très bas, presque au contact du bord mandibulaire inférieur, puis s'élèverait progressivement.

La position du foramen mentonnier par rapport à la dentition varie également avec l'âge et suivant les auteurs. Pour Olivier (1949) et Paturet (1951), chez le nouveau-né et l'enfant, le foramen est placé à l'aplomb du germe de la canine. Le Double (1906) estime qu'au moment de la naissance, le trou mentonnier répond à la cloison osseuse qui sépare la canine de la première molaire déciduale. De même, pour Augier (1931), comme pour Poirier et Charpy (1931) le foramen mentonnier reste situé immédiatement en arrière de la cloison interalvéolaire qui sépare la canine de la première molaire déciduale.

2. 3. 2. Variabilité chez les adultes

Chez l'adulte, le foramen mentonnier est situé dans la partie moyenne du corps mandibulaire (Gaspard, 1978). On pensait que sa position continuait d'évoluer vers le haut chez l'adulte âgé parce que l'on retrouvait le foramen souvent proche du bord alvéolaire. En réalité, c'est l'os alvéolaire qui se résorbe chez l'adulte âgé, consécutivement à la perte des dents, ce qui donne l'impression d'un déplacement du foramen. En fait, sa position ne change plus, une fois l'âge adulte atteint.

Le foramen mentonnier migre soit à l'aplomb de la P1, soit entre la P1 et la P2, plus rarement à l'aplomb de la P2 (Simonton, 1923 ; Olivier, 1949). Pour Augier (1931), le trou mentonnier se trouve placé chez l'adulte un peu en arrière de la première prémolaire. Selon Trinkaus (1993), parmi les échantillons d'adultes issus de différentes origines géographiques, qu'il a étudiés, le foramen mentonnier est situé le plus souvent entre la P1 et la P2 (le maximum est de 55.1% sur des Amérindiens de Californie) et entre la P2 et la M1 (le maximum est de 57.6% sur des Australiens).

Le dédoublement du foramen mentonnier, chez l'adulte actuel, appartient au sein des caractères discrets, à la catégorie des "orifices et sillons surnuméraires" (Berry et Berry, 1967).
Il peut correspondre :
- soit à un foramen séparé en 2 par un filet osseux qui peut être dirigé horizontalement ou obliquement. Ce filet a pour point de départ le contour externe du foramen mais ne se prolonge pas jusqu'au fond de l'orifice (Poirier et Charpy, 1931).
- soit à 2 foramens bien distincts et distants l'un de l'autre (Le Double, 1906).

Par chaque foramen mentonnier supplémentaire, sortent un filet nerveux, une artériole et 1 ou 2 veinules provenant du nerf et des vaisseaux dentaires inférieurs (Le Double, 1906).
Le pourcentage de foramens mentonniers multiples est variable suivant les auteurs. Selon Olivier (1949), le trou mentonnier ne se dédouble que dans 4% des cas et n'est que très exceptionnellement triple ou quadruple. Le Double (1906) a recensé des foramens doubles dans 2.2% des 400 mandibules étudiées. Pour Vallois et Bennejeant (1913), parmi 300 mandibules examinées, 8% environ ont des foramens doubles et 1 seul cas de foramen triple est observé. Ossenberg (1969) ne donne pas de fréquence de foramens mentonniers doubles, mais estime que celle-ci augmente au cours de l'adolescence et jusqu'à 20 ans environ.

2. 3. 3. Variabilité chez les enfants

• Nombre de foramens mentonniers

Liaison à l'âge

La fréquence du morphe "3 foramens" étant extrêmement faible, nous n'en tiendrons pas compte dans le reste de l'étude.
Une liaison significative est constatée entre le nombre de foramens mentonniers et le développement des enfants (toutes classes d'âges confondues : $\chi^2 = 23.16$; $p = 3.7$ E-5) (tableau 78).

Lorsque l'on teste les variations de fréquences des foramens entre deux classes, une seule comparaison reste significative : entre les classes 2-3, au moment le l'éruption de la première molaire permanente ($\chi^2 = 5.59$; $p = 0.01$) (tableau 78). A ce moment de la croissance, la baisse de fréquence des foramens doubles est significative, par rapport aux foramens uniques. On pourrait donc envisager un lien avec la disparition du canal de Serres.

	Classe 1		Classe 2		Classe 3		Classe 4		Adultes	
	n	%	**n**	%	**n**	%	**n**	%	**n**	%
1 foramen	**176**	82	**141**	89	**214**	96	**328**	92	**194**	88
2 foramens	**36**	17	**17**	11	**10**	4	**30**	8	**23**	10
3 foramens	**2**	1	**0**	0	**0**	0	**0**	0	**3**	1
Total	**214**	100	**158**	100	**224**	100	**358**	100	**120**	100

Tableau 78. Fréquences absolues et relatives des différents morphes du nombre de foramens mentonniers, chez les enfants européens, âges séparés, côtés confondus et chez les adultes

On constate également qu'il ne persiste aucune différence significative entre les fréquences des différents morphes des enfants de classe 4 et des adultes (morphe "1 foramen" : $\chi^2 = 1.8$; $p = 0.17$ et morphe "2 foramens" : $\chi^2 = 0.7$; $p = 0.4$) (tableau 78). Il semble donc que la morphologie finale, au niveau du nombre de foramens mentonniers, soit acquise au cours de la classe d'âge 4. De ce fait, dès le stade de l'adolescence, le dédoublement du foramen mentonnier peut être considéré comme un caractère discret.

Liaison au sexe

Un test de probabilité exacte de Fisher ne révèle, au sein de chaque classe d'âge, aucune liaison entre un sexe et le nombre de foramens mentonniers : les différences de fréquences entre filles et garçons sont non significatives (p = 1.0 ; 1.0 ; 0.44 ; 0.99) (tableau 79).

Sexe \ Classe		1	2	3	4
Filles	**n \ N**	**8 \ 10**	**10 \ 10**	**15 \ 16**	**41 \ 44**
	%	80	100	94	93
Garçons	**n \ N**	**9 \ 10**	**27 \ 28**	**20 \ 20**	**22 \ 24**
	%	90	96	100	92

Tableau 79. Fréquences absolues et relatives de foramens mentonniers **uniques (n)**, chez les enfants européens, âges et sexes séparés, côtés confondus

Bilatéralité ou Unilatéralité

Lorsque la fréquence absolue d'un morphe est grande, il apparaît sur la mandibule de manière significativement bilatérale : morphe "1 foramen" pour les 4 classes d'âges (respectivement p = 0.0015 ; 0.0000 ; 0.0000 et 0.0000) (tableau 80).
En revanche, pour la première, la troisième et la dernière classes d'âges, le morphe "2 foramens" apparaît significativement de manière unilatérale (respectivement p = 0.0025 ; 0.0325 et 0.0008). Seul le morphe "2 foramens" de la classe 2 montre une apparition aléatoire, soit bilatérale, soit unilatérale (p = 0.10) (tableau 80).
Dans les cas d'une présence unilatérale des foramens mentonniers, nous n'avons pas observé de côté privilégié d'apparition.

Morphe \ Classe		1	2	3	4
1 foramen	**n \ N**	**74 \ 102**	**64 \ 77**	**102 \ 112**	**151 \ 177**
	%	72.5	83	91	85
2 foramens	**n \ N**	**4 \ 32**	**2 \ 15**	**0 \ 10**	**2 \ 28**
	%	12.5	13	0	7

Tableau 80. Fréquences absolues et relatives des différents morphes du nombre de foramens mentonniers, chez les enfants européens, âges séparés, côtés confondus **(n : morphes bilatéraux)**

Variabilité géographique

Une seule différence significative est observée pour la classe 3, entre les fréquences de foramens uniques des enfants issus des séries d'Europe occidentale et ceux de Tepe Hissar - Hasanlu (p = 0.022) (tableau 81), ces derniers montrant moins de foramens uniques au profit de foramens doubles.

Origine \ Classe		1	2	3	4
Europe occident	**n \ N**	**176 \ 212**	**122 \ 138**	**115 \ 118**	**157 \ 168**
	%	83	88	97	93
Moravie	**n \ N**	**0 \ 0**	**19 \ 20**	**99 \ 106**	**171 \ 190**
	%	0	95	93	90
Iran	**n \ N**	**0 \ 0**	**14 \ 16**	**13 \ 16**	**80 \ 84**
	%	0	87.5	81	95

Tableau 81. Fréquences absolues et relatives de foramens mentonniers **uniques (n)**, chez les enfants, âges et origines géographiques séparés, côtés confondus

Nous avons voulu vérifier si cette liaison entre le caractère et une région, se retrouve chez les adultes issus des mêmes aires géographiques.
Entre les fréquences des adultes issus des différentes séries, nous n'avons observé aucune différence significative du nombre de foramens mentonniers (tableau 82).

Origine \ Morphe		1 foramen	2 foramens	3 foramens
Angleterre	**n \ N**	**92 \ 104**	**12 \ 104**	**0 \ 104**
	%	**88**	12	**0**
Moravie	**n \ N**	**102 \ 116**	**11 \ 116**	**3 \ 116**
	%	**88**	**9**	**3**
Iran	**n \ N**	**61 \ 66**	**5 \ 66**	**0 \ 66**
	%	**92**	**8**	**0**

Tableau 82. Fréquences absolues et relatives des différents morphes du nombre de foramens mentonniers, chez les adultes, origines géographiques séparées, côtés confondus

• **Position du foramen mentonnier par rapport à la hauteur du corps mandibulaire**

Liaison à l'âge

Chez les très jeunes enfants, le foramen mentonnier n'est jamais en position supérieure. La fréquence de ce morphe varie de façon significative au cours de la croissance (toutes classes d'âges confondues : χ^2 = 25.5 ; p = 1.2 E-5). Elle montre un accroissement significatif en deux temps : entre les classes 1-2 : χ^2 = 5.5 ; p = 0.01 et les classes 3-4 : χ^2 = 9.4 ; p = 0.002 (tableau 83). Ces augmentations de fréquence coïncident avec l'éruption de la dentition déciduale puis permanente.
Pour le morphe "milieu", la baisse générale de sa fréquence, au cours de la croissance, est significative, lorsque les classes d'âges sont traitées ensemble (χ^2 = 10.04 ; p = 0.018) (tableau 83). En revanche, il n'est pas possible de déterminer des phases de variation significative lorsque l'on teste les classes deux à deux. La diminution de fréquence de ce morphe se fait donc graduellement, au profit de foramens en position plus haute.
Pour le morphe "inférieur", aucune liaison à l'âge n'a pu être déterminée, toutes classes confondues ou testées deux à deux. La fréquence de ce morphe reste quasi-constante tout au long de la croissance.

	Classe 1		Classe 2		Classe 3		Classe 4		Adultes	
	n	%	**n**	%	**n**	%	**n**	%	**n**	%
supérieure	**0**	0	**4**	2.5	**3**	1	**25**	7	**17**	7
milieu	**179**	80	**119**	73.5	**161**	72	**246**	68	**194**	86
inférieure	**45**	20	**39**	24	**60**	27	**91**	25	**15**	7
Total	**224**	100	**162**	100	**224**	100	**362**	100	**226**	100

Tableau 83. Fréquences absolues et relatives des différents morphes de la position des foramens mentonniers (principaux et accessoires) sur le corps mandibulaire, chez les enfants européens, âges séparés, côtés confondus et chez les adultes

Des différences significatives persistent, entre les fréquences des enfants de classe 4 et celles des adultes, pour les morphes "milieu" (χ^2 = 8.8 ; p = 0.002) et "inférieur" (χ^2 = 32.2 ; p = 1.3 E-8) (tableau 83), les adultes montrant une proportion moins grande de foramens en position basse, au profit d'une position intermédiaire.
Il semble donc que les déplacements du foramen mentonnier, vers le milieu du corps mandibulaire, ne s'achèvent qu'après l'adolescence.

Liaison au sexe

Une seule différence significative entre les fréquences chez les filles et chez les garçons peut être constatée, pour la classe 2 (p = 0.03) les garçons montrent une proportion plus importante de foramens mentonniers en position intermédiaire (tableau 84 a), tandis que la position est plus basse chez les filles (p = 0.03) (annexes, tableau 84 b).
Il est à noter qu'aucun enfant sexué ne montre de foramen mentonnier situé en position haute.

Sexe \ Classe		1	2	3	4
Filles	**n \ N**	**8 \ 10**	**6 \ 10**	**14 \ 16**	**38 \ 44**
	%	80	60	87.5	86
Garçons	**n \ N**	**7 \ 10**	**26 \ 28**	**12 \ 20**	**19 \ 24**
	%	70	93	60	79

Tableau 84 a. Fréquences absolues et relatives des foramens mentonniers **au milieu du corps (n)**, chez les enfants européens, âges et sexes séparés, côtés confondus

Bilatéralité ou Unilatéralité

Lorsque la fréquence absolue d'un morphe est grande, sa position sur le crâne est significativement bilatérale : morphe "milieu" pour les 4 classes d'âges (respectivement p = 0.0000 ; 0.0001 ; 0.0000 et 0.0000) et morphe "inférieur" de la classe 3 (p = 0.0432) (tableau 85).
En revanche, lorsque sa fréquence diminue, la position du morphe sur la mandibule devient aléatoire : il n'y a pas de différence significative entre la bilatéralité et l'unilatéralité pour les morphes "inférieur" des classes 1, 2 et 4 (respectivement p = 0.39-0.56 ; 0.56 et 0.70) et "supérieur" des classes 2, 3 et 4 (respectivement p = 1.0 ; 0.4-1.0 et 0.19) (tableau 85).

Dans les cas de morphes unilatéraux, nous n'avons pas constaté de côté privilégié d'apparition.

Morphe \ Classe		1	2	3	4
supérieure	**n \ N**	**0 \ 0**	**1 \ 2**	**0 \ 3**	**5 \ 20**
	%	0	50	0	25
milieu	**n \ N**	**82 \ 91**	**53 \ 63**	**76 \ 85**	**105 \ 141**
	%	90	84	89	74
inférieure	**n \ N**	**16 \ 25**	**15 \ 24**	**26 \ 34**	**31 \ 56**
	%	64	62.5	76	55

Tableau 85. Fréquences absolues et relatives des différents morphes de la position des foramens mentonniers sur le corps mandibulaires, chez les enfants européens, âges séparés, côtés confondus (**n = morphes bilatéraux**)

Variabilité géographique

Des différences sont observées, uniquement pour la dernière classe d'âge, entre les fréquences des enfants issus des deux sites iraniens et ceux provenant d'Europe occidentale et de la série de Rajhrad. Les enfants de Tepe Hissar - Hasanlu montrent une proportion plus grande de foramen en position moyenne alors que les enfants des échantillons provenant d'Europe occidentale (p = 0.0092) et de Moravie (p = 0.0050) ont une fréquence plus faible de ce morphe (tableau 86 a), au profit d'une position plus basse sur le corps mandibulaire.

Origine\Classe		1	2	3	4
Europe occident	**n \ N**	**173 \ 214**	**100 \ 138**	**80 \ 118**	**116 \ 168**
	%	81	72	68	69
Moravie	**n \ N**	**0 \ 0**	**16 \ 20**	**81 \ 106**	**130 \ 190**
	%	0	80	76	68
Iran	**n \ N**	**0 \ 0**	**11 \ 16**	**12 \ 6**	**71 \ 84**
	%	0	69	75	84.5

Tableau 86 a. Fréquences absolues et relatives des foramens mentonniers **au milieu du corps (n)**, chez les enfants, âges et origines géographiques séparés, côtés confondus

Nous avons voulu vérifier si ces liaisons entre le caractère et une région se retrouvent dans les populations adultes issues des mêmes aires géographiques.

Des liaisons entre le caractère et les régions géographiques examinées, existent également chez les adultes. Elles sont inverses de celles des enfants de classe 4, à savoir que ce sont les sujets issus des sites de Tepe Hissar - Hasanlu qui montrent une fréquence significativement plus importante de foramen en position basse, que les adultes de Spitalfields (p = 0.0000) et de Rajhrad (p = 0.0009) (tableau 87).

En revanche, la position moyenne du foramen sur le corps mandibulaire des individus adultes issus des populations de Rajhrad et de Spitalfields est significativement plus fréquente qu'au sein des deux séries iraniennes (respectivement p = 0.0047 et 0.021) (tableau 87).

Origine \ Morphe		supérieure	milieu	inférieure
Angleterre	**n \ N**	**11 \ 104**	**91 \ 104**	**2 \ 104**
	%	10.5	87.5	2
Moravie	**n \ N**	**6 \ 116**	**98 \ 116**	**12 \ 116**
	%	5	84	10
Iran	**n \ N**	**0 \ 64**	**44 \ 64**	**20 \ 64**
	%	0	69	31

Tableau 87. Fréquences absolues et relatives des différents morphes de la position des foramens mentonniers sur le corps mandibulaire, chez les adultes, origines géographiques séparées, côtés confondus

• Position du foramen mentonnier par rapport à la dentition

Liaison à l'âge

Au cours de la croissance (toutes classes d'âges confondues), le foramen mentonnier connaît des changements significatifs de sa position. Chez les plus jeunes enfants, le foramen s'observe dans deux positions : entre c-m1 surtout et sous m1 avec une moins grande fréquence. Ces deux morphes connaissent des variations significatives de leurs fréquences liées à la croissance (toutes classes confondues : morphe "c-m1" : χ^2 = 389.03 ; p = 5.2 E-84 et morphe "m1" : χ^2 = 152.7 ; p = 6.6 E-33) (tableau 88). Puis la fréquence de foramen sous c-m1 ne cesse de diminuer significativement, jusqu'à la dernière classe d'âge où elle devient exceptionnelle.
La fréquence d'un foramen sous m1 (ou plus tard P1) qui est égale à 32% à la naissance, augmente significativement jusqu'à la classe 3, au moment de l'éruption de la première dent permanente, où elle dépasse les 60%. Ensuite, celle-ci diminue significativement lors de la mise en place de toute la dentition permanente pour arriver à 15% (tableau 88).
Une position du foramen sous m1-m2, est rare pour la classe 2, elle ne s'observe véritablement qu'à partir de la classe 3, puis sa fréquence augmente significativement pour atteindre 75% au cours de la dernière classe d'âge : c'est donc le morphe le plus courant au moment de la mise en place de la dentition permanente.

A ce moment du développement, les positions sous m2-M1 ou M1 ne s'observent encore que rarement (proportions respectives 8% et 1%) (tableau 88).

	Classe 1		Classe 2		Classe 3		Classe 4		Adultes	
	n	%	**n**	%	**n**	%	**n**	%	**n**	%
c - m1	**150**	68	**74**	46	**20**	9	**3**	1	**0**	0
m1	**72**	32	**76**	47	**144**	64	**56**	15	**3**	2
m1 - m2	**0**	0	**12**	7	**60**	27	**269**	75	**84**	43
m2	**0**	0	**0**	0	**0**	0	**30**	8	**83**	43
m2 - M1	**0**	0	**0**	0	**0**	0	**2**	1	**22**	11
M1	**0**	0	**0**	0	**0**	0	**0**	0	**2**	1
Total	**222**	100	**162**	100	**224**	100	**360**	100	**194**	100

Tableau 88. Fréquences absolues et relatives des différents morphes de la position des foramens mentonniers (principaux et accessoires) par rapport à la dentition, chez les enfants européens, âges séparés, côtés confondus et chez les adultes

En résumé, à la naissance le foramen est situé le plus souvent entre c-m1 et parfois sous m1. Au moment de la mise en place de la première génération de dents, ces deux morphes se rencontrent avec des fréquences quasiment identiques. Au moment de l'éruption de la première dent permanente, le foramen mentonnier continue sa progression vers la partie postérieure du corps mandibulaire puisqu'il s'observe surtout sous m1 mais aussi sous m1-m2, la fréquence de foramen sous c-m1 devenant rare. Le phénomène se poursuit au moment de la mise en place de toute la dentition permanente : le morphe le plus courant étant sous P1-P2, plus rarement sous P1 et quelquefois sous P2.

La très faible fréquence d'un foramen mentonnier situé sous c-m1 n'est pas significativement différente entre adultes et enfants de classe 4 (χ^2 = 1.63 ; p = 0.20). Un foramen situé sous cet intervalle semble donc ne plus se rencontrer depuis la classe d'âge 4. (tableau 88).
En revanche, pour les autres positions, il semble qu'au cours de la dernière classe d'âge, le foramen mentonnier n'ait pas encore atteint sa position définitive, puisque les différences de fréquences des morphes, entre adolescents et adultes sont significatives (morphe "P1" : χ^2 = 26.0 ; p = 0.0000 ; morphe "P1-P2" : χ^2 = 53.85 ; p = 0.0000 et morphe "P2" : χ^2 = 92.15 ; p = 0.0000). La position du foramen chez les adultes est donc encore plus postérieure puisqu'elle s'observe fréquemment soit entre P1 et P2 soit sous P2 ou plus rarement sous l'intervalle P2-M1 (tableau 88).

Chez les adultes, une position très reculée du foramen sous M1 est extrêmement rare : elle n'a été observée que 2 fois sur 194 hémi-mandibules.

Liaison au sexe

Quel que soit le morphe considéré, les différences de fréquences entre filles et garçons ne sont pas significatives (morphe "m1" : p = 0.30 ; 0.29 ; 0.42 ; 0.99) (tableau 89 a et annexes, tableaux 89 b, c, d et e). La position du foramen mentonnier par rapport à la dentition ne montre donc aucune liaison à un sexe.

Sexe \ Classe		1	2	3	4
Filles	**n \ N**	**4 \ 10**	**6 \ 10**	**14 \ 16**	**9 \ 44**
	%	40	60	87.5	20
Garçons	**n \ N**	**1 \ 10**	**11 \ 28**	**15 \ 20**	**5 \ 24**
	%	10	39	75	21

Tableau 89 a. Fréquences absolues et relatives des foramens mentonniers **sous m1 (n)**, chez les enfants européens, âges et sexes séparés, côtés confondus

Bilatéralité ou unilatéralité

Quel que soit le morphe considéré, lorsque sa fréquence absolue est haute, son apparition sur la mandibule est significativement bilatérale. C'est le cas du morphe "c-m1" de la classe 1 (p Fisher = 0.0000) ; du morphe "m1" de la classe 3 (p = 0.0000) et du morphe "m1-m2" des classes 3 et 4 (p = 0.043 et 0.0000) (tableau 90).

En revanche, lorsque la fréquence du morphe diminue, sa présence sur la mandibule est aléatoire, soit bilatérale, soit unilatérale. C'est le cas du morphe "c-m1" des classes 2, 3 et 4 (respectivement p = 0.05-0.07 ; 1.0 et 1.0) ; du morphe "m1" des classes 1, 2 et 4 (respectivement p = 0.10-0.16 ; 0.20 et 1.0) ; du morphe "m1-m2" de la classe 2 (p = 1.0) ; du morphe "m2" de la classe 4 (p = 1.0) et enfin du morphe "m2-M1" de la classe 4 (p = 1.0) (tableau 90).

Dans les cas d'une apparition bilatérale, nous n'avons décelé aucun côté de la mandibule privilégié.

Morphe \ Classe		1	2	3	4
c-m1	**n \ N**	**68 \ 80**	**31 \ 43**	**7 \ 13**	**1 \ 2**
	%	85	72	54	50
m1	**n \ N**	**27 \ 39**	**30 \ 46**	**66 \ 78**	**18 \ 38**
	%	69	65	85	47
m1-m2	**n \ N**	**0 \ 0**	**2 \ 10**	**26 \ 34**	**117 \ 149**
	%	0	20	76	78.5
m2	**n \ N**	**0 \ 0**	**0 \ 0**	**0 \ 0**	**9 \ 20**
	%	0	0	0	45
m2-M1	**n \ N**	**0 \ 0**	**0 \ 0**	**0 \ 0**	**1 \ 1**
	%	0	0	0	100

Tableau 90. Fréquences absolues et relatives des différents morphes de la position des foramens mentonniers par rapport à la dentition, chez les enfants européens, âges séparés, côtés confondus (**n : morphes bilatéraux**)

Variabilité géographique

Aucune différence significative n'a été constatée, au sein des 3 classes d'âges permettant le test de Fisher, entre les fréquences du morphe "sous m1" chez les enfants issus des différentes collections (tableau 91 a). Les mêmes observations sont faites pour les autres morphes (annexes, tableaux 91 b, c et d).

Origine \ Classe		1	2	3	4
Europe occident	**n \ N**	**66 \ 214**	**60 \ 137**	**73 \ 118**	**23 \ 166**
	%	31	44	62	14
Moravie	**n \ N**	**0 \ 0**	**16 \ 25**	**71 \ 106**	**33 \ 190**
	%	0	64	67	17
Iran	**n \ N**	**0 \ 0**	**8 \ 16**	**12 \ 16**	**15 \ 82**
	%	0	50	75	18

Tableau 91 a. Fréquences absolues et relatives des foramens mentonniers **sous m1 (n)**, chez les enfants, âges et origines géographiques séparés, côtés confondus

Nous avons voulu vérifier si cette absence de liaison entre le caractère et une région, se retrouve dans les populations adultes issues des mêmes aires géographiques.
Pour les adultes, nous avons observé des liaisons entre le caractère et une région géographique. La fréquence du foramen sous P1 est significativement plus élevée chez les adultes des deux sites iraniens, que chez les adultes de la série de Rajhrad (p = 0.030) (tableau 92). En revanche, ceux-ci ont une fréquence de morphe "P1-P2" plus haute que les adultes de Spitalfields (p = 0.0032) (tableau 92).
Enfin, la fréquence de morphe "P2-M1" est, pour ces derniers, significativement plus élevée qu'à Tepe Hissar - Hasanlu (p = 0.012) (tableau 92).

Origine \ Morphe		P1	P1-P2	P2	P2-M1
Angleterre	**n \ N**	**2 \ 82**	**27 \ 82**	**42 \ 82**	**11 \ 82**
	%	2	33	51	13
Moravie	**n \ N**	**1 \ 104**	**57 \ 104**	**38 \ 104**	**8 \ 104**
	%	1	55	36.5	8
Iran	**n \ N**	**5 \ 64**	**28 \ 64**	**30 \ 64**	**1 \ 64**
	%	8	44	47	1.5

Tableau 92. Fréquences absolues et relatives des différents morphes de la position des foramens mentonniers par rapport à la dentition chez les adultes, origines géographiques séparées, côtés confondus

2. 3. 4. Résumé

Il semblerait qu'à partir de l'éruption de la première dent permanente, la fréquence de foramens mentonniers doubles diminue significativement, et ensuite demeure inchangée jusqu'à la fin du développement et l'âge adulte (figure 32). Les foramens doubles apparaîtraient significativement d'un seul côté de la mandibule. Il n'existe pas de liaison au sexe, mais il existe des variations géographiques.
La position du foramen sur le corps mandibulaire est liée à l'âge (figure 32), mais pas au sexe. Il existe des différences de fréquences suivant les origines géographiques des individus.
Enfin, la position du foramen par rapport à la dentition évolue également avec la croissance de l'individu (figure 32). Il existe, de plus, des variations de fréquences suivant la géographie chez les adultes uniquement, mais pas suivant les sexes.

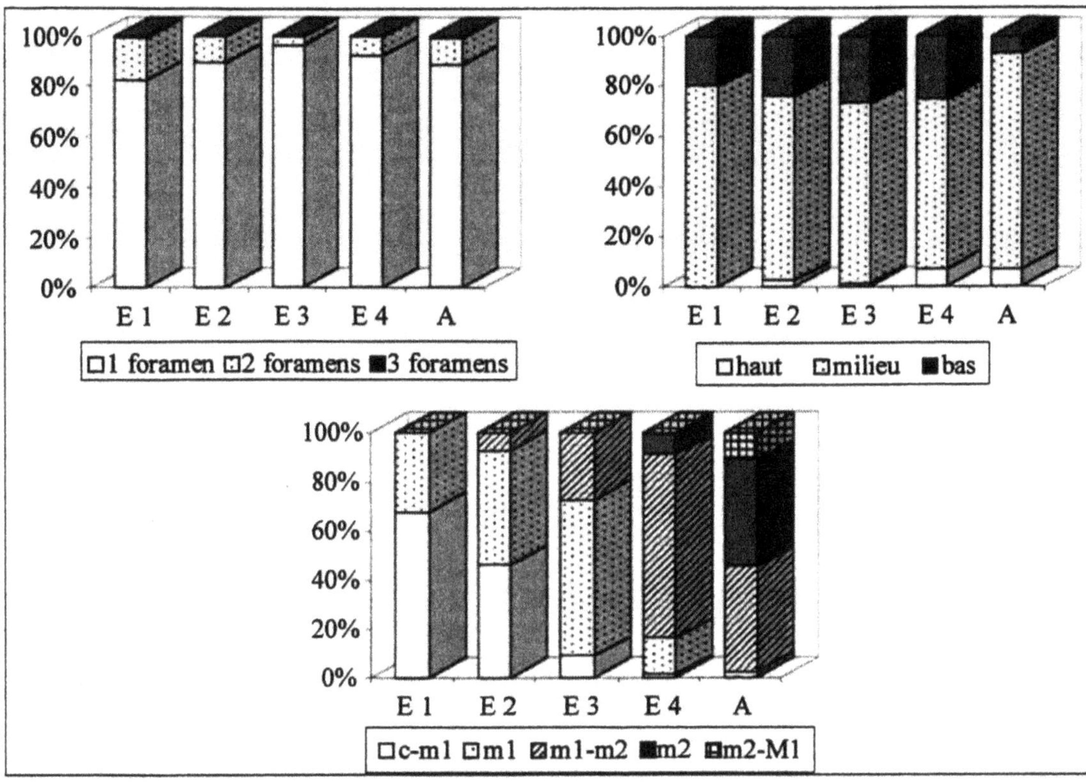

Figure 32. Fréquences relatives des différents morphes
du nombre et de la position du(des) foramen(s) mentonnier(s), chez les enfants (E),
selon les 4 classes d'âges et chez les adultes (A) issus des séries ostéologiques européennes

Remarque :

Orifice du canal de Serres sur la branche mandibulaire

Dans nos échantillons de référence (Musées Anatomiques, Spitalfields et Coimbra), nous avons voulu vérifier l'âge auquel disparaissait le canal de Serres : cet âge varie, dans la littérature, entre 8 ans (Paturet, 1951) et 10 ans (Olivier, 1949), au terme de la dentition déciduale.

La disparition du canal de Serres est liée de manière significative à l'âge, toutes classes d'âges confondues (χ^2 = 26.5 ; p = 7.47 E-6) (tableau 93).

En revanche, lorsque les classes sont testées deux à deux, seule la diminution de fréquence entre les classes 1-2 est significative (p Fisher = 0.0122).

La fréquence continue à diminuer par la suite mais de façon non significative. Il semble donc que le canal de Serres, sur la branche mandibulaire, disparaisse avec l'éruption de la dentition déciduale.

Morphe \ Classe		1	2	3	4
présent	N	**55**	**6**	**2**	**1**
	%	27	11	8	1.5
absent	N	**151**	**50**	**24**	**65**
	%	73	89	92	98.5

Tableau 93. Fréquences absolues et relatives des différents morphes du canal de Serres,
chez les enfants européens, âges séparés, côtés confondus

De plus, nous avons examiné au sein de l'échantillon de référence de Spitalfields, les variations de fréquences selon les sexes.

Une seule différence significative est observée au sein de la deuxième classe d'âge (p Fisher = 0.0077), dans laquelle la fréquence du canal présent est plus grande chez les filles (tableau 94).

Enfin, nous n'avons constaté aucune différence significative entre les fréquences uni- ou bilatérale du canal de Serres, sa présence est donc aléatoire sur 1 ou sur les 2 côtés de la branche mandibulaire.

Sexe \ Classe		1	2	3	4
Filles	**n \ N**	**4 \ 10**	**4 \ 10**	**0 \ 8**	**0 \ 12**
	%	40	40	0	0
Garçons	**n \ N**	**4 \ 8**	**0 \ 20**	**2 \ 16**	**0 \ 6**
	%	50	0	12.5	0

Tableau 94. Fréquences absolues et relatives du canal de Serres **présent (n)**, chez les enfants de Spitalfields,
âges et sexes séparés, côtés confondus

2. 4. Présence d'une fosse génio-glosse *(Fossa genioglossa)*

2 .4 .1. Définition et ontogenèse

La fosse génio-glosse est une dépression transversale de la face postérieure de la symphyse mentonnière. Elle est présente le plus généralement sur les mandibules de Primates non-humains ; mais des hommes récents ou fossiles peuvent également posséder ce caractère. C'est au fond de cette fosse que s'insèrent les muscles génio-glosses, dont les tendons se prolongent par les apophyses génio-glosses.
Chez les Singes, la partie supérieure de la face linguale de la symphyse mentonnière est une zone de forte résorption osseuse, alors qu'au-dessous, la surface devient un lieu d'apposition osseuse. La fosse génio-glosse est, ainsi, l'expression d'une ligne de réversion sur la face linguale de la symphyse, alors que chez les hommes, cette ligne est située sur la face buccale (Arensburg *et al.*, 1989).
De plus, chez les hommes, toute la surface linguale de la symphyse mandibulaire est un lieu de dépôt osseux donnant naissance aux processus géni.

2. 4. 2. Variabilité chez les adultes

En Anthropologie, la symphyse mentonnière a une grande importance, et il est devenu classique d'opposer les profils "simien" et humain (figure 33). L'étude des variations morphologiques de cette zone montre que certains caractères que l'on oppose parfois catégoriquement peuvent figurer dans les deux groupes. De surcroît, les profils rencontrés chez les fossiles du genre *Homo* s'intercalent souvent entre les deux schémas de référence précédents.
Chez les Grands Singes, la face interne de la symphyse est caractérisée par l'obliquité d'un planum alvéolaire surplombant la fosse génio-glosse, dont il est séparé par un bourrelet transversal : le torus transverse supérieur. Le plancher de la fosse se développe vers l'arrière, presque horizontalement, pour former la plaque simienne qui porte deux rainures dans lesquelles s'insèrent les muscles génio-glosses. La base de la symphyse porte la fossette digastrique.
Chez les hommes actuels, la partie postérieure de la symphyse mandibulaire décrit une pente quasi-verticale dans sa partie alvéolaire, puis les épines mentonnières constituent un ressaut. Enfin, la pente change de direction dans la moitié basilaire de la symphyse, se dirigeant à 45-60° vers le bas et l'avant. La fossette digastrique, située près de la base de la symphyse, donne insertion au muscle digastrique.
La présence d'une fosse génio-glosse sur des mandibules actuelles a été décrite par plusieurs auteurs (Toldt, 1915 *in* Weidenreich, 1936 ; Gaspard, 1978), et en général, sa fréquence est faible. Gaspard (*op. cit.*) mentionne que sur 70 mandibules étudiées, 20 présentent des fossettes occupant l'insertion génio-glosse ou tout le dispositif géni, cette dernière modalité évoquant la fosse génio-glosse. De Villiers (1968) a noté que 33 mandibules de Bantous, sur 641 étudiées, présentaient une morphologie assimilable à une fosse génio-glosse.

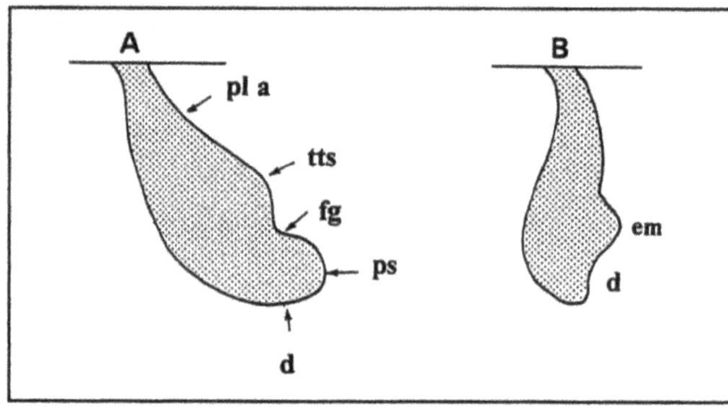

Figure 33. Sections de symphyse mentonnière chez un gorille (A) et un homme actuel (B).
pl a : planum alvéolaire ; tts : torus transverse supérieur ;
fg : fosse génio-glosse ; ps : plaque simienne ;
d : empreinte du muscle digastrique ;
em : épines mentonnières

2. 4. 3. Variabilité chez les enfants

Liaison à l'âge

La faible fréquence du morphe "présent" ne nous permet pas de réaliser des tests de Chi² avec l'ensemble des classes d'âges. Nous avons donc effectué des tests de Fisher entre les différentes classes, deux à deux.
Ces tests n'ont révélé aucune liaison entre le caractère et la croissance des enfants (classes 1-2 : p = 0.13 ; classes 2-3 : p = 0.26 et classes 3-4 : p = 0.68) ; sa présence est excessivement rare, quelle que soit la classe d'âge envisagée (tableau 95).
La fosse génio-glosse est également très rare chez les adultes modernes et nous n'avons trouvé aucune différence significative concernant sa fréquence entre les enfants de la classe 4 et les adultes (p = 0.30) (tableau 95).

	Classe 1		Classe 2		Classe 3		Classe 4		Adultes	
	n	%	**n**	%	**n**	%	**n**	%	**n**	%
absente	**111**	97	**91**	100	**125**	98	**198**	98.5	**117**	100
présente	**4**	3	**0**	0	**3**	2	**3**	1.5	**0**	0
Total	**115**	100	**91**	100	**128**	100	**201**	100	**117**	100

Tableau 95. Fréquences absolues et relatives des différents morphes de la fosse génio-glosse, chez les enfants européens, âges séparés et chez les adultes

Liaison au sexe

Aucun test statistique n'a pu être réalisé, car aucun des enfants sexués constituant notre échantillon possède de fosse génio-glosse.

Variabilité géographique

Pour la première classe d'âge, la fosse génio-glosse est significativement plus fréquente chez les enfants issus du site de Rajhrad que chez ceux des séries d'Europe occidentale (p Fisher = 0.034) (tableau 96).
Toutefois, la rareté de ce caractère doit inciter à considérer ces résultats avec prudence.

Origine \ Classe		1	2	3	4
Europe occident	**n \ N**	**3 \ 114**	**0 \ 75**	**2 \ 66**	**2 \ 89**
	%	3	0	3	2
Moravie	**n \ N**	**1 \ 1**	**0 \ 16**	**1 \ 62**	**1 \ 112**
	%	100	0	1.6	1
Iran	**n \ N**	**0 \ 2**	**1 \ 9**	**1 \ 11**	**2 \ 47**
	%	0	11	9	4

Tableau 96. Fréquences absolues et relatives de la fosse génio-glosse **présente (n)** chez les enfants, âges et origines géographiques séparés

Par ailleurs, nous constatons que ces variations géographiques ne se rencontrent plus dans les échantillons adultes car aucun d'entre eux, quelle que soit son origine, ne possède le caractère.

2. 4. 4. Résumé

La présence d'une fosse génio-glosse est extrêmement rare dans les échantillons examinés, quelque soit l'âge des individus (figure 34).

La fréquence de ce caractère ne semble pas varier en fonction du sexe des individus, mais elle serait plus élevée chez les plus jeunes enfants d'Europe centrale que dans les autres échantillons étudiés.

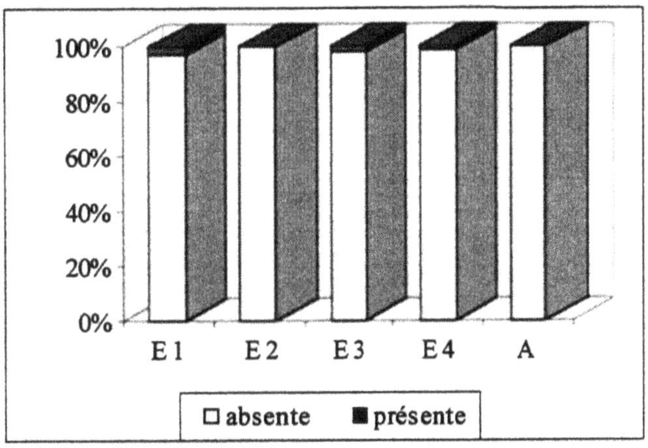

Figure 34. Fréquences relatives des différents morphes de la fosse génio-glosse, chez les enfants (E), selon les 4 classes d'âges et chez les adultes (A) issus des séries ostéologiques européennes

2. 5. Ouverture du foramen mandibulaire et développement de la lingula *(Foramen mandibulae ; lingula)*

2. 5. 1. Définition et ontogenèse

Le foramen mandibulaire est un orifice de la face interne de la branche mandibulaire, situé dans sa partie moyenne, plus proche de l'incisure mandibulaire, à égale distance du bord antérieur et postérieur, et dans le prolongement du bord alvéolaire. C'est l'orifice d'entrée du canal dentaire et des vaisseaux dentaires inférieurs et il est dirigé obliquement en haut et en arrière.
Il est renforcé par 2 berges tranchantes ; dans la grande majorité des cas, la berge antérieure est très prononcée, nettement concave en haut, tandis que la berge postérieure paraît à peine ébauchée.
La berge antérieure de l'orifice mandibulaire se prolonge par un éperon triangulaire : la lingula mandibulaire, sur laquelle est fixée la partie antérieure du ligament sphéno-mandibulaire.
La berge postérieure différencie fréquemment une petite saillie : l'antilingula mandibulaire, sur laquelle s'attache la partie postérieure du ligament sphéno-mandibulaire.

La fonction précise de ce ligament sphéno-mandibulaire, qui prend son origine sur l'épine de l'os sphénoïde, est mal connue. Certains auteurs pensent que sa fonction est de restreindre les mouvements latéraux du condyle mandibulaire (Picq, 1990).
Du foramen mandibulaire part le sillon mylo-hyoïdien.

2. 5. 2. Variabilité chez les adultes

Chez l'homme actuel, la forme générale du bord inférieur du foramen mandibulaire est évasée ou en "V", et prolongée en haut et en arrière par une large gouttière, empreinte des nerfs et des vaisseaux qui y pénètrent.

L'orifice postérieur du canal mandibulaire peut présenter de petites variations de volume, de forme et de situation (dans le sens antéro-postérieur et dans le sens de la hauteur). Ces variations sont en grande partie liées à celles du paquet vasculo-nerveux mandibulaire mais peuvent être associées aussi à celles du développement et de la forme de la lingula (Poirier et Charpy, 1931).
Des auteurs se sont intéressés au positionnement exact du foramen mandibulaire sur la branche dans un but clinique, puisque c'est à ce niveau que doit être pratiquée l'injection de "l'analgésique tronculaire du nerf dentaire inférieur" (Olivier, 1949 ; Moscovici, 1952 *in* Gaspard, 1978).

A propos des variations de la lingula, Poirier et Charpy (1931) signalent qu'elle peut se souder par sa pointe à la partie opposée, l'antilingula ; le paquet vasculo-nerveux mylo-hyoïdien passe alors par un trou mylo-hyoïdien.

Balogh et Csiba (1972 *in* Gaspard, 1978) ont considéré le foramen mandibulaire, la lingula et le sillon mylo-hyoïdien comme formant "un complexe anatomo-fonctionnel", qu'ils ont baptisé "*area perilingualis*". Ils ont établi une classification basée sur 5 types de morphologies différentes qui peuvent se rencontrer dans les populations actuelles.

Une forme particulière du foramen mandibulaire, appelée forme "horizontal-ovale" (ou H-O), et décrite par Kallay (1970) sur des mandibules fossiles issues du site de Krapina (Croatie), a été observée entre 0 et 3.72 % des 5 échantillons récents (2 groupes d'Amérindiens, des Iraniens d'Hasanlu, des Noirs d'Afrique de l'Est et des Aborigènes Australiens) étudiés par Smith (1978).

2. 5. 3. Variabilité chez les enfants

◆ Ouverture du foramen mandibulaire

Quelque soit l'âge de l'individu examiné, enfants ou adultes, la forme de l'ouverture du foramen mandibulaire, rencontrée presque systématiquement, est celle tournée vers le haut et l'arrière.
La forme "horizontal-ovale" (Kallay, 1970) n'a été observée dans notre échantillon de sujets récents qu'une seule fois, de manière unilatérale, sur une mandibule iranienne de la série de Tepe Hissar appartenant à la quatrième classe d'âge (n°33-23-105).

De plus, il est à remarquer que la direction du foramen mandibulaire change légèrement au cours de la croissance : il est un peu plus orienté vers l'arrière que vers le haut chez les sujets très jeunes, et plus vers le haut que l'arrière chez les adolescents et les adultes.

Cette variation est dûe à la configuration de la branche mandibulaire, très particulière chez les jeunes enfants puisque son bord postérieur forme un angle largement ouvert avec le bord inférieur du corps mandibulaire (figure 35).

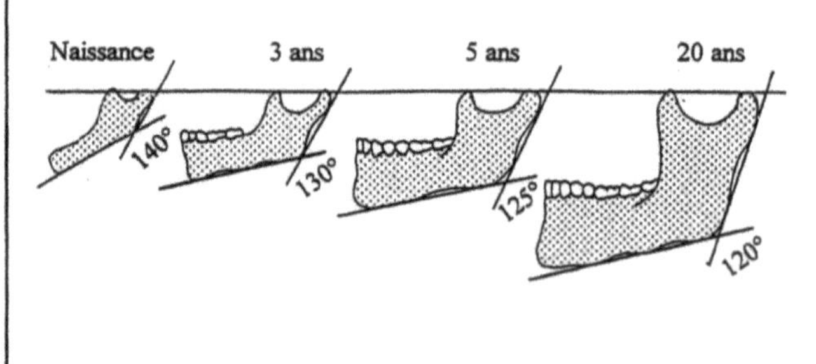

Figure 35. Variations de l'angle de la mandibule, au cours de la croissance (extrait de Gaspard, 1978)

• **Développement de la lingula**

Liaison à l'âge

La lingula est rarement absente chez les enfants actuels étudiés, et dans aucun cas, chez les enfants européens, ce morphe n'est associé à une forme H-O de l'ouverture du foramen mandibulaire. Nous n'avons donc pas tenu compte du morphe "absent" dans le reste de l'étude.
Une liaison significative existe entre le développement de la lingula et celui des enfants (toutes classes d'âges confondues : $\chi^2 = 74.8$; $p = 3.9$ E-16) (tableau 97).

Chez les très jeunes enfants, une lingula très développée est le morphe observé quasi-systématiquement (94%).
Puis entre les deux premières classes d'âges, au moment de l'éruption de la dentition déciduale, la fréquence de ce morphe diminue significativement ($\chi^2 = 32.4$; $p = 1.2$ E-8), au profit d'une augmentation de la fréquence du morphe "vestigial" ($\chi^2 = 27.8$; $p = 1.2$ E-7) (tableau 97).
Par la suite, la fréquence du morphe "développé" ne montre plus de variation significative alors qu'au moment de l'éruption de la première dent permanente, une augmentation significative du morphe "vestigial" est observée ($\chi^2 = 3.9$; $p = 0.045$) (tableau 97).

	Classe 1		Classe 2		Classe 3		Classe 4		Adultes	
	n	%	**n**	%	**n**	%	**n**	%	**n**	%
absente	**0**	0	**2**	2	**2**	1	**4**	1	**1**	0.5
vestigiale	**13**	6	**25**	28	**69**	41	**114**	36	**21**	10
développée	**199**	94	**61**	69	**97**	58	**196**	62	**184**	89
Total	**212**	100	**88**	100	**168**	100	**314**	100	**206**	100

Tableau 97. Fréquences absolues et relatives des différents morphes de la lingula, chez les enfants européens, âges séparés, côtés confondus et chez les adultes

Des différences significatives persistent entre les enfants de la dernière classe d'âge et les adultes au niveau des fréquences des morphes "vestigial" et "développé" (respectivement $\chi^2 = 44.1$; $p = 3.08$ E-11 et $\chi^2 = 45.7$; $p = 1.34$ E-11) (tableau 97). Les adultes montrent en fait une proportion, pour ces deux morphes, comparable à celle que l'on observe chez les plus jeunes enfants (une fréquence du morphe "développé" proche de 90%).
Il semble donc que la morphologie finale de la lingula ne soit pas atteinte au moment de la dernière classe d'âge, de nouvelles transformations ayant lieu avant d'aboutir à la morphologie des adultes.

Liaison au sexe

Aucune différence significative entre les fréquences des filles et des garçons n'est constatée, quel que soit le morphe considéré (respectivement p Fisher = 1.0 ; 1.0 ; 0.71 et 0.38) (tableau 98).

Sexe \ Classe		1	2	3	4
Filles	**n \ N**	**8 \ 10**	**4 \ 4**	**10 \ 14**	**32 \ 42**
	%	80	100	71	76
Garçons	**n \ N**	**6 \ 8**	**5 \ 6**	**11 \ 18**	**14 \ 22**
	%	75	83	61	64

Tableau 98. Fréquences absolues et relatives de la lingula **développée (n),** chez les enfants européens, âges et sexes séparés, côtés confondus

Bilatéralité ou unilatéralité

Lorsque la fréquence absolue d'un morphe est grande, son apparition sur la mandibule est significativement bilatérale : morphe "développé" des 4 classes d'âges (p Fisher = 0.0000 pour les 4) et morphe "vestigial" des classes 3 et 4 (p = 0.0010-0.022 et 0.0016) (tableau 99).
En revanche, lorsque sa fréquence diminue, la présence du morphe devient aléatoire, soit unilatérale, soit bilatérale : morphe "vestigial" pour les classes 1 et 2 (p = 1.0 et 0.073) et morphe "absent" des classes 2, 3 et 4 (respectivement p = 1.0 ; 1.0 et 0.55-1.0) (tableau 99).
Dans les cas de présence unilatérale, nous n'avons pas constaté de côté privilégié d'apparition.

Morphe \ Classe		1	2	3	4
absente	**n \ N**	**0 \ 0**	**1 \ 1**	**1 \ 1**	**1 \ 3**
	%	0	100	100	33
vestigiale	**n \ N**	**5 \ 8**	**12 \ 13**	**32 \ 37**	**50 \ 64**
	%	62.5	92	86	78
développée	**n \ N**	**98 \ 101**	**30 \ 31**	**46 \ 51**	**91 \ 105**
	%	97	97	90	87

Tableau 99. Fréquences absolues et relatives des différents morphes de la lingula, chez les enfants européens, âges séparés, côtés confondus (**n : morphes bilatéraux**)

Variabilité géographique

Pour la troisième classe d'âge uniquement, la fréquence de lingula "développées" est significativement plus haute chez les enfants issus des deux sites iraniens que chez les enfants provenant des séries d'Europe occidentale (p Fisher = 0.0215) ou de Moravie (p = 0.044) (tableau 100).

Origine \ Classe		1	2	3	4
Europe occident	**n \ N**	**199 \ 212**	**55 \ 80**	**59 \ 102**	**92 \ 154**
	%	94	69	58	60
Moravie	**n \ N**	**0 \ 0**	**6 \ 6**	**38 \ 64**	**103 \ 154**
	%	0	100	59	67
Iran	**n \ N**	**4 \ 4**	**8 \ 12**	**8 \ 8**	**47 \ 74**
	%	100	67	100	63.5

Tableau 100. Fréquences absolues et relatives de la lingula **développée (n)**, chez les enfants, âges et origines géographiques séparés, côtés confondus

Nous avons voulu vérifier si ces variations géographiques se retrouvent au sein des individus adultes issus des mêmes séries.

A la différence des sujets immatures, les adultes ne montrent aucune variation géographique significative, dans la fréquence du caractère, le morphe "développé" étant dans tous les cas le plus fréquent (tableau 101).

Origine \ Morphe		absente	vestigiale	développée
Angleterre	**n \ N**	**1 \ 102**	**10 \ 102**	**91 \ 102**
	%	1	10	89
Moravie	**n \ N**	**0 \ 104**	**11 \ 104**	**93 \ 104**
	%	0	12	89
Iran	**n \ N**	**3 \ 66**	**7 \ 66**	**56 \ 66**
	%	4.5	11	85

Tableau 101. Fréquences absolues et relatives des différents morphes de la lingula, chez les adultes, origines géographiques séparées, côtés confondus

2. 5. 4. Résumé

Le foramen mandibulaire présente quasiment une seule configuration : son ouverture est dirigée vers l'arrière et le haut, plus vers l'arrière chez les très jeunes enfants, plus vers le haut, chez les adolescents et les adultes.
La forme H-O du foramen mandibulaire n'a été retrouvée qu'une seule fois dans notre échantillon non-adulte moderne.

Il semble par ailleurs que la morphologie de la lingula subisse deux phases de transformations au cours de la croissance, l'une intervenant au moment de la mise en place de la dentition déciduale et amenant une diminution significative du morphe "développé", jusque-là très fréquent (figure 36). Puis, après la quatrième classe d'âge, un deuxième changement ramènerait la fréquence du morphe "développé" dans les mêmes proportions qu'au départ (autour de 90%).

La forme de la lingula dépend du développement du ligament sphéno-mandibulaire fixé dessus. Il semble donc que ce ligament joue un rôle important dans les premiers mois de la vie, avant l'éruption de la première dentition, puis son importance diminuerait ensuite, au cours de la croissance. Ensuite, chez les adultes, les effets des muscles entraîneraient une utilisation de nouveau importante du ligament.
La forme de la lingula n'est pas un caractère dimorphique ; en revanche, elle montre des variations de fréquences significatives suivant les aires géographiques étudiées, au sein des enfants uniquement.

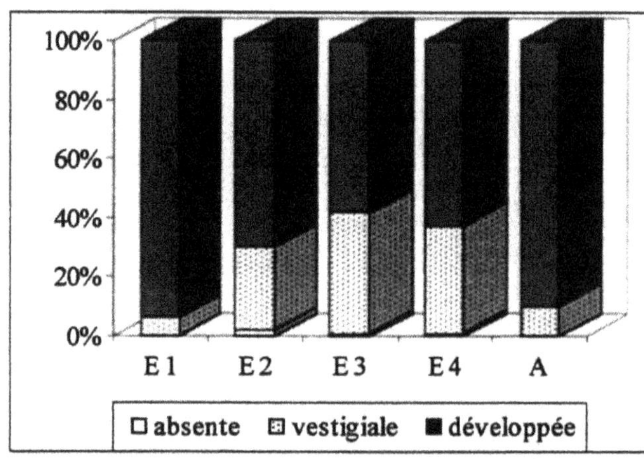

Figure 36. Fréquences relatives des différents morphes de la lingula, chez les enfants (E), selon les 4 classes d'âges et chez les adultes (A) issus des séries ostéologiques européennes

2. 6. Développement latéral du processus condylaire par rapport au plan de l'incisure mandibulaire *(processus condylaris mandibulae ; incisura mandibulae)*

2. 6. 1. Définition et ontogenèse

Le processus condylaire est constitué de 2 parties : une tête et un col. La tête, oblongue à grand axe transversal, coiffe le col. Elle est recouverte de fibro-cartilage, et s'articule avec la fosse mandibulaire de l'os temporal par l'intermédiaire du disque temporo-mandibulaire (Picq, 1990).
Le col du condyle, légèrement aplati d'avant en arrière, rattache le processus condylaire à la branche mandibulaire. Il présente, en avant, la fossette ptérygoïdienne pour l'insertion du muscle ptérygoïdien latéral, et sur sa face interne la crête du col du condyle.
La surface condylaire possède 2 versants : un versant antérieur convexe (souvent divisé en 2 pans articulaires : externe et interne) orienté vers le haut et vers l'avant et un versant postérieur, tourné vers l'arrière, moins bombé et parfois même pratiquement plan, mais qui ne constitue pas une surface articulaire fonctionnelle véritable.
Parfois, ces deux versants sont réellement séparés en deux surfaces articulaires par une gouttière ou un sillon (Le Double, 1906).
L'apophyse articulaire apparaîtrait à partir d'un cartilage condylaire secondaire, au sein de la maquette osseuse déjà en formation, à partir de la douzième semaine *in utero* selon Scott et Symons (1967 *in* Gaspard, 1978).
Les deux versants condylaires ne se différencieraient qu'après l'éruption des dents ; chez le nouveau-né, la tête du condyle est en effet arrondie et ne présente pas de pans articulaires délimités (Gaspard, 1978).

2. 6. 2. Variabilité chez les adultes

Poirier et Charpy (1931) sont les premiers auteurs à avoir remarqué que chez l'homme moderne, le processus condylaire était situé « tout entier » en dedans du plan formé par l'incisure mandibulaire.
Il peut cependant déborder extérieurement tout en faisant davantage saillie en dedans, de telle sorte que les trois-quarts du processus condylaire soient situés sur le plan tangent à la face externe de la branche mandibulaire.
Certains auteurs (Mongini, 1972, 1975 ; Hansson *et al.*, 1977 ; Owen *et al.*, 1991) estiment que la présence d'une facette latérale sur la surface articulaire du processus condylaire serait associée à une augmentation de l'usure occlusale et donc à l'âge en général. Cela suggérerait que les forces de réaction pendant la mastication agissent surtout sur la partie latérale du processus condylaire (Hylander, 1975).
Sans tenir compte des anomalies de forme liées à des conditions pathologiques, les variations morphologiques entre individus et avec l'âge, sont considérables, et l'asymétrie des condyles droit et gauche paraît de règle (Ferrario *et al.*, 1997). Les variations sont plus grandes pour la surface osseuse que pour la surface cartilagineuse qui tend à les atténuer.

Yale *et al.* (1966) ne reconnaissent pas moins de 36 types de condyles. Ackerman (1953 *in* Gaspard, 1978) a décrit 6 types de variations dans l'angulation existante entre les 2 versants de la surface condylaire, en tentant de les rattacher à des problèmes de malocclusion. Les travaux de Mongini (1972, 1975) décrivent la multiplicité des facteurs épidémiologiques qui affectent la morphologie du condyle mandibulaire.

2. 6. 3. Variabilité chez les enfants

Liaison à l'âge

Une liaison significative existe entre la mesure du débordement latéral du processus condylaire et le développement des enfants (toutes classes d'âges confondues : $\chi^2 = 166.4$; $p = 7.3$ E-36) (tableau 102).
Chez les enfants de la première classe d'âge, le développement latéral fort "Ise ≥ 35" du processus condylaire représente quasiment la moitié de l'échantillon.
Puis la fréquence de ce morphe diminue de façon significative entre les classes d'âges, testées deux à deux (classes 1-2 : $\chi^2 = 15.5$; $p = 7.8$ E-5 ; classes 2-3 : $\chi^2 = 12.8$; $p = 0.0003$ et classes 3-4 : $\chi^2 = 6.5$; $p = 0.01$) jusqu'à atteindre seulement 4% chez les enfants les plus âgés (tableau 102).
A l'inverse, le morphe "Ise < 35" connaît une augmentation significative de sa fréquence.

Il ne persiste aucune différence significative entre la fréquence des deux morphes chez les enfants de classe 4 et chez les adultes ($\chi^2 = 0.29$; $p = 0.58$) (tableau 102). Il semble donc que le processus condylaire atteigne sa morphologie définitive au cours de la classe 4.

	Classe 1		Classe 2		Classe 3		Classe 4		Adultes	
	n	%	**n**	%	**n**	%	**n**	%	**n**	%
Ise < 35	**96**	47	**66**	72	**131**	90	**229**	96	**173**	97
Ise ≥ 35	**108**	53	**26**	28	**15**	10	**9**	4	**5**	3
Total	**204**	100	**92**	100	**146**	100	**238**	100	**178**	100

Tableau 102. Fréquences absolues et relatives des différents morphes du débordement latéral du processus condylaire, chez les enfants européens, âges séparés, côtés confondus et chez les adultes

Liaison au sexe

Une différence statistique, entre les fréquences des filles et celles des garçons, est observée au sein de la troisième classe d'âge (p Fisher ≐ 0.015) (tableau 103), les filles montrant une proportion de débordement latéral fort, significativement plus élevée.
Le faible nombre d'individus sexués pourrait intervenir dans les résultats. Il faut donc prendre des précautions dans l'interprétation de ceux-ci.

Sexe \ Classe		1	2	3	4
Filles	**n \ N**	**4 \ 6**	**4 \ 8**	**6 \ 14**	**4 \ 36**
	%	67	50	43	11
Garçons	**n \ N**	**1 \ 8**	**3 \ 18**	**0 \ 14**	**0 \ 22**
	%	12.5	17	0	0

Tableau 103. Fréquences absolues et relatives du débordement latéral **fort (n)** du processus condylaire, chez les enfants européens, âges et sexes séparés, côtés confondus

Bilatéralité ou unilatéralité

Quel que soit le morphe considéré, lorsque sa fréquence absolue est grande, son apparition est significativement bilatérale : morphe "Ise < 35" pour les classes d'âges 3 et 4 (p Fisher = 0.0000 pour les 2) (tableau 104).
En revanche, lorsque sa fréquence diminue, l'apparition du morphe devient aléatoire, soit unilatéralement soit bilatéralement : morphe "Ise < 35" pour les classes 1 et 2 (p = 1.0 et 0.10-0.16) et le morphe "Ise ≥ 35" pour les 4 classes d'âges (respectivement p = 0.73 ; 1.0 ; 1.0 et 1.0-0.59) (tableau 104).

Dans les cas d'une présence unilatérale d'un des morphes, nous n'avons décelé aucun côté privilégié d'apparition.

Morphe \ Classe		1	2	3	4
Ise < 35	**n \ N**	**32 \ 64**	**27 \ 39**	**62 \ 69**	**109 \ 120**
	%	50	69	90	91
Ise ≥ 35	**n \ N**	**38 \ 70**	**8 \ 18**	**5 \ 10**	**2 \ 7**
	%	54	44	50	28.5

Tableau 104. Fréquences absolues et relatives des différents morphes du débordement latéral du processus condylaire, chez les enfants européens, âges séparés, côtés confondus **(n : morphes bilatéraux)**

Variabilité géographique

Les enfants issus des sites d'Europe occidentale, pour la classe 3 uniquement, et ceux provenant des sites iraniens, pour cette même classe d'âge et la suivante, montrent une fréquence de débordement latéral fort significativement plus élevée que celle des enfants de Rajhrad (respectivement p = 0.0019 et p = 0.031 et 0.042) (tableau 105).

A titre comparatif, sur une série de 29 enfants Bédouins de Lahav dans le Sinaï, correspondant aux classes d'âges 1 à 3 de notre classification, la moyenne de l'indice Ise = 32.8 ± 4.7 (Arensburg et Tillier, communication personnelle).

Origine \ Classe		1	2	3	4
Europe occidentale	**n \ N**	**108 \ 204**	**26 \ 92**	**14 \ 82**	**7 \ 110**
	%	53	28	17	6
Moravie	**n \ N**	**0 \ 0**	**0 \ 0**	**1 \ 64**	**2 \ 128**
	%	0	0	1.5	1.5
Iran	**n \ N**	**0 \ 2**	**0 \ 6**	**2 \ 8**	**4 \ 46**
	%	0	0	25	9

Tableau 105. Fréquences absolues et relatives du débordement latéral **fort (n)** du processus condylaire, chez les enfants, âges et origines géographiques séparés, côtés confondus

Nous avons voulu vérifier si ces variations géographiques des deux morphes, se retrouvaient dans les populations adultes issues des mêmes séries.

A la différence des enfants, aucune variation géographique n'est constatée, chez les adultes, dans la fréquence d'apparition des deux morphes, un fort débordement latéral du processus condylaire étant extrêmement rare (tableau 106).

Origine \ Morphe		Ise < 35	Ise ≥ 35
Angleterre	**n \ N**	**87 \ 92**	**5 \ 92**
	%	95	5
Moravie	**n \ N**	**86 \ 86**	**0 \ 86**
	%	100	0
Iran	**n \ N**	**48 \ 50**	**2 \ 50**
	%	96	4

Tableau 106. Fréquences absolues et relatives des différents morphes du débordement latéral du processus condylaire, chez les adultes, origines géographiques séparées, côtés confondus

2. 6. 4. Résumé

Il semble donc que la fréquence de processus condylaires montrant un débordement latéral important, diminue significativement depuis la petite enfance où elle correspond à plus de la moitié de l'échantillon jusqu'à l'adolescence, où ce morphe n'est rencontré qu'occasionnellement. Les fréquences alors ne sont significativement pas différentes de celles des adultes (figure 37).

Pourquoi le processus condylaire est-il si déporté latéralement chez les jeunes enfants ? Ce résultat est en apparente contradiction avec les données de Mongini (1975), Hansson *et al.* (1977) et Owen *et al.* (1991), selon lesquelles la présence d'une facette latérale sur la surface articulaire du processus condylaire serait associée à une augmentation de l'usure occlusale et donc à l'âge en général.

Toutefois, une explication pourrait être la similitude de forme de la mandibule, entre adultes âgés et enfants au stade de la dentition déciduale, au niveau de la courbe de Spee ou plan d'occlusion. En effet, cette courbe antéro-postérieure, à concavité supérieure qui commence au sommet de la canine mandibulaire et suit le sommet des cuspides vestibulaires des prémolaires (uniquement chez les adultes) et des molaires (Riahi, 1997), est horizontale dans les deux groupes d'âges (Enlow, 1990).

Nous avons constaté, par ailleurs, qu'il existe de légères variations sexuelles et géographiques dans la fréquence d'apparition des deux morphes.

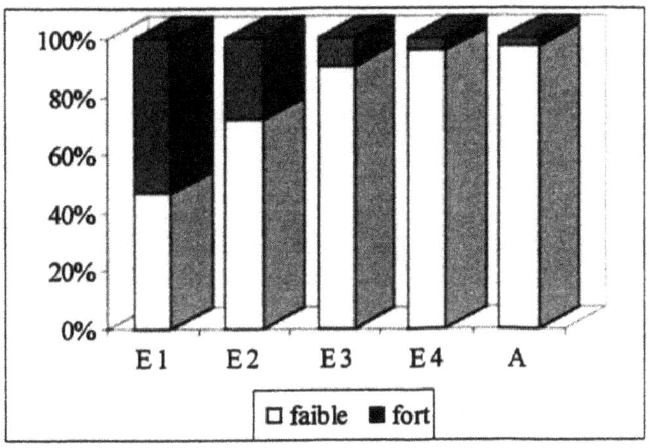

Figure 37. Fréquences relatives des morphes du débordement latéral du processus condylaire, chez les enfants (E), selon les 4 classes d'âges et chez les adultes (A) issus des séries ostéologiques européennes

3. Caractères dits "spécifiques" aux enfants néandertaliens

3. 1. Forme allongée du foramen magnum

3. 1. 1. Définition et ontogenèse

Le foramen magnum est un large orifice médian de l'os occipital, le plus large de tous les orifices de la base du crâne. Il est situé en arrière du corps de l'os occipital, en avant et en dessous de l'écaille et entre les parties latérales. Ses bords antérieur et postérieur sont mousses et arrondis. Sur son bord antérieur se fixe le versant exocrânien du ligament suspendu de la dent (= le ligament occipito-odontoïdien médian) et sur son versant endocrânien, le ligament transverso-occipital. Sur son bord postérieur sont fixés la membrane atlanto-occipitale postérieure et le ligament alaire (Augier, 1931 ; Paturet, 1951).
Le foramen magnum contient dans sa partie antérieure le processus odontoïde de l'axis et dans sa partie postérieure, la moelle allongée, les méninges, les racines spinales des nerfs accessoires et les artères vertébrales avec leur plexus sympathique.
Le foramen est situé dans un plan légèrement oblique en bas et en arrière - presque horizontal - disposition caractéristique de la station bipède.

Selon Augier (1931), le foramen magnum, résultat de la conjonction des 4 pièces formant l'os occipital, peut avoir plusieurs formes : rétréci par la proéminence internes des masses condyliennes ; allongé par la persistance d'une incisure occipitale postérieure ; légèrement raccourci par la proéminence d'un osselet de Kerkringe ou rétréci dans tous ses diamètres, déformé et déplacé, asymétrique du fait d'un développement anormal du crâne.
Souvent, l'indice du foramen magnum (I_{33} = M. 16 x 100) / M. 7) est utilisé pour évoquer sa forme. La plupart des auteurs s'accordent à dire que cet indice varie au cours de la vie, mais leurs points de vue divergent à propos de la forme que peut prendre ce foramen.

Augier (1931) a montré que sur un foetus de 40 mm CRL le foramen magnum était extrêmement allongé, échancré par une incisure antérieure et une postérieure.
De même, pour Meymandi-Nejad (1963), le foramen magnum a une forme plus losangique chez l'enfant, et est relativement plus grand que chez l'adulte ; au cours de la croissance, la forme devient moins allongée.
Une étude menée par Lang *et al.* (1983) sur des enfants européens a montré également que l'indice du foramen magnum augmente avec l'âge, pour acquérir une forme de plus en plus ronde. Minugh-Purvis (1988), quant à elle, a remarqué que chez les enfants entre 2 ans ½ et 6 ans, le foramen magnum a une forme ovale.

En revanche, l'étude menée par Hecht *et al.* (1985 *in* Rak *et al.*, 1994) sur un grand échantillon d'enfants américains montre un indice à la naissance extrêmement haut puisque égal à 94 (ce qui correspond à un foramen magnum presque rond). Puis l'indice diminue et se stabilise entre 78 et 80, dès 15 à 17 mois, pour garder quasiment la même valeur tout au long de la vie adulte.

3. 1. 2. Variabilité chez les enfants

Liaison à l'âge

Tous morphes et classes d'âges confondus, la liaison entre la forme du foramen magnum et l'âge, est significative (χ^2 = 41.5 ; p = 2.2 E-7) (tableau 107).
En revanche, il n'y a aucune liaison entre l'âge des enfants (toutes classes confondues, et testées deux à deux) et la forme ronde (85 < indice < 100) du foramen magnum (ensemble des classes : χ^2 = 1.5 ; p = 0.67). Il en est de même pour le morphe "intermédiaire" (65 ≤ indice ≤ 85 : χ^2 = 7.5 ; p = 0.057) (tableau 107).
Seule, une diminution significative de la fréquence du morphe "allongé" (indice < 65), est constatée entre les classes d'âges 2-3 (p Fisher = 0.0000) (tableau 107).

	Classe 1		Classe 2		Classe 3		Classe 4		Adultes	
	n	%	**n**	%	**n**	%	**n**	%	**n**	%
85 < indice < 100	**3**	33.3	**4**	16	**11**	26	**33**	25	**25**	29
65 ≤ indice ≤ 85	**5**	55.5	**12**	48	**29**	69	**99**	74	**61**	70
indice < 65	**1**	11	**9**	36	**2**	5	**2**	1	**1**	1
Total	**9**	100	**25**	100	**42**	100	**134**	100	**87**	100

Tableau 107. Fréquences absolues et relatives des différents morphes du foramen magnum, chez les enfants européens, âges séparés et chez les adultes

Au sein des séries de référence étudiées, la fréquence des 3 morphes diffère suivant la constitution en âge de l'échantillon.
Nous n'avons pu prendre aucune mesure de foramen magnum dans la série des Musées anatomiques Delmas-Orfila-Rouvière car, les têtes osseuses étant préparées, les 4 parties de l'os occipital étaient dissociées.
Dans la série de Spitalfields, 18 % des foramens magnums sont ronds et 18 % allongés, les 64% restant étant de forme intermédiaire.

Dans la série de Coimbra, constituée uniquement d'enfants appartenant à la quatrième classe d'âge, nous n'avons observé aucun foramen magnum allongé ; 54% étaient de forme ronde et 46 % de forme intermédiaire (l'indice I. 33 moyen = 85.6 ± 6.5).

Nous n'avons observé aucune différence significative entre les fréquences des morphes observés chez les adultes, et celles observées chez les enfants, à partir de la troisième classe d'âge (tableau 107). La morphologie du foramen magnum cesserait donc d'évoluer assez tôt au cours de la croissance.

Liaison au sexe

Aucune liaison significative n'a été constatée entre le morphe "rond" et un des deux sexes (respectivement p = 1.0 ; 0.49 ; 1.0 ; 0.48) (tableau 108 a). Les mêmes observations sont faites pour les deux autres morphes (annexes, tableaux 108 b et c).
Cependant, il faut souligner que les effectifs d'enfants sexués, pour lesquels un foramen magnum peut être mesuré, sont très réduits.

Sexe \ Classe		1	2	3	4
Filles	**n \ N**	**0 \ 2**	**1 \ 5**	**2 \ 4**	**8 \ 22**
	%	0	20	50	36
Garçons	**n \ N**	**1 \ 3**	**1 \ 13**	**3 \ 8**	**7 \ 13**
	%	33	8	37.5	54

Tableau 108 a. Fréquences absolues et relatives de la forme **ronde (n)** du foramen magnum, chez les enfants européens, âges et sexes séparés

Variabilité géographique

Il existe une différence, pour la classe 4 uniquement, entre les fréquences chez les enfants issus des collections d'Europe occidentale, et ceux de Rajhrad d'une part (p = 0.0002), et ceux de Tepe Hissar - Hasanlu, d'autre part (p = 0.0154). Les premiers ont une fréquence significativement plus haute de morphe "rond" (tableau 109 a), alors que pour cette même classe d'âge, la proportion du morphe "intermédiaire" prédomine de façon significative dans les séries morave (p = 0.0003) et iranienne (p = 0.035) (annexes, tableau 109 b).

Origine \ Classe		1	2	3	4
Europe occident	**n \ N**	**3 \ 9**	**4 \ 23**	**6 \ 24**	**26 \ 68**
	%	33	17	25	38
Moravie	**n \ N**	**0 \ 0**	**0 \ 2**	**6 \ 18**	**7 \ 66**
	%	0	0	33	11
Iran	**n \ N**	**0 \ 2**	**0 \ 0**	**0 \ 2**	**2 \ 22**
	%	0	0	0	9

Tableau 109 a. Fréquences relatives et absolues de la forme **ronde (n)** du foramen magnum, chez les enfants, âges et origines géographiques séparés

Nous avons voulu vérifier si ces variations géographiques se retrouvent également dans les échantillons adultes issus des mêmes séries.

Nous retrouvons les mêmes différences significatives que chez les sujets immatures, puisque chez les adultes issus de la série de Spitalfields, la fréquence de foramen magnum arrondis est significativement supérieure à celle observée dans les autres échantillons (comparaison avec Rajhrad p = 0.0001 et avec Tepe Hissar - Hasanlu : p = 0.0005) (tableau 110).
En revanche, dans les deux autres groupes, les formes intermédiaires du foramen magnum prédominent.

Origine \ Morphe		85 < I < 100	65 ≤ I ≤ 85	I < 65
Angleterre	**n \ N**	**34 \ 17**	**17 \ 34**	**0 \ 51**
	%	67	33	0
Moravie	**n \ N**	**8 \ 28**	**27 \ 9**	**1 \ 35**
	%	22	75	3
Iran	**n \ N**	**8 \ 23**	**23 \ 8**	**0 \ 31**
	%	26	74	0

Tableau 110. Fréquences relatives et absolues des différents morphes du foramen magnum, chez les adultes, origines géographiques séparées

3. 1. 3. Résumé

La fréquence du foramen magnum allongé, relativement élevée chez les enfants jeunes, semble diminuer, au profit de morphes ronds ou plutôt intermédiaires chez les plus grands enfants, formes qui se retrouvent ensuite chez les adultes (figure 38).

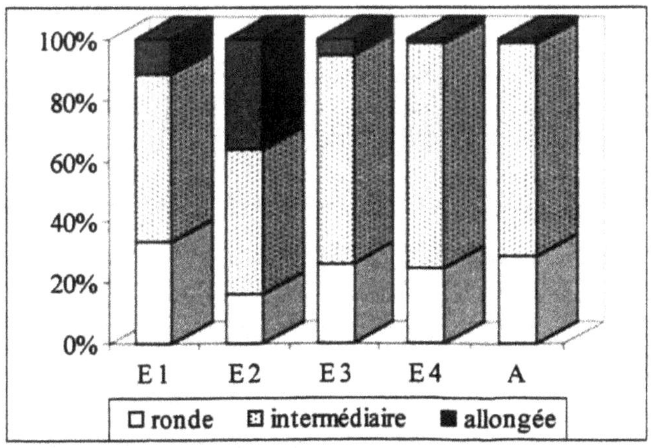

Figure 38. Fréquences relatives des différents morphes de la forme du foramen magnum, chez les enfants (E), selon les 4 classes d'âges, et chez les adultes (A) issus des séries ostéologiques européennes

Des variations géographiques dans la forme du foramen magnum ont été constatées. En effet, pour les enfants de la dernière classe d'âge, la forme ronde est plus fréquente dans l'échantillon d'Europe occidentale, alors que c'est la forme

intermédiaire qui est la plus fréquente dans les séries morave et iranienne.
Par ailleurs, il ne semble exister aucune différence significative entre filles et garçons, dans les fréquences des différentes formes du foramen magnum.

Un test de corrélation entre la longueur maximale (M1), la largeur maximale (M8) du crâne et les dimensions du foramen magnum (longueur M7, largeur M16 et indice I33) a été effectué (tableau 111).

Il révèle que des liaisons hautement significatives existent entre la longueur, la largeur du crâne et les deux diamètres du foramen magnum.

La liaison est la plus forte statistiquement entre la longueur du crâne et la longueur du foramen magnum ; et elle est la plus faible entre la largeur du crâne et la largeur du foramen magnum.
Il n'existe aucune liaison significative avec l'indice du foramen magnum.

	M7			**M16**			**I33**		
	r	**r^2**	**p**	**r**	**r^2**	**p**	**r**	**r^2**	**p**
M1	0.56	0.32	**8.1 E-12**	0.36	0.13	**0.00003**	-0.14	0.021	0.10
M8	0.26	0.072	**0.003**	0.18	0.035	**0.04**	-0.06	0.004	0.47

Tableau 111. Corrélations entre la longueur maximale du crâne,
la largeur maximale du crâne et les dimensions du foramen magnum (n = 122 enfants européens)

3. 2. Vascularisation supra-orbitaire. Absence d'incisure supra-orbitaire (*incisura supraorbitalis medialis*)

3. 2. 1. Définition et ontogenèse

L'incisure supra-orbitaire, située sur le tiers médial de chaque bord supra-orbitaire, livre passage à l'artère et au nerf supra-orbitaires. Parfois, cette incisure est transformée en un foramen supra-orbitaire par un petit pont osseux.
Elle est à distinguer de l'incisure frontale, située plus médialement, et par laquelle passe la branche médiale du nerf supra-orbitaire (Kamina et Renard, 1994).

La présence d'une incisure supra-orbitaire unique se manifesterait très précocement puisqu'elle a été observée sur des fœtus de seulement 25 semaines d'âge gestationnel (Hauser *et al.*, 1984). Toutefois, elle n'apparaîtrait nettement marquée que plus tard, vers l'âge de 7 ou 8 ans (Paturet, 1951).

3. 2. 2. Variabilité chez les adultes

L'incisure et le foramen supra-orbitaires sont des caractères discrets appartenant à la liste de Berry et Berry (1967), et sont dits "hyperostotics".
La manifestation précoce de ces caractères osseux suggère l'existence d'une base génétique à leur expression. Ceci a été confirmé par une étude basée sur des squelettes apparentés d'âge, de sexe et d'origine connus (Sjøvold, 1984).

Les études comparatives sont très délicates car tous les auteurs n'ont pas utilisé la même nomenclature et la même méthode d'enregistrement (Ossenberg, 1970 ; Corruccini, 1974 ; Kimura, 1977 et Cesnys, 1982). Il semblerait néanmoins qu'il n'y ait aucune différence significative dans les fréquences d'apparition de ces caractères selon le sexe : il y aurait seulement des tendances (Corruccini, 1974 ; Berry, 1975 ; Cosseddu *et al.*, 1979 et Cesnys, 1982).
Ces caractères apparaîtraient de façon symétrique (Kadanoff et Mutafov, 1968), et il n'y aurait pas de côté préférentiel en cas d'apparition asymétrique. Pour Dodo (1987) cependant, la symétrie ne serait pas le caractère prédominant.
Dans le cas de déformation crânienne, une fréquence plus basse de ces caractères a été signalée (Ossenberg, 1970).
Enfin, des variations liées aux origines géographiques des individus, ont été observées dans les fréquences de foramens et d'incisures supra-orbitaires (Hauser et de Stefano, 1989).

La transformation avec l'âge de l'incisure en foramen supra-orbitaire est un phénomène connu (Hauser *et al.*, 1984 et Dodo, 1987). Il serait peut-être lié à la formation de couches osseuses secondaires dans cette région, mais également à l'ossification des ligaments reliant les bords de l'incisure supra-orbitaire (Le Double, 1903 ; Ossenberg, 1970). Ceci expliquerait l'augmentation de la fréquence des foramens et d'une seconde incisure supra-orbitaire, entre la puberté et l'âge adulte, d'une part, et entre les adultes jeunes et plus âgés, d'autre part (Berry, 1975, Perizonius, 1979a ; Cesnys, 1982 ; Hauser *et al.*, 1984).

3. 2. 3. Variabilité chez les enfants

Liaison à l'âge

Une liaison à l'âge (toutes classes confondues) est observée pour les trois morphes (respectivement : $\chi^2 = 57.8$; p = 1.7 E-12 et $\chi^2 = 15.4$; p = 0.001 et $\chi^2 = 10.08$; p = 0.017) (tableau 112).
Lorsque les classes sont testées deux à deux, une seule diminution significative de fréquence est observée, entre les deux premières classes d'âges pour le morphe "absent" ($\chi^2 = 7.3$; p = 0.006) ; ensuite la fréquence reste constante (tableau 112).
Inversement, la fréquence de l'incisure augmente de manière significative entre les deux premières classes d'âges ($\chi^2 = 5.7$; p = 0.01), puis reste également constante durant le reste de la croissance (tableau 112).
La fréquence de foramen supra-orbitaire, ne montre aucune variation significative lors du passage d'une classe d'âge à une autre.

	Classe 1		Classe 2		Classe 3		Classe 4		Adultes	
	n	%	n	%	n	%	n	%	n	%
absente	**37**	16.5	**8**	6	**7**	3	7	2	7	3
incisure	**176**	78.5	**111**	88.8	**190**	90	**348**	87	**181**	82
foramen	**11**	5	**6**	5	**13**	6	**43**	11	**32**	15
Total	**224**	100	**125**	100	**210**	100	**398**	100	**220**	100

Tableau 112. Fréquences absolues et relatives des différents morphes (principaux) de la vascularisation supra-orbitaire, chez les enfants européens, âges séparés, côtés confondus et chez les adultes

Il n'existe aucune différence significative, dans les fréquences des trois morphes, entre les enfants de classe 4 et les adultes (tableau 112). Il semble donc que cette partie supra-orbitaire médiale ait achevée son évolution au cours de la dernière classe d'âge (des différences significatives persistent entre adultes et enfants de classe 3). L'incisure et le foramen supra-orbitaires sont donc considérés comme des caractères discrets "hyperostotics", chez les sujets non-adultes de notre échantillon, à partir de la quatrième classe d'âge.

Liaison au sexe

Un test de Fisher effectué au sein des classes 1, 2 et 3 (les seules permettant le test) n'a révélé aucune liaison entre le morphe "absent" et l'un des deux sexes (p = 1.0 ; 0.41 et 0.36) (tableau 113 a). Les mêmes résultats ont été obtenus pour les deux autres morphes (annexes, tableaux 113 b et c).

Sexe \ Classe		1	2	3	4
Filles	**n \ N**	**2 \ 16**	**1 \ 14**	**1 \ 14**	**0 \ 39**
	%	12.5	7	7	0
Garçons	**n \ N**	**3 \ 18**	**0 \ 20**	**0 \ 25**	**0 \ 24**
	%	17	0	0	0

Tableau 113 a. Fréquences absolues et relatives de **l'absence (n)** d'éléments vasculaires, chez les enfants européens, âges et sexes séparés, côtés confondus

Bilatéralité ou unilatéralité

Quel que soit le morphe considéré, lorsque sa fréquence absolue est élevée, son apparition est significativement bilatérale : morphe "incisure" pour les 4 classes d'âges (respectivement p Fisher = 0.0000 ; 0.0001 ; 0.0000 et 0.0000) (tableau 114).
En revanche, lorsque la fréquence absolue d'un morphe est faible, sa présence sur le crâne est aléatoire, soit bilatéralement, soit unilatéralement : classes 1 à 4 du morphe "absent" (respectivement p = 1.0 ; 0.55-0.26 ; 1.0 et 0.54) et du morphe "foramen" (respectivement p = 0.14 ; 1.0-0.52 ; 0.64 et 0.60-0.44) (tableau 114).
Dans le cas d'une apparition unilatérale, nous n'avons constaté aucun côté privilégié.

Morphe \ Classe		1	2	3	4
absente	**n \ N**	**13 \ 24**	**1 \ 7**	**2 \ 5**	**1 \ 6**
	%	54	14	40	17
incisure	**n \ N**	**81 \ 95**	**51 \ 60**	**92 \ 98**	**163 \ 185**
	%	85	85	94	88
foramen	**n \ N**	**1 \ 10**	**1 \ 5**	**3 \ 10**	**12 \ 31**
	%	10	20	30	39

Tableau 114. Fréquences absolues et relatives des différents morphes (principaux) de la vascularisation supra-orbitaire, chez les enfants européens, âges séparés, côtés confondus (**n : morphes bilatéraux**)

Variabilité géographique

Une différence significative existe, entre les fréquences observées au sein des échantillons des deux régions d'Europe, pour le morphe "absent" de la classe 3 uniquement (p = 0.0057) (tableau 115 a). Ce morphe est totalement absent chez les enfants de la série de Rajhrad.

Par ailleurs, la fréquence du morphe "incisure" de la classe 2 est significativement plus élevée au sein de l'échantillon d'enfants d'Europe occidentale que dans celui de Rajhrad (p = 0.027). Ces derniers montrent en revanche, une fréquence significativement plus élevée de morphe "foramen", pour cette même classe d'âge, que dans l'échantillon d'enfants d'Europe occidentale (p = 0.0009) (annexes, tableaux 115 b et c).

Origine \ Classe		1	2	3	4
Europe occident	**n \ N**	**37 \ 220**	**7 \ 101**	**7 \ 102**	**3 \ 181**
	%	17	7	7	2
Moravie	**n \ N**	**0 \ 4**	**1 \ 24**	**0 \ 108**	**4 \ 217**
	%	0	4	0	2
Iran	**n \ N**	**0 \ 4**	**1 \ 6**	**0 \ 13**	**0 \ 59**
	%	0	17	0	0

Tableau 115 a. Fréquences absolues et relatives de **l'absence (n)** d'incisure ou de foramen supra-orbitaire, chez les enfants, âges et origines géographiques séparés, côtés confondus

Nous avons voulu vérifier si ces variations géographiques se retrouvent chez les adultes issus des mêmes séries.

Nous n'avons constaté qu'une seule différence, entre les adultes de la série de Rajhrad et ceux de Tepe Hissar - Hasanlu, concernant le morphe "foramen" (p Fisher = 0.0204), la fréquence de celui-ci étant significativement plus élevée dans les échantillons iraniens (tableau 116).

Origine \ Morphe		absente	incisure	foramen
Angleterre	**n \ N**	**4 \ 102**	**83 \ 23**	**19 \ 87**
	%	4	78	18
Moravie	**n \ N**	**3 \ 110**	**98 \ 15**	**12 \ 101**
	%	3	87	11
Iran	**n \ N**	**0 \ 69**	**52 \ 17**	**17 \ 52**
	%	0	75	25

Tableau 116. Fréquences absolues et relatives des différents morphes (principaux) de la vascularisation supra-orbitaire, chez les adultes, origines géographiques séparées, côtés confondus

3. 2. 4 Résumé

L'absence de vascularisation et l'incisure supra-orbitaire montrent des variations significatives de leurs fréquences au cours de la croissance.

La morphologie des trois caractères semblent être mis en place définitivement au cours de la période correspondant à la classe d'âge 4 (figure 39).

Il est à noter que l'absence d'une incisure supra-orbitaire n'est pas un caractère extrêmement rare chez les très jeunes enfants récents. Dans nos séries de référence, la fréquence de ce morphe varie suivant la constitution en âge de l'échantillon : Musées Anatomiques de Paris = 13.7% ; Spitalfields = 1.16% et Coimbra = 0%.

Ces caractères ne semblent pas liés au sexe des individus mais des différences sont observées, chez les enfants comme chez les adultes, entre les individus provenant de différentes régions géographiques.

Contrairement à ce qui a été largement décrit dans la littérature, nous n'avons pas constaté d'augmentation significative de la fréquence des foramens supra-orbitaires médiaux, ni pendant la croissance ni au cours du passage de l'adolescence à l'âge adulte. Il se pourrait donc que l'augmentation de foramens supra-orbitaires, si elle existe, affecte plutôt la partie centrale ou latérale du rebord orbitaire, que nous n'avons pas traitée dans cette étude.

Cependant, Sysak (1960) a constaté, comme nous pour le foramen supra-orbitaire, aucune différence entre les fréquences issues de l'observation de 64 crânes immatures, et celles publiées par Le Double (1903) et Augier (1931), concernant des crânes adultes.

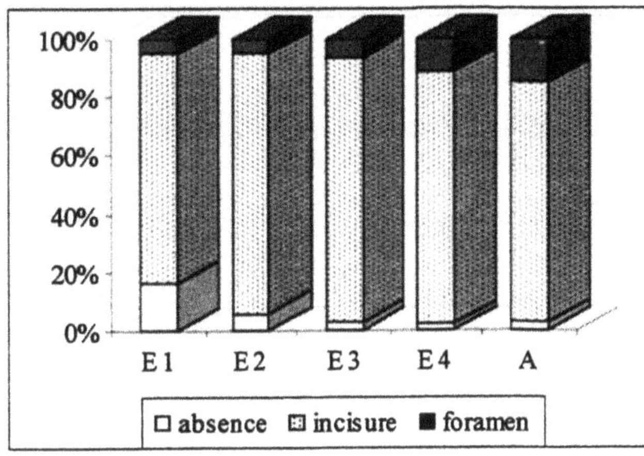

Figure 39. Fréquences relatives des différents morphes de la vascularisation supra-orbitaire, chez les enfants (E), selon les 4 classes d'âges et chez les adultes (A) issus des séries ostéologiques européennes

3. 3. Différenciation d'une fente structurale[13] médiale du processus palatin de l'os maxillaire, en plus d'une fente latérale

3. 3. 1. Définition et ontogenèse

La formation d'une fente structurale sur le processus palatin de l'os maxillaire est liée au développement des follicules des incisives (Vallois et Cadenat, 1926) et elle résulterait de l'accroissement plus rapide des portions de la lame palatine situées en arrière des follicules des deux incisives. Elle correspond au "sinus interincisif secondaire" défini par Vallois et Cadenat (*op. cit.*) comme partant de la suture incisive et se terminant en avant dans la cloison alvéolaire qui sépare l'incisive centrale de l'incisive latérale.

Le terme de fente structurale paraît préférable à celui de sinus interincisif, car le nom "sinus" a une signification bien précise en anatomie et l'emploi de "sinus interincisif" peut entraîner une certaine confusion. En effet, la fente structurale correspond à un espace vide à l'intérieur de l'os, façonné suivant 2 dimensions principales (longueur et largeur). Ceci la différencie d'un sinus constitué d'une cavité se développant suivant 3 dimensions (hauteur en plus).
Cette structure palatine a tout d'abord été considérée comme une suture ("suture d'Albrecht" ou "suture endo-mésognathique" ou "suture intermédiaire") par les partisans de la théorie de la duplicité de l'os prémaxillaire (Leuckart, 1840 *in* Vallois et Cadenat, 1926).
Selon cette hypothèse, en effet, il existerait deux prémaxillaires : l'un, interne (ou endognathion), porterait l'incisive centrale et l'autre, externe (le mésognathion), porterait l'incisive latérale. Chacun de ces deux os se développerait à partir d'un noyau indépendant ; la suture qui les sépare est appelée suture endo-mésognathique ou suture intermédiaire.
Cette théorie, soutenue en particulier à la fin du siècle dernier (Albrecht, 1883 ; Le Double, 1906 ; Warynski, 1888), n'a aujourd'hui plus cours chez l'homme, mais l'on peut noter que d'après des travaux très récents (Braga, 1995), l'équivalent de cette structure est toujours considéré comme une suture chez les Grands Singes, mais elle s'exprime alors sur la face antérieure de l'os maxillaire.
En revanche, les partisans de la théorie de l'unicité du prémaxillaire argumentent que celui-ci se développe à partir d'un seul noyau, qui se souderait très précocement au maxillaire (Vallois et Cadenat, 1926). Dans ce cas, la suture intermédiaire ne serait pas une vraie suture mais simplement une ligne de séparation des 2 apophyses appartenant à un même os (Inouye, 1912 *in* Vallois et Cadenat, *op. cit.*). De plus, les berges des fentes structurales ne constitueraient pas des zones ostéogénétiquement actives comme celles des sutures, en dehors des phénomènes de croissance périostée (Maureille, communication personnelle).
Les "sinus interincisifs" apparaissent selon Vallois et Cadenat (*op. cit.*), à deux reprises:
- le "sinus interincisif primaire" se crée au cours du 3ème mois fœtal suite à l'hypertrophie rapide des deux follicules des incisives déciduales, qui repousse en arrière les parois alvéolaires postérieures avant que la région intermédiaire n'ait eu le temps de croître. Ce sinus disparaît très vite par la régularisation de la lame palatine.
- le "sinus interincisif secondaire" se met en place vers le 5ème mois fœtal, par le même mécanisme, causé cette fois-ci par le développement des follicules des incisives permanentes. Selon les auteurs, le "sinus interincisif secondaire" disparaîtrait généralement "à la naissance, par régularisation de la croissance". En réalité, Delaire (1974) a montré que ce sinus peut persister bien après la naissance et ne disparaître que durant la 5ème année de la vie, c'est-à-dire peu de temps avant l'éruption des incisives permanentes.

Par ailleurs, après l'examen des enfants néandertaliens du Roc de Marsal et d'Engis 2, Maureille (1994, 1995) a différencié 2 sortes de fentes structurales : une "latérale", visible chez les enfants actuels et néandertaliens, et une "médiale" présente selon lui, uniquement chez les enfants fossiles.

3. 3. 2. Variabilité chez les enfants

• Fente structurale latérale

Liaison à l'âge

Les variations de fréquence du caractère au cours de la croissance sont statistiquement significatives, toutes classes d'âges confondues ($\chi^2 = 34.9$; p = 1.25 E-7) (tableau 117).
La fréquence du morphe "présent" augmente significativement entre les classes 1-2 (p = 0.0000) puis diminue entre les classes 2-3 (p = 0. 0129) et 3-4 (p = 0.0029) (tableau 117).

	Classe 1		Classe 2		Classe 3		Classe 4	
	n	%	**n**	%	**n**	%	**n**	%
absente	**128**	60	**40**	34	**74**	49	**180**	64
présente	**86**	40	**78**	66	**76**	51	**100**	36
Total	**214**	100	**118**	100	**150**	100	**280**	100

Tableau 117. Fréquences absolues et relatives des différents morphes de la fente structurale latérale, chez les enfants européens, âges séparés, côtés confondus

Sur l'ensemble des adultes examinés (européens et iraniens), un seul individu présente une trace de fente structurale latérale.
Étant donné que chez les adolescents, la fréquence de ce morphe est encore importante, il semblerait donc que l'évolution de la fente structurale ne soit pas encore achevée au niveau de la dernière classe d'âge.

Liaison au sexe

Aucune différence significative n'est constatée entre les fréquences de ce caractère observé chez les filles et chez les garçons (p = 1.0 ; 0.29 ; 0.27 ; 1.0) (tableau 118).

Sexe \ Classe		1	2	3	4
Filles	**n \ N**	**4 \ 12**	**6 \ 14**	**7 \ 12**	**9 \ 40**
	%	33	43	58	22.5
Garçons	**n \ N**	**4 \ 12**	**8 \ 34**	**7 \ 20**	**7 \ 28**
	%	33	23	35	25

Tableau 118. Fréquences absolues et relatives de la fente structurale latérale **présente (n)**, chez les enfants européens, âges et sexes séparés, côtés confondus

Bilatéralité ou unilatéralité

Quel que soit le morphe considéré, lorsque sa fréquence absolue est grande, son apparition sur le crâne est significativement bilatérale : morphe "absent" pour les classes 1 et 4 (respectivement p Fisher = 0.0020-0.034 et p = 0.0000) ; morphe "présent" des classes 2 et 4 (p = 0.0142 et p = 0.0217) (tableau 119).

En revanche, lorsque sa fréquence diminue, la présence du morphe sur le crâne est aléatoire, soit bilatéralement, soit unilatéralement : morphe "présent" pour les classes 1, et 3 (respectivement p = 0.16 ; 0.085-0.13) et morphe "absent" des classes 2 et 3 (p = 0.57-0.77 et p = 0.12) (tableau 119).

Morphe \ Classe		1	2	3	4
absente	**n \ N**	**55 \ 73**	**15 \ 25**	**30 \ 44**	**82 \ 98**
	%	75	60	68	84
présente	**n \ N**	**34 \ 52**	**34 \ 44**	**31 \ 45**	**42 \ 58**
	%	65	77	69	72

Tableau 119. Fréquences absolues et relatives des différents morphes de la fente structurale latérale, chez les enfants européens, âges séparés, côtés confondus **(n : morphes bilatéraux)**

Dans les cas d'apparition unilatérale, aucun côté privilégié n'a été significativement décelé.

Variabilité géographique

Pour ce morphe, 2 différences significatives sont constatées. Les enfants de Rajhrad ont une fréquence élevée de fente structurale latérale "présente", d'une part par rapport aux enfants d'Europe occidentale, pour la classe 4 (p = 0.028) et d'autre part, par rapport aux enfants iraniens, pour cette même classe d'âge (p = 0.02) (tableau 120).

Origine \ Classe		1	2	3	4
Europe occident	**n \ N**	**86 \ 214**	**65 \ 96**	**34 \ 70**	**29 \ 106**
	%	40	32	49	27
Moravie	**n \ N**	**0 \ 0**	**13 \ 22**	**42 \ 80**	**71 \ 174**
	%	0	64	52.5	41
Iran	**n \ N**	**0 \ 0**	**2 \ 6**	**5 \ 10**	**15 \ 62**
	%	0	33	50	24

Tableau 120. Fréquences absolues et relatives de la fente structurale latérale **présente (n)**, chez les enfants, âges et origines géographiques séparés, côtés confondus

- **Fente structurale médiale**

Liaison à l'âge

Aucune liaison significative n'est mise en évidence entre ce caractère et le développement des enfants, toutes classes d'âges confondues ou testées deux à deux (ensemble des classes : $\chi^2 = 1.6$; p = 0.64) (tableau 121).

La fente structurale médiale est donc un caractère très rare chez les sujets juvéniles. Elle n'a jamais été observée sur des maxillaires adultes.

	Classe 1		Classe 2		Classe 3		Classe 4	
	n	%	**n**	%	**n**	%	**n**	%
absente	**206**	96	**113**	96	**145**	97	**274**	98
présente	**8**	4	**5**	4	**5**	3	**6**	2
Total	**214**	100	**118**	100	**150**	100	**280**	100

Tableau 121. Fréquences absolues et relatives des différents morphes de la fente structurale médiale, chez les enfants européens, âges séparés, côtés confondus

Liaison au sexe

Aucune différence significative entre les fréquences observées pour les deux sexes, n'a été révélée par un test de Fisher, réalisable uniquement pour la classe 4 (p = 1.0) (tableau 122).

Sexe \ Classe		1	2	3	4
Filles	n \ N	**0 \ 12**	**0 \ 14**	**0 \ 12**	**2 \ 40**
	%	0	0	0	5
Garçons	n \ N	**0 \ 12**	**0 \ 34**	**0 \ 20**	**2 \ 28**
	%	0	0	0	7

Tableau 122. Fréquences absolues et relatives de la fente structurale médiale **présente (n)**, chez les enfants européens, âges et sexes séparés, côtés confondus

Bilatéralité ou unilatéralité

Lorsque la fréquence absolue du morphe est importante (morphe "absent"), sa présence sur le crâne est significativement bilatérale (p = 0.0000 pour les 4 classes d'âges) (tableau 123).

En revanche, lorsque les fréquences absolues sont faibles, l'apparition devient aléatoire (morphe "présent" : classes 1 à 4 p = 1.0 ; 0.55-1.0 ; 0.55-1.0 et 0.4-1.0) (tableau 123).
Dans les quelques cas de présence unilatéralité d'un des morphes, aucun côté privilégié d'apparition n'est observé.

Morphe \ Classe		1	2	3	4
absente	n \ N	**101 \ 105**	**56 \ 57**	**72 \ 73**	**137 \ 137**
	%	96	98	99	100
présente	n \ N	**2 \ 6**	**2 \ 3**	**2 \ 3**	**3 \ 3**
	%	33	67	67	100

Tableau 123. Fréquences absolues et relatives des différents morphes de la fente structurale médiale, chez les enfants européens, âges séparés, côtés confondus
(n : morphes bilatéraux)

Variabilité géographique

Pour la dernière classe d'âge uniquement, la fréquence du morphe "présent" est significativement plus basse parmi les enfants de Rajhrad, que parmi les enfants issus des séries d'Europe occidentale (p = 0.0027) (tableau 124).
Nous n'avons constaté aucune différence significative avec les fréquences observées dans les échantillons d'enfants iraniens.

Origine \ Classe		1	2	3	4
Europe occident	n \ N	**8 \ 214**	**3 \ 96**	**0 \ 70**	**6 \ 106**
	%	4	3	0	6
Moravie	n \ N	**0 \ 0**	**2 \ 22**	**1 \ 76**	**0 \ 174**
	%	0	9	1	0
Iran	n \ N	**0 \ 0**	**0 \ 6**	**0 \ 10**	**2 \ 62**
	%	0	0	0	3

Tableau 124. Fréquences absolues et relatives de la fente structurale médiale **présente (n),** chez les enfants, âges et origines géographiques séparés, côtés confondus

3. 3. 3. Résumé

Seule la fente structurale latérale montre des variations significatives de sa fréquence au cours de la croissance (figure 40).
Les fentes structurales latérale et médiale n'ont aucune valeur dimorphique. Seules, quelques différences de fréquences entre régions géographiques ont été notées.

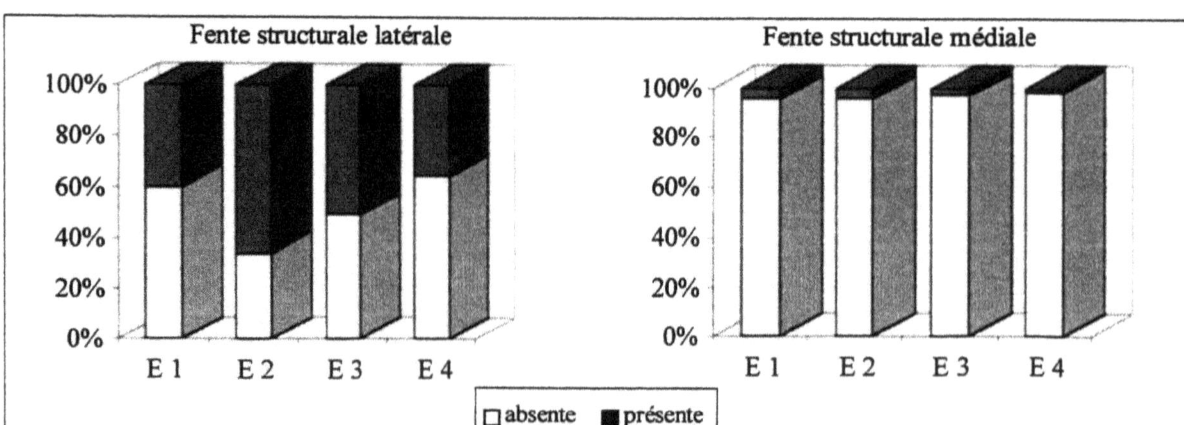

Figure 40. Fréquences relatives des morphes des fentes structurales latérale et médiale, chez les enfants (E) des séries ostéologiques européennes, selon les 4 classes d'âges

3. 4. Crêtes d'insertion du muscle ptérygoïdien medial : identification d'un tubercule medial, en plus d'un tubercule inferieur *(m. pterygoideus medialis ; tuberculum pterygoideum inferior)*

3. 4. 1. Définition et ontogenèse

Le muscle ptérygoïdien médial est un muscle élévateur de la mandibule qui s'insère sur des crêtes osseuses, au niveau de l'angle postéro-inférieur de la face interne de la branche mandibulaire. Ces crêtes d'insertion sont soit localisées au niveau du gonion, soit disposées tout le long du bord postérieur de la branche mandibulaire, et peuvent être plus ou moins saillantes.
On trouve, de plus, dans la région de l'angle de la mandibule, les insertions du ligament stylomandibulaire. Une partie de ses fibres s'insère directement sur l'os alors que les autres, correspondant à la majorité, se mélangent avec celles du muscle ptérygoïdien médial. La fonction précise de ce ligament est mal connue, mais, par son orientation, il aurait pour fonction de limiter les mouvements de glissement antérieur de la mandibule (Picq, 1990).

Le Double (1906) a mentionné, parmi les variations de la mandibule, l'existence d'hypertrophies des crêtes ptérygoïdiennes, qu'il considérait alors comme un caractère "pithécoïde". En effet, au niveau des crêtes d'insertion, il existe parfois un tubercule ptérygoïdien inférieur mis en évidence par Bluntschli (1929) sur un orang-outan. L'auteur remarqua la présence d'une forte saillie située à mi-chemin entre le processus condylaire et l'angle postéro-inférieur de la mandibule. Ce tubercule, situé dans le prolongement du *sulcus colli*[14], correspondrait au *processus angularis* présent chez de nombreux Mammifères et serait en relation avec l'attache de l'aponévrose interptérygoïdienne (Weidenreich, 1936).
Le muscle ptérygoïdien médial joue un rôle important chez le très jeune enfant, au cours des séquences de succion et de déglutition. En effet, la langue et la mandibule ont au cours de la tétée des déplacements sensiblement parallèles mettant en jeu alternativement les élévateurs et les abaisseurs de la mandibule, qui sont donc largement sollicités (Ginisty, 1983).
Aussi, au sein d'un échantillon de la population immature de Spitalfields, d'âge inférieur à 3 ans, le tubercule ptérygoïdien inférieur a été retrouvé dans 53.8% des cas (Creed-Miles *et al.*, 1996).

3. 4. 2. Variabilité chez les adultes

Chez les adultes, la variation des reliefs d'insertion du muscle ptérygoïdien médial est également grande. Au sein de la population adulte jeune de Spitalfields, Creed-Miles *et al.* (1996) ont observé parfois ce tubercule, mais celui-ci n'est jamais vraiment proéminent. Ces auteurs ont noté par ailleurs, sur les sujets de plus de 60 ans de cette série, la réapparition d'un tubercule proéminent : ce phénomène est lié au remodelage osseux inhérent à ces âges, recréant comme chez l'enfant une différence de niveau entre le relief positif du tubercule et le relief négatif de la fossette ptérygoïdienne.

Récemment, une distinction taxonomique entre hommes de morphologie moderne et Néandertaliens, basée sur la configuration d'un tubercule ptérygoïdien **médial**, a été proposée par Rak *et al.* (1994). Ce tubercule aurait pour origine une hypertrophie des fibres supéro-postérieures du muscle ptérygoïdien médial (annexes, planche 3 : figure 5).
Sur 150 mandibules d'adultes actuels examinées par les auteurs, 2 seulement montrent le tubercule, et pour l'une des deux, sur un seul côté. De plus, selon les auteurs, même sur des mandibules modernes particulièrement robustes, les marques d'insertion du muscle ptérygoïdien médial se répartissent de manière homogène, mais ne forment pas de tubercule proéminent. De même, sur un échantillon examiné par les auteurs, constitué de 97 mandibules d'enfants actuels originaires d'Asie et du Proche-Orient, une seule présente un véritable tubercule ptérygoïdien médial.

3. 4. 3. Variabilité chez les enfants

Liaison à l'âge

Quel que soit le morphe considéré, la liaison à l'âge du nombre de crêtes d'insertion du muscle ptérygoïdien médial, est significative, toutes classes confondues (respectivement : $\chi^2 = 129.3$; p = 7.2 E-28 ; $\chi^2 = 51.7$; p = 3.3 E-11 ; $\chi^2 = 104.3$; p = 1.7 E-22 ; $\chi^2 = 140.4$; p = 2.9 E-30 et $\chi^2 = 30.4$; p = 1.12 E-6) (tableau 125).
Chez les plus jeunes enfants, la petite taille de la zone d'insertion du muscle ptérygoïdien médial entraîne la présence d'une ou deux crêtes au maximum, très rarement trois. Puis, au cours de la croissance, la fréquence des morphes "1 crête" ou "2 crêtes" diminue significativement, entre chaque classe d'âge pour le premier morphe et uniquement entre les classes 2-3 pour le morphe "2 crêtes".
Avec l'âge, la zone d'insertion du muscle s'étend permettant au nombre de crêtes d'insertion d'augmenter. Ainsi, les morphes "3 crêtes" et "4 crêtes et plus" connaissent une augmentation significative de leur fréquence, entre les classes 1-2 et 2-3 pour le morphe "3 crêtes" (respectivement p = 0.0000 et 0.0004), et entre chaque classe d'âge pour le morphe "4 crêtes et plus" (respectivement p = 0.0350 ; 0.0000 et 0.0003) (tableau 125). En fait, au niveau de la dernière classe d'âge, les fréquences des morphes "3 crêtes" et "4 crêtes et plus" correspondent à celles des morphes "1 crête" et "2 crêtes" de la première classe d'âge.

Par ailleurs, un tubercule, seul ou associé à des crêtes d'insertion, a été observé, avec une fréquence non négligeable chez les plus jeunes enfants (18 %), à un âge où

[14] *Sulcus colli* : profond sillon de la branche de la mandibule, par où les nerfs et les vaisseaux pénètrent dans le canal mandibulaire.

l'aire d'insertion du muscle ptérygoïdien est restreinte (tableau 125). Le *sulcus colli* et la région goniaque, globuleuse à cet âge, sont proches l'un de l'autre, car chez le très jeune enfant, la branche mandibulaire est courte, le processus condylaire se trouvant au niveau du plan alvéolaire. Cette fréquence de tubercules diminue significativement au cours de la croissance, en particulier entre les classes 2-3, en même temps que les morphes "1 crête" et "2 crêtes". En effet, avec l'âge, le *sulcus colli* et la région goniaque se séparent, par une augmentation en hauteur de la branche mandibulaire.

Le *sulcus colli* devient alors moins profond et les attaches du muscle ptérygoïdien médial vont se différencier ; dans quelques cas le tubercule persiste au niveau du bord inférieur du *sulcus colli.*

	Classe 1		Classe 2		Classe 3		Classe 4		Adultes	
	n	%	**n**	%	**n**	%	**n**	%	**n**	%
1 crête	**79**	37	**17**	16	**9**	6	**4**	2	**4**	2
2 crêtes	**89**	42	**45**	43	**32**	20	**43**	17	**9**	5
3 crêtes	**6**	3	**25**	24	**72**	45	**95**	37	**34**	18
≥ 4 crêtes	**0**	0	**3**	3	**36**	23	**102**	40	**135**	73
tubercule	**38**	18	**14**	13	**9**	6	**10**	4	**4**	2
Total	**212**	100	**104**	100	**158**	100	**254**	100	**186**	100

Tableau 125. Fréquences absolues et relatives des différents morphes du nombre de crêtes d'insertion du muscle ptérygoïdien médial, chez les enfants européens, âges séparés, côtés confondus et chez les adultes

Des différences significatives persistent entre les fréquences des enfants de classe 4 et celles des adultes, uniquement pour les morphes "2 crêtes" et "3 crêtes" ($\chi^2 = 16.3$; p = 5.3 E-5 et $\chi^2 = 28.6$; p = 8.5 E-8) (tableau 125), les proportions étant bien moins élevées chez les adultes. Chez ces derniers, c'est surtout le morphe "4 crêtes et plus" qui est représenté.
En revanche, pour les trois autres morphes, la fréquence observée chez les adolescents n'est pas significativement différente de celle des adultes.

Liaison au sexe

Une seule différence significative est constatée entre les fréquences chez les filles et chez les garçons : pour le morphe "2 crêtes" de la classe 2 (p = 0.0055), sa proportion est significativement plus élevée chez les filles (respectivement, pour les autres classes : p = 0.31 ; 0.71 et 1.0) (tableau 126 a). Concernant les autres morphes, aucune différence entre les fréquences des deux sexes n'a été constatée (annexes, tableaux 126 b, c, d et e).

Sexe \ Classe		1	2	3	4
Filles	**n \ N**	**4 \ 10**	**8 \ 8**	**4 \ 16**	**6 \ 38**
	%	40	100	25	16
Garçons	**n \ N**	**1 \ 8**	**5 \ 14**	**7 \ 20**	**3 \ 22**
	%	12.5	36	35	14

Tableau 126 a. Fréquences absolues et relatives des crêtes **doubles (n)**, chez les enfants européens, âges et sexes séparés, côtés confondus

Bilatéralité ou unilatéralité

Dans un seul cas, le caractère apparaît significativement de façon unilatérale : le morphe "2 crêtes" de la classe 3 (p Fisher = 0.0214-0.0418) (tableau 127).
Dans tous les autres cas, le caractère apparaît de manière aléatoire sur la mandibule, soit bilatéralement, soit unilatéralement : morphe "1 crête" pour les 4 classes d'âges (respectivement p = 0.84 ; 1.0 ; 1.0-0.59 et 0.42) ; morphe "2 crêtes" pour les classes 1, 2 et 4 (respectivement p = 1.0 ; 0.59 et 0.79) ; morphe "3 crêtes" pour les 4 classes d'âges (p = 0.18 ; 0.73 ; 1.0-0.84 ; 0.28) ; morphe "4 crêtes et plus" pour les classes 2, 3 et 4 (respectivement p = 1.0 ; 0.54 ; 0.20-0.28) et enfin le morphe "tubercule" pour les 4 classes d'âges (respectivement p = 0.0516-0.10 ; 0.60 ; 1.0 et 0.60) (tableau 127).
Lorsque la présence d'un des morphes est unilatérale, nous n'avons pas décelé un côté privilégié d'apparition.

Morphe \ Classe		1	2	3	4
1 crête	**n \ N**	**25 \ 54**	**5 \ 12**	**2 \ 7**	**0 \ 4**
	%	46	42	28.5	0
2 crêtes	**n \ N**	**29 \ 60**	**17 \ 28**	**5 \ 27**	**13 \ 30**
	%	48	61	18.5	43
3 crêtes	**n \ N**	**0 \ 6**	**7 \ 18**	**23 \ 49**	**33 \ 62**
	%	0	39	47	53
≥ 4 crêtes	**n \ N**	**0 \ 0**	**1 \ 2**	**14 \ 22**	**39 \ 63**
	%	0	50	64	62
tubercule	**n \ N**	**17 \ 21**	**6 \ 8**	**3 \ 6**	**2 \ 8**
	%	81	75	50	25

Tableau 127. Fréquences absolues et relatives des différents morphes du nombre de crêtes d'insertion du muscle ptérygoïdien médial, chez les enfants européens, âges séparés, côtés confondus (**n : morphes bilatéraux**)

Variabilité géographique

Des différences significatives entre les fréquences des divers

échantillons issus de régions géographiques différentes, sont observées pour tous les morphes de ce caractère, excepté le premier :"1 crête".
Les enfants issus du site de Rajhrad ont par rapport aux enfants des séries d'Europe occidentale, une fréquence de crêtes triples (uniquement pour la classe 3) ou quadruple (pour les classes d'âges 2, 3 et 4 p = 0.0082 ; 0.0000 ; 0.0014) significativement plus élevée (tableau 128 a et annexes, tableau 128 d). De même, les enfants issus des sites de Tepe Hissar - Hasanlu, pour les classes 3 et 4 (p = 0.0013 et 0.0002) ont une fréquence de crêtes quadruples plus élevée que celle des enfants provenant des sites d'Europe occidentale (tableau 128 a).
En revanche, chez ces derniers, les crêtes moins nombreuses (2 crêtes) s'observent significativement plus fréquemment que dans les autres séries (annexes, tableau 128 c).
Des tubercules ptérygoïdiens sont observés pour chacune des aires géographiques examinées avec des fréquences variables. Les enfants des sites iraniens montrent une fréquence plus élevée de ce morphe que les enfants des échantillons d'Europe occidentale (classes 1 et 2 : p = 0.0013 et p = 0.0083) et de Moravie (classe 2 : p = 0.0054) (annexes, tableau 128 e).

Origine \ Classe		1	2	3	4
Europe occident	**n \ N**	**0 \ 212**	**1 \ 98**	**7 \ 98**	**42 \ 136**
	%	0	1	7	31
Moravie	**n \ N**	**0 \ 0**	**2 \ 6**	**29 \ 60**	**60 \ 118**
	%	0	33	48	51
Iran	**n \ N**	**0 \ 4**	**0 \ 10**	**5 \ 10**	**40 \ 68**
	%	0	0	50	59

Tableau 128 a. Fréquences absolues et relatives de **4 crêtes et plus (n)**, chez les enfants, âges et origines géographiques séparés, côtés confondus

Nous avons voulu vérifier si ces variations géographiques des différents morphes se retrouvaient chez adultes issus des mêmes séries.
A la différence des enfants, les comparaisons de fréquence pour les adultes ne montrent aucune différence significative, quels que soient le morphe et l'origine géographique de l'échantillon (tableau 129).

Origine \ Morphe		2 crêtes	3 crêtes	+4 crêtes	tubercule
Angleterre	**n \ N**	**5 \ 96**	**17 \ 96**	**73 \ 96**	**1 \ 96**
	%	5	18	76	1
Moravie	**n \ N**	**4 \ 86**	**17 \ 86**	**62 \ 86**	**3 \ 86**
	%	5	20	72	3
Iran	**n \ N**	**2 \ 62**	**5 \ 62**	**53 \ 62**	**2 \ 62**
	%	3	8	85	3

Tableau 129. Fréquences absolues et relatives des différents morphes du nombre de crêtes d'insertion du muscle ptérygoïdien médial, chez les adultes, origines géographiques séparées, côtés confondus

3. 4. 4. Résumé

Le nombre de crêtes d'insertion du muscle ptérygoïdien médial est variable au cours de la croissance, car il est directement lié à la morphologie de la région goniaque (figure 41).

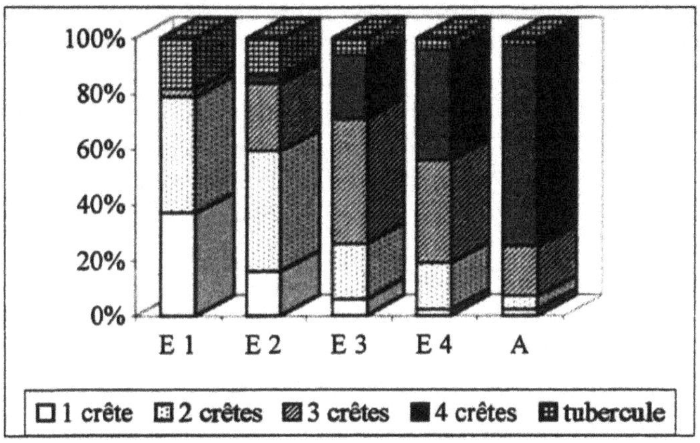

Figure 41. Fréquences relatives des différents morphes du nombre de crêtes d'insertion du muscle ptérygoïdien médial, chez les enfants (E), selon les 4 classes d'âges et chez les adultes (A) issus des séries ostéologiques européennes

Nous nous sommes, de plus, intéressé à la position sur la branche mandibulaire, des tubercules ptérygoïdiens, en fonction des hypothèses de Rak *et al.* (1994, 1996).

Nous avons donc différencié les tubercules situés dans le prolongement du *sulcus colli* de ceux situés au-dessous, les deux positions pouvant parfois être observées simultanément, dans le cas de tubercules doubles.

Les différents morphes ne sont pas liés à l'âge : les fréquences ne montrent aucune différence significative au cours de la croissance, quelle que soit la position du tubercule (tableau 130).
On peut simplement remarquer qu'une position dans le prolongement du *sulcus colli* est plus fréquente que dessous.

Morphe \ Classe		1	2	3	4
prolongement	**n**	**35**	**13**	**7**	**8**
	%	**92**	**93**	**78**	**80**
au-dessous	**n**	**3**	**1**	**1**	**1**
	%	**8**	**7**	**11**	**10**
les deux cas	**n**	**0**	**0**	**1**	**1**
	%	**0**	**0**	**11**	**10**
Total	**n**	**38**	**14**	**9**	**10**
	%	**100**	**100**	**100**	**100**

Tableau 130. Fréquences absolues et relatives des différents morphes de la position des tubercules ptérygoïdiens par rapport au *sulcus colli*, chez les enfants européens, âges séparés, côtés confondus

IV. DISCUSSION

Les résultats obtenus dans les chapitres précédents nécessitent à présent une discussion. Celle-ci reprend successivement : la liaison des caractères à l'âge et au sexe, leur expression uni- ou bilatérale, ainsi que leur variabilité géographique. Enfin, nous analyserons les liaisons entre les différents caractères. Cette question n'a pas été abordée lors de l'étude de chaque trait morphologique, pour éviter les redondances entre ceux qui seraient liés.

1. Liaison à l'âge

1. 1. Passage de la première à la quatrième classe d'âge

Caractères non liés à l'âge

Parmi tous les caractères morphologiques examinés, la présence d'une fente structurale centrale et d'une fosse génio-glosse ne montrent pas de liaison à l'âge. Ils ont un seul point commun : une présence extrêmement rare chez les enfants modernes (de même que chez les adultes).
La profondeur du sillon mylo-hyoïdien ne montre également aucune liaison significative à l'âge. Très rarement absent, le sillon apparaît le plus fréquemment bien profond.
La forme du foramen mandibulaire chez les enfants récents que nous avons étudiés ne montre pas de réelle relation avec l'âge ; son ouverture étant toujours orientée vers l'arrière et le haut, elle est seulement dirigée plus vers l'arrière chez les très jeunes enfants. Ceci est dû à l'angle très ouvert que forme la branche avec le corps mandibulaire, chez les enfants appartenant aux premières classes d'âges.

Caractères "hyperostotics"

Le pont mylo-hyoïdien, ainsi que le foramen et l'incisure supra-orbitaires sont les seuls caractères dit "hyperostotics" de notre échantillon et ils sont tous trois liés à l'âge. Ceci montre bien que l'ossification joue un rôle important dans l'expression de cette catégorie de caractères discrets (Braga, 1995a).
Un pont mylo-hyoïdien n'a jamais été observé chez les enfants avant la mise en place de la dentition définitive. Nos observations ont, de plus, permis de confirmer les hypothèses d'Ossenberg (1974) concernant la formation de cette structure osseuse, à savoir qu'elle se développe suite à un processus tardif d'ossification qui se met en place au moment de la puberté.
La morphologie de la vascularisation supra-orbitaire varie également avec l'âge. En effet, à la naissance, il est possible de n'observer aucune vascularisation (16.5%) ; c'est en revanche extrêmement rare par la suite. La présence d'une incisure supra-orbitaire nettement marquée est le morphe le plus fréquent, toutes classes d'âges confondues.
Contrairement à ce qui a été décrit dans la littérature (Ossenberg, 1970 ; Hauser *et al.*, 1984 ; Dodo, 1987), nous n'avons pas constaté, dans nos échantillons, une augmentation significative de la fréquence des foramens supra-orbitaires médiaux, ni pendant la croissance, ni au cours du passage de l'adolescence à l'âge adulte. Il se pourrait donc que l'augmentation de foramens supra-orbitaires affecte plutôt la partie centrale ou latérale du rebord orbitaire, que nous n'avons pas prise en compte dans cette étude.

Une liaison à l'âge a été systématiquement observée pour tous les autres caractères de notre corpus. Toutefois, pour certains d'entre eux, elle n'est pas régulière au cours de la croissance. Les variations de ces caractères passent alors par une ou deux phases stationnaires, entre les périodes d'augmentation ou de diminution des fréquences de leurs morphes.

Caractères "hypostotics" et caractères impliqués dans des processus de maturation osseuse

Nous avons logiquement observé que les sutures et les synchondroses étudiées montrent des liaisons à l'âge très marquées. Ainsi, la fréquence du morphe "synostosé" de la suture métopique, comme celle de la *sutura mendosa*, de la SIA et de la SIP, ainsi que de la composante palatine de la suture incisive, montre une augmentation régulière depuis la première jusqu'à la dernière classe d'âge.

En revanche, pour la composante nasale de la suture incisive, la fermeture n'est pas régulière au cours de la croissance : elle montre deux phases dynamiques dans son processus de synostose, entre les classes d'âges 1-2 et 3-4, avec entre elles, une phase stationnaire.

Par ailleurs, nos observations nous amènent à penser que la suture métopique a une synostose très rapide, car nous avons observé très peu de cas de suture en cours de fermeture, c'est-à-dire présente à partir du bregma et/ou du nasion et fermée au niveau de la courbure maximale du frontal. Il en est de même de la *sutura mendosa* qui est soit ouverte sur quelques centimètres, soit complètement fermée.
En revanche, pour la SIP, nous avons observé un grand nombre de sutures en cours de fermeture, celle-ci débutant généralement par les parties latérales de la synchondrose pour finir par les parties médiales. Ces mêmes observations ont été réalisées par Kruyff (1965) à propos des différentes phases de fermeture de la SIA. A ce sujet, nous n'avons pas abouti aux mêmes conclusions que l'auteur, car 5 enfants seulement de notre échantillon, montraient une SIA en cours de fermeture.

Concernant le processus de synostose des différentes composantes de la suture incisive, une phase intermédiaire entre les morphes "ouvert" et "fermé" est également visible. Par ailleurs, nous avons pu observer que la suture incisive commence sa synostose d'abord sur la face nasale du processus frontal de l'os maxillaire, au-dessus de la crête conchale, puis au dessous. Par la suite, la suture disparaît au niveau des fosses nasales et enfin, c'est sur la face palatine que la suture est visible le plus longtemps.

Il semble donc que la SIP ainsi que les différentes composantes de la suture incisive, aient une synostose moins rapide que la *sutura mendosa* ou la suture métopique.
Concernant le foramen de Huschke, les variations de sa fréquence sont hautement liées à l'âge. Elles ne diminuent significativement qu'à partir du passage de la 2ème à la 3ème classe d'âges, puis la disparition du foramen est régulière jusqu'à la dernière classe.
On peut donc noter ici que les caractères dits "hypostotics" chez l'adulte connaissent, au cours de la croissance, une diminution significative de fréquence.

Orifices surnuméraires

Dans la catégorie des caractères discrets que constituent "les orifices et sillons surnuméraires", le nombre de foramens mentonniers est lui aussi lié à l'âge : la fréquence de foramens doubles diminue au profit de foramens uniques, entre les classes d'âges 2 et 3. Il semble donc qu'au moment de la mise en place de la dentition permanente, le canal de Serres disparaisse.

Caractères qualifiés de juvéniles

A propos des autres caractères morphologiques, une position médiale du processus styloïde, par rapport à l'alignement de l'incisure mastoïdienne et du foramen stylo-mastoïdien, n'est très fréquente (43%) que chez les très jeunes enfants. Puis au cours de la croissance, comme l'avait montré Minugh-Purvis (1988), le processus styloïde se décale progressivement vers la partie externe du crâne, pour se retrouver dans une position alignée avec les deux autres structures.
L'individualisation de l'incurvation mandibulaire antérieure se produit tardivement chez les enfants. Elle intervient au cours de la deuxième classe d'âge, au moment de l'éruption des incisives permanentes, lorsque s'effectue le retrait de la partie alvéolaire par rapport à la partie basilaire (Meredith, 1957). L'incurvation est d'abord présente sous forme vestigiale, puis sous sa forme développée définitive.
Les dépressions mandibulaires buccales sont situées à la limite des zones de résorption et de dépôt osseux, situées sur la face antérieure de la symphyse mentonnière. Chez les très jeunes enfants, elles sont exagérément creusées en raison des germes dentaires qui "gonflent" la partie supérieure de l'os.
Après la mise en place de la dentition permanente, les remaniements osseux diminuent dans cette zone mandibulaire, et les dépressions s'estompent peu à peu pour disparaître complètement (Arensburg *et al.*, 1989).
Ces deux éléments du menton osseux ont donc une évolution opposée. Le premier apparaît, progressivement au cours de la croissance, avec la mise en place de la dentition permanente, laquelle entraîne la disparition du second caractère. Mais, chez les adultes âgés, des dépressions vestigiales peuvent réapparaître : elles sont liées cette fois à de nouvelles modifications de l'os mandibulaire, dûes à la perte des dents.

Caractères à connotation phylogénétique

La morphologie de l'incisure mastoïdienne varie également avec l'âge, et avec le volume du ventre postérieur du muscle digastrique. Chez les très jeunes enfants, elle n'est pas encore individualisée, puis une forme peu profonde et étroite se met en place. Ensuite, après augmentation de la taille du muscle digastrique, l'incisure reste tout aussi étroite mais plus profonde, entre les classes 2 et 3. Elle est finalement remplacée par une incisure plus large chez les adolescents.

La forme de l'entrée de l'orbite varie aussi avec l'âge : les enfants à la naissance possèdent des orbites particulièrement arrondies. Puis, entre les deux premières classes d'âges, après la mise en place "d'angulations" amenant à une forme carrée de l'orbite, nous avons observé une augmentation de son diamètre transversal plus rapide que celle du diamètre vertical, aboutissant finalement à des orbites de forme rectangulaire.
La taille de la saillie de l'épine nasale antérieure est également liée à la croissance : elle est particulièrement développée chez les très jeunes enfants. Puis, dès la deuxième classe d'âge, l'épine est à peine moins saillante. Au cours des deux dernières classes d'âges, ces deux morphes coexistent avec des proportions quasiment égales.
La position du foramen mentonnier, par rapport à la hauteur du corps mandibulaire, comme par rapport à la dentition, varie également avec l'âge. Avec la dentition déciduale, le foramen est situé sous c-m1 ou sous m1, puis avec la mise en place de la dentition permanente, il est repoussé postérieurement pour se trouver, chez les adolescents, le plus souvent entre P1 et P2.
La lingula, chez les enfants de la première classe d'âge, est généralement plus saillante que chez les enfants plus âgés. Le ligament sphéno-mandibulaire qui s'insère sur cet éperon osseux doit donc jouer un rôle très important pendant les premiers mois de la vie, pour que son aire d'insertion soit si développée.
Le développement latéral du processus condylaire est très important chez les enfants de la première classe d'âge, puisqu'il correspond à plus de la moitié des cas. Par la suite, ce morphe disparaît progressivement au cours de la croissance. Ce résultat semble donc en opposition avec les conclusions de Mongini (1975), Hansson *et al.* (1977) et Owen *et al.* (1991), selon lesquelles la présence d'une facette latérale sur la surface articulaire du processus condylaire serait associée à une augmentation de l'usure occlusale et donc à l'âge en général. Toutefois, la forme horizontale de la courbe de Spee, commune aux adultes âgés et aux jeunes enfants pourrait expliquer le phénomène. Cependant, les adultes issus de nos échantillons, même les plus âgés de la série de Spitalfields, montrent très rarement (5 %) une facette latérale sur le processus condylaire.

Tous morphes et classes d'âges confondus, la forme du foramen magnum varie au cours de la croissance, ceci ayant été déjà pressenti, entre autres par Tillier (1998). En effet, la forme allongée, très fréquente au cours des deux premières classes d'âges, est ensuite remplacée par une forme "intermédiaire".

La fermeture de la fente structurale latérale est liée à l'âge, et se réalise en deux temps : entre les deux premières classes d'âges d'une part, puis entre les deux dernières. Ce phénomène coïncide ainsi avec la mise en place des deux générations de dents, et concorde avec les observations de Delaire (1974) selon lesquelles le caractère peut persister jusqu'à l'éruption des incisives permanentes (*versus* Vallois et Cadenat, 1926).
Le nombre de crêtes d'insertion du muscle ptérygoïdien médial varie également avec l'âge et, en fait, avec la morphologie de la branche mandibulaire. Chez les très jeunes enfants, la branche est courte et ne peut supporter qu'une ou deux crêtes. Lorsque la zone goniaque grandit, et que le muscle se développe, le nombre de crêtes d'insertion peut augmenter.
De plus, chez les jeunes enfants, entre le *sulcus colli* profond et la région goniaque, globuleuse à cet âge, un tubercule ptérygoïdien est souvent visible. Sa fréquence diminue avec l'âge, pour une raison simplement "architecturale" : l'augmentation de taille de la zone goniaque.
Mais, l'on pourrait imaginer une autre hypothèse pour expliquer la diminution de fréquence des tubercules avec l'âge : en effet, chez les bébés, les mouvements importants de succion pendant la tétée utilisent le muscle ptérygoïdien médial, et pourraient être à l'origine de ces crêtes d'insertion hyper-développées en tubercules. Ensuite, lorsque la dentition déciduale devient fonctionnelle, la fréquence des tubercules diminue car l'enfant, sevré, peut alors améliorer son régime alimentaire jusque-là exclusivement lacté.

1. 2. Passage de la quatrième classe d'âge au stade adulte

Nous avons vérifié, pour tous les caractères, si la morphologie des enfants de la dernière classe d'âge était définitive (ou mature), c'est-à-dire si la fréquence du trait anatomique ne montrait aucune différence significative avec celle observée chez des adultes. Le cas contraire signifiant donc, pour nous, que la morphologie du caractère osseux considéré correspond encore, au stade de l'adolescence, à un état immature.

Caractères discrets

Les fréquences des sutures métopique et *mendosa* chez les enfants de la classe 4 ne sont pas significativement différentes de celles des adultes. C'est pourquoi nous avons considéré qu'à partir de cette classe d'âge, ces sutures correspondent à des caractères discrets "hypostotics" ; elles n'interviennent plus directement dans les processus d'ossification des écailles frontale et occipitale.

Il en est de même pour le foramen et l'incisure supra-orbitaires : ils sont considérés comme des caractères discrets "hyperostotics" dès la quatrième classe d'âge de notre classification.
C'est également le cas pour la fréquence de foramens mentonniers doubles : elle ne met en évidence aucune différence entre les enfants de la classe 4 et les adultes. Ce morphe est donc classé dans la catégorie des caractères discrets nommés "orifices et sillons surnuméraires" dès le stade 4 de notre classification.

Concernant la fermeture du plancher tympanique, et des composantes palatine et nasale de la suture incisive, des différences persistent entre les fréquences observées chez les adolescents et chez les adultes : le processus de maturation osseuse n'est donc pas terminé au stade de la classe 4. Ainsi, nous estimons que, chez les adultes uniquement, la présence d'un foramen de Huschke et d'une suture incisive ouverte doivent être considérés comme des caractères discrets "hypostotics".

Caractères ostéoscopiques

Entre les enfants de la 4ème classe d'âge et les adultes, des différences de fréquences persistent également pour les caractères suivants, qui n'ont pas une implication directe dans les processus de maturation osseuse.

En effet, l'incurvation mandibulaire antérieure, qui peut être encore absente chez les enfants de la classe 4 (13%), est toujours présente chez les adultes ; elle est alors le plus souvent bien développée.
Concernant les dépressions mandibulaires antérieures, le morphe "développé" qui correspond à plus de la moitié des cas chez les adolescents, ne se rencontre plus chez les adultes que dans 9% des cas seulement.

Il est donc évident que la morphologie de la symphyse mentonnière est encore l'objet de remaniements osseux chez les adolescents. Cette phase reprendra ensuite chez les adultes âgés, au moment de la perte des dents.

Des différences persistent également dans le développement du sillon mylo-hyoïdien et de la lingula. Pour ce dernier caractère, la fréquence du morphe "développée" chez les adultes atteint en fait la même proportion que chez les très jeunes enfants (environ 90%).
La présence d'un pont mylo-hyoïdien est observée avec une fréquence de l'ordre de 15 % chez les adultes, alors qu'elle n'atteint pas 1% chez les adolescents.

Des différences morphologiques, entre les adolescents et les adultes, persistent également à propos de la saillie de l'épine nasale antérieure et de la forme de l'incisure mastoïdienne.
La présence d'une fente structurale latérale, des morphes "rond" et "ovale" de l'orbite, et une position latérale du processus styloïde, sont des caractères extrêmement rares chez les adultes, que nous avons pourtant observés dans des proportions non négligeables chez les adolescents.

Le foramen mentonnier n'a pas atteint, non plus, sa position définitive sur le corps mandibulaire au cours de la 4ème classe d'âge, où sa situation la plus courante correspond à l'intervalle P1-P2. Chez les adultes, ce morphe est également visible, de même qu'une position encore plus reculée du foramen, sous P2 et plus rarement entre P2 et M1.
Enfin, chez les adolescents, les crêtes d'insertion du muscle ptérygoïdien médial sont souvent doubles ou triples alors que chez les adultes, on trouve quasi-exclusivement quatre crêtes et plus, sur le pourtour de l'angle de la mandibule.

Il ressort de nos observations que la morphologie de nombreux caractères mandibulaires est encore "immature" au stade de l'adolescence, car la plupart d'entre eux sont liés à la mise en place de la dentition définitive. Or, dans nos échantillons, tous les enfants de la classe 4 n'ont pas encore une dentition permanente complète.

2. Liaison au sexe

Au cours de notre étude, nous avons recensé très peu de caractères montrant, chez les enfants, une liaison à l'un des sexes. Cette apparente absence de dimorphisme chez les individus immatures ne peut cependant être tenue pour certaine. En effet, la petite taille de notre échantillon sexué a pu biaiser les résultats obtenus.

Parmi les caractères impliqués dans les processus d'ossification, certains montrent que les filles, jeunes, ont une maturation plus avancée que les garçons. En revanche, la situation est inversée chez les adolescents. Ceci a été largement documenté dans la littérature (Baughan et Demirjian, 1978 ; Farkas *et al.*, 1992 ; Battagel, 1994 ; Humphrey, 1998).

En effet, au stade de la 2ème classe d'âge, la fréquence de *sutura mendosa* présente, intervenant encore dans les processus de maturation osseuse, est significativement moins élevée chez les filles. Celles-ci semblent donc montrer une maturation osseuse de l'écaille occipitale plus avancée.
Concernant les composantes palatine et nasale (les fosses nasales uniquement) de la suture incisive, les filles au stade de la dentition déciduale sont de nouveau en avance dans l'ossification de cette partie de l'os maxillaire. Puis, ce sont les garçons qui, au stade de la dentition permanente, montrent un aspect de ces sutures plus mature que celui des filles.
Dans la littérature concernant la croissance osseuse, peu d'études différencient les sujets masculins des sujets féminins dans le but de mettre en évidence une éventuelle variation entre leurs vitesses de maturation respectives. Seuls, Dellinger et Le Minor (1993/1994) ont formulé, à propos de la SIA, les mêmes observations que nous, à savoir, une avance chez les filles, d'une année environ, par rapport aux garçons.

Au sujet des caractères non directement impliqués dans les processus d'ossification, mais qui peuvent montrer des variations de leurs morphes entre les stades immature et mature, quelques liaisons à l'un des sexes ont été observées.
Pour la première classe d'âge uniquement, les garçons montrent une fréquence d'épines nasales antérieures saillantes, plus faible que celle observée chez les filles.
Au cours de cette même classe d'âge, les garçons ont une fréquence de processus styloïde décalé médialement, plus élevée que les filles. Celles-ci montrent déjà un processus aligné, c'est-à-dire une disposition mature.
La forme de l'incisure mastoïdienne chez les garçons appartenant à la dernière classe d'âge, est plus profonde et étroite que chez les filles, c'est-à-dire que les adolescents masculins montrent plus tôt que les filles la morphologie que l'on retrouve ensuite chez les adultes.
Pour la deuxième classe d'âge, la fréquence de foramens mentonniers en position intermédiaire, par rapport à la hauteur du corps mandibulaire, est plus élevée chez les garçons que chez les filles, qui montrent à cet âge un foramen situé plus bas.
Au stade de la dentition déciduale, le nombre de crêtes d'insertion du muscle ptérygoïdien médial est chez les filles significativement plus faible que chez les garçons.
Enfin, concernant le développement latéral du processus condylaire, les filles appartenant à la troisième classe d'âge montrent une proportion du morphe "latéral fort" plus élevée que les garçons, dont la morphologie est déjà mature.
Ces observations permettent seulement de conclure que, pour certains des caractères morphologiques étudiés, le dimorphisme sexuel est présent dès les états immatures du développement.

Ces résultats rejoignent ceux que Humphrey (1998) a obtenus après une analyse, des variations métriques au cours de la croissance, réalisée sur plusieurs séries de référence (dont la série de Spitalfields). L'auteur a mis en évidence une relation entre la croissance et l'apparition du dimorphisme sexuel. En effet, les modifications qui le déterminent n'interviendraient pas exclusivement au stade de l'adolescence, ils pourraient, au contraire, être observés bien plus tôt au cours de l'ontogenèse (Humphrey, 1998).

Néanmoins, le dimorphisme sexuel, sur les squelettes immatures, étant le résultat d'interactions entre plusieurs facteurs (Humphrey, 1998), il reste très difficile à percevoir (Tillier et Duday, 1990), même à partir de la morphologie de l'os coxal, considéré comme le meilleur critère de diagnose sexuelle chez les adultes (Bruzek, 1991 ; Majo *et al.*, 1993).
Pourtant des auteurs ont mis en évidence de nouveaux caractères morphologiques mandibulaires permettant la détermination du sexe, chez les enfants.

Tout d'abord, Loth et Henneberg (1998) ont proposé la forme du bord inférieur de la symphyse mentonnière et celle du profil du corps mandibulaire, considérant ces caractères fiables jusqu'à l'âge de 4 ans. Les observations ont été effectuées par les auteurs sur 19 mandibules de la collection Dart, et la détermination du sexe était correcte dans 81 %

des cas, ce caractère étant plus dimorphique pour les garçons que pour les filles. Les auteurs ont, grâce à cette méthode, attribué un sexe masculin à l'enfant de Taung.
Toutefois, avant de généraliser l'utilisation de ce caractère, il semble préférable de vérifier sa fiabilité sur d'autres séries de référence. En effet, ces mêmes auteurs avaient précédemment proposé l'incurvation de la partie postérieure de la branche mandibulaire comme un critère de diagnose sexuelle fiable, pour 99 % des adultes de la collection Dart (Loth et Henneberg, 1996). Or, appliqué à une collection d'Europe occidentale, ce caractère s'est avéré beaucoup moins performant (Coqueugniot et Bruzek, 1997).

Schutkowski (1990, 1993) a, par ailleurs, avancé que la saillie du menton osseux, en vue supérieure, serait plus prononcée chez les garçons que chez les filles. Pourtant nos observations sur l'incurvation et les dépressions mandibulaires antérieures, traits morphologiques intervenant directement dans l'individualisation de la saillie mentonnière, ne confirment pas cette hypothèse. Nous avons, en effet, constaté que les fréquences des différents morphes de ces deux caractères sont indépendantes du sexe des enfants.

3. Expression bilatérale ou unilatérale des caractères

Nous avons recherché, pour tous les caractères morphologiques, si l'apparition des différents morphes, sur le crâne ou sur la mandibule, était plutôt bilatérale ou unilatérale. Dans ce dernier cas, nous avons noté si un côté se trouvait privilégié.
Nous avons constaté que, quel que soit le caractère considéré, lorsqu'un morphe montre une fréquence absolue élevée, il est, de manière significative, plus fréquemment bilatéral qu'unilatéral. Cela signifie qu'un morphe "normalement" présent, pour une classe d'âge donnée, sera noté des deux côtés de la tête osseuse. C'est par exemple, le cas des dépressions mandibulaires antérieures très profondes au cours des premières classes d'âges.
En revanche, lorsque la fréquence absolue d'un morphe diminue, nous avons remarqué que son apparition devenait aléatoire, soit unilatérale soit bilatérale. C'est le cas de tous les morphes non caractéristiques d'une classe d'âge : la présence, par exemple, d'un foramen mentonnier placé sous l'intervalle c-m1, au-delà de la première classe d'âge.

Ces observations avaient déjà été formulées par Ossenberg (1981), à propos des caractères discrets. En effet, elle estime que lorsque la fréquence d'un caractère discret augmente, la proportion de cas bilatéraux (ou symétriques) augmente également. De même, pour Perizonius (1979b), il y a une "preference for symmetrical occurrence" pour 80% des caractères discrets qu'il a étudiés. Ainsi, les caractères exprimés bilatéralement auraient une plus grande signification dans les calculs de distance entre des groupes (Ossenberg, 1981).

Par ailleurs, lorsqu'un morphe est présent de manière unilatérale, nous n'avons observé aucun côté privilégié d'apparition.
De plus, nous avons également identifié quelques caractères montrant une apparition unilatérale significativement plus fréquente qu'une disposition bilatérale. Tous se caractérisent par une fréquence absolue extrêmement faible.
En effet, lorsque 2 foramens mentonniers sont présents, au cours des classes d'âges 3 et 4, la fréquence unilatérale de ce morphe est significativement supérieure à la fréquence bilatérale, et aucun côté privilégié d'apparition n'a été mis en évidence.
Concernant le nombre de crêtes d'insertion du muscle ptérygoïdien médial, nous avons également noté, au cours de la classe d'âge 3, une fréquence unilatérale significativement supérieure du morphe "2 crêtes", sans côté privilégié d'apparition.

Nous avons, par ailleurs, réalisé des tests de symétrie - asymétrie sur les quelques caractères discrets observés au sein de notre échantillon d'individus immatures.
Les caractères discrets sont sensibles au facteur de milieu (Saunders, 1989). Livshits et Kobyliansky (1991) estiment que des sujets souffrant de maladies ou autres anomalies de développement, présenteraient pour plusieurs caractères morphologiques, un niveau d'asymétrie significativement élevé.

Sur la base de cette hypothèse, nous avons comparé la proportion d'asymétrie des caractères discrets relevés sur les sujets de notre échantillon (la *sutura mendosa*, le foramen et l'incisure supra-orbitaires, et le foramen mentonnier double), entre les adolescents de la série de Spitalfields, d'une part, et ceux issus des autres séries, d'autre part (tableaux 131, 132 et 133). En effet, il a été établi qu'au sein de la série anglaise, les enfants âgés de plus d'1 an montrent des retards de croissance dûs à des déficiences dans le régime alimentaire après le sevrage (Molleson *et al.*, 1993). D'autres indications sur l'état de santé de nombreux enfants de cette série de référence, sont les nombreuses lésions squelettiques (*cribra orbitalia*, *cribra parietala*, palais porotique, rachitisme), même si l'étiologie de la plupart d'entre elles n'est pas encore bien connue.

		Classe 4	
		Spitalfields	Autres séries
ouverte	**n \ N**	**1 \ 1**	**3 \ 13**
	%	100	23

Tableau 131. Fréquences absolues et relatives de la *sutura mendosa* ouverte, chez les enfants de la classe 4, côtés confondus et séries d'origine séparées (**n = sutures unilatérales** / bilatérales)

La différence de fréquence entre les deux échantillons n'est pas significative : p = 0.28.

		Classe 4	
		Spitalfields	Autres séries
incisure	**n \ N**	**4 \ 44**	**33 \ 181**
présente	%	9	18
foramen	**n \ N**	**5 \ 7**	**17 \ 29**
présent	%	71	59

Tableau 132. Fréquences absolues et relatives de l'incisure et du foramen supra-orbitaires présents, chez les enfants de la classe 4, côtés confondus et séries d'origine séparées (**n = incisures unilatérales** / bilatérales)

Les différences de fréquence entre les deux échantillons ne sont significatives ni pour l'incisure (p = 0.17), ni pour le foramen (p = 0.68).

		Classe 4	
		Spitalfields	Autres séries
2 foramens	**n \ N**	**1 \ 1**	**25 \ 29**
	%	100	86

Tableau 133. Fréquences absolues et relatives des foramens mentonniers doubles, chez les enfants de la classe 4, côtés confondus et séries d'origine séparées (**n = foramens doubles unilatéraux** / bilatéraux)

La différence de fréquence entre les deux échantillons n'est pas non plus significative pour ce caractère : p = 1.0.

Les comparaisons des fréquences des morphes unilatéraux, entre les deux groupes de séries, ne montrent aucune différence significative, quel que soit le caractère. Mais, ne connaissant pas exactement l'état sanitaire des autres séries, il se pourrait que l'échantillon immature de Spitalfields ne soit pas celui qui regroupe la plus grande proportion de sujets atteints de maladies ou d'anomalies de développement.
Il est à noter que les mêmes tests ont été également réalisés, avec les adultes issus des mêmes séries, sur la *sutura mendosa*, le foramen de Huschke, l'incisure et le foramen supra-orbitaires, le foramen mentonnier double et le pont mylo-hyoïdien. Comme pour les enfants, aucune différence significative n'a été observée dans les fréquences des caractères asymétriques, entre la série de Spitalfields et les autres séries.
Pour ces raisons, nos données de nous permettent pas de vérifier les hypothèses de Livshits et Kobyliansky (1991).
Néanmoins, il serait intéressant de poursuivre ce travail par l'examen de sujets pour lesquels l'on disposerait d'une documentation suffisamment complète concernant leur état sanitaire ou des particularités de leur régime alimentaire.

4. Variabilité géographique des caractères

La première partie de ce travail avait pour but de cerner la variabilité existant chez l'enfant actuel au cours de l'ontogenèse, par l'examen de certains caractères impliqués directement ou non dans la maturation osseuse. En effet, une étude de cette variabilité pourrait contribuer à une meilleure compréhension de l'évolution des caractères concernés au sein de l'espèce *Homo sapiens*, et en particulier dans le groupe des néandertaliens.
Or, la plupart des représentants de ce groupe fossile ont été découverts en Europe occidentale et centrale. C'est pourquoi nous avons constitué notre corpus de données avec des enfants issus principalement de séries provenant de ces régions.

Par ailleurs, il nous a été possible d'étudier, à l'Université de Pennsylvanie, deux collections d'enfants issus de sites archéologiques iraniens. La zone géographique initialement prévue pour notre étude s'étant élargie, nous avons tenté de mettre en évidence une éventuelle variabilité géographique des caractères sélectionnés, au sein des individus immatures.

Il est important de préciser, dans un premier temps, que nous avons regroupé sous le terme "enfants d'Europe occidentale" des individus issus à la fois de séries, anglaise, portugaise et françaises, mais ayant vécu à des périodes différentes, allant du Ve siècle à une époque récente. Ce biais certain nous paraît pourtant inévitable, si l'on veut constituer un corpus de données suffisamment important pour réaliser des tests statistiques.

En revanche, nous n'avons pas assimilé les enfants du site de Rajhrad à des enfants "d'Europe centrale" car un seul échantillon nous paraît insuffisant pour cerner toute la variabilité d'une région complète. Il en est de même pour les enfants issus des séries iraniennes.

Par ailleurs, les comparaisons de fréquences entre séries différentes ont été réalisées, chez les enfants, pour chaque classe d'âge. En effet, un caractère lié à une classe d'âge donnée pourrait fausser les résultats d'un test effectué toutes classes confondues.

Il résulte de nos observations que la plupart des caractères morphologiques montrent des variations significatives de leurs fréquences, selon les séries examinées.

Cependant, l'interprétation de ces différences reste délicate car le sens des variations n'est pas constant d'une classe d'âge à l'autre. Par exemple, un caractère donné peut être significativement plus fréquent dans une série, pour une certaine classe d'âge, et être plus fréquent dans une autre série si l'on considère une classe d'âge différente.

Par ailleurs, pour tous les caractères, nous avons également comparé les fréquences observées chez les adultes issus des mêmes séries que les enfants.

Pour certains des caractères, la variabilité d'origine géographique visible chez les enfants ne l'est plus chez les adultes. C'est le cas de la position du processus styloïde par rapport à l'alignement de l'incisure mastoïdienne et du foramen stylo-mastoïdien, du nombre de foramens mentonniers, du développement de l'incurvation mandibulaire, de la fosse génio-glosse, de la lingula, du sillon mylo-hyoïdien, ainsi que du nombre de crêtes d'insertion du muscle ptérygoïdien médial, et du développement latéral du processus condylaire.

En revanche, certaines liaisons de caractères immatures à une origine géographique donnée, s'observent également chez les adultes, avec les mêmes variations. C'est le cas de la *sutura mendosa* et du foramen de Huschke, qui sont les moins fréquents dans la série de Rajhrad. Certains morphes de l'incisure mastoïdienne ont des fréquences identiques chez les enfants et chez les adultes, pour les sites de Rajhrad et Hasanlu. Ces deux populations montrent également la fréquence la plus haute de traces de la suture incisive sur la face palatine et sur les fosses nasales de l'os maxillaire. Enfin, la forme arrondie du foramen magnum est le morphe le plus fréquent, à la fois chez les adolescents et chez les adultes de la série de Spitalfields.
Les variations géographiques de ces caractères, constatées à la fois chez les enfants - et en particulier chez les adolescents - et chez les adultes, pourraient s'expliquer par le fait que certains traits osseux, comme nous l'avons dit précédemment, atteignent le stade mature dès la quatrième classe d'âge.

D'autres caractères ne suivent pas du tout les mêmes variations, chez les enfants et chez les adultes issus des mêmes séries : c'est le cas de la forme de l'entrée de l'orbite et des dépressions mandibulaires antérieures, ainsi que de la position du foramen mentonnier sur le corps mandibulaire. Ces trois caractères ont pour point commun l'acquisition du stade mature au-delà de la 4ème classe d'âge.
Seule, la fréquence de la suture métopique ne montre pas de variation significative en fonction des différentes séries examinées, chez les adultes comme chez les enfants au sein de chaque classe d'âge.

5. Liaisons entre caractères

Il existe des méthodes statistiques permettant de visualiser les éventuelles liaisons : ce sont des systèmes de classification basés sur des mesures de distances entre les variables (type classification hiérarchique ascendante). Nous ne les avons pas utilisés, car les représentations graphiques des résultats obtenus (les arbres) peuvent être complètement différents suivant la méthode d'agrégation retenue (saut minimum, méthode de Ward) et suivant la mesure de distance (distances euclidiennes, carré des distances euclidiennes). On peut donc s'interroger sur la fiabilité de telles méthodes descriptives.
Nous avons préféré utiliser, une fois de plus, des méthodes statistiques inférentielles. Nous avons comparé par un test de Chi², les 29 variables, 2 à 2[15]. Ce test a été assorti d'une mesure du Phi² qui exprime la force de la liaison (annexes, tableau 134 - 5 feuillets).
Il ressort de ces analyses, que des liaisons significatives sont observées entre les caractères impliqués directement dans la maturation osseuse : les sutures métopique, *mendosa*, incisive sur la face palatine, sur les fosses nasales et sur la face nasale au-dessous de la crête conchale, le foramen de Huschke, la SIA et la SIP. On peut donc constater que des liaisons existent entre les caractères discrets "hypostotics" de notre échantillon.
La suture incisive située au-dessus de la crête conchale, assez rare, ne montre des liaisons significatives qu'avec les autres composantes de cette suture.
Les caractères "hyperostotics" de notre échantillon ne sont pas liés entre eux. Le pont mylo-hyoïdien ne montre qu'une seule liaison significative avec la forme de l'incisure mastoïdienne. L'incisure et le foramen supra-orbitaires sont liés avec tous les caractères impliqués dans les processus de maturation osseuse (exceptée la suture incisive) ainsi qu'avec les formes des orbites, la profondeur de l'incisure mastoïdienne et des dépressions mandibulaires antérieures, avec la position du processus styloïde et du foramen mentonnier par rapport à la dentition, et enfin avec le nombre de crêtes d'insertion ptérygoïdiennes.

Le seul caractère discret de notre échantillon appartenant à la catégorie des "orifices et sillons surnuméraires" ne montre qu'une seule liaison significative avec le développement latéral du processus condylaire.

Par ailleurs, des liaisons significatives existent entre certains caractères dont les morphes varient au cours de la croissance (position du foramen mentonnier par rapport à la dentition, nombre de crêtes d'insertion du muscle ptérygoïdien médial, forme du foramen magnum, de l'incurvation et des dépressions mandibulaires antérieures, position du processus styloïde, développement latéral du processus condylaire et forme de l'incisure mastoïdienne).
Nous pouvons constater que les caractères crâniens montrent tout autant de liaisons que les caractères mandibulaires.
Ces liaisons sont particulièrement fortes entre les caractères impliqués dans la maturation osseuse, de même qu'entre ces derniers et la forme de l'incisure mastoïdienne, la position du foramen mentonnier par rapport à la dentition, la forme de l'incurvation et des dépressions mandibulaires et le nombre de crêtes d'insertion ptérygoïdiennes. (Le Phi² le plus élevé de notre matrice = 0.69, correspond à la liaison entre la forme de l'incisure mastoïdienne et la forme de l'incurvation mandibulaire antérieure).

Mais, pour conclure, il est très délicat de proposer des interprétations concernant ces liaisons, car leur expression est souvent le résultat de nombreuses interactions.
Ceci a fait l'objet d'études, pour des caractères discrets (Saunders, 1989 ; Crubézy, 1991), mais les conclusions de ces analyses peuvent être appliquées aux caractères morphologiques présentés ici.

[15] Ce test concerne les observations effectuées sur les enfants, toutes classes d'âges confondues.

En effet, l'existence de liaisons entre caractères peut être dûe à des raisons biologiques évidentes :

- des caractères liés peuvent avoir une origine embryologique commune

- des caractères liés peuvent représenter l'expression d'une variable sous-jacente (Molto, 1985 *in* Crubézy, 1991) : ils peuvent avoir eu des développements conditionnés par les mêmes facteurs de milieu durant la croissance (hormones ou facteurs perturbants). L'âge peut également constituer ce lien, comme cela semble être le cas dans notre étude.

- enfin, des caractères liés peuvent se développer au cours des mêmes classes d'âges, bien qu'ayant des bases génétiques complètement différentes.

APPLICATION DE L'ÉTUDE A LA PALÉOANTHROPOLOGIE. L'EXEMPLE DES ENFANTS DE L'ESPÈCE *HOMO SAPIENS*

I. FOSSILES NON-ADULTES DE L'ESPÈCE *HOMO SAPIENS*

L'objectif principal de cette application est de vérifier la pertinence de certains traits morphologiques utilisés pour caractériser, soit les enfants fossiles de l'espèce *Homo sapiens,* et en particulier les néandertaliens, soit les enfants modernes. Une contribution à l'analyse de la place des néandertaliens dans l'évolution de l'espèce *Homo sapiens,* peut ainsi être apportée.

Chaque caractère sera étudié successivement dans le groupe des néandertaliens, dans celui des hommes de morphologie moderne du Paléolithique moyen, puis supérieur.

De plus, les fréquences absolues des 3 catégories de caractères sélectionnés, pour chacune des classes d'âges, ont fait l'objet de comparaisons statistiques, entre ces enfants fossiles et les enfants récents étudiés précédemment, à chaque fois que le nombre d'individus fossiles permettait l'application d'un test exact de Fisher.
Enfin, l'évolution de chaque trait morphologique, entre le stade immature et le stade adulte, est également observé.

Le dimorphisme sexuel chez les enfants fossiles ne sera pas étudié. En effet, nos observations sur les enfants récents nous conduisent à adopter le point de vue des auteurs pour lesquels l'estimation du sexe chez les enfants fossiles, à partir des données ostéologiques, demeure de l'ordre de la simple spéculation.

1. Présentation des enfants fossiles

Nous présentons, dans le tableau ci-dessous (tableau 135), les enfants fossiles de l'espèce *Homo sapiens* intervenant dans cette étude. La chronologie s'étend du Riss au début du Würm (stades isotopiques 9 à 3), mais seuls les fossiles datés du Würm ont été pris en compte dans les tests statistiques, afin d'étudier un échantillon le plus homogène possible. Bien que des affinités néandertaliennes soient attestées pour certains d'entre eux, les enfants les plus éloignés chronologiquement (*e. g.* Sima de Los Huesos (Atapuerca), Krapina, La Chaise), ne font l'objet que de descriptions morphologiques.

A l'inverse, la documentation concernant les enfants du Paléolithique supérieur étant rare, ceux-ci ont été étudiés comme un même groupe, toutes périodes confondues, ce qui soulève inévitablement quelques questions.

Quelques-uns seulement des spécimens fossiles proviennent d'Asie et du Proche-Orient, la majorité est originaire d'Europe. Les comparaisons qui ont été faites, entre enfants fossiles et récents, ont arbitrairement privilégié les sujets issus des séries européennes. Ceux-ci sont les mieux représentés dans notre échantillon d'enfants récents : nous avons en effet orienté notre étude vers les collections conservées en Europe, en raison de leur accessibilité.

Nous n'avons pu étudier que peu de pièces fossiles originales, à savoir Devil's Tower, Roc de Marsal, La Quina H18, La Chaise S. 15, Montgaudier, Qafzeh 4, La Madeleine 4, Baoussé Roussé (Grimaldi) GE1 et GE2[16] , Montgaudier 3, ainsi que plusieurs pièces du gisement d'Isturitz.

L'accès à certaines pièces était impossible, soit qu'il s'agisse de documents ayant disparu (*e. g.* Predmosti, Sipka et Ksar'Aqil) ou difficilement accessibles (Shanidar en Irak et les fossiles du Musée de l'Homme à Paris), soit que le matériel soit en cours d'étude (Dederiyeh, Amud, Sima de Los Huesos).
Les autres observations ont été réalisées principalement sur des moulages disponibles au Laboratoire d'Anthropologie de Bordeaux, et à partir des publications originales, lorsque aucun moulage n'avait été réalisé.

Sont mentionnés dans le tableau, les auteurs des principales études ainsi que leur estimation de l'âge dentaire des enfants fossiles[17] . L'appartenance au groupe fossile est également précisée sous forme abrégée :
H. s. a. : *Homo sapiens* archaïques
H. s. n. : *Homo sapiens neanderthalensis*
pré-n. : pré-néandertaliens
H. s. s. PM : *Homo sapiens sapiens* du Paléolithique moyen
H. s. s. PS : *Homo sapiens sapiens* du Paléolithique supérieur.

2. Limites de l'étude

Une des principales limites de l'analyse "paléo-ontogénétique" est la rareté du matériel osseux immature. Concernant la lignée néandertalienne, l'examen de la croissance ne repose, en effet, que sur environ un quart de l'échantillon global des pré-néandertaliens et néandertaliens.

[16] La fragilité des deux squelettes immatures du site de Baoussé Roussé (Grimaldi) interdisant leur manipulation, a empêché l'observation de la plupart des caractères morphologiques.
[17] Certains âges seront discutés dans le chapitre III.

Ce n'est que récemment qu'un nombre important de sujets immatures issus du site espagnol de la Sima de Los Huesos (Atapuerca) a enrichi le corpus de données (*e. g.* Arsuaga *et al.*, 1997).

La lecture de l'inventaire ci-dessus révèle, de plus, un nombre important de travaux concernant les enfants du Paléolithique moyen par rapport à ceux se rapportant aux enfants du Paléolithique supérieur. Paradoxalement, c'est pour cette dernière période que les découvertes de sujets non-adultes sont pourtant les plus nombreuses.

La distribution des sujets par classe d'âge est, de plus, très inégale. Les premières étapes de l'ontogenèse de la tête osseuse, depuis le stade périnatal jusqu'à l'âge de 2 ans environ, sont, en effet, très mal connues car très peu de restes sont disponibles. L'Hortus I/Ibis (de Lumley, 1973) n'est représenté que par des os pariétaux ; l'enfant de Kébara 1 (Smith et Arensburg, 1977) par quelques fragments occipitaux et temporaux ; les enfants de La Ferrassie 4 et 4bis (Heim, 1982) ne sont identifiés que par des fragments d'os frontaux et temporaux ; et enfin, la tête osseuse de Shanidar 7 (Trinkaus, 1983) est réduite à quelques parties de l'os frontal et des os pariétaux. Pour la classe 0 an, une grande fragilité des os peut, en partie, expliquer la pauvreté du matériel, mais l'ancienneté des fouilles peut sans doute être également invoquée.

Les études "paléo-ontogénétiques" ont pour but de vérifier si des différences morphologiques entre adultes néandertaliens et hommes anatomiquement modernes, peuvent être le résultat de processus de croissance différents. Pour tester cette hypothèse, il faut qu'au stade du nouveau-né, les deux groupes soient de morphologie identique, et qu'ils aient ensuite suivi des voies de développement distinctes, menant à des morphologies matures différentes.
Or, les vestiges osseux, peu nombreux et de surcroît fragmentaires, ne permettent aucune comparaison pour ce qui est de la croissance prénatale et périnatale (Tillier, 1989). Nous devons donc, pour le moment, admettre le postulat que les deux groupes ne montrent effectivement aucune différence morphologique à ce stade de la croissance.

En revanche, à partir de l'âge de 2 ans environ, le matériel osseux immature est mieux représenté bien que peu de têtes osseuses soient quasiment complètes telles celles de Pech-de-l'Azé, Roc de Marsal et Teshik-Tash.
Différents stades de dentition sont représentés : dentition déciduale seule (*e. g.* Subalyuk 2, Roc de Marsal), dentition mixte (*e. g.* La Quina H18) et dentition permanente en cours d'éruption (*e. g.* Combe Grenal I ou l'Hortus II), ou complète (*e. g.* Montgaudier ou Malarnaud 1).

Par ailleurs, le stade de développement dentaire (calcification des couronnes, formation des racines et séquences des dentitions déciduale et permanente) reste le critère le plus pertinent pour la détermination de l'âge des sujets non-adultes actuels (Lewis et Garn, 1960 ; Saunders *et al.*, 1993). Classiquement l'estimation de l'âge dentaire d'un enfant fossile se fonde sur la confrontation des données issues de l'observation macroscopique des dents ou de la lecture de radiographies, avec des références établies à partir de populations actuelles.

Le postulat d'une vitesse de développement dentaire constante, depuis les premiers représentants fossiles de l'espèce *Homo sapiens*, est ainsi implicitement accepté.
C'est pourquoi la validité des standards d'éruption dentaire établis d'après des populations modernes, a été mise en doute, pour la détermination de l'âge au moment de la mort des enfants fossiles, notamment depuis ces dernières années avec le développement des analyses de la structure microscopique de l'émail dentaire (Bromage et Dean, 1985 ; Dean *et al.*, 1986 ; Dean, 1987 ; Beynon et Dean, 1988 ; Bacon, 1989 ; Ramirez-Rozzi, 1993).

Si des débats persistent encore, concernant des fossiles anciens (*e. g.* Beynon et Dean, 1988 ; Walker et Leakey, 1993 ; Moggi-Cecchi, 1998), le problème n'est pas non plus totalement résolu pour les enfants néandertaliens.
De nombreux auteurs ont, en effet, suggéré que les phases de calcification et d'éruption dentaires, chez ces enfants fossiles, n'étaient pas différentes de celles des enfants actuels (*e. g.* Legoux, 1966 ; Mann *et al.* 1990a, b ; Tillier, 1989, Tillier *et al.*, 1995). Tompkins (1996) a récemment comparé le développement dentaire des *Homo sapiens* archaïques et des *Homo sapiens neanderthalensis*, à celui des *Homo sapiens sapiens* du Paléolithique supérieur. Il a conclu que quelques différences ponctuelles pouvaient être observées entre ces groupes, concernant certains temps d'éruption dentaire, mais que la durée générale de la maturation chez les premiers représentants de l'espèce *Homo sapiens*, s'intégrait parfaitement dans la variabilité des individus actuels.

En revanche, Wolpoff (1979) avait suggéré, à propos des restes de Krapina, une éruption plus précoce de la troisième molaire chez les adolescents néandertaliens, soit vers l'âge de 15 ans. Cet âge appartient cependant à la variation établie par Fanning et Moorrees (1969) pour des populations australiennes actuelles.
Toutefois, la plupart des enfants récents et fossiles qui constituent notre échantillon n'ayant pas atteint le stade d'éruption de la troisième molaire, l'hypothèse énoncée par Wolpoff (*op. cit.*) n'a pas été prise en compte.

De plus, aucun consensus général n'est établi visant à rejeter l'utilisation des standards de développement dentaire actuels, pour l'estimation de l'âge des enfants fossiles de l'espèce *Homo sapiens* (Mann *et al.*, 1990a, b). C'est pourquoi, dans notre étude, nous avons distribué les enfants fossiles et les enfants récents, suivant les mêmes classes d'âges, basées sur l'état de calcification et d'éruption de la dentition déciduale et/ou permanente.

	Âge dentaire	Groupe fossile	Sources des informations
Amud 3 (Israël)	4 ans	H. s. n.	Suzuki et Takai, 1970
Amud 4	3.5 - 5.5 ans	H. s. n.	Suzuki et Takai, 1970
Amud 7	10 mois	H. s. n.	Rak *et al.*, 1994
Archi 1 (Italie)	5 - 6 ans 3 ans	H. s. n.	Ascenzi et Segre, 1971 Mallegni et Trinkaus, 1997
Arcy-sur-Cure	immature	H. s. n.	Hublin *et al.*, 1996
Baoussé Roussé GE1 (Grimaldi, Italie)	3 - 4 ans	H. s. s. PS	Gambier, à paraître
Baoussé Roussé GE2	2 ans	H. s. s. PS	Gambier, à paraître
Barakai (Caucase)	3 ans	H. s. n.	Faerman *et al.*, 1994
Carigüela (Espagne)	4 - 8 ans	H. s. n.	Garcia-Sanchez, 1960 de Lumley et Garcia-Sanchez, 1971
La Chaise 13 (France)	4 - 5 ans	pré-n.	Tillier et Genet-Varcin, 1980
La Chaise S. 15	3 - 6 ans	pré-n.	Coqueugniot *et al.*, 1996
La Chaise Suard	immature	pré-n.	Hublin, 1980
Chateauneuf 1 (France)	3.5 ans	H. s. n.	Patte, 1957
Combe-Grenal I (France)	7 ans	H. s. n.	Genet-Varcin, 1982
Combe-Grenal III	14 - 18 ans	H. s. n.	Genet-Varcin, 1982
Cro-Magnon 5 (France)	< 1 an	H. s. s.	Gambier, 1986
Dederiyeh (Syrie)	2 ans	H. s. n.	Akazawa *et al.*, 1995
Devil's Tower (Gibraltar)	5 ans	H. s. n.	Tillier, 1982, 1988 ; Dean *et al.*, 1986 ; Skinner, 1997 ; Stringer et Dean, 1997
Engis 2 (Belgique)	5 - 6 ans 3 ans 4 - 5 ans	H. s. n.	Fraipont, 1936 ; Tillier, 1983 Skinner et Sperber, 1982 Minugh-Purvis, 1988
Le Fate I (Italie)	8 - 10 ans	H. s. n.	Giacobini et de Lumley, 1983 Giacobini *et al.*, 1984
Le Fate II	9 - 10 ans	H. s. n.	Giacobini et de Lumley, 1983 Giacobini *et al.*, 1984
La Ferrassie 3 (France)	10 ans	H. s. n.	Heim, 1982
La Ferrassie 4bis	nouveau-né	H. s. n.	Heim, 1982
La Ferrassie 5	foetus 7 mois	H. s. n.	Heim, 1982
La Ferrassie 8	23 mois	H. s. n.	Heim, 1982
Le Figuier (France)	3 ans	H. s. s. PS	Billy, 1979, 1980
Fontéchevade (France)	5 - 6 ans	H. s. s. PS	Gambier, 1989
Grotte des enfants (Grimaldi, Italie)	adolescent	H. s. s. PS	Tillier, 1979
Hortus 2 et 3 (France)	8 - 9 ans	H. s. n.	Piveteau *et al.*, 1963 ; de Lumley, 1973
Irhoud 3 (Maroc)	8 - 9 ans	H. s. a.	Hublin et Tillier, 1981
Isturitz 63 (France)	immature	H. s. s. PS	Gambier, 1990-1991
Isturitz 64	6 ans ± 24 mois	H. s. s. PS	Gambier, 1990-1991
Isturitz 65	1 an - 18 mois	H. s. s. PS	Gambier, 1990-1991
Isturitz 66	9 ans ± 24 mois	H. s. s. PS	Gambier, 1990-1991
Isturitz 67	3 ans ± 12 mois	H. s. s. PS	Gambier, 1990-1991
Isturitz 68	7 ans ± 24 mois	H. s. s. PS	Gambier, 1990-1991
Isturitz 116	6 - 7 ans	H. s. s. PS	Gambier, 1990-1991
Isturitz 118	2 - 3 ans	H. s. s. PS	Gambier, 1990-1991
Isturitz 119	4 - 5 ans	H. s. s. PS	Gambier, 1990-1991
Krapina 1 (Croatie)	8 ans	pré-n.	Smith, 1976
Krapina 39. 3	immature	pré-n.	Smith, 1979
Krapina 39. 4	immature	pré-n.	Smith, 1976
Krapina 46	7 ans	pré-n.	Radovcic *et al.*, 1988

Krapina 47	9 - 11 ans	pré-n.	Radovcic *et al.*, 1988
Krapina 53	11 ans	pré-n.	Smith, 1976
Ksar'Aqil 1 (Liban)	8 ans	H. s. s. PS	Bergman et Stringer, 1989
Laugerie-Basse (France)	4 - 5 ans	H. s. s. PS	Bouvier, 1971
La Madeleine 4 (France)	3 ans	H. s. s. PS	Heim, 1991
Malarnaud 1 (France)	11 - 13 ans	H. s. n.	Heim et Granat, 1995
Mladec 3 (Moravie)	3 ans	H. s. s. PS	Minugh, 1983 et communication personnelle
Le Molare I (Italie)	3 - 4 ans	H. s. n.	Mallegni et Ronchitelli, 1987
Montgaudier (France)	12 - 15 ans	H. s. n.	Duport et Vandermeersch, 1976 ; Mann et Vandermeersch, 1997
Montgaudier 3 (France)	8 - 12 ans	H. s. s. PS	Gambier, 1987
Le Morin 1 (France)	11 - 12 ans	H. s. s. PS	Bouvier, 1971 Skinner et Sperber, 1982
Le Moustier 1 (France)	16 ans	H. s. n.	Thompson et Bilsborough, 1997
Pataud n. 1401 (France)	nouveau-né	H. s. s. PS	Legoux, 1975
Pataud (complexe 22)	7 ans	H. s. s. PS	Billy, 1975
Pech-de-l'Azé (France)	2.5 ans	H. s. n.	Patte, 1957 ; Ferembach, 1970
Petit-Puymoyen (France)	2 - 4 ans	H. s. n.	Elyaqtine, 1997
La Pique 1 (France)	16 ans	H. s. s. PS	Bouvier, 1971 ; Skinner et Sperber, 1982
Predmosti 2 (Moravie)	6 - 7 ans	H. s. s. PS	Matiegka, 1934
Predmosti 5	15 - 16 ans	H. s. s. PS	Matiegka, 1934
Predmosti 6	2 - 3 ans	H. s. s. PS	Matiegka, 1934
Predmosti 7	12 - 14 ans	H. s. s. PS	Matiegka, 1934
Predmosti 22	9 - 10 ans	H. s. s. PS	Matiegka, 1934
Qafzeh 4a (Israël)	3 ans	H. s. s. PM	Arensburg et Tillier, 1983
Qafzeh 4	7 ans	H. s. s. PM	Tillier, 1979
Qafzeh 10	6 ans	H. s. s. PM	Tillier, 1999.
Qafzeh 11	12 - 13 ans	H. s. s. PM	Tillier, 1984
Qafzeh 12	3 ans	H. s. s. PM	Tillier, 1999
Qafzeh 13	nouveau-né	H. s. s. PM	Tillier, 1999
Qafzeh 15	9 ans	H. s. s. PM	Tillier, 1999
La Quina H18 (France)	6 - 8 ans	H. s. n.	Martin, 1926a ; Tillier, 1987
Rabat 1 (Maroc)	14 - 15 ans	H. s. a.	Hublin, 1991
Roc de Marsal (France)	3 ans	H. s. n.	Tillier, 1983b ; Madre-Dupouy, 1992
Rochereil	2.5 -3 ans	H. s. s. PS.	Vallois, 1971
Les Rois A (France)	10 - 11 ans	H. s. s. PS	Gambier, 1989
Romanelli 7 (Italie)	14 ans	H. s. s. PS	Fabbri, 1987
Romanelli 10	18 mois ± 6 mois	H. s. s. PS	Fabbri, 1987
Romanelli 13	immature	H. s. s. PS	Fabbri, 1987
Sclayn SCLA 4A-1 (Belgique)	10 - 11 ans	H. s. n.	Toussaint, 1996 ; Otte *et al.*, 1993
Sclayn SCLA 4A-9	10 - 11 ans	H. s. n.	Toussaint *et al.*, 1998
Sipka 1 (Moravie)	9 - 10 ans	H. s. n.	Vlcek, 1969
Skhul I (Israël)	4 ans	H. s. s. PM	Mc Cown et Keith, 1939
Skhul X	5 ans	H. s. s. PM	Mc Cown et Keith, 1939
Sima de Los Huesos Atapuerca (Espagne)	nombreux individus immatures	pré-n.	Aguirre et de Lumley, 1977 Rosas, 1987, 1995, 1997 Arsuaga *et al.*, 1997 Martinez et Arsuaga, 1997
Subalyuk 2 (Hongrie)	3 ans	H. s. n.	Pap *et al.*, 1996
Sungir 2 (Russie)	11 - 13 ans	H. s. s. PS	Trofimova, 1984

Sungir 3	7 - 11 ans	H. s. s. PS	Trofimova, 1984
Tabun B1 (Israël)	10 - 11 ans	H. s. n.	Mc Cown et Keith, 1939
Teshik-Tash (Ouzbékistan)	8 - 10 ans	H. s. n.	Gremjackij, 1949 ; Weidenreich, 1945 ; Minugh-Purvis et Lewandowski, 1994
Zaskalnaya VI (Crimée)	10 - 12 ans	H. s. n.	Kolossov *et al.*, 1975

Tableau 135. Inventaire des enfants fossiles de l'espèce *Homo sapiens* pris en compte dans l'étude

II. DISTRIBUTION ET VARIABILITÉ DES 3 CATÉGORIES DE CARACTÈRES

1. Caractères impliqués dans des processus de maturation osseuse

1. 1. Suture métopique

Weidenreich (1943) considérait que la suture métopique participe d'une tendance générale liée à l'agrandissement de la boîte crânienne, sa fréquence étant plus grande chez les hommes modernes. Un seul cas avait alors été décrit chez *Homo erectus* : le crâne de l'adulte XI de Zhoukoudian.
D'autres auteurs ont également relié le métopisme à l'augmentation de taille du cerveau (Martin, 1928 ; Torgersen, 1951 ; Suzuki et Takai, 1970). En effet, la persistance de la suture métopique chez les hommes fossiles adultes voit sa signification renforcée par le nombre de sujets impliqués.
Ainsi, la suture métopique pourrait être plus fréquente chez les sujets immatures néandertaliens que chez les enfants de morphologie moderne, en raison d'une capacité crânienne plus importante au sein du groupe fossile (Thoma, 1963 ; Trinkaus, 1983 ; Smith, 1984).

Discussion

Une suture métopique complète a été décrite sur l'os frontal de trois enfants néandertaliens : Pech-de-l'Azé (figure 42), Krapina 1 et Subalyuk 2. Des traces de suture métopique ont été relevées sur les enfants de Teshik-Tash et Carigüela (tableau 139).

La présence d'une suture métopique n'est pas un caractère constant parmi les enfants néandertaliens (*versus* Thoma, 1963 et Smith, 1984), comme en témoignent notamment les enfants de La Quina H18, Devil's Tower, Engis2, Le Fate I, Roc de Marsal, Le Moustier 1 et La Chaise S.15 (tableau 139).
Parmi tous ces enfants néandertaliens, seuls Pech-de-l'Azé, Subalyuk 2 et Krapina 1 présentent, selon nos observations, une **véritable** suture métopique complète.
Chez les autres enfants (Carigüela, Teshik-Tash), la suture n'est présente que sous la forme d'une trace de quelques millimètres au-dessus de l'échancrure nasale. Il s'agirait plutôt d'une suture supra-nasale, dont l'origine est différente de la suture métopique et dont la présence est beaucoup plus fréquente dans les populations récentes. La fréquence de la suture supra-nasale peut en effet atteindre 89 % dans une série d'hommes adultes européens, selon Hauser et de Stefano (1989).
D'ailleurs, dans le cas du frontal de Carigüela, la première étude publiée (Garcia-Sanchez, 1960) ne faisait aucune mention d'une trace de suture métopique ; celle-ci n'est décrite que dans la publication de 1971.
En fait, la présence d'une suture métopique sur les crânes des enfants de Pech-de-l'Azé (*ca* 2 ans ½) et Subalyuk 2 (*ca* 3 ans) n'est pas étonnante puisque cette suture se ferme, chez les enfants modernes que nous avons étudiés, en général entre 2 et 5 ans, au cours des classes d'âge 2 et 3. Il n'est donc pas surprenant d'observer une suture métopique sur des os frontaux d'enfants néandertaliens, jusqu'à l'âge de 3 ans : sa présence est "ostéologiquement" normale jusqu'à cet âge.

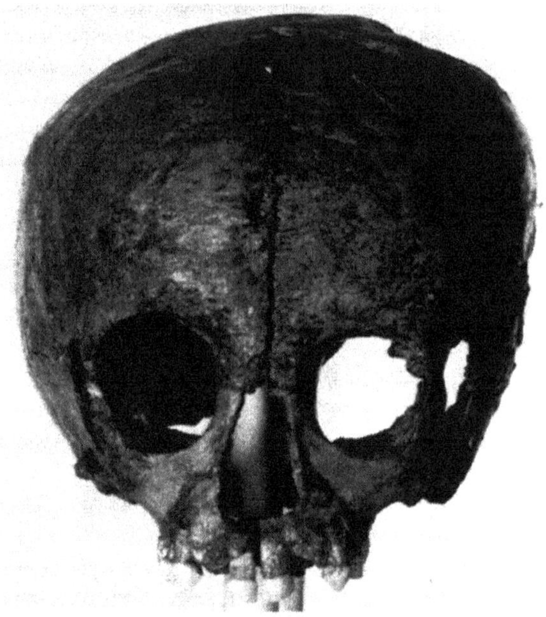

Figure 42. Suture métopique complète sur l'enfant de Pech-de-l'Azé (photographie D. Ferembach)

Le seul enfant néandertalien "réellement métopique", c'est-à-dire ayant conservé une suture au-delà de l'âge normal de fermeture, serait donc Krapina 1. Cependant, l'enfant n'est représenté que par une calotte crânienne, et son âge a été estimé à partir de comparaisons métriques avec d'autres enfants néandertaliens et actuels[18] . Il s'agit d'une part de données issues d'enfants Arikara mesurés par Smith et d'autre part des mesures de Krogman et Johnson publiées en 1955. La comparaison de la largeur maximale du crâne et de la largeur frontale minimale, a servi pour situer l'âge de Krapina 1 autour de 6-8 ans, tandis que la comparaison avec des fossiles néandertaliens, pour lesquels un âge dentaire pouvait être établi, a permis d'estimer plus précisément l'âge du fossile croate à 8 ans (Smith, 1976).
Lorsque les enfants néandertaliens sont comparés aux enfants modernes, aucune différence significative n'est constatée entre les fréquences de la suture métopique, quelle que soit la classe d'âge considérée (p Fisher = 1.0 pour les 3 classes d'âges) (tableau 136).

Une suture métopique persistante n'est pas fréquente sur des crânes adultes néandertaliens. En plus du crâne d'Amud 1 (Suzuki et Takai, 1970), un frontal métopique, provenant du

[18] Le même problème s'était déjà posé pour les frontaux de Carigüela et du Fate I. Les auteurs (de Lumley et Garcia-Sanchez, 1971 ; Giacobini *et al.*, 1984) avaient également utilisé les dimensions de l'os pour donner un âge aux deux enfants fossiles.

site d'Ochtendung (Allemagne) et appartenant peut-être au groupe des néandertaliens, a été récemment présenté par Von Berg et Condemi (1997).

	Classe 2		Classe 3		Classe 4	
	n	%	**n**	%	**n**	%
ouverte	**2**	50	**0**	0	**0**	0
partielle	**0**	0	**0**	0	**0**	0
synostosée	**2**	50	**2**	100	**2**	100
Total	**4**	100	**2**	100	**2**	100

Tableau 136. Fréquences absolues et relatives des différents morphes de la suture métopique, chez les enfants néandertaliens, âges séparés

Chez les enfants de morphologie moderne du Paléolithique moyen de Skhul et Qafzeh, seul Qafzeh 12 montre une suture métopique complète (Tillier, 1999). Aucun cas de métopisme n'est recensé parmi les adultes de ces deux gisements (Mc Cown et Keith, 1939 ; Vandermeersch, 1981).

Parmi les sujets immatures du Paléolithique supérieur, huit crânes ont été décrits avec une suture métopique persistante, complète ou partielle. Il s'agit des enfants 5 et 6 du site de Predmosti, de l'enfant de 7 ans de l'Abri Pataud (complexe 22), de Cro-Magnon 5, du frontal n°63 d'Isturitz et de La Madeleine 4 (tableau 139). Sur les crânes de Mladec 3 et Sungir 2, la suture est présente mais incomplète. Sur le premier, elle est ouverte aux deux extrémités et fermée au milieu (Minugh-Purvis, communication personnelle).
Sur le second, la suture n'est plus observable à la hauteur des bosses frontales où il existe un encroûtement (Tillier, inédit).
Cependant, les sutures métopiques décrites sur les crânes de La Madeleine 4, de l'Abri Pataud et d'Isturitz 63 ne correspondent, d'après nous, qu'à des sutures supra-nasales. La même remarque sert pour le vestige de suture métopique, signalé par Gambier (1987) sur l'adulte de Montgaudier 4.

Les crânes GE1 et GE2 du site de Baoussé Roussé (Grimaldi) ne présentent aucune trace de suture métopique. La trace visible, en avant de la supposée "trépanation crânienne" de l'enfant de Rochereil, et "qui va jusqu'à la racine du nez, légèrement à droite de la ligne médiane", correspond seulement à une fracture *post-mortem* et non à une suture métopique (Vallois, 1971).
Par ailleurs, une suture complète semble persister sur l'enfant de Predmosti 2, mais sa présence n'a pas été mentionnée par l'auteur. Il est ainsi intéressant de noter qu'au sein du gisement de Predmosti, sur 5 sujets, entre 2-3 ans et 15-16 ans, dont la zone frontale est conservée, 3 d'entre eux (60%) (Predmosti 6, 2 et 5) sont complètement métopiques. Toutefois, la suture sur le premier d'entre eux est "ostéologiquement" normale, étant donné son jeune âge.
Aucun adulte du site ne possède ce caractère (d'après Matiegka, 1934).

Aucune différence significative n'a été notée entre les fréquences de cette suture chez les enfants issus des séries ostéologiques et celles observées chez les enfants du Paléolithique supérieur, quels que soient le morphe et la classe d'âge considérés (morphe "synostosé" classe 2 : p = 0.69 ; classe 3 : p = 0.45 et classe 4 : p = 0.26) (tableau 137).

	Classe 2		Classe 3		Classe 4	
	n	%	**n**	%	**n**	%
ouverte	**1**	14	**1**	50	**1**	14
partielle	**1**	14	**0**	0	**1**	14
synostosée	**5**	72	**1**	50	**5**	71
Total	**7**	100	**2**	100	**7**	100

Tableau 137. Fréquences absolues et relatives des différents morphes de la suture métopique, chez les enfants du Paléolithique supérieur, âges séparés

Breuil et Obermaier (1909) (*in* Le Mort et Gambier, 1992) ont décrit sur le crâne n°56022 du gisement magdalénien du Placard, une suture métopique persistante, associée à un grand volume crânien et à la présence d'os wormiens dans la région lambdatique. Ces caractères évoqueraient pour les auteurs, une hydrocéphalie. Cette interprétation a été cependant discutée (Le Mort et Gambier, *op. cit.*) car bien que les dimensions du crâne soient importantes, elles restent comprises dans les limites de la variation du Paléolithique supérieur.

Enfin, lorsqu'un test de Fisher est réalisé entre les échantillons de populations fossiles, aucune différence significative; concernant la fréquence du métopisme; n'est constatée (comparaisons entre enfants néandertaliens et enfants du Paléolithique supérieur : morphe "ouvert" : classe 2 p = 0.49 et classe 4 p = 1.0 ; morphe "synostosé" : classe 2 p = 0.57 et classe 4 p = 1.0).

Conclusions

Il apparaît donc que le métopisme est présent de manière équivalente, chez tous les individus de l'espèce *Homo sapiens*, tant chez *Homo sapiens neanderthalensis* que chez *Homo sapiens sapiens*. Ce caractère existe également chez les *Homo sapiens* archaïques, comme l'atteste l'individu adulte Jebel Irhoud 2 (Ennouchi, 1968 ; Hublin, 1991).
Aussi, la présence d'une suture métopique sur quelques crânes d'enfants néandertaliens relève d'une variabilité individuelle liée pour les plus jeunes d'entre eux au processus d'ossification, comme c'est le cas au sein des autres populations fossiles et récentes.

Les enfants néandertaliens ne montrent donc pas de retard dans la fermeture de la suture métopique, pas plus qu'une différence significative, dans la fréquence de cette suture, par rapport aux autres populations.

Remarque :
fermeture de la fontanelle antérieure

Le seul enfant néandertalien pour lequel se pose la question de l'existence d'une éventuelle fontanelle antérieure est celui du Pech-de-l'Azé.
En effet, sur la partie supérieure du crâne, dans la région bregmatique, il existe un espace trapézoïdal béant, dont les diagonales, l'une sagittale et l'autre transversale, dépassent 4 cm de longueur (Ferembach, 1970). Pour l'auteur, toute la surface absente ne correspond pas à la seule fontanelle, la présence de bords aigus témoignant de zones cassées. Selon Minugh-Purvis (1988), une ouverture aussi béante serait assez rare chez un enfant d'âge dentaire situé autour de 2-3 ans.

Cependant, sur la partie droite du frontal, un bord en biseau démontrerait que la fontanelle, dont "les diamètres réels ne devaient pas dépasser 3 cm", n'était pas complètement fermée (Ferembach, 1970), ou pouvait être juste sur le point de se fermer, au moment de la mort du sujet (Minugh-Purvis, 1988). Selon cet auteur, bien que la fermeture de la fontanelle antérieure de l'enfant fossile ait lieu plus tardivement que la majorité des enfants modernes, son âge est néanmoins inclus dans les limites de variation des *Homo sapiens sapiens* actuels.

Dans nos séries de référence, la fontanelle antérieure commence à se fermer vers l'âge de 6-10 mois, et peut être bien visible jusqu'à l'âge de 29 mois au maximum (tableau 138).

Il nous semble donc que l'hypothèse de la présence d'une fontanelle antérieure sur l'enfant du Pech-de-l'Azé, âgé d'environ 24 mois, peut être validée.

	0-12 mois		13-24 mois		25-36 mois	
	n	%	**n**	%	**n**	%
ouverte	**104**	94	**8**	57	**3**	23
fermée	**7**	6	**6**	43	**10**	77
Total	**111**	100	**14**	100	**13**	100

Tableau 138. Fréquences absolues et relatives des différents morphes de la fontanelle antérieure dans nos échantillons d'enfants modernes (n = 138)

	Âge (*ca*)	**Suture métopique**	**Sources des informations**
La Chaise S.15	immature	absente	Coqueugniot *et al.*, 1996
Krapina 1	immature	complète	Smith, 1976
Pech-de-l'Azé	2 ½ ans	complète	Patte, 1957 ; Ferembach, 1970 ; Vlcek, 1970
Roc de Marsal	3 ans	absente	Madre-Dupouy, 1992
Subalyuk 2	3 ans	complète	Bartucz, 1938 Thoma, 1963 ; Pap *et al.*, 1996
Engis 2	4 ans[19]	absente	Tillier, 1983a
Devil's Tower	5 ans	absente	Tillier, 1982
La Quina H18	6-8 ans	absente	Martin, 1926a
Teshik-Tash	8-10 ans	trace absente	Gremjackij, 1949 Observ. pers. (M)
Le Moustier 1	16 ans	absente	d'après Thompson et Bilsborough, 1997 figure n.1a
Carigüela	immature	absente trace	Garcia-Sanchez, 1960 de Lumley et Garcia-Sanchez, 1971
Le Fate I	immature	absente	Giacobini et de Lumley, 1983

Qafzeh 12	3 ans	complète	Tillier, 1999
Skhul 1	4 ans	absente	Mc Cown et Keith, 1939
Qafzeh 10	6 ans	absente	Tillier, 1999
Qafzeh 11	12-13 ans	absente	Tillier, 1984

Cro-Magnon 5	< 1 an	trace	Gambier, 1986
Baoussé Roussé (Grimaldi) GE2	2 ans	absente	Observ. pers.
Predmosti 6	2-3 ans	complète	Matiegka, 1934

La Madeleine 4	3 ans	trace absente	Heim, 1991 Observ. pers.
Le Figuier	3 ans	absente	Billy, 1979
Baoussé Roussé (Grimaldi) GE1	3-4 ans	absente	Observ. pers.
Predmosti 2	6-7 ans	complète	d'après Matiegka, 1934
Pataud complexe 22	7 ans	trace absente	Billy, 1975 Observ. pers.
Ksar'Aqil 1	8 ans	absente	Bergman et Stringer, 1989
Montgaudier 3	8-10 ans[19]	absente	Observ. pers.
Predmosti 22	9-10 ans	absente	Matiegka, 1934
Sungir 3	7-11 ans	absente	Tillier, inédit
Sungir 2	11-13 ans	partielle	Tillier, inédit
Predmosti 7	12-14 ans	absente	Matiegka, 1934
Predmosti 5	15-16 ans	complète	Matiegka, 1934
Mladec 3	immature	partielle	Minugh-Purvis, communication personnelle
Isturitz 63	immature	trace absente	Gambier, 1990-1991 Observ. pers.

Tableau 139. Enfants fossiles étudiés dont la région sagittale de l'os frontal est conservée (pré-néandertaliens et *Homo sapiens neanderthalensis*, *Homo sapiens sapiens* du Paléolithique moyen, *Homo sapiens sapiens* du Paléolithique supérieur)

[19] En fonction du stade d'éruption et de développement dentaire, nous avons réévalué l'âge proposé par Skinner et Sperber (1982) et Tillier (1983a) pour l'enfant d'Engis 2, et celui proposé par Gambier (1987) pour Montgaudier 3.

1. 2. *Sutura mendosa*

Heim (1982) a suggéré que les enfants néandertaliens, comparés aux enfants de morphologie moderne, présentaient une précocité dans la fermeture de la *sutura mendosa*.
Cette hypothèse se fonde sur l'examen de l'os occipital de l'enfant de La Ferrassie 8 âgé de 23 mois selon l'auteur, et qui ne montre aucune trace de ladite suture. Dans une série constituée de 15 crânes d'enfants modernes d'âge compris entre 1 an et 5 ans ½, la suture était visible dans sa totalité sur 3 d'entre eux, d'âges situés entre 12 et 25 mois ; seules des traces restaient visibles sur 4 crânes (entre 27 et 34 mois) ; et la suture était complètement oblitérée sur 4 crânes, entre 24 et 32 mois.
L'oblitération complète de la *sutura mendosa*, chez La Ferrassie 8, attesterait selon l'auteur "la maturité précoce des enfants néandertaliens par rapport aux enfants actuels".

Selon le même auteur, cette maturation osseuse précoce serait également valable pour les enfants du Paléolithique supérieur, puisque l'enfant de La Madeleine 4, âgé d'environ 3 ans, montre une *sutura mendosa* tout juste synostosée (Heim, 1991).

Selon Minugh-Purvis (1988), l'observation d'une suture complètement fermée ne fournit pas la preuve suffisante d'une différence significative dans la maturation osseuse par rapport à ce qui est retrouvé chez les enfants actuels. Pour cet auteur, il n'existerait pas de différence dans les temps de synostose des sutures, au sein des Hominidés du Pléistocène supérieur, ni entre ceux-ci et les hommes de morphologie moderne, pour un même âge dentaire.

Discussion

Nous pouvons, dans un premier temps, nous interroger sur l'âge si précis proposé par Heim (1982), pour l'enfant de La Ferrassie 8. L'état de calcification et d'éruption des dents présentées dans la monographie ne permet de proposer, selon nous, qu'un âge d'environ 2 ans.

Par ailleurs, il est vrai que comme La Ferrassie 8, aucun des enfants néandertaliens les plus jeunes découverts à ce jour, ne montre de trace d'une *sutura mendosa* : Roc de Marsal Subalyuk 2, et Engis 2.
Un reliquat de *sutura mendosa* ne serait peut être pas à exclure sur l'os occipital juvénile de La Chaise Suard (Hublin, 1980, figure n.1).
Parmi les enfants néandertaliens plus âgés, à savoir Teshik-Tash ou La Ferrassie 3, ce caractère discret n'a jamais été observé (tableau 142).

Cependant, d'après les données que nous avons réunies, nous avons déterminé que la synostose complète de la *sutura mendosa* s'observe exceptionnellement avant l'âge de 6 mois, mais qu'à partir de 18 mois une suture complètement oblitérée n'est pas rare.

Ainsi, pour la classe d'âge n°2 (correspondant à celle de La Ferrassie 8 et de la Madeleine 4), 60% des crânes d'enfants modernes examinés (n = 51) montrent une *sutura mendosa* parfaitement synostosée.

De ce fait, au sein des 2 classes d'âges permettant le test de Fisher, aucune différence significative n'a été mise en évidence entre les fréquences de ce caractère observées chez les enfants néandertaliens, et celles notées chez les non-adultes issus des séries ostéologiques (classe 2 : p = 0.0807 ; classe 4 : p = 1.0) (tableau 140).

	Classe 2		Classe 4	
	n	%	**n**	%
synostosée	**6**	100	**3**	100
ouverte	**0**	0	**0**	0
Total	**6**	100	**3**	100

Tableau 140. Fréquences absolues et relatives des différents morphes de la *sutura mendosa*, chez les enfants néandertaliens, âges séparés

Jusqu'à présent, comme pour les sujets immatures, aucune trace de *sutura mendosa* n'a été observée ou décrite sur un os occipital d'adulte appartenant à la lignée néandertalienne, et à l'espèce *Homo sapiens* en général.

Cette absence de *sutura mendosa* n'est pas spécifique aux sujets néandertaliens, puisque les jeunes enfants de morphologie moderne, du Paléolithique moyen : Skhul 1 (observation personnelle d'après moulage), ou du Paléolithique supérieur : Predmosti 6 (Minugh-Purvis, 1988) et La Madeleine 4 (Heim, 1982), ne montrent pas non plus ladite suture.
Selon les données de ce dernier auteur (1982), sur les 15 enfants actuels étudiés, la suture était fermée sur 4 d'entre eux dès 24 mois. Cette fermeture chez l'enfant du Paléolithique supérieur de Dordogne n'a donc rien de surprenant.

Chez les enfants fossiles de morphologie moderne plus âgés, la présence de la *sutura mendosa* est également extrêmement rare : elle a été observée uniquement sur Sungir 3 (Tillier, inédit). Il s'agit là d'un caractère discret qui s'observe également dans 5% de notre échantillon européen moderne de classe 4.

	Classe 2		Classe 4	
	n	%	**n**	%
synostosée	**3**	100	**4**	80
ouverte	**0**	0	**1**	20
Total	**3**	100	**5**	100

Tableau 141. Fréquences absolues et relatives des différents morphes de la sutura mendosa, chez les enfants du Paléolithique supérieur, âges séparés

Lorsque les fréquences du caractère sont comparées, il n'apparaît aucune différence entre les enfants modernes récents et les enfants du Paléolithique supérieur (classe 2 : p = 0.27 et classe 4 : p = 0.22) (tableau 141).

Entre les deux populations fossiles (enfants néandertaliens et enfants du Paléolithique supérieur), un test de Fisher n'est réalisable que pour la dernière classe d'âge ; il ne révèle aucune différence significative (p = 1.0).

Conclusions

En conclusion, compte tenu du faible nombre d'enfants fossiles en âge de montrer une *sutura mendosa* ouverte, il ne semble pas possible d'affirmer que les enfants néandertaliens ou ceux du Paléolithique supérieur connaissaient une maturation plus rapide de l'écaille occipitale que les enfants récents. Cette conclusion confirme donc la remarque faite antérieurement par Minugh-Purvis (1988).

	Âge (*ca*)	***Sutura mendosa***	**Sources des informations**
La Chaise Suard	immature	?	Hublin, 1980
La Ferrassie 8	2 ans	synostosées	Heim, 1982
Roc de Marsal	3 ans	synostosées	Observ. pers.
Subalyuk 2	3 ans	synostosée à D	Observ. pers.(M)
Engis 2	4 ans	synostosée à G	Observ. pers.
Teshik-Tash	8-10 ans	synostosées	d'après Gremjackij, 1949
La Ferrassie 3	10 ans	synostosée à G	Heim, 1982
Skhul 1	4 ans	synostosées	Observ. pers.(M)
Qafzeh 10	6 ans	synostosées	Tillier, 1999
Qafzeh 11	12-13 ans	synostosées	Tillier 1999
Predmosti 6	2-3 ans	synostosées	Minugh-Purvis, 1988
La Madeleine 4	3 ans	synostosée à G	Heim, 1991
Montgaudier 3	8-10 ans	synostosées	Observ. pers.
Sungir 3	7-11 ans	trace	Tillier, inédit
Sungir 2	11-13 ans	synostosées	Tillier, inédit

Tableau 142. Enfants fossiles dont l'écaille occipitale est conservée (pré-néandertalien et *Homo sapiens neanderthalensis*, *Homo sapiens sapiens* du Paléolithique moyen, *Homo sapiens sapiens* du Paléolithique supérieur)

1. 3. Suture incisive

La suture incisive est un caractère ostéologique pour lequel aucun consensus n'est encore établi concernant sa signification phylogénétique.
Nous retrouvons en effet dans la littérature, tous les avis possibles concernant une éventuelle variation de la fermeture de cette suture sur la face palatine des enfants fossiles, et des néandertaliens en particulier, par rapport à son évolution chez les enfants actuels.

Dans le but de mieux comprendre la dynamique de formation du massif facial supérieur néandertalien, Maureille (1993, 1994) a élargi l'étude de la suture incisive à la face nasale du processus frontal de l'os. Selon cet auteur, les enfants néandertaliens du Roc de Marsal et d'Engis 2 présenteraient une suture incisive ouverte, non seulement sur la face palatine, mais aussi sur le plancher des fosses nasales, et sur toute la hauteur de la face nasale du processus frontal de l'os maxillaire, de part et d'autre de la crête conchale.
Ce dernier critère constituerait, selon l'auteur, une autapomorphie néandertalienne, puisqu'il serait absent sur les enfants actuels examinés.
Reprenant alors les idées de Delaire (1974) sur le rôle de la suture incisive dans l'accroissement antéro-médial de la face Maureille et Houët (1993) proposent qu'une des explications de la grande largeur de la partie médiale de la face des néandertaliens adultes, se trouve dans la plus grande individualité du prémaxillaire durant les premières années de la vie.

Discussion

Lors de l'étude de l'enfant H18 de La Quina, Martin (1926a) soulignait que ce dernier ne présentait aucune trace de la suture incisive, malgré son jeune âge (6-8 ans), suggérant ainsi que les enfants néandertaliens auraient une fermeture de cette suture, sur la face palatine de l'os maxillaire, plus précoce que celle des enfants modernes. Or, une trace de suture incisive est identifiée sur cet enfant des Charentes, allant du foramen incisif jusqu'à un point situé à quelques millimètres avant l'intervalle incisive latérale-canine (tableau 146).

Effectuant une étude comparative de plusieurs enfants néandertaliens, Vlcek (1970) concluait en revanche, que la fermeture de cette suture sur la face palatine s'effectuait plus tardivement chez les enfants néandertaliens, puisqu'une trace de cette suture s'observe chez le plus âgé d'entre eux : Teshik-Tash, à presque 10 ans.

Patte (1957) et Ferembach (1970) ont estimé quant à eux, à partir des traces de sutures visibles sur la face palatine de l'os maxillaire du Pech-de-l'Azé, qu'aucune différence avec des enfants modernes de même âge dentaire, ne pourrait être relevée.

Cette opinion est également partagée par Tillier (1986) et Minugh-Purvis (1988) qui considèrent qu'aucune preuve d'un retard dans la fermeture de la suture incisive chez les enfants néandertaliens par rapport aux autres Hominidés du Pléistocène supérieur ou aux enfants de morphologie moderne, ne peut être apportée.
Comme l'avait déjà suggéré Vlcek (1970), l'existence d'une relation de dépendance entre la fermeture de cette suture et la maturation osseuse en général, et des variables environnementales, est proposée.
Pap *et al.* (1996), après examen de l'os maxillaire de Subalyuk 2, estiment que la suture incisive, présente sur la face palatine comme sur le plancher des fosses nasales (Bartucz, 1940), rappelle, pour sa partie palatine, celle décrite sur l'enfant du Paléolithique supérieur du Figuier (Billy, 1979), ainsi que celle de nombreux enfants modernes de même âge.

La suture incisive sur la face palatine et sur les fosses nasales de l'enfant de Devil's Tower est synostosée dans sa totalité ; la face nasale de l'os maxillaire est détruite. Il en est de même sur les enfants plus âgés de Krapina 46 (face palatine seule conservée) et Krapina 47 (tableau 146).
En revanche, les composantes palatine et nasale de la suture incisive seraient ouvertes sur le maxillaire droit de Tabun B1 (tableau 146).

Les fréquences des différentes composantes de la suture incisive chez les enfants néandertaliens ont été comparées avec celles relevées sur les enfants modernes issus des séries ostéologiques.

◆ Suture incisive sur la face palatine

Il apparaît que pour la classe 3 uniquement, les enfants néandertaliens montrent une fréquence significativement plus élevée de sutures totalement synostosées ($p = 0.0182$) que les enfants modernes (tableau 143).

	Classe 2		Classe 3		Classe 4	
	n	%	n	%	n	%
ouverte	**5**	71	**0**	0	**1**	33
en cours	**2**	29	**2**	67	**2**	67
synostosée	**0**	0	**1**	33	**0**	0
Total	7	100	**3**	100	**3**	100

Tableau 143. Fréquences absolues et relatives des différents morphes de la suture incisive sur la face palatine, chez les enfants néandertaliens, âges séparés

◆ Suture incisive sur les fosses nasales

Pour cette partie de la suture incisive, aucune différence significative n'est constatée entre les fréquences relevées chez les enfants néandertaliens et celles observées chez les enfants modernes (morphe "synostosé" classe 2 : $p = 1.0$; classe 3 : $p = 0.0510$ et classe 4 : $p = 1.0$) (tableau 144).

	Classe 2		Classe 3		Classe 4	
	n	%	**n**	%	**n**	%
ouverte	**5**	100	**0**	0	**1**	100
en cours	**0**	0	**0**	0	**0**	0
synostosée	**0**	0	**1**	100	**0**	0
Total	**5**	100	**1**	100	**1**	100

Tableau 144. Fréquences absolues et relatives des différents morphes de la suture incisive sur les fosses nasales, chez les enfants néandertaliens, âges séparés

• **Suture incisive sur la face nasale, au-dessous et au-dessus de la crête conchale**

Concernant le composant nasal de la suture incisive, aucune différence significative n'est constatée entre enfants néandertaliens et modernes, pour la partie située au-dessous de la crête conchale (morphe "ouvert" p = 0. 0657 ; morphe "en cours" p = 0.11 et morphe "synostosé" p = 1.0) (tableau 145).

En revanche, la fréquence de suture incisive ouverte au-dessus de la crête conchale est significativement supérieure chez les enfants néandertaliens de la classes 2 (p = 0.0001) par rapport à celles notées chez des enfants modernes qui montrent une suture le plus souvent fermée (tableau 145).

	Classe 2			
	au-dessous...		au-dessus...	
	n	%	**n**	%
ouverte	**3**	100	**3**	100
en cours	**0**	0	**0**	0
synostosée	**0**	0	**0**	0
Total	**3**	100	**3**	100

Tableau 145. Fréquences absolues et relatives des différents morphes de la suture incisive sur la face nasale au-dessous et au-dessus de la crête conchale, chez les enfants néandertaliens de la 2ème classe d'âge.

Parmi les enfants fossiles de morphologie moderne, Qafzeh 4 laisse paraître, sur la partie droite de la face palatine de l'os maxillaire, une trace de suture incisive visible surtout près du bord alvéolaire (observation personnelle).
Sur les autres composantes maxillaires, il est impossible de vérifier la présence d'une éventuelle suture. Une suture incisive en cours de synostose est également visible sur le crâne de Qafzeh 10, sur la face palatine seulement, les autres faces n'étant pas suffisamment bien conservées (Tillier, 1999).

Sur les jeunes enfants du Paléolithique supérieur de Romanelli 10 et du Figuier, une suture incisive a été décrite, respectivement sur les parties droite et gauche de la face palatine des maxillaires (tableau 146).

L'enfant de Montgaudier 3, plus âgé, montre sur la face palatine et sur les fosses nasales du maxillaire, une suture en cours de synostose, la composante faciale de la suture étant synostosée sur toute sa hauteur (observation personnelle).

La face palatine de La Madeleine 4 est très mal conservée, et la mauvaise reconstitution de la région des fosses nasales empêche toute distinction d'une éventuelle suture. En revanche, sur les faces nasales du maxillaire, un petit fragment de la suture incisive pourrait être reconnaissable au-dessous de la crête conchale, la partie supérieure n'étant pas conservée (observation personnelle).

Ces enfants fossiles de morphologie moderne ne sont pas suffisamment nombreux dans chaque classe d'âge pour justifier un test statistique, mais il semble que leur schéma de synostose, des différentes composantes de la suture incisive, suive celui des enfants modernes récents.

Conclusions

En conclusion, il semblerait que la vitesse de fermeture de la suture incisive des enfants néandertaliens, diffère de celles des enfants modernes. Chez les premiers, la synostose est plus rapide sur la face palatine. En revanche, la synostose se ferait plus rapidement chez les enfants modernes, sur la face nasale du maxillaire, au-dessus de la crête conchale, comme l'a mentionné avant nous Maureille (1994, 1995).

L'interprétation de cette distinction de processus ostéogénétiques n'est pas aisée car tous les enfants de la lignée néandertalienne ne suivent pas les schémas de synostose décrits précédemment.

Enfin, bien que la présence de ces caractéristiques sur un très faible nombre d'enfants néandertaliens ait une valeur statistique, il convient de considérer ces résultats avec la plus grande prudence.

Il est à noter que, selon Maureille (1993), aucune trace de suture incisive ouverte partiellement ou en totalité, n'a été observée sur un sujet adulte ou adolescent de la lignée néandertalienne (n=13)[20].

Sur l'adolescent *Homo erectus* KNMWT 15000, un petit fragment de suture incisive **pourrait être reconnaissable** sur la partie gauche de la face palatine, visible depuis le foramen incisif et s'arrêtant bien avant l'intervalle I2-C (observation personnelle d'après moulage).

[20] A savoir, Amud 1, Forbes' Quarry, La Chapelle-aux-Saints, La Ferrassie 1, Krapina 48, 49 et 50, Guattari 1, Petralona, Saccopastore 1 et 2, Spy 1 et Tabun C1.

	Âge (*ca*)	Composantes de la suture incisive: face palatine	fosses nasales	face nasale / crête conchale: au-dessous	au-dessus	Sources des informations
Krapina 46	7 ans	synostosée G	-	-	-	Radovcic *et al.*, 1988 et Maureille,1995
Krapina 47	9-11 ans	synostosées	synostosées	-	-	Radovcic *et al.*, 1988 et Maureille, 1995
Pech-de-l'Azé	2 ½ ans	en cours de synostose DG	-	-	-	Patte, 1957 et Ferembach, 1970
Subalyuk 2	3 ans	ouverte ouverte	ouverte -	-	-	Bartucz, 1940 Pap *et al.*, 1996
Roc de Marsal	3 ans	ouvertes	ouvertes	ouverte D	ouverte D	Maureille, 1995 et Observ. pers.
Engis 2	4 ans	ouvertes	ouvertes	ouvertes	ouvertes	Maureille, 1995
Devil's Tower	5 ans	synostosée D	synostosée D	-	-	Maureille, 1995 et Observ. pers.
La Quina H18	6-8 ans	synostosée en cours de synostose DG	-	-	-	Martin, 1926a Tillier, 1987 Maureille, 1995 Observ. pers.
Teshik-Tash	8-10 ans	traces	-	-	-	Vlcek, 1970
Tabun B1	10-11 ans	ouverte D	ouverte D	-	-	Maureille, 1995
Qafzeh 10	6 ans	en cours de synostose DG	-	-	-	Tillier, 1999
Qafzeh 4	7 ans	en cours de synostose D	-	-	-	Observ. pers.
Romanelli 10	1.5 an	ouverte D	-	-	-	Fabbri, 1987
Le Figuier	3 ans	ouverte G	-	-	-	Billy, 1979
La Madeleine 4	3 ans	-	-	ouvertes	-	Observ. pers.
Montgaudier 3	8-10 ans	en cours de synostose G	en cours de synostose G	synostosée G	synostosée G	Observ. pers.

Tableau 146. Enfants fossiles dont la région maxillaire est conservée (pré-néandertaliens et *Homo sapiens neanderthalensis*, *Homo sapiens sapiens* du Paléolithique moyen, *Homo sapiens sapiens* du Paléolithique supérieur)

1. 4 Synchondroses intra-occipitales anterieure et posterieure

• Synchondrose intra-occipitale postérieure (SIP)

Les enfants néandertaliens montreraient une fermeture de la synchondrose intra-occipitale postérieure (SIP) précoce, par rapport aux enfants de morphologie moderne (Heim, 1982) puisque l'os occipital de l'enfant de La Ferrassie 8, âgé d'environ 2 ans, présente une synostose complète.
Le même auteur a comparé l'enfant fossile à une série de 15 crânes d'enfants actuels d'âge compris entre 1 an et 5 ans ½. La SIP était complètement ouverte ou à l'état de trace sur 80 % des enfants âgés de 12 à 34 mois (n=10), et était complètement fermée sur tous les crânes de 4 ans et au-delà (n=5).
Minugh-Purvis (1988), pour sa part, estime avec raison que l'observation d'un cas unique n'est pas une preuve suffisante pour conclure à des différences dans les vitesses de maturation osseuse entre enfants fossiles et actuels. De plus, selon l'auteur, bien que la fusion des synchondroses intra-occipitales postérieures sur l'enfant fossile de Dordogne ait commencé, "they were far from forming a complete bony union between the parts".

Discussion

Tous les jeunes enfants néandertaliens ne partagent pas la "précocité" de maturation de La Ferrassie 8. En effet, les enfants de Subalyuk 2 et Roc de Marsal, pourtant plus âgés que La Ferrassie 8, montrent une SIP ouverte (tableau 150).
Les enfants d'Engis 2 et La Quina H18, situés à un stade de développement dentaire plus âgé que celui de La Ferrassie 8, montrent également une SIP ouverte - au moins dans sa partie médiale pour le premier enfant, et dans sa partie latérale pour le second, le reste de la synchondrose étant endommagé sur les deux fossiles. Ces deux enfants ne pourront être inclus dans les tests statistiques suivants car, en raison du mauvais état de conservation de la SIP, nous ignorons leur morphe exact (tableau 150)

L'enfant de La Ferrassie 8 est donc le seul enfant néandertalien de la deuxième classe d'âge montrant une SIP totalement synostosée.
Après examen de nos échantillons de référence, nous avons déterminé que des SIP en cours de synostose s'observent à partir de l'âge de 13 mois. Le premier cas, certes rare, de SIP complètement fermée, a été observé dès 21 mois sur un enfant issu de la série des Musées anatomiques, et dès 30 mois dans la série de Spitalfields.

Pour les classes d'âges 2 et 4, pour lesquelles un test de Fisher est réalisable, aucune différence significative n'a été constatée entre les fréquences observées chez les enfants néandertaliens, et celles relevées chez les enfants modernes (morphe "ouvert" p = 0.64 et 1.0 ; morphe "synostosé" : p = 0.083 et 1.0 ; morphe "médial synostosé" : p = 1.0 et morphe "latéral synostosé" : p = 0.58 et 1.0) (tableau 147).

	Classe 2		Classe 4	
	n	%	**n**	%
ouverte dans sa totalité	**3**	60	**0**	0
partie médiale synostosée	**0**	0	**0**	0
partie latérale synostosée	**0**	0	**0**	0
synostosée dans sa totalité	**2**	40	**2**	100
Total	**5**	100	**2**	100

Tableau 147. Fréquences absolues et relatives des différents morphes de la SIP, chez les enfants néandertaliens, âges séparés

Les enfants modernes fossiles appartenant à la même classe d'âge que La Ferrassie 8, tels Skhul 1 pour le Paléolithique moyen[21] , Predmosti 6, Mladec 3, La Madeleine 4, et Baoussé Roussé (Grimaldi) GE1 et GE2 pour le Paléolithique supérieur, montrent tous une SIP ouverte dans sa totalité ou en partie seulement (tableau 150).

Lorsque les fréquences des différents morphes de la SIP chez les enfants du Paléolithique supérieur sont comparées à celles notées chez les enfants modernes récents, aucune différence significative n'est constatée (morphe "ouvert" classe 2 p = 0.67 et classe 4 p = 1.0 ; morphe "synostosé" classes 2 et 4 p = 1.0 ; morphe "médial synostosé" : classe 2 p = 1.0 ; morphe "latéral synostosé" : classes 2 et 4 p = 1.0) (tableau 148).

	Classe 2		Classe 4	
	n	%	**n**	%
ouverte dans sa totalité	**6**	86	**0**	0
partie médiale synostosée	**0**	0	**0**	0
partie latérale synostosée	**1**	14	**0**	0
synostosée dans sa totalité	**0**	0	**6**	100
Total	7	100	6	100

Tableau 148. Fréquences absolues et relatives des différents morphes de la SIP, chez les enfants du Paléolithique supérieur, âges séparés

La comparaison des fréquences de ce caractère, entre les enfants néandertaliens avec celles des enfants du Paléolithique supérieur, ne révèle également aucune différence dans les vitesses de fermeture de la SIP.

Conclusions

Il est vrai que l'enfant de La Ferrassie 8 montre une SIP totalement synostosée dès 2 ans, tandis que chez les enfants modernes, la fermeture complète est rare à cet âge, quoique possible. Cependant, d'autres enfants néandertaliens plus âgés que l'enfant de Dordogne, montrent des SIP encore ouvertes.
Compte tenu de ces observations, nous ne pouvons conclure à une vitesse de maturation, pour cette partie de la

[21] Il n'existe pas de support osseux pour Qafzeh 12.

synchondrose intra-occipitale, plus rapide chez les enfants néandertaliens que chez les enfants anatomiquement modernes fossiles et récents.

◆ **Synchondrose intra-occipitale antérieure (SIA)**

Nous avons effectué une analyse identique pour la partie antérieure de la synchondrose intra-occipitale, dans le but de dégager, si elles existent, d'éventuelles différences significatives entre les enfants fossiles et les enfants récents.

Discussion

Les plus jeunes enfants néandertaliens ayant conservé cette région occipitale, ont une SIA ouverte : c'est le cas de l'enfant d'Amud 7, du Pech-de-l'Azé, de Subalyuk 2, du Roc de Marsal et d'Engis 2 (tableau 150).
Concernant l'enfant plus âgé de La Quina H18, Martin (1926a) considère que la trace visible au niveau des condyles occipitaux n'a pas de relation avec la SIA. Cependant, selon nos observations, celle-ci n'est pas complètement oblitérée, au moins dans la partie latérale, le reste de la synchondrose étant détruit. Mais cet enfant ne pourra être pris en compte dans le test statistique suivant, car le morphe exact de la SIA n'est pas connu.

Ces observations concordent avec celles issues de l'examen des échantillons de référence. En effet, jusqu'à l'âge de 4 ans, nous n'avons observé aucune SIA fermée ou en cours de synostose. Mais, au-delà de cet âge, ou plus généralement vers 6 ans, elles sont en cours de fermeture, et complètement fermées au plus tard à 8 ans.
En conséquence, pour la dernière classe d'âge, la seule pour laquelle le test de Fisher soit réalisable, aucune différence significative n'est constatée entre les fréquences observées chez les enfants néandertaliens et celles relevées chez les enfants modernes ($p = 1.0$) (tableau 149).

Le test ne peut être effectué au sein de la deuxième classe d'âge, car les enfants néandertaliens comme les enfants modernes ne montrent jamais le morphe "synostosé". Ceci semble nettement indiquer une absence de différence, dans le processus d'ossification de cette partie de l'occipital, entre les deux groupes.

	Classe 2		Classe 4	
	n	%	**n**	%
ouverte	**9**	100	**0**	0
synostosée	**0**	0	**2**	100
Total	**9**	100	**2**	100

Tableau 149. Fréquences absolues et relatives des différents morphes de la SIA, chez les enfants néandertaliens, âges séparés

Sur les crânes de morphologie moderne du Paléolithique moyen, nous trouvons tous les morphes possibles de SIA, au travers des différents âges dentaires. En effet, sur Qafzeh 12 (Tillier, 1999) et Skhul 1, la synchondrose intra-occipitale antérieure n'est pas fermée ; sur ce dernier "the two components of the condyle had not united at the time of death" (Mc Cown et Keith, 1939 : p. 314) ; la SIA est en cours de synostose sur Qafzeh 10, et complètement fermée sur Qafzeh 11 (tableau 150) Le nombre d'enfants par classe d'âge est insuffisant pour qu'un test statistique se justifie, mais l'état de la SIA, en fonction de l'âge dentaire des fossiles, correspond totalement à ce que nous avons observé sur les enfants modernes récents.

Pour le Paléolithique supérieur, nous n'avons que très peu d'informations concernant la fermeture de cette synchondrose. "Un reliquat de suture entre les parties antérieures et postérieures du condyle occipital" a été décrit sur l'enfant de La Madeleine 4 et sur les deux enfants du site de Sungir, les SIA sont synostosées ce qui correspond aux observations réalisées sur les enfants issus des séries ostéologiques (tableau 150).

Conclusions

La vitesse de maturation de la partie antérieure de la synchondrose intra-occipitale, apparaît donc identique pour tous les individus immatures de l'espèce *Homo sapiens*.

	Âge (*ca*)	**SIA**	**SIP**	**Sources des informations**
Amud 7	10 mois	ouvertes	-	Observ. pers. d'après Rak *et al.*, 1996, figure n. 1
Pech-de-l'Azé	2 ans ½	ouvertes	-	Ferembach, 1970
La Ferrassie 8	2 ans	-	synostosées	Heim, 1982
Roc de Marsal	3 ans	trace suture ouverte à D	 ouverte à D	Madre-Dupouy, 1992 Observ. pers.
Subalyuk 2	3 ans	ouvertes	ouvertes	Pap. *et al.* 1996
Engis 2	4 ans	ouvertes	ouvertes (partie médiale)	Observ. pers.
La Quina H18	6-8 ans	fermée ouverte à G (partie latérale)	 ouverte à G (partie latérale)	Martin, 1926a Observ. pers.

Teshik-Tash	8-10 ans	synostosées	synostosées	d'après Gremjackij, 1949
Qafzeh 12	3 ans	ouvertes	-	Tillier, n. d.
Skhul 1	4 ans	ouverte	-	Mc Cown et Keith, 1939
Qafzeh 10	6 ans	en cours de synostose	synostosées	Tillier, n. d.
Qafzeh 11	12-13 ans	synostosées	synostosées	Tillier, n. d.
Baoussé Roussé (Grimaldi) GE2	2 ans	-	ouvertes	Observ. pers.
Predmosti 6	2-3 ans	-	ouvertes	Minugh-Purvis, 1988
La Madeleine 4	3 ans	trace suture ouvertes	ouverte D médial	Heim, 1991 Observ. pers.
Baoussé Roussé (Grimaldi) GE1	3-4 ans	-	ouvertes	Observ. pers.
Montgaudier 3	8-10 ans	-	synostosées	Observ. pers.
Sungir 3	7-11 ans	synostosées	synostosées	d'après Trofimova, 1984
Sungir 2	11-13 ans	synostosées	synostosées	d'après Trofimova, 1984
Mladec 3	immature	-	ouvertes	Minugh-Purvis, communication personnelle

Tableau 150. Enfants fossiles dont la zone des synchondroses intra-occipitales est conservée (*Homo sapiens neanderthalensis*, *Homo sapiens sapiens* du Paléolithique moyen, *Homo sapiens sapiens* du Paléolithique supérieur)

1. 5. Foramen de Huschke

Les enfants fossiles et en particulier l'enfant de La Madeleine 4, se distingueraient par une ossification précoce de l'os temporal, par rapport aux enfants actuels de même âge dentaire, selon Heim (1991). Ainsi, le plancher tympanique est complètement fermé sur le fossile du Paléolithique supérieur, âgé d'environ 3 ans, tandis que cette fermeture ne se produirait que plus tard chez les enfants modernes récents.

En revanche, Minugh-Purvis (1988) a relevé que chez aucun sujet non-adulte du Pléistocène supérieur la maturation de l'os temporal ne diffère de celle des enfants actuels.

Discussion

Il apparaît que l'enfant de La Madeleine 4 est le seul individu de cet âge pour le Paléolithique supérieur, à avoir été décrit, et dont les os temporaux soient conservés.
Selon nos observations, chez les enfants modernes récents de même âge dentaire que l'enfant fossile, le foramen de Huschke est absent dans 13 % des cas.
Ce caractère est également absent chez des enfants plus âgés du Paléolithique supérieur de l'Abri Pataud et de Montgaudier 3 (tableau 152).
En revanche, tous les jeunes enfants néandertaliens dont cette partie de l'os temporal est conservée possèdent un foramen de Huschke, qui indique donc un plancher tympanique en cours d'ossification. C'est le cas sur Arcy-sur-Cure, Pech-de-l'Azé, Amud IV, Subalyuk 2 et Engis 2 (tableau 152). Cette région de l'os n'est pas conservée sur l'enfant du Roc de Marsal. Un foramen de Huschke est également visible sur les enfants plus âgés de Devil's Tower, La Quina H18 et La Ferrassie 3 (tableau 152).
Seuls les os temporaux de Teshik-Tash, du Moustier 1 et de Krapina 1 montrent une ossification pleinement achevée (tableau 152).

Lorsque les enfants néandertaliens sont comparés aux enfants issus des séries ostéologiques, la fréquence de foramen de Huschke n'est pas significativement différente entre les deux groupes (classe 2 : p = 0.59 ; classe 3 : p = 0.27 et classe 4 : p = 0.23) (tableau 151).

	Classe 2		Classe 3		Classe 4	
	n	%	**n**	%	**n**	%
présent	**7**	100	**3**	100	**2**	40
absent	**0**	0	**0**	0	**3**	60
Total	7	100	**3**	100	**5**	100

Tableau 151. Fréquences absolues et relatives des différents morphes du foramen de Huschke, chez les enfants néandertaliens, âges séparés

Chez les jeunes enfants de morphologie moderne du Paléolithique moyen, comme Skhul 1 (Mc Cown et Keith, 1939) et Qafzeh 4a (= Qafzeh 21) (Arensburg et Tillier, 1983), un foramen de Huschke est présent. En revanche, le plancher tympanique de Qafzeh 11 (Tillier, 1984) ne montre aucune trace de déhiscence.
Ces enfants ne sont pas suffisamment nombreux par classe d'âge, pour justifier un test statistique, mais la morphologie du plancher tympanique, en fonction de leur âge dentaire, semble correspondre à ce que nous avons observé sur les enfants modernes récents.

Conclusions

Si l'enfant de La Madeleine 4 ne montre pas de foramen de Huschke, à un âge dentaire de 3 ans environ, la littérature disponible concerne trop peu d'individus du Paléolithique supérieur pour permettre une interprétation statistiquement valable. De plus, cette absence du foramen de Huschke est un morphe qui existe sur des enfants modernes récents de même âge dentaire que l'enfant fossile.
Aucune différence de maturation osseuse entre les enfants néandertaliens et les enfants modernes récents n'est perceptible dans la fermeture du plancher tympanique de l'os temporal.
Signalons, enfin, qu'aucun foramen de Huschke ne semble avoir été décrit sur un crâne adulte fossile appartenant à l'espèce *Homo sapiens*.

Cette déhiscence de l'os temporal, lorsqu'elle est présente, n'est pas spécifique aux représentants juvéniles de l'espèce *sapiens*, puisque Weidenreich (1943) a décrit un foramen de Huschke sur le crâne III de Zhoukoudian, illustrant, selon l'auteur, un décalage dans l'oblitération de ce foramen entre les enfants actuels et les *Homo erectus* : celle-ci se produirait plus tardivement chez les derniers. Mais l'âge au décès de l'enfant fossile est très incertain : Black (1931 *in* Weidenreich, 1943) le considère comme un adolescent alors que Weidenreich (1935 *in* Weidenreich, 1943) ne lui donne pas plus de 8-9 ans. Une fois encore, un seul cas n'est pas suffisant pour conclure à un retard dans la maturation osseuse de tous les sujets non-adultes d'une lignée fossile.
Ainsi, sur l'adolescent KNMWT 15000 d'Afrique de l'Est, le foramen de Huschke est absent (observation personnelle d'après moulage).

	Âge (*ca*)	**Foramens de Huschke**	**Sources des informations**
Krapina 1	immature	absent G	Observ. pers.(M)
Dederiyeh	2 ans	présent D	Dodo *et al.*, 1998
Pech-de-l'Azé	2 ½ ans	présents	Ferembach, 1970

Subalyuk 2	3 ans	présents	Pap *et al.*, 1996
Engis 2	4 ans	présents	Tillier, 1983a
Devil's Tower	5 ans	présent D	Tillier, 1982
La Quina H18	6-8 ans	présents	Tillier, 1987
Teshik-Tash	8-10 ans	absents	Gremjackij, 1949
La Ferrassie 3	10 ans	présents	Heim, 1982
Le Moustier 1	16 ans	absent D	Observ. pers. d'après Thompson et Bilsborough, 1997 figure n. 5b
Arcy-sur-Cure	immature	présent G	Observ. pers (M)
Amud 4	immature	présent D	Suzuki et Takai, 1970

Qafzeh 4a	3 ans	présent D	Arensburg et Tillier, 1983
Skhul 1	4 ans	présent D	Mc Cown et Keith, 1939
Qafzeh 11	12-13 ans	absents	Tillier, 1984

La Madeleine 4	3 ans	absents	Heim, 1991
Pataud (complexe 22)	7 ans	absent G	Billy, 1975
Montgaudier 3	8-10 ans	absent G	Observ. pers.

Tableau 152. Enfants fossiles dont la région tympanique de l'os temporal est conservée (pré-néandertalien et *Homo sapiens neanderthalensis*, *Homo sapiens sapiens* du Paléolithique moyen, *Homo sapiens sapiens* du Paléolithique supérieur)

2. Caractères qualifiés de juvéniles

2. 1. Position médiale du processus styloïde par rapport à l'incisure mastoïdienne et au foramen stylo-mastoïdien

Il faut remonter à l'étude des *Homo erectus* de Chine réalisée par Weidenreich (1943) pour trouver la première documentation concernant ce trait anatomique. En effet, une disposition distinctive de ces trois éléments osseux y a été décrite par l'auteur, à propos des crânes de Zhoukoudian. Sur ceux-ci, le processus styloïde est situé médialement par rapport à la droite formée par l'incisure mastoïdienne et le foramen stylo-mastoïdien. Cette localisation particulière du processus styloïde a été observée avec une fréquence non négligeable chez les enfants issus des séries ostéologiques des deux premières classes d'âges.
Nous avons voulu vérifier si ce caractère était présent chez tous les jeunes enfants de l'espèce *Homo sapiens,* et si des variations dans la position des trois éléments osseux pouvaient être identifiées, entre les enfants néandertaliens et les enfants de morphologie moderne, fossiles et récents.

Discussion

Une position médiale de la fossette styloïdienne (la base du processus styloïde) par rapport à l'alignement de l'incisure mastoïdienne et du foramen stylo-mastoïdien est un caractère qui, effectivement, se retrouve sur les enfants néandertaliens de Pech-de-l'Azé, Arcy-sur-Cure, Petit-Puymoyen, Engis 2, Subalyuk 2 ainsi que sur Devil's Tower, La Quina H18 et Le Moustier 1 (tableau 155).
Sur les enfants 4bis et 5 de La Ferrassie, Heim (1982) décrit que "le *foramen stylomastoideum* occupe, comme chez les enfants modernes, une situation plus latérale que chez l'adulte, en arrière et en bas de l'ouverture du conduit auditif externe", mais la localisation exacte du foramen par rapport au processus styloïde n'est pas précisée.
En revanche, un alignement parfait des trois structures osseuses temporales est visible sur les enfants pré-néandertaliens n° 6 et 7 du gisement de La Sima de Los Huesos (Martinez et Arsuaga, 1997).
Krapina 1 serait le seul des spécimens immatures de la lignée néandertalienne, à posséder un processus styloïde décalé latéralement par rapport à l'alignement de l'incisure mastoïdienne et du foramen stylo-mastoïdien (Elyaqtine, 1995).
Chez les enfants modernes récents, ce n'est que durant la première classe d'âge que la fréquence de fossette styloïdienne médiale est importante. Ensuite, au cours de la croissance, ce morphe tend à disparaître au profit d'une disposition alignée des trois structures.
C'est pourquoi, la position médiale du processus styloïde par rapport à l'alignement de l'incisure mastoïdienne et du foramen stylo-mastoïdien a une fréquence, chez les enfants néandertaliens, significativement supérieure à celle que l'on observe chez les enfants modernes, pour les trois classes d'âges (respectivement p = 0.0004 ; 0.0005 ; 0.0287) (tableau 153).

	Classe 2		Classe 3		Classe 4	
	n	%	n	%	n	%
médiale	**5**	100	**3**	100	**1**	100
alignée	**0**	0	**0**	0	**0**	0
latérale	**0**	0	**0**	0	**0**	0
Total	**5**	100	**3**	100	**1**	100

Tableau 153. Fréquences absolues et relatives des différents morphes de la position du processus styloïde par rapport à l'alignement de l'incisure mastoïdienne et du foramen stylo-mastoïdien, chez les enfants néandertaliens, âges séparés

Cette disposition médiale du processus styloïde se retrouve également sur les crânes néandertaliens adultes de Guattari 1, La Ferrassie 1, La Chapelle-aux-Saints, Shanidar 1 et 5, Spy 1 et 2, La Quina H5, H10 et H27. Il en est de même sur Tabun 1 et Amud 1 (Elyaqtine, 1995).
Chez les pré-néandertaliens de Steinheim, Forbe's Quarry, Biach-Saint-Vaast 1, Saccopastore 1 et 2 et Krapina 38.1, 38.12, 39.1, 39.3, 39.8 et 39.13, la même disposition des trois éléments temporaux est décrite. En revanche, sur Krapina 38.13, le processus styloïde est décalé latéralement (Elyaqtine, 1995).
Les trois structures sont alignées sur Krapina 3 et 38.12 (Elyaqtine, 1995) ainsi que sur les crânes d'Atapuerca pour lesquels les éléments osseux ont pu être observés (11 cas) (Martinez et Arsuaga, 1997).

Un processus styloïde décalé médialement n'est pas spécifique aux seuls enfants néandertaliens : les sujets juvéniles de morphologie moderne du Paléolithique moyen comme Qafzeh 11, 12 et 15 montrent cette même disposition. En revanche, Skhul 1 et Qafzeh 4a montrent un alignement parfait des trois structures osseuses (tableau 155).

Ainsi lorsque les fréquences du caractère, chez ces enfants fossiles, sont comparées à celles des enfants modernes récents, des différences apparaissent pour la dernière classe d'âge uniquement. Les enfants de Qafzeh ont une position médiale du processus styloïde significativement plus fréquente (p = 0.0000) que celle des enfants récents (tableau 154).

	Classe 2		Classe 4	
	n	%	n	%
médiale	**1**	33	**3**	100
alignée	**2**	67	**0**	0
latérale	**0**	0	**0**	0
Total	**3**	100	**3**	100

Tableau 154. Fréquences absolues et relatives des différents morphes de la position du processus styloïde par rapport à l'alignement de l'incisure mastoïdienne et du foramen stylo-mastoïdien, chez les enfants de morphologie moderne du Paléolithique moyen, âges séparés

Parmi les crânes adultes issus des deux gisements israéliens, seul Skhul V présente un foramen stylo-mastoïdien en position médiale (Mc Cown et Keith, 1939). En effet, sur les crânes 6, 7 et 9, de Qafzeh le foramen stylo-mastoïdien est situé à l'extrémité antérieure de l'incisure mastoïdienne ; sur Q9, il se trouve légèrement décalé vers l'extérieur, par rapport à la base du processus styloïde (Vandermeersch, 1981).

Concernant le Paléolithique supérieur, l'enfant de La Madeleine 4 présente, sur l'os temporal droit, une fossette styloïdienne nettement décalée du côté interne du crâne, alors que sur le temporal gauche de l'enfant de Montgaudier 3, la base du processus styloïde est alignée avec l'incisure mastoïdienne et le foramen stylo-mastoïdien (tableau 155).

Conclusions

En conclusion, une position médiale du processus styloïde par rapport à l'alignement de l'incisure mastoïdienne et du foramen stylo-mastoïdien, est une variation morphologique qui peut s'observer aussi bien sur des formes *Homo sapiens neanderthalensis* que *Homo sapiens sapiens*.

Ce morphe existe également chez les *Homo sapiens* archaïques, comme l'attestent les individus Omo 2 et Salé (Hublin, 1991).

Sa présence a été identifiée sur des *Homo erectus* de Chine (Weidenreich, 1943).

La valeur plésiomorphe de ce phénotype ne pourra être attestée, tant qu'une étude de Primates non-humains n'aura pas été réalisée.

Mais, nous avons relevé que les fréquences de ce morphe, chez les enfants néandertaliens des classes d'âges 2, 3 et 4 d'une part et chez les adolescents de Qafzeh d'autre part, sont significativement supérieures à celles observées chez les enfants récents de même âge dentaire.

	Âge (*ca*)	**Positions du processus styloïde**	**Sources des informations**
Krapina 1	immature	latérale	Elyaqtine, 1995
Sima de los Huesos 6 et 7	immatures	alignés	Martinez et Arsuaga, 1997
Dederiyeh	2 ans	médiale D	Dodo *et al.*, 1998
Pech-de-l'Azé	2 ½ ans	médiale D aligné D	Observ. pers. *contra* Pap *et al.*, 1996
Subalyuk 2	3 ans	médiale D	Pap *et al.*, 1996
Engis 2	4 ans	médiales	Arensburg et Tillier, 1983
Devil's Tower	5 ans	médiale D	Arensburg et Tillier, 1983
La Quina H18	6-8 ans	médiales	Elyaqtine, 1995
Le Moustier 1	16 ans	médiale D	Thompson et Bilsborough, 1997
Arcy-sur-Cure	immature	médiale G	Observ. pers.(M)
Petit-Puymoyen	immature	médiale D	Elyaqtine, 1997
Qafzeh 4a	3 ans	aligné D	Arensburg et Tillier, 1983
Qafzeh 12	3 ans	médiale G	Tillier, 1999
Skhul 1	4 ans	aligné D	Arensburg et Tillier, 1983
Qafzeh 15	9 ans	médiale D	Tillier, 1999
Qafzeh 11	12-13 ans	médiales	Tillier, 1984
La Madeleine	3 ans	médiale D	Pap *et al.*, 1996
Montgaudier 3	8-10 ans	aligné G	Observ. pers.

Tableau 155. Enfants fossiles dont la région mastoïdienne de l'os temporal est conservée (pré-néandertaliens et *Homo sapiens neanderthalensis*, *Homo sapiens sapiens* du Paléolithique moyen, *Homo sapiens sapiens* du Paléolithique supérieur)

2. 2. Absence d'incurvation mandibulaire antérieure

L'ampleur de l'incurvation mandibulaire antérieure serait un caractère distinctif entre la symphyse des *Homo sapiens sapiens* et celle des autres groupes fossiles.

L'individualisation de ce caractère, chez les enfants issus des séries ostéologiques, s'effectue entre les classes d'âges 2 et 3, au moment de la mise en place des dents antérieures permanentes.

Il s'avérait intéressant de suivre l'évolution de ce trait anatomique chez les enfants fossiles de l'espèce *Homo sapiens* et de dégager des différences éventuelles, dans la fréquence de ce caractère entre enfants néandertaliens et enfants de morphologie moderne fossiles et récents.

Discussion

Une incurvation mandibulaire est décrite sur l'*Homo sapiens* archaïque Irhoud 3 dont les stades d'éruption et de calcification dentaires correspondent à celui d'un enfant actuel d'environ 8-9 ans (tableau 157).

L'incurvation n'existe pas sur les jeunes mandibules néandertaliennes du Pech-de-l'Azé, du Roc de Marsal, de Devil's Tower, du Molare 1, de Barakai et d'Amud 7 (tableau 157).
De même, sur les mandibules de Teshik-Tash, Šipka 1, Zaskalnaya VI, Montgaudier et Krapina 53, aucune incurvation mandibulaire antérieure ne serait identifiée (tableau 157).
Une ébauche d'incurvation mandibulaire antérieure a été décrite sur Chateauneuf 1, Archi, l'Hortus II, la Chaise 13, Sclayn SCLA 4A-9 et Combe-Grenal I (tableau 157). A propos de ce dernier enfant, il paraît imprudent de vouloir décrire la forme de l'incurvation mandibulaire antérieure alors que la symphyse mentonnière n'est pas conservée.
Heim et Granat (1995) mentionne, à propos de Malarnaud 1, une "légère ébauche" d'incurvation mandibulaire que nous n'avons pas perçu lors de l'examen du moulage.

Lorsque les fréquences de ce caractère, chez les enfants néandertaliens sont comparées à celles observées chez les enfants modernes, aucune différence significative n'est constatée au sein des classes d'âges 2 et 3, quel que soit le morphe considéré (morphe "absent" : classe 2 $p = 0.69$ et classe 3 $p = 1.0$; morphe "vestigial" : classes 2 et 3 $p = 1.0$; morphe "développé" : classe 2 $p = 0.58$ et classe 3 $p = 1.0$) (tableau 156).

En revanche, des différences apparaissent au cours de la dernière classe d'âge, où le morphe "absent" reste prédominant chez les néandertaliens, tandis que chez les adolescents modernes, l'incurvation est bien marquée (morphe "absent" : $p = 0.0011$; morphe "vestigial" : $p = 0.0626$ et morphe "développé" : $p = 0.0000$) (tableau 156).

	Classe 2		Classe 3		Classe 4	
	n	%	**n**	%	**n**	%
absente	**5**	71	**1**	100	**5**	71
vestigiale	**2**	29	**0**	0	**2**	29
développée	**0**	0	**0**	0	**0**	0
Total	7	100	**1**	100	7	100

Tableau 156. Fréquences absolues et relatives des différents morphes de l'incurvation mandibulaire antérieure, chez les enfants néandertaliens, âges séparés

L'incurvation mandibulaire antérieure serait également absente sur les mandibules néandertaliennes adultes du Petit-Puymoyen (Gabis, 1956), du Regourdou (Piveteau, 1963-1966), et de Montmaurin (Billy et Vallois, 1977).
En revanche, certaines autres montrent une incurvation déjà bien prononcée, comme la mandibule de La Ferrassie 1 (*versus* Heim, 1976), La Quina H9, Subalyuk 1, Shanidar 1 et Amud 1 (Tillier, 1981). L'incurvation semble plus faible sur Spy 1 (Thoma, 1975), Kébara 2 (Tillier *et al.*, 1989), Tabun 1 et Shanidar 4 (Trinkaus, 1983).

Sur l'ensemble des mandibules pré-néandertaliennes d'Atapuerca, seules les pièces AT-1 et 950 ne montrent aucune incurvation, sur les autres spécimens le caractère est présent, au stade vestigial ou très nettement développé comme sur AT-300 (Rosas, 1995, 1997).

Concernant les enfants fossiles de Skhul et Qafzeh, comme chez les non-adultes récents, l'incurvation mandibulaire est absente chez les très jeunes enfants (Qafzeh 13), puis au sein des deux dernières classes d'âges, elle est soit nettement marquée (Qafzeh 11 et 15), soit à l'état d'ébauche comme sur Qafzeh 4 et 10 (tableau 157).
C'est avec les premiers hommes de morphologie moderne du Paléolithique moyen que le menton acquiert chez l'adulte un développement identique à celui de l'homme actuel, comme en témoignent les mandibules de Qafzeh 9 et Skhul V sur lesquelles l'incurvation mandibulaire est particulièrement bien marquée ; elle est plus faible sur Skhul IV (Vandermeersch, 1981 ; Mc Cown et Keith, 1939).
Ce caractère - comme les *tuberculae lateralia* - serait notamment le dernier élément du menton à se révéler, lors de la mise en place de la dentition permanente.

De même, l'incurvation mandibulaire antérieure est absente sur la mandibule du jeune enfant du Figuier. Chez les enfants plus âgés, l'incurvation est soit vestigiale comme sur les mandibules des Rois A, Predmosti 2 et Isturitz 119, soit bien marquée, comme sur Predmosti 5 et Isturitz 116 (tableau 157).
Comme pour les enfants de Skhul-Qafzeh, les enfants du Paléolithique supérieur ne sont pas suffisamment nombreux dans chaque classe d'âge pour justifier un test statistique, mais l'incurvation mandibulaire semble se creuser au cours des mêmes classes d'âges que pour les enfants modernes récents.

L'incurvation mandibulaire antérieure est également marquée sur les adultes du Paléolithique supérieur, comme l'attestent la mandibule n°4256 du gisement de Cro-Magnon (Gambier, 1989) ou celle de La Balauzière II (Gambier, 1985) ; elle n'est que vestigiale sur la mandibule de l'Abri Pataud (Billy, 1975).

Conclusions

Le retrait de la partie alvéolaire par rapport à la partie basilaire de la symphyse mentonnière a commencé très lentement à se mettre en place chez certains *Homo erectus*. Une petite dépression a, en effet, été décrite sur la mandibule H1 de Zhoukoudian (Weidenreich, 1936).

De même, une incurvation mandibulaire antérieure légèrement palpable est présente sur la symphyse de l'adolescent *Homo erectus* KNMWT 15000 (observation personnelle d'après moulage).

L'individualisation définitive de cette partie de la symphyse mandibulaire apparaît avec les premiers hommes de morphologie moderne, bien que le caractère soit déjà reconnaissable sur certaines mandibules adultes néandertaliennes.
Chez les sujets non-adultes, l'incurvation est visible dès l'adolescence chez tous les *Homo sapiens sapiens* depuis le Paléolithique moyen ; elle reste souvent absente ou seulement vestigiale sur les mandibules néandertaliennes.

En revanche, l'absence totale d'incurvation mandibulaire antérieure chez les très jeunes enfants reste un caractère constant au sein de l'espèce *Homo sapiens*, puisque sa mise en place est étroitement liée à celle des dents antérieures permanentes.

	Âge (*ca*)	**Incurvation mandibulaire antérieure**	**Sources des informations**
Irhoud 3	8-9	vestigiale	Hublin et Tillier, 1981
La Chaise 13	4-5 ans	vestigiale	Tillier et Genet-Varcin, 1980
Krapina 53	10-11 ans	absente	Observ. pers.(M)
Amud 7	10 mois	absente	Rak *et al.*, 1994
Pech-de-l'Azé	2 ½ ans	absente	Ferembach, 1970
Roc de Marsal	3 ans	absente	Tillier, 1983b
Archi	3 ans	vestigiale	Ascenzi et Segre, 1971 Mallegni et Trinkaus, 1997
Barakai	3 ans	absente	Faerman *et al.*, 1994
Chateauneuf 1	3 ½ ans	vestigiale	Tillier et Genet-Varcin, 1980
Le Molare 1	3-4 ans	absente	Mallegni et Ronchitelli, 1987
Devil's Tower	5 ans	absente	Tillier, 1982
Combe-Grenal I	7 ans	vestigiale région non conservée	Genet-Varcin, 1982 Observ. pers.
Teshik-Tash	8-10 ans	absente	Gremjackij, 1949
L'Hortus II	8-9 ans	vestigiale	de Lumley, 1973
Sipka 1	9-10 ans	absente	Vlcek, 1969
Sclayn SCLA 4A-9	10-11 ans	vestigiale	Toussaint *et al.*, 1998
Zaskalnaya VI	10-12 ans	absente	Kolossov *et al.*, 1975
Malarnaud 1	11-13 ans	vestigiale absente	Heim et Granat, 1995 Observ. pers.(M)
Montgaudier	12-15 ans	absente	Duport et Vandermeersch, 1976 Mann et Vandermeersch, 1997
Qafzeh 13	naissance	absente	Observ. pers.(M)
Qafzeh 10	6 ans	vestigiale	Tillier, 1999
Qafzeh 4	7 ans	vestigiale	Tillier, 1979
Qafzeh 15	9 ans	développée	Tillier, 1999
Qafzeh 11	12-13 ans	développée	Tillier, 1984
Le Figuier	3 ans	absente	Billy, 1979
Isturitz 119	4-5 ans	vestigiale	Observ. pers.

Predmosti 2	6-7 ans	vestigiale	Observ. pers. d'après Matiegka, 1934, pl. 9
Isturitz 116	6-7 ans	développée	Observ. pers.
Les Rois A	10-11 ans	vestigiale	Gambier, 1989
Predmosti 5	15-16 ans	développée	Observ. pers. d'après Matiegka, 1934, pl. 10

Tableau 157. Enfants fossiles dont la symphyse mandibulaire est conservée (*Homo sapiens* archaïque, pré-néandertaliens et *Homo sapiens neanderthalensis*, *Homo sapiens sapiens* du Paléolithique moyen, *Homo sapiens sapiens* du Paléolithique supérieur)

2. 3. Présence de dépressions mandibulaires anterieures[22]

La protubérance mentonnière de la mandibule ou "menton" est, comme nous l'avons vu précédemment, spécifique à l'homme (Enlow, 1990).
Les phénomènes de croissance, associés à des phénomènes de résorption osseuse dans la région de la symphyse mentonnière, donnent naissance, entre autres, aux dépressions mandibulaires antérieures, particulières à l'espèce humaine.
Celles-ci sont bien développées chez les enfants modernes que nous avons examinés, surtout chez les plus jeunes d'entre eux. Nous avons voulu vérifier si tel était le cas sur tous les individus immatures de l'espèce *Homo sapiens,* ou si des différences existaient entre enfants fossiles et récents.

Discussion

Sur la mandibule de l'*Homo sapiens* archaïque Irhoud 3, la face antérieure de la symphyse montre les deux dépressions mandibulaires. Elles suivent un axe orienté vers le bas et l'extérieur, et présentent des petites perforations à leur surface (Hublin et Tillier, 1981), mais leur développement n'est encore que vestigial (Arensburg *et al.*, 1989).
Les jeunes mandibules néandertaliennes du Roc de Marsal et de Devil's Tower sont totalement dépourvues du caractère. De même, les dépressions sont absentes sur les mandibules des enfants plus âgés de Teshik-Tash, Zaskalnaya VI, Montgaudier et Malarnaud 1 (tableau 160).
En revanche, des ébauches de dépressions mandibulaires ont été observées sur les mandibules de Chateauneuf 1, l'Hortus II, Molare 1, Archi et La Chaise 13 (tableau 160). Sur le fragment de mandibule de Combe-Grenal I, une partie de la dépression antérieure droite est seulement palpable.
Sur la mandibule du Fate II, les dépressions, en forme de demi-lune sont bien individualisées. Les mandibules du Pech-de-l'Azé, Barakai (figure 43) et Dederiyeh, laissent également apparaître des dépressions antérieures développées (tableau 160).

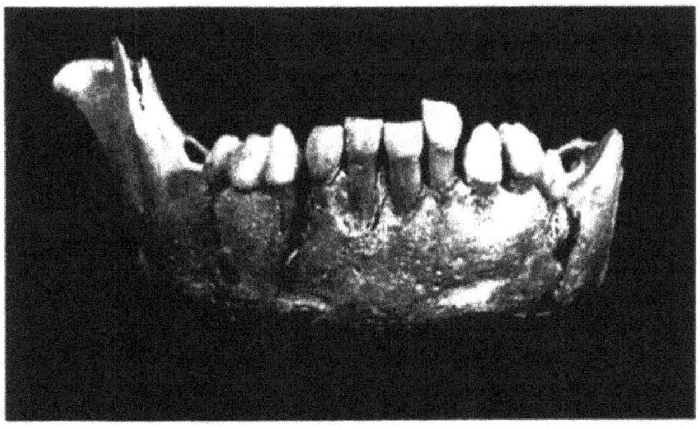

Figure 43. Dépressions mandibulaires antérieures développées sur l'enfant de Barakai (photographie A. Pinchasov)

L'absence de dépressions mandibulaires antérieures est un morphe que nous n'avons jamais rencontré chez les enfants les plus jeunes des séries modernes étudiées, et qui est extrêmement rare (2%) chez les enfants les plus âgés. C'est pourquoi les différences de fréquences observées par rapport aux enfants néandertaliens, chez qui les dépressions sont encore rarement exprimées, sont significatives pour les trois classes d'âges (morphe "absent" p = 0.0046 ; 0.0001 ; 0.0000 ; morphe "vestigial" p = 0.0000 ; 0.2123 et 0.12 et morphe "développé" p = 0.0000 ; 0.0005 et 0.0035) (tableau 158).

	Classe 2		Classe 3		Classe 4	
	n	%	**n**	%	**n**	%
absentes	**2**	15	**2**	67	**8**	73
vestigiales	**6**	46	**1**	33	**2**	18
développées	**5**	38	**0**	0	**1**	9
Total	**13**	100	**3**	100	**11**	100

Tableau 158. Fréquences absolues et relatives des différents morphes des dépressions mandibulaires antérieures, chez les enfants néandertaliens, âges séparés

Les "fosses mentonnières", à peine esquissées chez l'enfant néandertalien, tendent à disparaître chez l'adulte alors qu'elles persistent en général chez les adultes *Homo sapiens sapiens,* au moins sous une forme vestigiale (Houët, 1988 ; Arensburg *et al.,* 1989 et observations personnelles).

Les dépressions existent de chaque côté du *trigonum mentale* de la mandibule de Qafzeh 4, mais sont peu développées et limitées par la saillie des tubercules marginaux antérieurs. Qafzeh 10 et 15 montrent des dépressions un peu plus marquées, comme sur les mandibules des enfants Skhul X et Qafzeh 13 (tableau 160).

Sur les mandibules adultes de Skhul V et Qafzeh 7 et 9, les dépressions mandibulaires sont toujours présentes ; elles accentuent la saillie mentonnière, étant situées entre la partie supérieure du triangle mentonnier et les crêtes correspondant aux racines des canines (Mc Cown et Keith, 1939 ; Vandermeersch, 1981).

Pour le Paléolithique supérieur, les mandibules des enfants du Figuier, de l'Abri Pataud (n°1401) et de La Madeleine 4, présentent sur la face antérieure de la symphyse, des dépressions limitant latéralement le triangle mentonnier (tableau 160). A Isturitz, les dépressions sont également nettement marquées sur la mandibule 119, alors qu'elles ne sont que vestigiales sur les mandibules 116 et 118 ; le même morphe s'applique à Ksar'Aqil 1 (tableau 160).

Une seule différence significative est observée, pour ce caractère, entre les fréquences notées chez les enfants récents et celles observées au Paléolithique supérieur : dans ce dernier groupe, le morphe "vestigial" est plus fréquent que le morphe "développé" (morphe "absent" : p = 1.0 ;

[22] Anc. Fosses mentonnières (*fossae mentales*)

morphe "vestigial" : p = 0.032 ; 0.0062 ; 0.18 ; morphe "développé" : p = 0.032 ; 0.0062 et 0.20) (tableau 159).

	Classe 2		Classe 3		Classe 4	
	n	%	**n**	%	**n**	%
absentes	**0**	0	**0**	0	**0**	0
vestigiales	**2**	25	**2**	100	**2**	100
développées	**6**	75	**0**	0	**0**	0
Total	**8**	100	**2**	100	**2**	100

Tableau 159. Fréquences absolues et relatives des différents morphes des dépressions mandibulaires antérieures, chez les enfants du Paléolithique supérieur, âges séparés

Conclusions

Chez *Homo erectus*, les dépressions mandibulaires antérieures, indépendamment de la présence du trigone mentonnier, sont visibles à l'état d'ébauche sur l'enfant B1 de Zhoukoudian (Weidenreich, 1936). Elles sont absentes sur l'adolescent KNMWT 15000 (observation personnelle d'après moulage).

Il semble que les "fosses mentonnières" soient en cours d'individualisation au sein de la lignée néandertalienne, puisque sur plusieurs mandibules, les dépressions apparaissent à l'état vestigial, et parfois même développé. Leur absence, sur certaines mandibules d'enfants de ce groupe, pourrait relever de la plésiomorphie.

Leur mise en place définitive, avec les enfants fossiles de morphologie moderne, est donc étroitement liée à l'acquisition d'un menton osseux saillant (Arensburg *et al.*, 1989).

	Âge (*ca*)	**Dépressions mandibulaires antérieures**	**Sources des informations**
Irhoud 3	8-9 ans	vestigiales	Arensburg *et al.*, 1989
La Chaise 13	4-5 ans	vestigiales	Arensburg *et al.*, 1989
Dederiyeh	2 ans	développées	d'après Akazawa *et al.*, 1995
Pech-de-l'Azé	2 ½ ans	développée D absente	Observ. pers. *versus* Mallegni et Trinkaus, 1997
Archi	3 ans	vestigiales développées	Observ. pers. *versus* Mallegni et Trinkaus, 1997
Barakai	3 ans	développées	Observ. pers.
Roc de Marsal	3 ans	absentes	Tillier, 1981
Chateauneuf I	3 ½ ans	vestigiales	Patte, 1957 Tillier et Genet-Varcin, 1980
Le Molare 1	3-4 ans	vestigiales	Mallegni et Ronchitelli, 1987
Devil's Tower	5 ans	absentes	Tillier, 1982
Combe-Grenal I	7 ans	vestigiale D	Observ. pers.
L'Hortus II	8-9 ans	vestigiales	de Lumley, 1973
Teshik-Tash	8-10 ans	absentes	Gremjackij, 1949
Le Fate II	9-10 ans	développée G	Giacobini *et al.*, 1984
Zaskalnaya VI	10-12 ans	absentes	d'après Kolossov *et al.*, 1975 figure 4
Malarnaud 1	11-13 ans	absentes	Heim et Granat, 1995
Montgaudier	12-15 ans	absentes	Observ. pers.
Qafzeh 13	nouveau-né	développées	Arensburg *et al.*, 1989
Skhul X	5 ans	développées	Arensburg *et al.*, 1989
Qafzeh 10	6 ans	développées	Tillier, 1999
Qafzeh 4	7 ans	vestigiales développées	Tillier, 1979 *versus* Mallegni et Trinkaus, 1997
Qafzeh 15	9 ans	développées	Tillier, 1999
Abri Pataud (n°1401)	nouveau-né	développée G	d'après Legoux, 1975 planche 6d
Le Figuier	3 ans	développées	Billy, 1979
La Madeleine 4	3 ans	développées	Heim, 1991

Isturitz 118	2-3 ans	vestigiales	Observ. pers.
Isturitz 119	4-5 ans	développées	Observ. pers.
Isturitz 116	6-7 ans	vestigiales	Observ. pers.
Ksar'Aqil 1	8 ans	vestigiales	Observ. pers.(M)

Tableau 160. Enfants fossiles dont la région de la symphyse mentonnière est conservée (*Homo sapiens* archaïque, pré-néandertalien et *Homo sapiens neanderthalensis*, *Homo sapiens sapiens* du Paléolithique moyen, *Homo sapiens sapiens* du Paléolithique supérieur)

2. 4. Absence de pont mylo-hyoïdien et forme du sillon

• Forme du sillon mylo-hyoïdien

Le sillon mylo-hyoïdien, qui permet le passage des nerfs et des vaisseaux mylo-hyoïdiens, montre-t-il des caractères particuliers chez les enfants fossiles de l'espèce *Homo sapiens,* par rapport aux enfants issus des séries ostéologiques ?

Discussion

Rarement décrit dans la littérature, le sillon mylo-hyoïdien semble présenter sur les mandibules immatures fossiles la même variabilité que chez les modernes.

En effet, sur les mandibules non-adultes néandertaliennes, le sillon est peu marqué sur Pech-de-l'Azé, et Devil's Tower. En revanche, il est profond sur Teshik-Tash, le Moustier 1, Krapina 53 et Sclayn SCLA 4A-1. Sur la mandibule du jeune enfant du Roc de Marsal, les sillons sont également profonds (tableau 163).

Il semble donc que la même variabilité, dans la forme du sillon mylo-hyoïdien, affecte les enfants fossiles et récents car lorsqu'ils sont comparés, aucune différence significative n'est observée concernant les fréquences des différents morphes (morphe "absent" : p = 1.0 pour les deux classes d'âges permettant le test ; morphe "peu profond" : p = 0.97 ; 1.0 ; 0.19 et morphe "profond" : p = 0.97 ; 1.0 ; 0.19) (tableau 161).

	Classe 2		Classe 3		Classe 4	
	n	%	**n**	%	**n**	%
absent	**0**	0	**0**	0	**0**	0
peu profond	**1**	33	**0**	0	**0**	0
profond	**2**	67	**1**	100	**7**	100
Total	**3**	100	**1**	100	7	100

Tableau 161. Fréquences absolues et relatives des différents morphes du sillon mylo-hyoïdien, chez les enfants néandertaliens, âges séparés

La forme du sillon mylo-hyoïdien reste également variable chez les adultes de la lignée néandertalienne. Sur la mandibule du Regourdou (Piveteau, 1963-1966), le sillon est profond et à peu près rectiligne, comme sur les mandibules de La Chapelle-aux-Saints (Boule, 1911-1913) et de La Ferrassie (Heim, 1976). En revanche, sur la mandibule H5 de La Quina, le large orifice du canal dentaire est suivi d'un sillon mylo-hyoïdien peu creusé (Martin, 1923). Sur les mandibules de Shanidar, le sillon mylo-hyoïdien est profond et bien distinct (Trinkaus, 1983).

Sur les mandibules modernes du Paléolithique moyen, le sillon mylo-hyoïdien est profond sur Qafzeh 11 et peu marqué sur Qafzeh 10 et 15 (tableau 163).

Les descriptions du sillon mylo-hyoïdien des mandibules juvéniles du Paléolithique supérieur sont extrêmement rares. Sur Fontéchevade, le sillon est si peu profond qu'il n'est bien visible qu'à son départ. La branche droite de la mandibule de Ksar'Aqil 1 montre un sillon profond comme sur Isturitz 116 (tableau 163).

Les enfants modernes fossiles, ne sont pas suffisamment nombreux dans chaque classe d'âge pour justifier un test statistique, mais il ne semble pas qu'une forme particulière du sillon mylo-hyoïdien se dégage de ces observations.
La forme du sillon mylo-hyoïdien demeure également très variable chez les adultes modernes fossiles : il est très nettement marqué sur la mandibule de l'Abri Pataud (Billy, 1975) et sur Isturitz 1950-4-1 (observation personnelle), "assez profond" sur Qafzeh 9 (Vandermeersch, 1981) et peu marqué sur les mandibules n° 3 et 4 du Veyrier (Bouvier, 1971).

Conclusions

La forme du sillon mylo-hyoïdien néandertalien ne montre aucune différence significative par rapport à la morphologie moderne des enfants du Paléolithique moyen, supérieur, et celle des enfants récents.
La variabilité dans la forme du sillon mylo-hyoïdien se retrouve également sur les mandibules plus anciennes ; sur l'adolescent *Homo erectus* KNMWT 15000, les deux sillons sont bien creusés sur tout leur parcours (observation personnelle d'après moulage), alors que sur la mandibule d'*Homo sapiens* archaïque Irhoud 3, le sillon mylo-hyoïdien est décrit comme "mieux individualisé dans sa partie antérieure, sous l'alvéole de la M2" (Hublin, 1991).

• Pont mylo-hyoïdien

A partir des observations faites sur les échantillons d'enfants modernes, nous avons pu confirmer l'hypothèse de Ossenberg (1974) selon laquelle le pont mylo-hyoïdien, chez les hommes actuels, achève rarement son expression avant la puberté. En effet, sa fréquence relative au sein des adolescents européens étudiés (classe 4) est de 0.6%, alors qu'elle passe à plus de 15% chez les adultes issus des mêmes aires géographiques.

Si la maturité osseuse différait chez les enfants néandertaliens, l'on devrait retrouver la trace de ponts mylo-hyoïdiens à des âges inférieurs et avec des fréquences plus élevées que chez les enfants de morphologie moderne, fossiles et récents.

Discussion

Il apparaît que, sur les mandibules immatures néandertaliennes actuellement mises au jour, la présence d'un pont osseux interrompant le sillon mylo-hyoïdien, n'a jamais été constatée, même chez les "adolescents" (tableau 163).

En revanche, un pont a été observé sur le sujet juvénile n°83 d'Atapuerca (Rosas, 1987). Cependant, l'âge de ce sujet est difficilement estimable étant donné que seul un fragment de branche mandibulaire est conservé.

Billy et Vallois (1977) ont remarqué qu'un pont mylo-hyoïdien se retrouvait avec une fréquence non négligeable, sur les mandibules adultes néandertaliennes comme c'est le cas sur Montmaurin, et la grande robustesse de celles-ci pourraient être à l'origine de l'ossification de la zone fibreuse qui ferme normalement le sillon mylo-hyoïdien.
En effet, un pont a été également décrit sur plusieurs mandibules adultes néandertaliennes d'Europe comme La Quina H9 (Martin, 1926b), La Ferrassie 1 - au niveau de la partie distale du sillon mylo-hyoïdien - (Heim, 1976), Krapina 59, 60 (Smith, 1976) et Saint-Césaire (Tillier, *et al.*, 1989).

Un pont est également présent sur les mandibules proche-orientales de Tabun II (Mc Cown et Keith, 1939) et Shanidar 4 (Trinkaus, 1983), où il s'étend depuis la base du foramen mandibulaire sur une longueur de 20 mm. Sur Kébara 2 (Tillier *et al.*, 1989), le trajet du sillon mylo-hyoïdien droit, seul préservé, est également interrompu en deux endroits par un pont osseux, le premier en position haute, sous le foramen mandibulaire, le second étant situé plus bas.

Aucun pont mylo-hyoïdien n'a été décrit sur les mandibules immatures de Qafzeh 11, 10 et 15 (tableau 163). Il en est de même, sur les mandibules adultes des gisements de Skhul et Qafzeh (Mc Cown et Keith, 1939 ; Vandermeersch, 1981).

En revanche, un pont osseux a été décrit sur la mandibule de l'adolescent Romanelli 7 (Fabbri 1987) ainsi que sur deux des mandibules non-adultes d'Isturitz (n° 66 et 116) (Gambier (1990-1991). D'après les données publiées par ce dernier auteur (1990-1991, tableau 11) et corrigées, ce caractère osseux, au sein de l'échantillon immature d'Isturitz, est présent 1 fois sur 4 hémi-mandibules droites et 1 fois sur 5 hémi-mandibules gauches, soit une fréquence relative pour ce caractère de 22 % (fréquence absolue = n \ N = 2 \ 9).
Sur les branches mandibulaires droites, seules conservées des enfants de La Madeleine 4 et Ksar'Aqil 1 (observations personnelles), aucun pont n'est visible. Pour les autres gisements du Paléolithique supérieur, aucune description d'un pont mylo-hyoïdien sur des mandibules non-adultes n'est connue dans la littérature.

Lorsque les enfants modernes récents sont comparés aux enfants du Paléolithique supérieur, la fréquence du pont mylo-hyoïdien chez ces derniers, et dans le gisement d'Isturitz en particulier, est significativement plus élevée (respectivement p = 0.0032 et 0.0002) (tableau 162).

	Classe 4			
	Isturitz		Ensemble	
	n	%	**n**	%
présent	**2**	22	**3**	27
absent	**7**	78	**8**	73
Total	**9**	100	**11**	100

Tableau 162. Fréquences absolues et relatives des différents morphes du pont mylo-hyoïdien, chez les adolescents d'Isturitz et dans l'ensemble du Paléolithique supérieur

Un pont mylo-hyoïdien a été également recensé sur des mandibules adultes du Paléolithique supérieur et en particulier sur la branche droite, seule conservée, de la mandibule 113 du gisement d'Isturitz (Gambier, 1990-1991), et sur la branche gauche de la mandibule Romanelli 5 (Fabbri, 1987).

Conclusions

La fréquence plus élevée du pont mylo-hyoïdien sur les mandibules immatures d'Isturitz et du Paléolithique supérieur en général, par rapport aux mandibules modernes récentes, ne signifient pas que ce caractère discret est typique des enfants de cette période.

Mais, considérant que les seuls enfants possédant un pont osseux sont issus de sites ayant livré des mandibules adultes montrant également le caractère "hyperostotic", on peut du moins émettre l'hypothèse que ces individus, dans chaque gisement (Isturitz et Romanelli), pouvaient avoir des liens génétiques, les avis concernant la validité de ce caractère comme marqueur génétique étant toujours divergents (Yamano et Yamaguchi, (1965), Corruccini (1974), Ossenberg (1976) Sawyer *et al.* (1978), Lundy (1980)).

Il semble que la formation d'un pont osseux sur les mandibules néandertaliennes obéisse aux mêmes lois que chez les enfants modernes récents : son individualisation avant la puberté est extrêmement rare. La vitesse de maturation de cette portion mandibulaire chez ces enfants fossiles ne semble donc pas différer de celle qu'on observe chez les enfants modernes récents et fossiles.

	Âge (*ca*)	**Sillons mylo-hyoïdiens**	**Ponts mylo-hyoïdiens**	**Sources des informations**
Irhoud 3	8-9 ans	profond G	absent G	Hublin, 1991
Krapina 53	10-11 ans	profond D	absent D	Observ. pers.(M)
Sima de Los Huesos 83	immature	-	présent D	Rosas, 1987
Pech-de-l'Azé	2 ½ ans	peu profond D	absent D	Ferembach, 1970

Roc de Marsal	3 ans	peu profonds profonds	absents	Tillier, 1983b et Madre-Dupouy, 1992 *versus* Observ. pers.
Devil's Tower	5 ans	profond D	absent D	Tillier, 1982
Teshik-Tash	8-10 ans	profonds	absents	Gremjackij, 1949
Sclayn SCLA 4A-1	10-11 ans	profond D	absent D	Observ. pers.(M)
Malarnaud 1	11-13 ans	profonds	absents	Observ. pers.
Le Moustier 1	16 ans	profonds	-	Thompson et Bilsborough, 1997

Qafzeh 10	6 ans	peu profonds	absents	Observ. pers.(M) Tillier, 1999
Qafzeh 15	9 ans	peu profond D	absent	Observ. pers.(M) Tillier, 1999
Qafzeh 11	12-13 ans	profonds	absents	Tillier, 1984

La Madeleine 4	3 ans	peu profond D	absent D	Observ. pers.
Fontéchevade	5-6 ans	peu profond	-	Gambier, 1989
Isturitz 116	6-7 ans	profond D	présent D	Gambier, 1990-1991 et Observ. pers.
Ksar'Aqil 1	8 ans	profond D	absent D	Observ. pers.(M)
Isturitz 66	9 ans	étroit	présent G	Gambier, 1990-1991
Romanelli 7	14 ans	-	présent D	Fabbri, 1987

Tableau 163. Enfants fossiles dont la région mylo-hyoïdienne est conservée
(*Homo sapiens* archaïque, pré-néandertaliens et *Homo sapiens neanderthalensis*,
Homo sapiens sapiens du Paléolithique moyen, *Homo sapiens sapiens* du Paléolithique supérieur)

3. Caractères à connotation phylogénétique

3. 1. Pont osseux et forme de l'incisure mastoïdienne

• Pont osseux sur l'incisure mastoïdienne

Chez les hommes fossiles, Weidenreich (1943) le premier, a noté la présence sur les crânes de Zhoukoudian, au niveau de l'incisure mastoïdienne, d'une élévation en forme de selle. Celle-ci se situe entre le départ de l'incisure et la zone du foramen stylo-mastoïdien qui aboutit à la partie médiale du processus mastoïde.

Ce caractère est également présent sur des *Homo sapiens* archaïques adultes, comme Laetoli 18 pour lequel un pont très net est visible (Elyaqtine, 1995) ; celui qui est présent sur Irhoud 1 n'étant pas très prononcé (Hublin, 1991).

Chez les adultes Néandertaliens, Vallois (1969) a noté que sur l'os temporal H27 de La Quina, le pont osseux précédemment décrit existait sur le parcours de l'incisure mastoïdienne, unissant la face médiale du processus mastoïde au bord inférieur de la partie pétreuse de l'os. Un pont osseux a été également observé sur La Chapelle-aux-Saints (Boule, 1911-1913), La Ferrassie 1 (Heim, 1976), La Quina H5 et H9, Guattari 1 et sur les fossiles proche-orientaux de Shanidar 1 et 5 (Trinkaus, 1983), Amud 1 (Suzuki et Takai, 1970) et Tabun 1.
Un pont est également présent sur tous les spécimens de la série de Krapina, sur Gibraltar 1, Biache Saint-Vaast 1 (Elyaqtine, 1995) ; il est de petite taille sur Saccopastore 1 et 2 (Condemi, 1992).

Il est à noter que parmi les 12 spécimens d'Atapuerca, sur lesquels le caractère peut être observé, seul l'adulte AT-1122 possède une élévation du plancher de l'incisure mastoïdienne dans sa partie antérieure (Martinez et Arsuaga, 1997).

Si, comme le suppose Elyaqtine (1995), la présence d'un tel pont osseux coupant l'incisure mastoïdienne est "un caractère constant dans la lignée néandertalienne", il doit être également présent sur les sujets juvéniles.

Discussion

Un pont osseux au départ de l'incisure mastoïdienne a été effectivement observé sur les os temporaux juvéniles néandertaliens de Devil's Tower, La Quina H18, Pech-de-l'Azé et Subalyuk 2 (tableau 165).
Cependant, sa présence n'est pas systématique chez tous les sujets immatures de la lignée néandertalienne, comme l'illustre Engis 2 (tableau 165).
En revanche, un pont osseux est présent sur tous les os temporaux immatures de morphologie moderne de Qafzeh 4a, 15 et 11 (tableau 165).
Mais, sur les crânes d'adultes de Qafzeh, la morphologie est identique à celle des hommes actuels, c'est-à-dire que l'incisure mastoïdienne n'est jamais fermée à l'avant par un pont osseux (Vandermeersch, 1981).

Parmi tous les enfants modernes récents que nous avons examinés, un pont osseux coupant l'incisure mastoïdienne dans sa partie antérieure n'a jamais été observé.

Conclusions

En conclusion, chez les enfants néandertaliens, la présence d'un pont osseux sur l'incisure mastoïdienne n'est pas systématique. En revanche, ce caractère a été observé sur tous les os temporaux immatures du site de Qafzeh.
Ce trait anatomique pourrait être considéré, au sein des enfants fossiles, comme un caractère précoce indifférencié (Tillier, 1986). Le pont osseux sur l'incisure mastoïdienne reste cependant un caractère d'interprétation difficile (Condemi, 1988).

• Forme de l'incisure mastoïdienne

Nous voulons vérifier s'il existe au sein des enfants fossiles, la même variabilité dans la forme de l'incisure mastoïdienne que chez les enfants issus des séries ostéologiques, ou si une morphologie particulière est caractéristique d'un groupe fossile.

Discussion

Dans la plupart des cas, l'incisure mastoïdienne est, chez les enfants néandertaliens, profonde et étroite comme sur Pech-de-l'Azé, sur les temporaux 39-3 et 39-4 de Krapina, sur Subalyuk 2 ou sur les crânes juvéniles pré-néandertaliens 6 et 7 de la Sima de Los Huesos. L'incisure est également décrite comme profonde sur le temporal droit d'Amud III, mais aucune précision n'est donnée sur sa largeur (tableau 165).
Sur l'enfant de Devil's Tower, l'incisure mastoïdienne est étroite aussi, mais elle est peu profonde sur tout son parcours (tableau 165).

En revanche, l'incisure est évasée et peu profonde sur La Ferrassie 3, Engis 2, Le Moustier 1 et La Quina H 18 (tableau 165). A propos du crâne néandertalien de Belgique, Tillier (1983a) précise que la grande largeur observée de l'incisure mastoïdienne ne présenterait aucune signification particulière.
Concernant le crâne de Teshik-Tash, Gremjackij (1949) souligne uniquement que l'incisure mastoïdienne était légèrement exprimée sur le fossile.

Lorsque les enfants modernes récents sont comparés aux enfants néandertaliens, on constate que chez ces derniers, au sein de la deuxième classe d'âge, la fréquence d'incisures profondes et étroites est significativement plus élevée que chez les enfants récents ($p = 0.0288$), qui montrent au même stade dentaire, des incisures peu profondes mais tout aussi étroites (tableau 164).

En revanche, l'incisure mastoïdienne des adolescents néandertaliens est plus fréquemment peu profonde et large que celle des sujets modernes de la classe 4 (p = 0.0098), plus généralement profonde et étroite (tableau 164).

	Classe 2		Classe 3		Classe 4	
	n	%	**n**	%	**n**	%
peu profonde, étroite	**0**	0	**1**	50	**0**	0
peu profonde, large	**2**	40	**1**	50	**2**	100
profonde, étroite	**3**	60	**0**	0	**0**	0
profonde, large	**0**	0	**0**	0	**0**	0
Total	**5**	100	**2**	100	**2**	100

Tableau 164. Fréquences absolues et relatives des différents morphes de l'incisure mastoïdienne, chez les enfants néandertaliens, âges séparés

La forme de l'incisure mastoïdienne reste très variable chez les adultes de la lignée néandertalienne : elle est large et profonde sur le temporal H27 de La Quina (Vallois, 1969), sur Krapina 38.7 ainsi que sur la quasi-totalité des os temporaux isolés de ce site (Smith, 1976). Ce morphe définit également la forme de l'incisure mastoïdienne de Saccopastore 2, dans sa totalité et de Saccopastore 1, dans sa partie postérieure seulement, la partie antérieure étant étroite et peu profonde (Condemi, 1992). Sur tous les crânes d'Atapuerca (Martinez et Arsuaga, 1997), l'incisure mastoïdienne est étroite et profonde.

Elle est, également, étroite sur La Ferrassie 1 (Heim, 1976) et sur Shanidar 1, mais moins profonde que sur les crânes actuels (Trinkaus, 1983).

La faible proportion, par classe d'âge, des enfants de Skhul et Qafzeh ne justifie pas un test statistique, mais les formes d'incisures mastoïdiennes ne semblent pas particulières dans ce groupe. En effet, bien qu'incomplète, l'incisure mastoïdienne sur Qafzeh 11 est assez étroite à droite, comme à gauche ; sur Qafzeh 4a comme sur Skhul 1 les incisures sont, étroites également et, de plus, peu profondes (tableau 165)

Il en est de même sur les os temporaux adultes de Qafzeh : l'incisure mastoïdienne est large sur Qafzeh 7, et son diamètre change le long de son parcours sur Qafzeh 6 et 9 (Vandermeersch, 1981).

Cette variabilité dans la forme de l'incisure mastoïdienne persiste au Paléolithique supérieur. L'incisure est étroite sur Sungir 3, comme sur la Madeleine 4 où elle est également profonde. Sur le temporal gauche conservé de l'enfant de Montgaudier 3, l'incisure mastoïdienne est peu profonde et étroite, alors qu'elle est peu profonde mais large sur le crâne adulte de l'Abri Pataud (tableau 165).

Conclusions

En conclusion, la forme de l'incisure mastoïdienne ne montre, chez les enfants fossiles de morphologie moderne, aucun caractère spécifique, et elle offre la même variabilité que chez les enfants récents.

En revanche, nous avons constaté des différences significatives de fréquence de certains morphes de cette incisure, entre les enfants néandertaliens et les enfants modernes récents.

	Âge (*ca*)	**Pont osseux**	**Formes de l'incisure mastoïdienne**	**Sources des informations**
Krapina 39-3 et 39-4	immatures	-	profondes étroites	Smith, 1976
Sima de Los Huesos 6 et 7	immatures	-	profondes étroites	Martinez et Arsuaga, 1997
Pech-de-l'Azé	2 ½ ans	présent D	profonde étroite D	Pap *et al.*, 1996 Ferembach, 1970
Subalyuk 2	3 ans	présent	profondes étroites	Pap. *et al.*, 1996 *versus* Bartucz, 1938
Engis 2	4 ans	absent	peu profondes larges	Tillier, 1983a
Amud 3	4 ans	-	profonde D	Suzuki et Takai, 1970
Devil's Tower	5 ans	présent	peu profonde étroite D	Tillier, 1982
La Quina H18	6-8 ans	présent	peu profonde large G	Tillier, 1987 Observ. pers.
La Ferrassie 3	10 ans	-	peu profonde large G	Heim, 1982
Le Moustier 1	16 ans	-	peu profonde large G	Thompson et Bilsborough, 1997
Qafzeh 4a	3 ans	présent	peu profonde étroite D	Arensburg et Tillier, 1983 Observ. pers.
Skhul 1	4 ans	absent	peu profonde étroite D	Observ. pers.(M)
Qafzeh 15	9 ans	présent D	-	Tillier, 1999

Qafzeh 11	12-13 ans	présent	étroites	Tillier, 1984 et 1999
La Madeleine 4	3 ans	absent	profondes étroites	Observ. pers.
Montgaudier 3	8-10 ans	absent	peu profonde étroite G	Observ. pers.
Sungir 3	7-11 ans	-	étroite	Tillier, inédit

Tableau 165. Enfants fossiles dont la région mastoïdienne de l'os temporal est conservée (pré-néandertaliens et *Homo sapiens neanderthalensis*, *Homo sapiens sapiens* du Paléolithique moyen, *Homo sapiens sapiens* du Paléolithique supérieur)

3. 2. Caractères de la face

3. 2. 1. Forme de l'entrée de l'orbite

Des orbites volumineuses et de forme arrondie sont les caractères le plus généralement associés à la morphologie faciale adulte néandertalienne, alors que les premiers hommes de morphologie moderne sont caractérisés par des orbites de forme rectangulaire.

Si la conservation complète des orbites est rare chez les enfants fossiles, nous avons cependant voulu vérifier l'hypothèse de Tillier (1983a, 1987) selon laquelle la forme plutôt ronde des orbites serait un caractère dérivé précoce chez les néandertaliens, et analyser l'éventualité de ce caractère chez les enfants du Paléolithique supérieur.

Discussion

Des orbites grandes et arrondies ont, en effet, été décrites pour les enfants de La Quina H 18, du Pech-de-l'Azé, d'Engis 2 et du Roc de Marsal. Les orbites de l'enfant de Teshik-Tash présenteraient une légère variation puisqu'elles ont été décrites comme à la fois rondes et losangiques (tableau 168).
En revanche, sur l'enfant du Fate I la courbure de son rebord orbitaire suggérerait plutôt une forme ovale à rectangulaire. Mais, il semble difficile d'attribuer une forme avec certitude, lorsque seul le rebord orbitaire supérieur est conservé. De même, pour Carigüela et Devil's Tower, le seul contour supérieur de l'orbite étant préservé, l'interprétation s'en trouve limitée (tableau 168).
Parmi les enfants issus des séries ostéologiques, la forme ronde de l'orbite caractérise uniquement les sujets de la première classe d'âge. En effet, au cours de la croissance, la fréquence de ce morphe diminue de manière significative.
Ainsi, lorsque ces enfants sont comparés aux néandertaliens, la fréquence du morphe "rond" est significativement supérieure chez ces derniers, quelle que soit la classe d'âge considérée (classe 2 : p = 0.0004 ; classe 3 : p = 0.0133 et classe 4 : p = 0.0065) (tableau 166).

	Classe 2		Classe 3		Classe 4	
	n	%	**n**	%	**n**	%
ronde	**6**	100	**2**	100	**2**	100
ovale	**0**	0	**0**	0	**0**	0
carrée	**0**	0	**0**	0	**0**	0
rectangle	**0**	0	**0**	0	**0**	0
Total	**6**	100	**2**	100	**2**	100

Tableau 166. Fréquences absolues et relatives des différents morphes de l'entrée de l'orbite, chez les enfants néandertaliens, âges séparés

Il semble donc que la forme arrondie des orbites, une des caractéristiques de la face adulte néandertalienne, se mette en place dès les plus jeunes âges. En effet, c'est la forme qu'avait décrite Boule (1911-1913) pour caractériser celles de La Chapelle-aux-Saints.
Les néandertaliens du Levant montrent plutôt des orbites de forme variables, y compris au sein d'un même gisement comme à Shanidar (Trinkaus, 1983) où l'on peut trouver une forme ronde (Shanidar 5) aussi bien que rectangulaire (Shanidar 1).

Au sein de l'échantillon de Skhul et Qafzeh, les orbites ne sont complètes que sur Qafzeh 10. En effet, malgré l'absence des deux processus frontaux des os maxillaires, une forme rectangulaire peut être distinguée. En revanche, sur Qafzeh 11, les lacunes importantes qui affectent la face ne permettent pas d'évaluer la forme générale des orbites (tableau 168).
Les adultes de Skhul et Qafzeh présentent une ouverture orbitaire de forme également rectangulaire, et la disposition en "pleureur" des orbites de Qafzeh 6 et Qafzeh 9 se rapprochent sans aucun doute de celles de l'homme de Cro-Magnon (Mc Cown et Keith, 1939 ; Vandermeersch, 1981).

Les orbites sont également rectangulaires sur Montgaudier 3 ainsi que sur les deux enfants du site de Sungir (figure 44) (tableau 168). Malgré l'absence des processus frontaux des os maxillaires, les orbites du jeune enfant du Figuier apparaissent de forme carrée pour Billy (1975) ou plutôt quadrangulaire selon nos observations (il est difficile pour cet enfant, de trancher entre une forme carrée et rectangulaire). Le bord orbitaire supérieur de l'enfant de l'Abri Pataud (complexe 22) offre un contour sensiblement circulaire (Billy, 1975), mais comme nous l'avons dit précédemment, il est délicat d'attribuer une forme avec certitude, lorsque seul le rebord orbitaire supérieur est conservé.

Figure 44. Orbites rectangulaires sur l'adolescent Sungir 2 (photographie A.m. Tillier)

Il n'est pas possible de vérifier par un test statistique si la forme rectangulaire des orbites est un caractère précoce des enfants du Paléolithique supérieur, compte tenu du nombre insuffisant d'enfants dans les premières classes d'âges.

Cependant, les adolescents du Paléolithique supérieur, les seuls suffisamment nombreux pour justifier un test statistique, se caractérisent effectivement par une fréquence d'orbites rectangulaires, significativement supérieure à celle observée chez les enfants modernes récents (p = 0.0010) lesquels montrent plutôt des orbites de forme carrée (tableau 167).

	Classe 4	
	n	%
ronde	**0**	0
ovale	**0**	0
carrée	**0**	0
rectangle	7	100
Total	7	100

Tableau 167. Fréquences absolues et relatives des différents morphes de l'entrée de l'orbite, chez les enfants du Paléolithique supérieur de classe 4

La forme rectangulaire des orbites de la plupart des adultes du Paléolithique supérieur ancien d'Europe occidentale ou centrale comme Cro-Magnon, Abri Pataud, Abri Lafaye, à Bruniquel, Mladec, Dolni Vestonice, Brno, Predmosti, (Gambier, 1991a, b) et Sungir 1 (d'après Bunak et Guerasimova, 1984), se voit donc déjà sur les adolescents. Mais, des formes d'orbites non rectangulaires ont été également observées, en particulier sur certains adultes du Paléolithique supérieur récent comme Rond-du-Barry, Saint-Germain-la-Rivière ou Obercassel 2 (Heim, 1992).

Conclusions

Il semble bien que la forme arrondie de l'entrée de l'orbite soit un caractère qui se met en place très tôt chez les enfants néandertaliens, comme l'avait déjà suggéré Tillier (1983a). Cependant, ce morphe ne constitue pas un caractère dérivé néandertalien (*versus* Tillier, 1983a), puisqu'il est également visible sur les enfants modernes récents que nous avons étudiés - en particulier chez les plus jeunes d'entre eux - avec toutefois une fréquence plus faible que celle observée chez les fossiles.

La forme rectangulaire typique de l'ouverture orbitaire des adultes fossiles de morphologie moderne, est également visible sur les enfants de la dernière classe d'âge de ce groupe. Mais, les données faisant défaut pour les plus jeunes d'entre eux, nous ne pouvons rien conclure quant à la précocité de ce caractère.

	Âge (*ca*)	**Forme des orbites**	**Sources des informations**
Pech-de-l'Azé	2 ½ ans	rondes	Ferembach, 1970
Roc de Marsal	3 ans	rondes	Madre-Dupouy, 1992
Engis 2	4 ans	rondes	Tillier, 1983a
La Quina H18	6-8 ans	rondes	Martin, 1926a ; Tillier, 1987
Teshik-Tash	8-10 ans	rondes et losangiques	Gremjackij, 1949
Qafzeh 10	6 ans	rectangulaires	Tillier, 1999
Le Figuier	3 ans	carrées quadrangulaire	Billy, 1979 Observ. pers.
Montgaudier 3	8-10 ans	rectangulaire à G	Gambier, 1987
Sungir 3	7-11 ans	rectangulaires	d'après Trofimova, 1984
Predmosti 22	9-10 ans	rectangulaires	d'après Matiegka, 1934
Sungir 2	11-13 ans	rectangulaires	d'après Trofimova, 1984

Tableau 168. Enfants fossiles dont la région orbitaire est conservée (*Homo sapiens neanderthalensis*, *Homo sapiens sapiens* du Paléolithique moyen, *Homo sapiens sapiens* du Paléolithique supérieur)

3. 2. 2. Saillie de l'épine nasale antérieure

La morphologie de l'insertion antérieure du septum nasal est souvent discutée en paléoanthropologie dans une perspective systématique (Franciscus et Trinkaus, 1988a, b ; Mc Collum *et al.*, 1993).
Ashley-Montagu (1935) et Weidenreich (1943) ont mentionné que la présence d'une épine nasale antérieure servait à distinguer les singes de l'homme. Braga (1996) a, quant à lui montré que chez des chimpanzés nains, une épine nasale, *stricto sensu*, peut être observée dès la naissance. Ainsi, contrairement à l'avis de Olson (1978), ce caractère ne peut être considéré comme "un caractère dérivé ayant évolué dans le clade Homo" (Braga, *op. cit.*).

Chez les Australopithèques, l'épine nasale antérieure est située très postérieurement, à l'intérieur de la cavité nasale, et paraît donc faiblement saillante. En revanche, sur certains *Homo erectus* comme Sangiran 4 (Franciscus et Trinkaus, 1988b), l'épine nasale est bien visible en *norma lateralis*, car elle est située plus en avant de l'ouverture nasale.

Chez les adultes néandertaliens, l'épine nasale antérieure est particulièrement proéminente, comme l'atteste notamment La Chapelle-aux-Saints ; elle devait être également puissante d'après la largeur de son enracinement sur Shanidar 5 et Guattari 1 (Maureille, 1994). Ce morphe a été considéré par Tillier (1983b, 1986, 1987) comme un caractère dérivé précoce, présent sur tous les enfants néandertaliens.

Nous avons voulu vérifier son hypothèse, ainsi que l'existence d'éventuelles variations du caractère, au sein des fossiles immatures de l'espèce *Homo sapiens*.

Discussion

L'épine nasale antérieure, très fragile, est donc souvent absente sur les crânes fossiles. Cependant, il est vrai que lorsque cette partie du maxillaire est préservée, une épine nasale antérieure particulièrement saillante est reconnaissable sur les jeunes enfants du Roc de Marsal et Subalyuk 2. Ce caractère est également visible sur des enfants néandertaliens plus âgés comme La Quina H18, Teshik-Tash ou Tabun B1 (tableau 170).
Nous avons constaté que chez les enfants récents, la forme très saillante de l'épine nasale antérieure s'observe quasi-systématiquement. Un faible développement est rare, quelle que soit la classe d'âge considérée.

C'est pourquoi, la fréquence du morphe "très saillant" ne montre aucune différence significative entre enfants néandertaliens et modernes récents (classe 2 : p = 0.50 et classe 4 : p = 0.23). C'est également le cas pour les deux autres morphes (morphe "faible" : p = 1.0 pour les deux classes d'âges et morphe "saillant" classe 2 : p = 0.54 et classe 4 : p = 0.49) (tableau 169).

	Classe 2		Classe 4	
	n	%	n	%
faible	**0**	0	**0**	0
saillant	**0**	0	**0**	0
très saillant	**2**	100	**2**	100
Total	**2**	100	**2**	100

Tableau 169. Fréquences absolues et relatives des différents morphes du développement de l'épine nasale antérieure, chez les enfants néandertaliens, âges séparés

Une forte saillie de l'épine nasale antérieure se voit également sur d'autres enfants fossiles de l'espèce *Homo sapiens*. En effet, à partir de l'hémi-maxillaire droit de Qafzeh 15, on peut constater que l'épine nasale antérieure est bien développée (tableau 170).
Billy (1979) a décrit, sur l'enfant du Paléolithique supérieur du Figuier, une saillie importante de l'épine nasale antérieure. Celle présente sur le très jeune spécimen Romanelli 10 est également très proéminente (environ 5 mm en avant du prosthion) ; elle est un peu moins saillante sur l'enfant de La Madeleine 4 (tableau 170).

Ces enfants fossiles de morphologie moderne sont trop peu nombreux dans chaque classe d'âge pour justifier un test statistique, mais le morphe "très saillant" semble être aussi prédominant que chez les enfants récents et néandertaliens.

Conclusions

L'individualisation d'une épine nasale antérieure proéminente est précoce chez les enfants néandertaliens.
Cependant, elle a été également observée, avec des fréquences non significativement différentes, sur des enfants modernes récents. Dans ce groupe, une épine nasale antérieure très saillante correspond également à un caractère précoce puisque ce morphe est aussi le plus fréquent au sein des adultes.

	Âge (*ca*)	**Épine nasale antérieure**	**Sources des informations**
Roc de Marsal	3 ans	très saillante	Tillier, 1983b
Subalyuk 2	3 ans	très saillante	Thoma, 1963 ; Pap. *et al.*, 1996
La Quina H18	6-8 ans	très saillante	Martin, 1926a ; Tillier, 1987
Teshik-Tash	8-10 ans	très saillante	Gremjackij, 1949
Tabun B1	10-11 ans	très saillante	Maureille, 1995

Qafzeh 15	9 ans	très saillante	Observ. pers.(M)
Romanelli 10	18 mois ± 6 mois	très saillante	Fabbri, 1987
Le Figuier	3 ans	très saillante	Billy, 1979 et 1980
La Madeleine 4	3 ans	saillante	Heim, 1991

Tableau 170. Enfants fossiles dont l'épine nasale antérieure est conservée (*Homo sapiens neanderthalensis*, *Homo sapiens sapiens* du Paléolithique moyen, *Homo sapiens sapiens* du Paléolithique supérieur)

3. 2. 3. Nombre et position du(des) foramen(s) mentonnier(s)

Nous avons vu précédemment que la multiplicité des foramens mentonniers est considérée comme un caractère discret dans les populations adultes actuelles, tandis que, pour quelques auteurs, l'existence de 2 ou plusieurs orifices pourrait correspondre à des reliquats d'innervations différentes, servant aux deux générations de dents, déciduale et permanente.
Nous avons voulu vérifier si la fréquente multiplicité des trous mentonniers visible sur les mandibules adultes fossiles et notamment chez les néandertaliens, s'exprimait déjà sur les spécimens non-adultes.

De plus, il était intéressant de voir si les enfants néandertaliens se distinguaient quant à la position du foramen mentonnier, dans le sens de la hauteur et par rapport à la dentition.

• Nombre de foramens mentonniers

Discussion

Le nombre de foramens mentonniers est très variable sur les mandibules immatures néandertaliennes (figure 45) (tableau 177) :
- il y en a 4, de taille quasiment identique, sur la partie gauche de la mandibule de Montgaudier
- il y en a 3 de chaque côté sur Devil's Tower
- les foramens sont dédoublés sur un côté seulement des mandibules de La Chaise 13, Malarnaud 1 (observation personnelle *versus* Heim et Granat, 1995[23]) ; ou des deux côtés sur Roc de Marsal, Dederiyeh, Sclayn SCLA 4A-1 et 4A-9 et sur Le Moustier 1. Ils sont également dédoublés sur le fragment droit de Combe-Grenal I. A titre de comparaison, il y a également 2 foramens sur la mandibule pré-néandertalienne n°2 d'Atapuerca.
- sur les mandibules de Barakai, Archi, Chateauneuf 1, l'Hortus II, Zaskalnaya VI, Teshik-Tash, le Fate II et le Molare 1, le foramen mentonnier est unique.
L'enfant du Pech-de-l'Azé, qui montre également un foramen mentonnier unique sur le corps droit de la mandibule (Patte, 1957[24]), est le seul néandertalien non-adulte pour lequel un orifice correspondant au canal de Serres ait été décrit à côté du foramen mandibulaire (Ferembach, 1970). Nous avons également retrouvé ce foramen supplémentaire dans 11 % de notre échantillon d'enfants modernes, de même âge dentaire que l'enfant fossile.
Lorsque les fréquences des différents morphes du nombre de foramen mentonnier chez les enfants néandertaliens, sont comparées à celles des enfants modernes, elles sont dans l'ensemble, significativement plus élevées chez les enfants fossiles, pour les trois classes d'âges qui permettent le test de Fisher (morphe "2 foramens" p = 0.0329 ; 0.13 ; 0.0028 ; morphe "3 foramens" p = 0.0001 ; morphe "4 foramens" p = 0.0324). Les foramens mentonniers uniques se rencontrent donc plus fréquemment chez les sujets non-adultes récents (morphe "1 foramen" p = 0.0329 ; 0.0001 ; 0.0003) (tableau 171).

	Classe 2		Classe 3		Classe 4	
	n	%	**n**	%	**n**	%
1 foramen	**7**	64	**0**	0	**6**	50
2 foramens	**4**	36	**1**	33	**5**	42
3 foramens	**0**	0	**2**	67	**0**	0
4 foramens	**0**	0	**0**	0	**1**	8
Total	**11**	100	**3**	100	**12**	100

Tableau 171. Fréquences absolues et relatives des différents morphes du nombre de foramen mentonnier, chez les enfants néandertaliens, âges séparés

La multiplicité des foramens mentonniers se retrouve également sur les mandibules adultes de la lignée néandertalienne. En effet, Hamy (1889) mentionna le premier l'existence de trous mentonniers multiples sur les mandibules néandertaliennes de La Naulette et de Malarnaud. Sur la partie gauche de la mandibule H9 de La Quina, Martin (1926b) a décrit 5 foramens mentonniers. Il en existe 3 sur la mandibule du Regourdou (Piveteau, 1963-1966). Sur la mandibule de La Chapelle-aux-Saints, comme sur La Ferrassie 1, les foramens mentonniers sont dédoublés (Boule, 1911-1913 ; Heim, 1976). De même, sur chacune des mandibules 56, 57, 58 et 59 de Krapina (Smith, 1976), au moins un côté présente un foramen dédoublé. Sur la mandibule de Montmaurin (Billy et Vallois, 1977), deux foramens mentonniers existent de chaque côté.

Certaines mandibules néandertaliennes du Proche-Orient montrent également plusieurs foramens mentonniers, comme Kébara 2 (Tillier *et al.,* 1989) qui présente 4 trous à droite et 2 à gauche. Il y a un dédoublement de chaque côté sur Shanidar 2 et sur la partie droite du corps mandibulaire de Shanidar 4 (Trinkaus, 1983).
Nara (1994) a examiné 54 corps mandibulaires droits et gauches d'adultes néandertaliens : 30 présentaient plusieurs trous mentonniers (il a compté le nombre de foramens mentonniers, sans tenir compte des différences de taille). Cet auteur a trouvé, chez les pré-néandertaliens, la même fréquence de foramens multiples.

Concernant les mandibules de Skhul et Qafzeh, il n'y a pas suffisamment de sujets par classe d'âge pour qu'un test statistique se justifie, mais la présence d'un seul foramen mentonnier semble être le morphe le plus fréquent. En effet, sur Skhul 1, Qafzeh 4 et 11 un seul foramen mentonnier est présent, comme sur Qafzeh 10 (tableau 177).

[23] Selon Heim et Granat, 1995, deux foramen mentonniers sont présents à gauche. Selon nos observations le plus petit des deux est en fait un trou vasculaire, étant donné sa taille et sa position par rapport au "véritable" foramen mentonnier.
[24] Depuis la reconstitution de la mandibule du Pech-de-l'Azé, le foramen mentonnier a été oblitéré. Pour ce caractère, il ne reste que les données publiées par Patte (1957).

Ce morphe se retrouve également sur les mandibules adultes des deux sites (Mc Cown et Keith, 1939 ; Vandermeersch, 1981).
De même, la plupart des mandibules immatures du Paléolithique supérieur montrent également un foramen mentonnier unique : Laugerie-Basse, Le Figuier, Ksar'Aqil 1, La Madeleine 4, Les Rois A, Isturitz 64, 65, 66, 67, 68, 116 et 118, Fontéchevade, Romanelli 7 et Sungir 2 et 3 (tableau 177).

Il n'existe aucune différence significative dans la fréquence des deux morphes, lorsque les enfants du Paléolithique supérieur sont comparés aux enfants modernes récents (p = 1.0 pour les trois classes d'âges), l'unicité du foramen mentonnier est le caractère prédominant (tableau 172).

	Classe 2		Classe 3		Classe 4	
	n	%	**n**	%	**n**	%
1 foramen	**10**	100	**5**	100	**9**	100
2 foramens	**0**	0	**0**	0	**0**	0
Total	**10**	100	**5**	100	**9**	100

Tableau 172. Fréquences absolues et relatives des différents morphes du nombre de foramens mentonniers, chez les enfants du Paléolithique supérieur, âges séparés

Le morphe unique du foramen mentonnier se retrouve également dans 92.7% de l'échantillon adulte du Paléolithique supérieur (Nara, 1994). C'est le cas, en effet, de la mandibule des Hoteaux (Vallois, 1972), des mandibules CM1 et CM2 du site de Cro-Magnon, de la mandibule - "peut-être aurignacienne" - du site des Cottes (Gambier, 1989), des mandibules II et III de la Balauzière (Gambier, 1985), des mandibules Romanelli 4 et 8 (Fabbri, 1987), de la mandibule de Sungir 1 (Tillier, inédit) et, entre autres, des mandibules 69, 70, 106 et 115 d'Isturitz (Gambier, 1990-1991).
Sur la mandibule de Bruniquel 24, le trou mentonnier gauche "montre une tendance au dédoublement" (Bouvier, 1971), la ramification se faisant au fond du canal dentaire de grande taille. Le dédoublement du trou mentonnier est pleinement réalisé sur la partie gauche du corps mandibulaire de La Marche (Bouvier, 1971) et de l'Abri Pataud (Billy, 1975).

Conclusions

Même si le test n'a pas été effectué sur des mandibules de Primates non-humains, il semblerait que la multiplicité des foramens mentonniers corresponde à un caractère plésiomorphe, puisque Weidenreich (1936) avait remarqué que sur toutes les mandibules d'*Homo erectus* de Zhoukoudian, les foramens mentonniers étaient multiples.

L'adolescent *Homo erectus* KNMWT 15000 montre également 2 foramens mentonniers du côté droit du corps mandibulaire, et 1 seul à gauche (observation personnelle).

Sur les mandibules immatures d'*Homo sapiens* archaïques, le nombre de foramens mentonniers est variable : il est unique sur Irhoud 3 (Hublin et Tillier, 1981) et double sur Rabat 1 (Hublin, 1991).
Si ce caractère archaïque peut se retrouver aussi bien sur des mandibules néandertaliennes que modernes, sa fréquence en revanche, est nettement supérieure chez les premiers par rapport à celle observée chez les sujets modernes, pour lesquels un foramen mentonnier unique constitue le morphe principal.

- **Position du foramen mentonnier par rapport à la hauteur du corps**

Discussion

Sur les mandibules immatures néandertaliennes, les foramens se situent soit dans la partie inférieure du corps de la mandibule : *e. g.* Archi, l'Hortus II, la Chaise 13, Combe-Grenal I, Le Molare 1 et Barakai, soit au milieu du corps : Pech-de-l'Azé et Le Fate II (tableau 177).
Souvent, lorsque les foramens mentonniers sont multiples, ils se positionnent entre la partie moyenne et la partie inférieure du corps mandibulaire : Montgaudier, Roc de Marsal, Dederiyeh, Sclayn SCLA 4A-1, Devil's Tower et Malarnaud 1 (tableau 177).
Un foramen situé dans la partie supérieure du corps mandibulaire n'a encore jamais été décrit sur des mandibules immatures néandertaliennes.

Lorsque les enfants modernes récents sont comparés aux enfants néandertaliens, ces derniers montrent, pour la deuxième et la troisième classe d'âge, une position basse du foramen mentonnier, significativement plus fréquente (respectivement p = 0.0013 ; 0.0075). Chez ces derniers et pour les mêmes classes d'âges, le foramen est plutôt situé dans la partie moyenne du corps mandibulaire (p = 0.0026 ; 0.0096) (tableau 173).
Concernant la dernière classe d'âge, aucune différence significative n'est constatée ; les foramens mentonniers sont répartis entre une position intermédiaire et une position basse sur le corps. Une position haute est très rare dans les deux groupes.

	Classe 2		Classe 3		Classe 4	
	n	%	**n**	%	**n**	%
supérieure	**0**	0	**0**	0	**0**	0
milieu	**4**	31	**2**	25	**7**	54
inférieure	**9**	69	**6**	75	**6**	46
Total	**13**	100	**8**	100	**13**	100

Tableau 173. Fréquences absolues et relatives des différents morphes de la position du foramen mentonnier sur le corps mandibulaire, chez les enfants néandertaliens, âges séparés

Virchow (1920) a examiné la position du foramen mentonnier, chez les adultes néandertaliens par rapport à la hauteur du corps mandibulaire. Il a défini cette position par

un indice rapportant la hauteur du milieu du trou mentonnier au-dessus du bord inférieur, à la hauteur totale du corps. Les néandertaliens auraient selon lui un indice égal à 45.7, qui correspond à une position basse, alors que chez les hommes actuels le foramen serait situé plus haut (indice compris entre 42 et 58). L'évolution du trou mentonnier, vers la partie supérieure du corps mandibulaire, depuis les Grands Singes, en passant par les néandertaliens et jusqu'aux hommes modernes, serait dû, selon l'auteur au raccourcissement progressif des racines dentaires, dont la longueur commande la situation du canal dentaire inférieur.
Il est à noter que sur les mandibules pré-néandertaliennes adultes d'Atapuerca, le foramen est toujours situé dans la moitié inférieure du corps (Rosas, 1987, 1995, 1997).

Sur les mandibules immatures de Skhul 1, Qafzeh 4 et 11, le foramen est au milieu ou dans la moitié inférieure du corps mandibulaire. Sur la mandibule 10 de Qafzeh, il est localisé dans la partie intermédiaire (tableau 177). Ces positions se retrouvent chez les enfants des séries récentes.
Chez les adultes de Skhul et Qafzeh, les foramens mentonniers sont rarement conservés. Celui de Qafzeh 9 occupe une position plus basse que celui de Skhul V (Vandermeersch, 1981). Toutefois, selon l'auteur, les variations de position en hauteur du foramen mentonnier sont si importantes, qu'il semble difficile d'accorder une grande signification à ce caractère lorsque aussi peu d'individus sont conservés (Vandermeersch, 1981).

Le foramen mentonnier est localisé dans la partie intermédiaire du corps mandibulaire sur les enfants du Figuier, de la Madeleine 4 et d'Isturitz 116, 118 et 119 (tableau 177). Il est, en revanche, plus proche du bord inférieur de la mandibule sur Romanelli 7 (Fabbri, 1987).
La fréquence de ce caractère n'est pas significativement différente de celle observée chez les enfants modernes récents, quel que soit le morphe considéré (morphe "milieu" : p = 0.33 ; 1.0 et 0.54 ; morphe "inférieur" : p = 0.33 ; 1.0 et 0.44 et morphe "supérieur" : p = 1.0 pour les trois classes d'âges) (tableau 174).

	Classe 2		Classe 3		Classe 4	
	n	%	**n**	%	**n**	%
supérieure	**0**	0	**0**	0	**0**	0
milieu	**6**	100	**1**	100	**1**	50
inférieure	**0**	0	**0**	0	**1**	50
Total	**6**	100	**1**	100	**2**	100

Tableau 174. Fréquences absolues et relatives des différents morphes de la position du foramen mentonnier sur le corps mandibulaire, chez les enfants du Paléolithique supérieur, âges séparés

Chez les adultes du Paléolithique supérieur, le foramen mentonnier se positionne, comme pour les autres fossiles décrits, entre la portion intermédiaire du corps mandibulaire : Isturitz 1950-10-2 et 1950-4-1 (observations personnelles), et la portion inférieure : Abri Pataud (Billy, 1975), Chancelade et Saint-Germain-la-Rivière (Bouvier, 1971), Romanelli 4 et 8 (Fabbri, 1987).

Conclusions

En conclusion, il n'y a pas de différence dans la localisation du foramen mentonnier par rapport à la hauteur du corps mandibulaire, entre les enfants néandertaliens et les enfants de morphologie moderne, fossiles et récents. Le foramen est, le plus souvent, en position moyenne ou basse, très rarement haute.
En revanche, nous avons constaté que la fréquence de foramens mentonniers en position basse, chez les enfants néandertaliens de la deuxième et de la troisième classe d'âge, est supérieure à celle observée chez des sujets modernes, chez qui les foramens sont plutôt situés en position intermédiaire.
Sur les deux mandibules immatures d'*Homo sapiens* archaïques, Irhoud 3 et Rabat 1 (Hublin, 1991), les foramens mentonniers occupent une position basse sur le corps mandibulaire.
Sur la mandibule de l'adolescent *Homo erectus* africain (KNMWT 15000), les foramens mentonniers sont également positionnés entre la partie moyenne et la partie basse du corps (observation personnelle).
L'interprétation, souvent donnée, de la position basse du foramen mentonnier, comme un caractère archaïque, semble difficile à confirmer car des *Homo erectus* (tels Ternifine I) ont un trou mentonnier situé à mi-hauteur du corps mandibulaire, tandis qu'il peut être en position basse sur des mandibules actuelles (Vandermeersch, 1981).

• **Position du foramen mentonnier par rapport à la dentition**

Discussion

Quel que soit le nombre de foramens présents sur les mandibules, et quel que soit le stade de maturation dentaire atteint, les foramens mentonniers des enfants néandertaliens semblent occuper une position habituellement qualifiée de classique (Tillier, 81 , 82, 86), soit sous m1 (ou P1) : *e. g.* Pech-de-l'Azé, Archi et Barakai, soit sous l'intervalle m1-m2, (ou P1-P2) : *e. g.* Devil's Tower, Le Molare 1 et Teshik-Tash (tableau 177).
Sur les mandibules d'enfants plus âgés, comme Krapina 53, Sclayn 4A-1 et 4A-9 ou Malarnaud 1, le foramen est en position plus reculée : entre P2 et M1 (tableau 177).
Il existe une exception à ce modèle classique : sur la partie droite du corps mandibulaire de La Chaise 13, un foramen est situé à l'aplomb de l'intervalle séparant l'incisive latérale de la canine (Tillier et Genet-Varcin, 1980).
De plus, la partie droite du corps mandibulaire de Montgaudier présenterait un foramen mentonnier situé à l'aplomb de l'incisive latérale. La position très antérieure de ce foramen laisserait penser qu'il devait en exister d'autres placés plus postérieurement (Duport et Vandermeersch,

1976 ; Mann et Vandermeersch, 1997). Mais, il semble que ce foramen mentonnier, dont la position est si particulière, ne pourrait être en réalité qu'un trou nourricier, fréquent dans la région symphysaire, car il ne possède pas la même orientation que les autres "vrais" foramens mentonniers de la partie gauche de la mandibule (observation personnelle).

Lorsque la position du foramen mentonnier des enfants néandertaliens est comparée à celle des enfants récents, on constate qu'elle est, chez les fossiles, significativement plus postérieure que celle observée chez les enfants modernes de même âge dentaire.
En effet, le foramen mentonnier des enfants récents, appartenant à la deuxième classe d'âge, est le plus souvent localisé sous l'intervalle c-m1 (la différence de fréquence avec les enfants néandertaliens, pour ce morphe est significative p = 0.0044) ou sous m1 (p = 0.77) (tableau 175).
Chez les enfants fossiles, le foramen est également retrouvé à l'aplomb de m1, mais aussi sous l'intervalle m1-m2, la différence de fréquence avec les enfants récents étant significative pour ce dernier morphe, (p = 0.0038) (tableau 175). Une localisation plus postérieure du foramen mentonnier, par rapport à la dentition, se retrouve au cours de la classe d'âge suivante, puisque la fréquence de foramen sous m2 est significativement supérieure chez les enfants néandertaliens, par rapport aux enfants modernes (p = 0.0345), lesquels montrent surtout un foramen encore à l'aplomb de m1 (aucune différence significative n'est notée pour le morphe "m1" et "m1-m2") (tableau 175).
De même, chez les enfants néandertaliens de la dernière classe d'âge, la fréquence de foramen situé sous P2 et sous P2-M1 est significativement supérieure à celle observée chez les adolescents modernes (respectivement p = 0.0069 et p = 0.0001), qui montrent un foramen le plus souvent localisé sous l'intervalle P1-P2 (tableau 175).

	Classe 2		Classe 3		Classe 4	
	n	%	**n**	%	**n**	%
c-m1 ou C-P1	**1**	8	**1**	12.5	**1**	5
m1 ou P1	**7**	54	**3**	37.5	**2**	10
m1-m2 ou P1-P2	**5**	38	**3**	37.5	**7**	35
m2 ou P2	**0**	0	**1**	12.5	**6**	30
m2-M1 ou P2-M1	**0**	0	**0**	0	**4**	20
Total	**13**	100	**8**	100	**20**	100

Tableau 175. Fréquences absolues et relatives des différents morphes de la position du foramen mentonnier par rapport à la dentition, chez les enfants néandertaliens, âges séparés

Ainsi, le foramen mentonnier des enfants néandertaliens est décalé, dès les plus jeunes âges, vers la partie postérieure du corps mandibulaire. Ce phénomène persiste après l'éruption des troisièmes molaires et explique que le foramen mentonnier des adultes néandertaliens se situe plus souvent sous la M1, qu'entre la P1-P2 ou sous la P2, comme c'est le cas chez les adultes actuels (Schwalbe, 1914 ; Simonton, 1923). En effet, parmi les néandertaliens européens (n=20) examinés par Trinkaus (1983), 65% des foramens se situeraient sous la M1 (comme sur La Ferrassie 1), 25% entre P2 et M1 (comme sur La Chapelle-aux-Saints) et 10% seulement sous P2. Une position du foramen sous la première molaire permanente ne se retrouverait que dans 10 à 15% des cas chez les hommes actuels, suivant l'origine géographique des échantillons (Trinkaus, 1983).

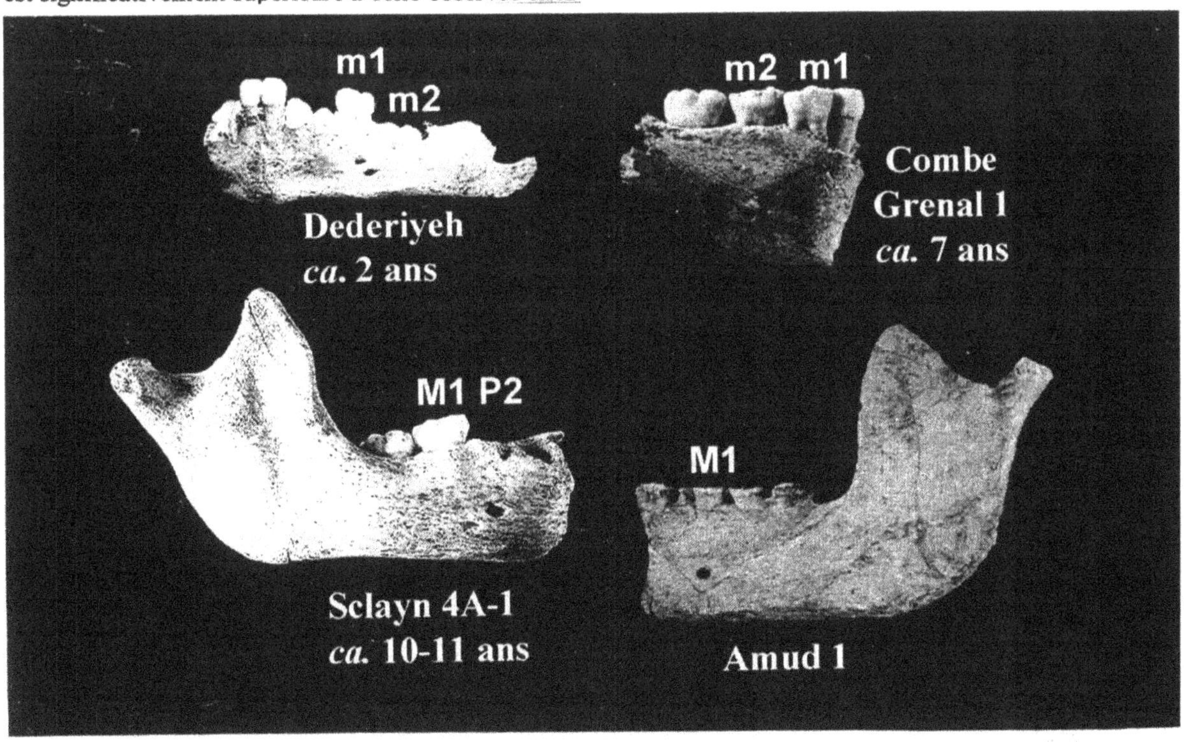

Figure 45. Variation avec l'âge de la position du foramen mentonnier chez les néandertaliens (photographies extraites de Akazawa *et al.*, 1995 et Toussaint, 1996 et de A.m. Tillier et M. Barazani)

La position reculée du foramen mentonnier s'observe également sur les mandibules pré-néandertaliennes d'Atapuerca (Rosas, 1987, 1995 et 1997) ainsi que sur certaines mandibules néandertaliennes du Proche-Orient : le foramen est situé sous M1 sur les mandibules d'Amud 1 et Shanidar 1, et sous l'intervalle P2-M1 sur la mandibule de Tabun II (Trinkaus, 1983).

Sur les mandibules immatures de Skhul 1 et Qafzeh 4 et 11, le foramen est situé entre m1-m2 (ou P1-P2). La même disposition se retrouve sur Qafzeh 10 (tableau 177). Ces enfants ne sont pas assez nombreux par classe d'âge pour justifier un test statistique, mais la position de leur foramen mentonnier ne semble pas différer de celle des enfants modernes récents.
Sur les mandibules adultes de ces deux gisements, une position également "actuelle" du foramen mentonnier est observée, c'est-à-dire un foramen situé soit à l'intervalle entre P1 et P2, soit à l'aplomb de P2 (Vandermeersch, 1981 ; Mc Cown et Keith, 1939).

Pour les mandibules non-adultes du Paléolithique supérieur, la position du foramen par rapport à la dentition, varie également entre m1 (ou P1) et m2 (ou P2) (tableau 177).
Mais, quels que soient le morphe et la classe d'âge considérés, aucune différence dans les fréquences n'est constatée, entre les enfants du Paléolithique supérieur et les enfants modernes récents (morphe "c-m1" : p = 0.18 ; 1.0 ; 1.0 ; morphe "m1" : p = 0.053 ; 0.35; 0.39 ; morphe "m1-m2" : p = 1.0 ; 0.12 ; 0.16 et morphe "m2" classe 4: p = 0.24) (tableau 176).

	Classe 2		Classe 3		Classe 4	
	n	%	**n**	%	**n**	%
c-m1	**2**	20	**0**	0	**0**	0
m1 ou P1	**8**	80	**2**	40	**3**	27
m1-m2 ou P1-P2	**0**	0	**3**	60	**6**	55
m2 ou P2	**0**	0	**0**	0	**2**	18
Total	**10**	100	**5**	100	**11**	100

Tableau 176. Fréquences absolues et relatives des différents morphes de la position du foramen mentonnier par rapport à la dentition, chez les enfants du Paléolithique supérieur, âges séparés

Sur la plupart des mandibules adultes du Paléolithique supérieur, telle que celles des Hoteaux (Vallois, 1972), de l'Abri Pataud (Billy, 1975), de Romanelli 4 et 8 (Fabbri, 1987) ou d'Isturitz (n°106, 115 entre autres, Gambier, 1990-1991), le foramen a une position entre P1 et P2. En effet, Nara (1994) a recensé la position de 41 foramens mentonniers d'*Homo sapiens sapiens* du Paléolithique supérieur, et a observé que ces foramens se positionnaient sous l'intervalle P1-P2 dans 26.8% des cas, et plus souvent encore sous P2 (43.9%).

Comme chez les hommes actuels, il existe quelques variantes de ce modèle : sur la mandibule de Sungir 1 (Tillier, inédit), le foramen est un peu plus postérieur, à l'aplomb de l'intervalle P2-M1, de même que sur Isturitz 69 (Gambier, 1990-1991). Enfin, le foramen mentonnier sur la mandibule de Cro-Magnon 1 a une position "néandertalienne", puisque situé sous M1.

Conclusions

En conclusion, toutes les positions du foramen mentonnier par rapport à la dentition, depuis c-m1 jusqu'à m2 (ou P2), peuvent être observées chez les enfants fossiles de l'espèce *Homo sapiens*.
Toutefois, il apparaît que dès le stade de la dentition déciduale, le foramen mentonnier est plus fréquemment décalé postérieurement par rapport à celui des enfants de morphologie moderne, récents et fossiles, de même âge dentaire. Ceci pourrait donc expliquer la position particulièrement reculée du foramen mentonnier des adultes néandertaliens.
Ces observations qui avaient déjà été esquissées par Patte (1957 : 205), vont à l'encontre des résultats de Nara (1994) pour qui la position reculée du trou mentonnier, dans la lignée néandertalienne, s'établit "quelques temps après la mise en place de la troisième molaire".

Il est à noter que sur l'adolescent *Homo erectus* africain KNMWT 15000, les foramens mentonniers sont situés entre l'intervalle P1 et P2 (observation personnelle). Cette position correspond à celle que l'on trouve le plus souvent chez les enfants modernes de même âge dentaire.
Il en est de même pour l'*Homo sapiens* archaïque Irhoud 3 : le foramen mentonnier est situé à l'aplomb de la partie mésiale de m2 (Hublin et Tillier, 1988).

	Âge (*ca*)	**Nombre**	**Position / corps**	**Position / dentition**	**Sources des informations**
Irhoud 3	8-9 ans	1 D et G	bas	mésiale m2	Hublin et Tillier, 1988 Hublin, 1991
Rabat 1	14-15 ans	2 D et G	bas	-	Hublin, 1991

La Chaise 13	4-5 ans	2 D 1 G	basses basse	m1-m2 et i2-c distale m1	Tillier et Genet-Varcin, 1980
Krapina 53	10-11 ans	2 D	-	mésial M1	Smith, 1976

Sima de Los Huesos 2	immature	2	bas	mésiale M1	Aguirre et de Lumley, 1977
Dederiyeh	2 ans	2 D 2 G	 milieu et bas	 distale m1 et m1-m2	Akazawa *et al.*, 1995
Pech-de-l'Azé	2 ½ ans	1 à D	milieu	milieu m1	Patte, 1957
Archi	3 ans	1 D et G	basses	milieu m1	Ascenzi et Segre, 1971
Barakai	3 ans	1 D	basse	milieu m1	Faerman *et al.*, 1994
Roc de Marsal	3 ans	2 D et 2 G	milieu milieu et bas	mésiale et milieu m1 D milieu et distale m1 G	Tillier, 1983b Madre-Dupouy, 1992 Observ. pers.
Chateauneuf I	3 ½ ans	1 D	bas	distale m1	Patte, 1957
Le Molare 1	3-4 ans	1 D et 1 G	bas bas	m1-m2 et milieu m1	Mallegni et Ronchitelli, 1987
Devil's Tower	5 ans	3 D 3 G	bas milieu et bas	milieu à distale m1 et mésiale m1 à m1-m2	Tillier, 1982 Observ. pers.
Combe-Grenal I	7 ans	2 D	basses	mésiale m2 milieu m2	Genet-Varcin, 1982
L'Hortus II	8-9 ans	1 G	bas	m1-m2	de Lumley, 1973
Teshik-Tash	8-10 ans	1 G 1 D	milieu milieu	m1-m2 mésiale m2	Gremjackij, 1949
Le Fate II	9-10 ans	1 G	milieu	mésiale m2	Giacobini et de Lumley, 1983
Sclayn **SCLA 4A-1** **SCLA 4A-9**	10-11 ans 10-11 ans	2 D 2 G	milieu bas -	milieu P2 P2-M1 milieu P2 P2-M1	Toussaint, 1996 Observ. pers. Toussaint *et al.*, 1998
Zaskalnaya VI	10-12 ans	1 G	-	milieu P2	Kolossov *et al.*, 1975
Malarnaud 1	11-13 ans	2 D 1 G	milieu et bas milieu	P2-M1 et milieu P2 P2-M1	Heim et Granat, 1995 Observ. pers.(M)
Montgaudier	12-15 ans	4 G	2 milieu et 2 bas	P1-P2 et P2 mésiale P1 et milieu P2	Duport et Vandermeersch, 1976 ; Mann et Vandermeersch, 1997
Le Moustier 1	16 ans	2 D et 2 G	-	P1-P2 milieu P1	Thompson et Bilsborough, 1997

Skhul 1	4 ans	1 G	bas	m1-m2	Mc Cown et Keith, 1939
Qafzeh 10	6 ans	1 D G	milieu	m1-m2	Tillier, 1999
Qafzeh 4	7 ans	1 D	milieu	m1-m2	Tillier, 1979
Qafzeh 11	12-13 ans	1 D et G	milieu	mésiale P2	Tillier, 1984

Isturitz 65	1 an - 18 mois	1 D et G	-	m1	Gambier, 1990-1991
Isturitz 67	3 ans	1 G	-	m1	Gambier, 1990-1991
La Madeleine 4	3 ans	1 D	 milieu	 milieu m1	Heim, 1991 Observ. pers.
Le Figuier	3 ans	1 D et G	milieu	mésiale m1	Billy, 1979
Isturitz 118	2-3 ans	1 D	 milieu	m1	Gambier, 1990-1991 Observ. pers.
Isturitz 119	4-5 ans	1 D 1 G	milieu milieu	m1 m1	Observ. pers.
Laugerie-Basse (3)	4-5 ans	1 D	-	m1	Bouvier, 1971
Fontéchevade	5-6 ans	1 D		m1	Gambier, 1989

Isturitz 64	6 ans	1 D 1 G	-	m1-m2	Gambier, 1990-1991
Isturitz 68	7 ans	1 G	-	m1	Gambier, 1990-1991
Isturitz 116	6-7 ans	1 D	milieu	m1-m2	Gambier, 1990-1991 Observ. pers.
Ksar'Aqil 1	8 ans	1 D et G	-	m1-m2	Bergman et Stringer, 1989
Isturitz 66	9 ans	1 G	-	m1	Gambier, 1990-1991
Sungir 3	7-11 ans	1 D et 1 G	-	m1-m2 D m1 G	Tillier, inédit
Les Rois A	10-11 ans	1 G	-	P1	Gambier, 1989
Le Morin 1	11-12 ans	1 D	milieu	P1-P2	Bouvier, 1971
Sungir 2	11-13 ans	1 D et G	-	P1-P2	Tillier, inédit
Romanelli 7	14 ans	1 D	bas	P2	Fabbri, 1987
La Pique 1	16 ans	1 G	-	P2	Bouvier, 1971

Tableau 177. Enfants fossiles dont la région du foramen mentonnier est conservée (*Homo sapiens* archaïques, pré-néandertaliens et *Homo sapiens neanderthalensis*, *Homo sapiens sapiens* du Paléolithique moyen, *Homo sapiens sapiens* du Paléolithique supérieur)

3. 2. 4. Présence d'une fosse genio-glosse

La fosse génio-glosse est un caractère mandibulaire archaïque qui a été défini sur les mandibules des primates. Son processus d'individualisation est identique à celui des dépressions mandibulaires, mais il apparaît sur la face linguale de la symphyse mentonnière.

La présence d'une fosse génio-glosse a été signalée sur certains *Homo erectus* comme les spécimens immatures B1 de Zhoukoudian (Weidenreich, 1936) et KNMWT 15000 d'Afrique de l'Est (Walker et Leakey, 1993).

Ce caractère est également présent au sein de l'espèce *Homo sapiens* et notamment sur des mandibules adultes néandertaliennes.

La question de l'apparition plus ou moins précoce de cette fosse génio-glosse chez les néandertaliens est posée, ainsi que celle des variations de fréquences éventuelles, entre les différents représentants immatures de l'espèce *Homo sapiens*.

Discussion

La présence d'une fosse génio-glosse a été notée sur les mandibules d'*Homo sapiens* archaïques immatures d'Irhoud 3 et Rabat 1 (tableau 181).

Le caractère est également observable sur de jeunes mandibules néandertaliennes comme Chateauneuf 1 ou Roc de Marsal. Sa présence n'est cependant pas systématique puisque les mandibules du Pech-de-l'Azé, La Chaise 13, Devil's Tower, Barakai et Archi en sont dépourvues (tableau 181).

La conservation de ce caractère archaïque s'observe sur la quasi-totalité des mandibules néandertaliennes plus âgées, comme l'illustrent les adolescents de Malarnaud 1, Sclayn 4A-9 et Montgaudier. La fosse génio-glosse, chez ce dernier, s'ouvre à mi-hauteur de la symphyse mandibulaire ; elle est profonde, allongée transversalement et divisée en deux par une crête sagittale (tableau 181).
Une fosse serait également présente sur l'Hortus 2 ainsi que sur la mandibule du Fate II, de Teshik-Tash et de Combe Grenal I (visible en partie seulement) (tableau 181).
Il semblerait que, parmi les adolescents, seule la mandibule 53 de Krapina ne partage pas ce caractère archaïque (observation personnelle sur moulage).

A titre comparatif, toutes les mandibules pré-néandertaliennes d'enfants et d'adolescents (AT-2, 172 et 607) issus du site d'Atapuerca montrent également ce caractère morphologique (Aguirre et de Lumley, 1977 ; Rosas, 1997).

La présence d'une fosse génio-glosse est significativement plus fréquente chez ces enfants fossiles que chez les enfants modernes récents, pour les classes d'âges 2 ($p = 0.0022$) et 4 ($p = 0.0000$) (tableau 178).

	Classe 2		Classe 3		Classe 4	
	n	%	**n**	%	**n**	%
présente	**2**	40	**1**	50	**6**	100
absente	**3**	60	**1**	50	**0**	0
Total	**5**	100	**2**	100	**6**	100

Tableau 178. Fréquences absolues et relatives des différents morphes de la fosse génio-glosse, chez les enfants néandertaliens, âges séparés

Une fosse génio-glosse est également présente sur des mandibules adultes néandertaliennes. Sur la mandibule de La Ferrassie 1 (Heim, 1976) elle est large et peu profonde limitée en bas par un torus transverse inférieur. Il en existe également une sur les mandibules de Spy I et Monte Circeo III. Une fosse est également décrite sur Krapina 54 (Smith, 1976) ainsi que sur Arago 13. La face postérieure de la symphyse mandibulaire de Montmaurin montre un schéma très archaïque puisqu'il existe un planum alvéolaire, limité dans sa partie postérieure par un torus transverse supérieur. Une vaste fosse génio-glosse est aussi présente, limitée vers les bas par un torus transverse inférieur (Billy et Vallois, 1977).
Une fosse profonde et large est également commune aux mandibules adultes pré-néandertaliennes de Sima de Los Huesos (AT-1, 88, 250, 300, 506, 511, 605, 950), sur lesquelles elle est souvent située en position basse (Aguirre et de Lumley, 1977 ; Rosas, 1995, 1997).

Ce caractère plésiomorphe s'observe également sur des mandibules néandertaliennes du Proche-Orient, comme Shanidar 1 et 4 (Trinkaus, 1983) qui montrent des fosses profondes, alors que sur Kébara 2 (Tillier *et al.*, 1989) la fosse est large mais peu profonde.

De même, les mandibules non-adultes de Qafzeh et Skhul présentent encore ce caractère archaïque, comme en témoignent Qafzeh 4 ainsi que Qafzeh 10 et 15 (tableau 181). La présence de ce caractère plésiomorphe, décrit sur Skhul X (Mc Cown et Keith, 1939), ne peut selon Tillier (1989) être confirmée, car la région concernée est désormais endommagée.

La présence d'une fosse génio-glosse est significativement plus fréquente chez les enfants de Qafzeh-Skhul que chez les enfants modernes récents, pour les classes d'âges 3 et 4 (respectivement $p = 0.0001$ et 0.0391) (tableau 179).

	Classe 2		Classe 3		Classe 4	
	n	%	**n**	%	**n**	%
présente	**0**	0	**3**	100	**1**	50
absente	**1**	100	**0**	0	**1**	50
Total	**1**	100	**3**	100	**2**	100

Tableau 179. Fréquences absolues et relatives des différents morphes de la fosse génio-glosse, chez les enfants de morphologie moderne du Paléolithique moyen, âges séparés

La persistance d'une fosse génio-glosse a également été signalée sur l'adulte Qafzeh 9 (Vandermeersch, 1977) comme chez la plupart des adultes du Mont Carmel (Mc Cown et Keith, 1939 et Vandermeersch, 1981).
Une fosse génio-glosse a également été observée sur des sujets du Paléolithique supérieur, comme sur les adolescents de la grotte des enfants (Grimaldi), Sungir 3 et Ksar'Aqil 1 (tableau 181).

Pour cette dernière classe d'âge uniquement, la fréquence du morphe "présent" est significativement supérieure à celle observée chez les enfants modernes récents (p = 0.0001) (tableau 180).

	Classe 2		Classe 3		Classe 4	
	n	%	**n**	%	**n**	%
présente	**0**	0	**0**	0	**3**	75
absente	**3**	100	**1**	100	**1**	25
Total	**3**	100	**1**	100	**4**	100

Tableau 180. Fréquences absolues et relatives des différents morphes de la fosse génio-glosse, chez les enfants du Paléolithique supérieur, âges séparés

Il faut souligner par ailleurs que lorsqu'un test de Fisher est réalisable, les fréquences du caractère observées chez les enfants fossiles des différents groupes, ne montrent, entre elles, aucune différence significative.

Conclusions

La disparition de la fosse génio-glosse, au profit des processus *geni*, semble se mettre en place beaucoup plus tardivement au sein de l'espèce *Homo sapiens,* que l'individualisation de l'incurvation mandibulaire et des dépressions mandibulaires antérieures.
Il semblerait donc que la partie postérieure de la symphyse mentonnière évolue indépendamment de la partie antérieure.

Il est, de plus, intéressant de constater que les fréquences d'apparition d'une fosse génio-glosse ne diffèrent pas significativement entre les enfants néandertaliens, et les enfants fossiles de morphologie moderne.

	Âge *(ca)*	**Fosse génio-glosse**	**Sources des informations**
Irhoud 3	8-9 ans	présente	Hublin et Tillier, 1981
Rabat 1	14-15 ans	présente	Hublin, 1991
La Chaise 13	4-5 ans	absente	Tillier et Genet-Varcin, 1980
Krapina 53	10-11 ans	absente	Observ. pers.(M)
Pech-de-l'Azé	2 ½ ans	absente	Ferembach, 1970
Roc de Marsal	3 ans	présente	Tillier, 1981
Archi	3 ans	absente	Observ. pers.(M)
Barakai	3 ans	absente	Faerman *et al.*, 1994
Chateauneuf I	3 ½ ans	présente	Patte, 1957
Devil's Tower	5 ans	absente	Tillier, 1982
Combe-Grenal I	7 ans	présente	Genet-Varcin, 1982
L'Hortus II	8-9 ans	présente	de Lumley, 1973
Teshik-Tash	8-10 ans	présente	Hublin et Tillier, 1988
Le Fate II	9-10 ans	présente	Giacobini *et al.*, 1984
Sclayn SCLA 4A-9	10-11 ans	présente	Toussaint *et al.*, 1998
Malarnaud 1	11-13 ans	présente	Heim et Granat, 1995
Montgaudier	12-15 ans	présente	Duport et Vandermeersch, 1976
Skhul I	4 ans	absente	Tillier, 1979
Skhul X	5 ans	présente	M Cown et Keith, 1939
Qafzeh 10	6 ans	présente	Tillier, 1989
Qafzeh 4	7 ans	présente	Tillier, 1979
Qafzeh 15	9 ans	présente	Tillier, 1989
Qafzeh 11	12-13 ans	absente	Tillier, 1984
Le Figuier	3 ans	absente	Billy, 1979
Isturitz 118	2-3 ans	absente	Observ. pers.

Isturitz 119	4-5 ans	absente	Observ. pers.
Isturitz 116	6-7 ans	absente	Observ. pers.
Ksar'Aqil 1	8 ans	présente	Observ. pers.(M)
Sungir 3	7-11 ans	présente	Tillier, inédit
Sungir 2	11-13 ans	absente	Tillier, inédit
Grotte des enfants (Grimaldi)	adolescent	présente	Tillier, 1979

Tableau 181. Enfants fossiles dont la face postérieure de la symphyse mentonnière est conservée (*Homo sapiens* archaïques, pré-néandertaliens et *Homo sapiens neanderthalensis*, *Homo sapiens sapiens* du Paléolithique moyen, *Homo sapiens sapiens* du Paléolithique supérieur)

3. 2. 5. Ouverture du foramen mandibulaire et développement de la lingula

• Ouverture du foramen mandibulaire

En 1970, Kallay décrit, sur certaines mandibules du site de Krapina, une forme particulière du foramen mandibulaire dite "horizontal-ovale" (H-O), qu'il pense être spécifique aux mandibules de ce gisement. Le bord inférieur du foramen mandibulaire, dans ce type de configuration, s'étend en ligne droite en travers du foramen. De plus, la lingula n'est pas réellement distincte, et se confond avec le bord inférieur du foramen. Pour l'auteur cette forme particulière correspondrait à un caractère génétique unique, typique de cette population.
Ce type de foramen avait été remarqué pour la première fois par Gorjanovic-Kramberger (1906) sur les mandibules fossiles croates.

La forme H-O aurait une explication fonctionnelle (Smith, 1976, 1978). A la différence des formes du foramen mandibulaire des hommes modernes, dans ce type particulier de conformation, la lingula se prolonge vers le sillon mylo-hyoïdien : le ligament sphéno-mandibulaire qui s'insère sur cet éperon osseux, voit donc sa zone d'insertion augmenter. Ce ligament est l'une des 2 structures qui stabiliserait l'articulation temporo-mandibulaire. Or, selon l'auteur, les néandertaliens auraient subi des stress liés à la mastication, plus importants que les hommes modernes, qui expliqueraient un ligament plus fort, et donc une zone d'attache plus développée (Smith, 1976).

Si, comme le pensent Stringer *et al.* (1984), la forme H-O est une autapomorphie néandertalienne, cette configuration particulière du foramen mandibulaire est un caractère indépendant de l'âge. Il devrait donc être présent sur les mandibules des néandertaliens non-adultes.

Discussion

Neuf mandibules d'enfants néandertaliens ont la région de l'orifice d'entrée du canal dentaire inférieur conservée : Teshik-Tash, Pech-de-l'Azé, Krapina 53, Zaskalnaya VI, Devil's Tower, Roc de Marsal, Le Fate II, Sclayn SCLA 4A-1 et Malarnaud 1 (tableau 183).
Seul le foramen mandibulaire du Fate II a été décrit comme "wide, oval and flared [...] is midway between the typical shape in modern man and the horizontal-oval shape frequently observed in Neanderthals" (Giacobini *et al.*, 1984). Cependant, pour Hublin et Tillier (1988), le foramen mandibulaire de cet enfant néandertalien a une ouverture tout à fait moderne, dirigée vers le haut et l'arrière, comme sur l'*Homo sapiens* archaïque Irhoud 3.
La mandibule de l'enfant pré-néandertalien n°607, issu du site d'Atapuerca, est décrite par Rosas (1995) comme ayant une lingula saillante, ne correspondant donc nullement à la configuration H-O décrite par Kallay (1970). En revanche, sur le fragment de branche immature droite n°83 (Rosas, 1987) du même site, la configuration du foramen mandibulaire est de type H-O, constituant le seul cas de tout l'échantillon espagnol (adultes compris).

Aucun test statistique ne peut être réalisé avec les enfants modernes récents, car la configuration H-O n'a été observée qu'une seule fois sur une mandibule d'adolescent iranien de la série de Tepe Hissar.

Cette configuration du foramen mandibulaire n'est présente que sur certaines mandibules adultes néandertaliennes. En effet, une forme H-O a été retrouvée sur 56 % des mandibules adultes de Krapina, c'est-à-dire sur les deux branches montantes de la mandibule 59 et sur 5 des 9 branches pour lesquelles cette région du foramen mandibulaire est préservée (Smith, 1976). Selon cet auteur, la configuration H-O a également été retrouvée sur 43 % de l'ensemble des mandibules néandertaliennes adultes, parmi lesquelles La Ferrassie 1, La Quina H5 et H9, Tabun II et Kébara 2. En ne tenant compte que de l'échantillon néandertalien européen (n=13), la forme H-O apparaît avec une fréquence de 61.5% (Trinkaus, 1983).

Une telle configuration du foramen mandibulaire est, ainsi, absente sur des spécimens néandertaliens, d'Europe comme La Chapelle-aux-Saints, Le Moustier ou Circeo 2 et, du Proche-Orient comme Amud 1, Tabun 1 et Shanidar (Tillier *et al.*, 1989 ; Trinkaus, 1983).

Les enfants de Qafzeh dont la région du foramen mandibulaire est conservée, à savoir Qafzeh 11, 10 et 15, ont une ouverture du foramen dirigée vers l'arrière et le haut (tableau 183). Il en est de même des mandibules adultes de Qafzeh et Skhul (Vandermeersch, 1981 ; Mc Cown et Keith, 1939).

Chez les enfants du Paléolithique supérieur, tels que Fontéchevade, Sungir 2 et 3, la Madeleine 4 et Isturitz 116, la forme du foramen mandibulaire est identique à celle que l'on trouve chez les enfants modernes récents (tableau 205).
Si la forme H-O est absente des mandibules adultes du Paléolithique supérieur (bien que la conformation du foramen de Predmosti IV en soit proche) (Smith, 1976), une interprétation différente est proposée par Frayer (1992).
En effet, cet auteur a étudié les formes des foramens mandibulaires sur de grands adolescents et des adultes de différentes époques (des néandertaliens, des hommes du Paléolithique supérieur ancien et récent, des Mésolithiques et des hommes du Moyen-Age). Il a enregistré la configuration H-O comme présente quand au moins un côté montrait la morphologie décrite par Kallay. Une fréquence de formes H-O égale à 52.6% a été trouvée sur les mandibules néandertaliennes examinées (n=19), et égale à 44.4% chez les hommes du Paléolithique Supérieur les plus anciens (n=9). Avec les formes récentes du Paléolithique Supérieur, le pourcentage tombe à 5.3 (n=38), puis à 1.9 avec les Mésolithiques (n=161) et enfin à 1.4 avec du matériel Hongrois d'époque moyenâgeuse (n=208).

Conclusions

La forme "horizontal-ovale" du foramen mandibulaire a été considérée comme un caractère absent des mandibules d'*Homo erectus* (Smith, 1976). Ceci est confirmé, par exemple, avec l'adolescent Nariokotome (observation personnelle d'après moulage).
Cependant, compte tenu de son absence de presque toutes les mandibules immatures de la population néandertalienne, la forme H-O semble donc être un caractère lié à l'âge ou à une contrainte mécanique quelconque.

Il résulte de ces observations que le statut phylogénétique de ce caractère n'est pas très clair puisqu'il n'intéresse qu'une partie des fossiles de la lignée néandertalienne.

• **Forme de la lingula**

Puisque les enfants néandertaliens ne montrent pas une disposition H-O dans la configuration de leur foramen mandibulaire, peut-on remarquer chez eux des caractères dans la forme de la lingula, qui les différencieraient des autres enfants fossiles et récents ?

Discussion

La lingula est absente sur Irhoud 3, mais un épaississement du bord supérieur du foramen mandibulaire, formant une saillie, est visible (Hublin, 1991).

La taille de la lingula, lorsqu'elle existe, est très variable chez les néandertaliens non-adultes. Madre-Dupouy (1992) a remarqué que, par rapport aux enfants actuels observés, la lingula du Roc de Marsal est beaucoup plus forte et plus rectangulaire. Elle est également très développée sur Pech-de-l'Azé, rectangulaire sur Le Fate II. La lingula est également bien développée sur Sclayn SCLA 4A-1 (tableau 183).

En revanche, elle est peu saillante sur Teshik-Tash, Krapina 53 et Devil's Tower (tableau 183).
La lingula est absente sur Malarnaud 1 (Heim et Granat, 1995). Selon ces auteurs, l'absence de cet éperon osseux serait un caractère constant chez tous les représentants du groupe fossile et cette dernière remarque est donc en totale contradiction avec les descriptions qui précèdent.

A titre comparatif, la mandibule juvénile 83 du site d'Atapuerca ne possède pas de lingula (Rosas, 1987), alors qu'il en existe une sur la mandibule 607 (Rosas, 1995).

Aucune différence significative n'est constatée entre les fréquences du caractère chez les enfants néandertaliens et celles observées chez les enfants modernes récents, quel que soit le morphe considéré (morphe "absent" : p = 1.0 ; 1.0 ; 0.05 ; morphe "vestigial" : p = 1.0 ; 0.41 ; 0.55 et morphe "développé" : p = 1.0 ; 0.42 ; 1.0) (tableau 182).

	Classe 2		Classe 3		Classe 4	
	n	%	**n**	%	**n**	%
absente	**0**	0	**0**	0	**1**	33
vestigiale	**0**	0	**1**	100	**0**	0
développée	**2**	100	**0**	0	**2**	67
Total	**2**	100	**1**	100	**3**	100

Tableau 182. Fréquences absolues et relatives des différents morphes de la lingula, chez les enfants néandertaliens, âges séparés

De même, lorsque la lingula est présente, sa forme est également très variable sur les mandibules adultes de la lignée néandertalienne. Elle est très développée sur La Chapelle-aux-Saints (Boule, 1911-1913) et le Regourdou (Piveteau, 1963-1966) ; elle est peu saillante sur Montmaurin (Billy et Vallois, 1977). Sur Kébara 2 (Tillier *et al.*, 1989), la lingula est plutôt courte et de forme triangulaire. Sur Shanidar 1 et 2, elle est proéminente et dirigée médialement à la différence de Shanidar 4 (Trinkaus, 1983).
La lingula des mandibules adultes pré-néandertaliennes d'Atapuerca sont également de tailles variables, elles sont très nettes sur AT-605, 607, 950 (Rosas, 1987, 1995, 1997).

Les enfants de Qafzeh-Skhul ne sont pas suffisamment nombreux par classe d'âge pour justifier un test statistique. La forme de la lingula est également variable, absente des mandibules de Qafzeh 11 (Tillier, 1984) et Qafzeh 10 (Tillier, 1999), elle est peu saillante sur la branche droite, seule conservée de Qafzeh 15 (observation personnelle d'après moulage)

Parmi les mandibules d'enfants du Paléolithique supérieur, nous avons retrouvé très peu de descriptions dans la littérature de la lingula. Sur la mandibule de Fontéchevade, l'éperon osseux est cassé (Gambier, 1989) comme sur la branche droite, seule conservée, de la mandibule d'Isturitz 116. En revanche, elle apparaît bien développée sur la branche droite de La Madeleine 4 (observations personnelles). La lingula est également bien marquée sur le jeune adulte des Hoteaux (Riquet, 1973).

Conclusions

Il ressort de cette étude comparative que la lingula est extrêmement variable dans sa forme, celle-ci étant dépendante du ligament sphéno-mandibulaire, impliqué dans la stabilisation de l'articulation temporo-mandibulaire.
Cet éperon osseux peut être très marqué sur certains enfants néandertaliens, et absent sur d'autres, comme cela a été observé pour les enfants modernes récents. Ce caractère ne permet donc pas de différencier, chez les enfants, la morphologie néandertalienne, de la morphologie moderne fossile ou récente. On peu noter, par ailleurs, que la lingula est peu saillante sur l'adolescent *Homo erectus* de Nariokotome (observation personnelle d'après moulage).

	Âge (*ca*)	**Foramen mandibulaire**	**Lingula**	**Sources des informations**
Irhoud 3	8-9 ans	arrière et haut G	absente G	Hublin et Tillier, 1988 Hublin, 1991
Krapina 53	10-11 ans	arrière et haut	vestigiale D	Smith, 1976 Observ. pers. (M)
Sima de Los Huesos 607	immature	-	présente	Rosas, 1995
Sima de Los Huesos 83	immature	forme H-O	absente	Rosas, 1987
Pech-de-l'Azé	2 ½ ans	arrière et haut D	saillante D	Patte, 1957 et Ferembach, 1970
Roc de Marsal	3 ans	arrière et haut D et G	saillante et rectangle D	Tillier, 1983b
Devil's Tower	5 ans	arrière et haut D	vestigiale D	Tillier, 1982 Observ. pers.
Teshik-Tash	8-10 ans	entonnoir arrière et haut	saillantes	Gremjackij, 1949 Hublin et Tillier, 1988 Observ. pers.
Le Fate II	9-10 ans	arrière et haut G	large et rectangulaire G	Giacobini *et al.*, 1984 Hublin et Tillier, 1988
Sclayn SCLA 4A-1	10-11 ans	arrière et haut	saillante D	Otte *et al.*, 1993 Observ. pers. (M)
Zaskalnaya VI	10-12 ans	arrière et haut	-	Yakimov, 1980
Malarnaud 1	11-13 ans	arrière et haut	absente D	Observ. pers. (M) Heim et Granat, 1995
Qafzeh 10	6 ans	arrière et haut D G	absentes	Tillier, 1999
Qafzeh 15	9 ans	arrière et haut D	vestigiale D	Tillier, 1999 Observ. pers.
Qafzeh 11	12-13 ans	arrière et haut	absente	Tillier, 1984
La Madeleine 4	3 ans	arrière et haut D	saillante D	Observ. pers.
Fontéchevade	5-6 ans	arrière et haut	-	Gambier, 1989
Isturitz 116	6-7 ans	arrière et haut D	-	Observ. pers.
Sungir 3	7-11 ans	arrière et haut	-	Tillier, inédit
Sungir 2	11-13 ans	arrière et haut	-	Tillier, inédit

Tableau 183. Enfants fossiles dont la région du foramen mandibulaire est conservée (*Homo sapiens* archaïque, pré-néandertaliens et *Homo sapiens neanderthalensis*, *Homo sapiens sapiens* du Paléolithique moyen, *Homo sapiens sapiens* du Paléolithique supérieur)

3. 2. 6. Développement latéral du processus condylaire par rapport au plan de l'incisure mandibulaire

Dès le début du siècle, Gorjanovic-Kramberger (1906) et Boule (1911-1913) ont remarqué une morphologie particulière des processus condylaires des mandibules néandertaliennes adultes. En effet, Boule (1911-1913 : 96) notait sur la partie externe du condyle de la mandibule de La Chapelle-aux-Saints "une grosse tubérosité représentant probablement *l'apophyse hypocondylienne* d'Albrecht". Celle-ci est considérée par Le Double (1906) comme une ossification des fibres inférieures du ligament latéral externe de l'articulation temporo-mandibulaire.

Cependant, l'origine du prolongement du condyle vers l'extérieur serait attribué à tort à l'épaississement de cette tubérosité (Rak, 1995). Celle-ci se situerait, en fait, à une certaine distance de la surface articulaire physiologique.

Dans le but de mesurer le débordement latéral du processus condylaire, par rapport au plan de l'incisure mandibulaire, Schwalbe (1914) a défini, selon un schéma (figure 14), deux "indices condyliens de largeur". Les indices ainsi calculés sont donnés pour certaines mandibules néandertaliennes : La Quina H9 (Ise = 30.8) ; La Chapelle-aux-Saints (Ise = 34.5) ; La Ferrassie 1 (Ise = 34.5) et Montmaurin (Ise = 42.3). Par comparaison, sur des mandibules européennes actuelles, l'indice de largeur Ise serait selon Schwalbe (1914) de 6.3 à 25.
Ils témoignent du fait qu'un net débordement latéral du processus condylaire de la mandibule, pourrait constituer un caractère typique des néandertaliens (Boule, 1911-1913 ; Hublin et Tillier, 1981 ; Vandermeersch, 1981 ; Rak, 1995).
Si le débordement latéral est indépendant de l'âge, il doit donc être observé chez les plus jeunes sujets de la lignée néandertalienne, et avoir une fréquence différente dans les autres populations fossiles ou récentes.

Discussion

Il est vrai qu'un important développement latéral du processus condylaire par rapport au plan formé par l'incisure mandibulaire est présent sur plusieurs enfants néandertaliens. C'est le cas des mandibules de Teshik-Tash, Zaskalnaya VI, Devil's Tower, Malarnaud 1 et Sclayn SCLA 4A-1. On retrouve également un développement latéral important du condyle sur la mandibule pré-néandertalienne n°83 d'Atapuerca (tableau 185).
Toutefois, ce caractère est absent des mandibules du Pech-de-l'Azé, de Combe-Grenal III et de Roc de Marsal, sur lesquelles le processus condylaire est surtout développé du côté interne de la branche montante (tableau 185).

Lorsque l'on compare les fréquences de ce caractère chez ces enfants fossiles avec celles observées chez les enfants modernes récents, une différence significative est constatée pour la dernière classe d'âge (p = 0.0000) (tableau 184) : un fort développement latéral du processus condylaire est observé sur presque toutes les mandibules fossiles, alors qu'il n'a été comptabilisé que 9 fois sur 238 cas, chez les enfants récents.

	Classe 2		Classe 3		Classe 4	
	n	%	**n**	%	**n**	%
faible : Ise <35	**2**	100	**0**	0	**1**	14
fort : Ise ≥ 35	**0**	0	**1**	100	**6**	86
Total	**2**	100	**1**	100	**7**	100

Tableau 184. Fréquences absolues et relatives des différents morphes du développement latéral du processus condylaire, chez les enfants néandertaliens, âges séparés

Comme le prouvent les indices donnés par Schwalbe (1914) ci-dessus, le processus condylaire de la plupart des mandibules adultes néandertaliennes déborde en dehors du plan de l'incisure mandibulaire, ou plus exactement, se situe à cheval sur la face externe et sur la face interne. C'est aussi le cas de Monte Circeo III (Heim, 1976), et du Regourdou (Piveteau, 1963-1966).
Mais c'est une disposition inverse qui se rencontre sur les mandibules H5 de La Quina (Martin, 1923) et de Bañolas (de Lumley, 1973), pour lesquelles le processus condylaire se situe presque entièrement vers l'intérieur.

Sur certaines mandibules adultes néandertaliennes du Proche-Orient, comme Kébara 2 et Amud 1 (Tillier *et al.*, 1989), une partie importante du processus condylaire se trouve décalée à l'extérieur par rapport au plan défini par le prolongement de l'incisure mandibulaire. Les condyles étant incomplets sur la mandibule de Tabun 1, il est difficile de se prononcer sur le caractère. Pourtant, à partir des parties restantes, Rak (1995) estime que les processus condylaires devaient présenter la configuration néandertalienne.

Cette disposition est également signalée sur les mandibules pré-néandertaliennes d'Atapuerca : AT- 83, 303, 505, 605, 607, 721 et 888 (Rosas, 1987, 1995, 1997). Dans ce groupe, le dépassement de la moitié du condyle vers l'extérieur, constitue un morphe constant.
En revanche, il est intéressant de constater que la mandibule de Mauer (Ise = 13.0 Schwalbe, 1914) ne présente pas ce morphe.

Sur la mandibule d'Irhoud 3 (Hublin et Tillier, 1981) comme sur la mandibule non-adulte de Qafzeh 11 (Tillier, 1984) le processus condylaire se développe surtout du côté interne. En revanche, sur Qafzeh 10 (Tillier, 1999), le développement latéral est fort à droite et seulement faible à gauche.
Un développement interne du processus condylaire s'observe également sur les mandibules adultes Qafzeh 9 et Skhul V (Vandermeersch, 1981). Il semblerait que Tabun II présente également cette même configuration, même si l'extrémité latérale du processus condylaire droit est brisée sur cette mandibule (Vandermeersch, 1981).

Les enfants du Paléolithique supérieur ne sont pas suffisamment nombreux dans chaque classe d'âge pour justifier un test statistique, mais il apparaît que, sur les quelques pièces conservées, le débordement du condyle est généralement dirigé vers l'intérieur de la mandibule comme sur La Madeleine 4 et Ksar'Aqil 1 (tableau 185).
Les pièces adultes, comme celle de l'Abri Pataud (d'après Billy, 1975) et Isturitz 1950-4-1 (observation personnelle), possèdent une morphologie de la région condylaire en tous points comparable aux mandibules récentes.

Conclusions

Ces résultats nous permettent de conclure qu'un fort développement latéral du processus condylaire n'est pas constant chez tous les sujets de la lignée néandertalienne.

Ce morphe est également absent des mandibules d'*Homo erectus* chinois (excepté BII, Weidenreich, 1936), et africain comme sur KNMWT 15000 (observation personnelle d'après moulage).

En revanche, nous l'avons retrouvé avec une fréquence non négligeable chez les enfants modernes récents appartenant à la première classe d'âge de notre classification (53% des mandibules actuelles de moins de 1 an).

Le statut phylogénétique de ce caractère n'est donc pas très clair, comme celui de la forme H-O du foramen mandibulaire.

	Âge (*ca*)	**Ø médio - latéral**	**débordement latéral**	**Ise**	**Sources des informations**
Irhoud 3	8-9 ans	-	faible	-	Hublin et Tillier, 1988
Sima de Los Huesos 83	immature	-	fort	½ externe	Rosas, 1987
Pech-de-l'Azé	2 ½ ans	± 11 mm D	faible fort	-	Ferembach, 1970 *versus* Patte, 1957
Roc de Marsal	3 ans	14.8 mm D	faible 4.65 D	31.4 D	Madre-Dupouy, 1992 Observ. pers.
Devil's Tower	5 ans	14.3 mm D	fort 6.2 mm D	43.3 D	Tillier, 1982 Observ. pers.
Teshik-Tash	8-10 ans	24mm D 20mm G	fort D et G	½ externe	Gremjackij, 1949
Sclayn SCLA 4A-1	10-11 ans	-	fort D	-	Toussaint, 1996
Zaskalnaya VI	10-12 ans	-	fort D et G	½ externe	Yakimov, 1980
Malarnaud 1	11-13 ans	-	fort D	-	Heim et Granat,1995
Combe Grenal III	14-18 ans	-	faible G	2/3 interne	Genet-Varcin, 1982
Qafzeh 10	6 ans	-	fort D faible G	-	Tillier, 1999
Qafzeh 11	12-13 ans	G : 17.6 mm	faible	-	Tillier, 1984
La Madeleine 4	3 ans	G 14.1 mm	faible G : 4.5	31.9 G	Observ. pers.
Ksar'Aqil 1	8 ans	-	faible	-	Observ. pers.(M)

Tableau 185. Enfants fossiles dont les processus condylaires sont conservés (*Homo sapiens* archaïque, pré-néandertaliens et *Homo sapiens neanderthalensis*, *Homo sapiens sapiens* du Paléolithique moyen, *Homo sapiens sapiens* du Paléolithique supérieur)

3. 3. Caractères dits "spécifiques" aux enfants néandertaliens

3. 3. 1. Forme allongée du foramen magnum

Récemment, une distinction taxonomique fondée sur la configuration du foramen magnum, a été proposée par Rak *et al.* (1994), entre les hommes de morphologie moderne et les néandertaliens ; les premiers se caractérisant par un foramen magnum de forme plutôt arrondie, les seconds, par un foramen allongé.
Cette distinction a été établie à partir de l'observation de l'enfant néandertalien Amud 7 et de la comparaison avec les enfants fossiles de morphologie moderne comme Skhul 1 et Qafzeh 11. Cet allongement se manifestant dès les plus jeunes âges (10 mois), il constituerait donc un caractère dérivé néandertalien.
Rak *et al.* (1994) ont comparé l'indice moyen du foramen magnum (= 59.2) obtenu à partir de 4 jeunes néandertaliens d'âge compris entre 10 mois et 10 ans (Amud 7, Engis 2, La Quina H18 et Teshik-Tash) avec celui calculé à partir de 89 jeunes enfants modernes, provenant d'Asie et du Proche-Orient et âgés entre 0 et 18 ans (= 78.6 ± 6.3). Ce dernier indice concorde avec celui trouvé par Minugh-Purvis (1988) à partir d'un échantillon d'enfants iraniens (Tepe Hissar et Hasanlu) et européens.
Cette différence dans les indices entre enfants néandertaliens et enfants de morphologie moderne, justifierait l'attribution d'une qualité autapomorphique à la forme ovale du foramen magnum pour le groupe fossile.
Deux éléments seraient responsables de la forme allongée du foramen magnum, selon Rak *et al.* (1994) : le segment relativement long du foramen magnum le long des parties latérales de l'os occipital et le creusement antérieur du corps de l'os occipital qui porte ainsi le basion très en avant par rapport au plan des condyles occipitaux.
Selon les auteurs, les formes intermédiaires ou arrondies des foramens magnums tels Skhul 1, et Qafzeh 11 (respectivement I_{33} = 74.2 et 79.9) correspondraient donc à une plésiomorphie. Ce morphe est en effet caractéristique de nombreux Primates.
Il est également visible sur des individus de l'espèce *Homo erectus* comme KNMWT 15000 (I_{33} = 72.3, observation personnelle d'après moulage).

La valeur phylogénétique de la forme allongée du foramen magnum a été mise en doute par Richards et Plourde (1995) et Creed-Miles *et al.* (1996). De plus, selon Arsuaga *et al.*, (1997), un foramen magnum allongé ne se verrait pas exclusivement chez les représentants de la lignée néandertalienne, comme l'atteste l'indice I_{33} de Ngandong 12 (= 66.3 selon Weidenreich, 1951).
Cette distinction taxonomique a également été discutée par Tillier (1998) qui n'exclut pas, dans l'interprétation de ce caractère, un changement de forme du foramen magnum avec l'âge, chez les enfants néandertaliens comme chez les enfants modernes.

Discussion

Il est à noter, tout d'abord, que Rak *et al.* (1994) se sont appuyés, entre autres, sur une reconstruction du foramen magnum de Skhul 1 pour attribuer une forme arrondie à ce fossile. Or, sur le moulage de Skhul 1, seule la partie toute postérieure du foramen magnum est conservée et seul l'opisthion peut être parfaitement reconnu. C'est donc en fonction de l'appartenance taxonomique du fossile que la reconstitution a été envisagée (Tillier, 1998).
Il en est de même pour le foramen magnum du Pech-de-l'Azé, qui selon Rak *et al.* (1994) aurait une forme rappelant celle d'Amud 7 ou d'Engis 2. Or sur l'enfant néandertalien français, il ne reste que la portion antérieure du foramen magnum et seule la largeur peut être mesurée, "l'absence d'opisthion empêchant de préciser la forme du trou occipital" (Ferembach, 1970).
Les dimensions du foramen magnum proposées par Thompson et Bilsborough (1997) pour l'adolescent du Moustier 1, n'ont pas été retenues dans cette étude étant donné la nature très estimée de celles-ci.
Néanmoins, il est vrai que l'enfant d'Engis 2 montre un foramen magnum particulièrement allongé. (figure 46). Il en est de même pour l'adolescent pré-néandertalien n°6 du site d'Atapuerca (Arsuaga *et al.*, 1997).
Toutefois, l'allongement antéro-postérieur du foramen magnum ne semble pas caractéristique de tous les enfants de la lignée néandertalienne, puisque l'enfant de La Quina H18 possède un foramen magnum de forme intermédiaire (nous ne donnons pas ici ses dimensions car nous considérons que le basion a été mal positionné lors de la reconstruction du crâne, mais sa forme peut néanmoins être qualifiée d'intermédiaire).
De plus, il ne nous a pas été possible d'observer le fossile original de Teshik-Tash, mais les dimensions du foramen magnum proposées par Gremjackij (1949), donnent un indice appartenant à la catégorie "intermédiaire", ce qui semble tout à fait correspondre à la photo de la monographie (et en contradiction avec la reconstruction proposée une fois encore par Rak *et al.*, 1994).

De plus, des foramens magnums de forme allongée ont pu être observés sur des enfants récents :

- Creed-Miles *et al.* (1996) ont mesuré la longueur du foramen magnum sur 22 enfants de la série de Spitalfields âgés entre 2 semaines et 2 ans environ. La moyenne (m = 26.8 ± 4.02), selon les auteurs, n'étant pas significativement différente de la mesure d'Amud 7.
- A partir de 33 enfants issus de la même collection, un indice moyen du foramen magnum égal à 66.7 ± 19.9 peut être calculé (Tillier, 1999), ce qui implique, étant donné la valeur importante de l'écart-type, un foramen magnum rond comme très allongé.
- Nous obtenons quasiment les mêmes résultats lorsque l'analyse, au sein de la collection (exemple de Rajhrad, figure 46) porte uniquement sur les enfants appartenant à la deuxième classe d'âge (n=17), c'est-à-dire celle

correspondant à Amud 7 : longueur M7 : m = 29.7 ± 3.25 mm ; largeur M16 : m = 18.5 ± 6.02 mm et indice I_{33} : m = 63.07 ± 21.5.

Aucune différence significative n'est constatée quels que soient le morphe et la classe d'âge considérés, entre les fréquences chez les enfants néandertaliens et celles notées chez les enfants des séries modernes (morphe "rond" : p = 1.0 pour les trois classes d'âges ; morphe "intermédiaire" : p = 0.23 ; 1.0 ; 1.0 et morphe "allongé : p = 0.067 ; 1.0 ; 1.0) (tableau 186).

	Classe 2		Classe 3		Classe 4	
	n	%	**n**	%	**n**	%
rond	**0**	0	**0**	0	**0**	0
intermédiaire	**0**	0	**1**	100	**1**	100
allongé	**3**	100	**0**	0	**0**	0
Total	3	100	1	100	1	100

Tableau 186. Fréquences absolues et relatives des différents morphes du foramen magnum, chez les enfants néandertaliens, âges séparés

De plus, chez les adultes néandertaliens, la forme allongée du foramen magnum est plutôt rare. En effet, les foramens magnums les mieux conservés sont ceux de La Chapelle-aux-Saints et de La Ferrassie (figure 46). Les indices sont respectivement égaux à 65 (Boule, 1911-1913) et à 79.0 (Heim, 1976), ils sont donc bien supérieurs à ceux obtenus sur les enfants d'Amud 7 ou d'Engis 2.

Pour le fossile plus ancien de Saccopastore 1, Condemi (1992) donne un indice de 80 (M7 = 35 et M16 = 28) qui correspond à une forme intermédiaire. Il en est de même pour les crânes adultes 4 et 5 d'Atapuerca (Arsuaga *et al.*, 1997) pour lesquels les indices I_{33} sont respectivement égaux à 71.43 et 73.68.

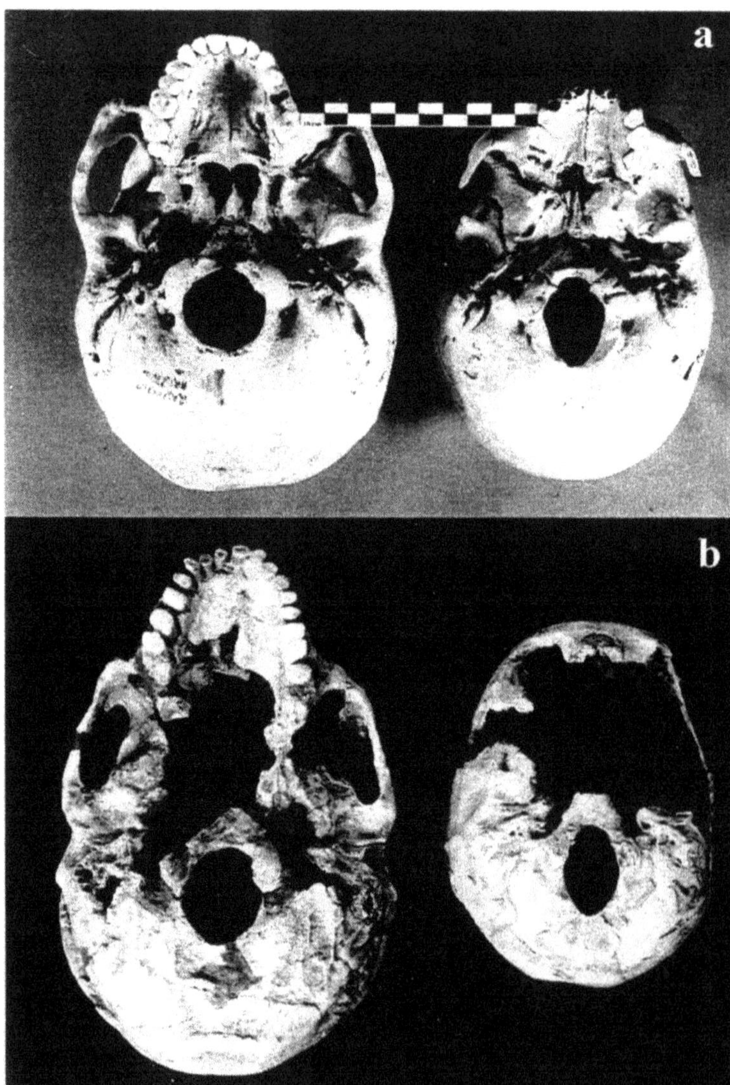

Figure 46. Variation de la forme du foramen magnum avec l'âge chez les hommes modernes de Rajhrad (a) et les néandertaliens de La Ferrassie 1 et Engis 2 (photographies P. Sellier et A. m. Tillier)

Au Proche-Orient, il n'y a que Qafzeh 10 et 11 dont la forme du foramen magnum puisse être décrite. Celle-ci appartient à la catégorie "intermédiaire" de notre classification : I_{33} = respectivement 76.2 et 79.9 (tableau 188).

Pour les adultes, nous ne disposons que de l'indice du foramen magnum de Skhul V, égal à 79.7 (d'après Mc Cown et Keith, 1939), qui indique également une forme intermédiaire.

En revanche, parmi les enfants du Paléolithique supérieur, la même variabilité, dans la forme du foramen magnum que chez les enfants néandertaliens, se retrouve avec des formes allongées telle que celle de Predmosti 22 (I_{33} = 60.0) ou intermédiaire sur Sungir 2 et 3 (respectivement I_{33} = 73.6 et 84.3) (tableau 210).
D'après nos mesures, la forme du foramen magnum de La Madeleine 4 est également intermédiaire, (I_{33} = 73.0 *versus* Heim, 1991 : I_{33} = 85.7).
A la différence des enfants néandertaliens, on observe chez les enfants du Paléolithique supérieur des formes nettement rondes, comme celle de Predmosti 7 (I_{33} = 93.3) (tableau 188).

Aucune différence significative n'apparaît lorsque les fréquences des différents morphes du foramen magnum des enfants du Paléolithique supérieur sont comparées à celles des enfants récents (morphe "rond" : p = 1.0 ; 0.95 ; morphe "intermédiaire" : p = 1.0 ; 0.29 et morphe "allongé" : p = 1.0 ; 0.08) (tableau 187).

	Classe 2		Classe 4	
	n	%	**n**	%
rond	**0**	0	**1**	25
intermédiaire	**1**	100	**2**	50
allongé	**0**	0	**1**	25
Total	**1**	100	**4**	100

Tableau 187. Fréquences absolues et relatives des différents morphes du foramen magnum, chez les enfants du Paléolithique supérieur, âges séparés

Les indices du foramen magnum des adultes du Paléolithique supérieur sont également très variables, allant d'une forme très ovale sur Rond-du-Barry (Heim, 1992) et Sungir 1 (I_{33} = 65.9, Bunak et Guerasimova, 1984), à des formes plus intermédiaires sur Predmosti 4 et 9 (respectivement I_{33} = 77.7 et 80.0, Matiegka, 1934).
Il est intéressant, par ailleurs, de noter que les enfants fossiles ne montrent pas non plus, entre eux, de différences significatives, lorsque les fréquences des différents morphes sont comparées.

Conclusions

En conclusion, il ne nous semble pas possible de valider l'hypothèse de Rak *et al.* (1994), quant à une valeur autapomorphique du caractère allongé du foramen magnum, pour les enfants néandertaliens.
En effet, ce morphe qui ne caractérise pas l'ensemble des enfants de cette lignée, se rencontre, de plus, sur des enfants de morphologie moderne, fossiles et récents.

	Âge (ca)	**M7**	**M16**	**I33**	**Sources des informations**
Sima de Los Huesos n°6	14 ans	44	30	68.1	Arsuaga *et al.*, 1997
Amud 7	10 mois	-	-	57.1	Rak *et al.*, 1994
				64.3	Creed-Miles *et al.*, 1996
				58.9	Creed-Miles *et al.*, 1996
Pech-de-l'Azé	2 ½ ans	-	28	-	Patte, 1957
			31		Ferembach, 1970
Roc de Marsal	3 ans	38	22.5	59.2	Madre-Dupouy, 1992
Engis 2	4 ans			59.5	Fraipont, 1936
		41.2	23.7	57.5	Tillier, 1983a
		42.5			Creed-Miles *et al.*, 1996
La Quina H18	6-8 ans			57.5	Rak *et al.* 1994
		35.0	25.2	72,0	Creed-Miles *et al.*, 1996
Teshik-Tash	8-10 ans	44	35	79.5	Gremjackij, 1949
				62.5	Rak *et al.*, 1994
				65.0	Rak *et al.*, 1996
		45.5		70.0	Creed-Miles *et al.*, 1996
		47.0	35.0	74.4	Tillier, 1983 sur moulage
Qafzeh 10	6 ans	-	-	76.2	Tillier, 1999
Qafzeh 11	12-13 ans	32.4	25.9	79.9	Tillier, 1984

Predmosti 6	2-3 ans	-	27.5	-	Matiegka, 1934
La Madeleine 4	3 ½ ans	38.5	33	85.7	Heim, 1991
		39.7	29	73.0	Observ. pers.
Sungir 3	7-11 ans	32	27	84.3	Trofimova, 1984
Predmosti 22	9-10 ans	45	27	60	Matiegka, 1934
Sungir 2	11-13 ans	38	28	73.6	Trofimova, 1984
Predmosti 7	12-14 ans	30.0	28.0	93.3	Matiegka, 1934

Tableau 188. Enfants fossiles dont le foramen magnum est conservé (pré-néandertalien et *Homo sapiens neanderthalensis*, *Homo sapiens sapiens* du Paléolithique moyen, *Homo sapiens sapiens* du Paléolithique supérieur)

3. 3. 2. Absence d'incisure supra-orbitaire

Une valeur évolutive a été attribuée à l'incisure supra-orbitaire (Tillier, 1983a ; Pap *et al.*, 1996) : son absence, chez les non-adultes, étant classée parmi les caractères dérivés néandertaliens, contrairement à l'incisure frontale ou au foramen supra-orbitaire, ce dernier étant considéré comme un caractère discret. L'incisure supra-orbitaire permettrait donc la séparation des Néandertaliens de leurs prédécesseurs, mais aussi de ceux qui les ont remplacé.
Nous avons voulu vérifier la valeur phylogénétique de ce caractère et voir si des variations dans la fréquence des différents morphes pouvaient être identifiées chez les autres représentants fossiles de l'espèce *Homo sapiens*.

Discussion

Une incisure supra-orbitaire est effectivement absente sur les crânes du Pech-de-l'Azé, de Devil's Tower, d'Engis 2, de La Quina H18, de Roc de Marsal, de Subalyuk 2 et du Moustier 1 (tableau 190).
En revanche, sur certains d'entre eux, des foramens souvent multiples occupent cette zone supra-orbitaire, comme sur la portion droite de l'os frontal d'Engis 2. Sur Pech-de-l'Azé et sur les très jeunes enfants de La Ferrassie 4bis et 5, des foramens d'origine vasculaire sont également décrits (tableau 190). Ceux-ci sont très fréquents à ces âges, chez les enfants récents (observation personnelle).
Le fragment d'os frontal de La Chaise S. 15 n'est pas suffisamment conservé de part et d'autre des parties internes du bord orbitaire, pour distinguer une autre structure que l'incisure frontale présente de chaque côté (tableau 190).
L'enfant de Cariguëla serait le seul néandertalien à posséder, pour chaque orbite, une incisure supra-orbitaire qui est ici représentée par une fine gouttière (tableau 190) ; ce morphe est en revanche le plus fréquent chez les enfants issus des séries ostéologiques.
De ce fait, l'absence d'incisure supra-orbitaire est significativement plus fréquente chez les enfants néandertaliens que chez les enfants récents, pour les trois classes d'âges qui permettent un test de Fisher (respectivement p = 0.0000 ; 0.0000 ; 0.0005) (tableau 189).

	Classe 2		Classe 3		Classe 4	
	n	%	**n**	%	**n**	%
vascularisation absente	**7**	87.5	**4**	100	**2**	100
incisure supra-orbitaire	**0**	0	**0**	0	**0**	0
foramen supra-orbitaire	**1**	12.5	**0**	0	**0**	0
Total	**8**	100	**4**	100	**2**	100

Tableau 189. Fréquences absolues et relatives des différents morphes de la vascularisation supra-orbitaire, chez les enfants néandertaliens, âges séparés

Dans la littérature nous n'avons trouvé que très peu de descriptions concernant la vascularisation supra-orbitaire des adultes néandertaliens.
Lorsque l'information est disponible, il semble que l'incisure supra-orbitaire soit plus fréquente chez les adultes que chez les sujets juvéniles. Elle est, en effet, présente sur les crânes 3 et 6 de Krapina (Gorjanovic-Kramberger, 1906), ainsi que sur Shanidar 1 (Trinkaus, 1983).

Sur tous les os frontaux du site de Sima de Los Huesos pour lesquels la région supra-orbitaire est conservée, au moins une incisure est observée (Arsuaga *et al.*, 1997).

Le nombre d'enfants de morphologie moderne du Paléolithique moyen n'est pas suffisant dans chaque classe d'âge pour qu'un test statistique se justifie. Mais, on note sur le crâne de Qafzeh 11 une incisure supra-orbitaire nettement individualisée. Elle est, en revanche, absente, des crânes plus jeunes de Qafzeh 13 et 15 (tableau 190).

Concernant les enfants du Paléolithique supérieur, une incisure supra-orbitaire est identifiée sur les crânes de l'Abri Pataud, du Figuier et de Sungir 3 (tableau 190).
Sur le crâne de Montgaudier 3, une incisure supra-orbitaire double est visible à droite et un foramen s'ouvre à gauche, dans la partie médiale du rebord supérieur de l'orbite. Les régions supra-orbitaires droites du frontal immature n°63 d'Isturitz et de Romanelli 13, font également apparaître à la fois une incisure et un foramen supra-orbitaires (tableau 190).

Ces deux morphes se retrouvent également associés sur le crâne adulte de Rond-du-Barry (Heim, 1992). Sur les os frontaux de l'Abri Pataud (Billy, 1975), de Montgaudier 4 (Gambier, 1987), et de Predmosti 4 et 9 (Matiegka, 1934) de vastes incisures supra-orbitaires ont été décrites. Elles sont, en revanche, peu profondes et peu étendues sur le frontal de La Crouzade V (Gambier et Sacchi, 1991).

Conclusions

L'absence d'incisure supra-orbitaire ne peut correspondre à un caractère dérivé néandertalien puisque ce morphe a été également observé sur des enfants modernes récents.
Il est vrai, cependant, que la fréquence de ce morphe est nettement supérieure chez ces enfants fossiles, par rapport à celle observée chez les sujets non-adultes modernes.

Il semble, par ailleurs, que ce morphe soit perdu par les adultes de la lignée néandertalienne.

Il est à noter, enfin, que deux des trois enfants de Qafzeh, dont la région supra-orbitaire est conservée, ne montrent pas non plus d'incisure supra-orbitaire.

	Âge (*ca*)	**Vascularisation supra-orbitaire**	**Sources des informations**
La Chaise S. 15	immature	incisure frontale DG	Coqueugniot *et al.*, 1996
La Ferrassie 4bis	nouveau-né	foramens vasculaires G	Heim, 1982
La Ferrassie 5	fœtus 7 mois	foramens vasculaires D	Heim, 1982
Pech-de-l'Azé	2 ½ ans	incisure supra-orbitaire absente foramens vasculaires DG	Ferembach, 1970
Roc de Marsal	3 ans	incisure supra-orbitaire absente DG	Madre-Dupouy, 1992
Subalyuk 2	3 ans	incisure supra-orbitaire absente DG	Pap *et al.*, 1996
Engis 2	4 ans	incisure supra-orbitaire absente G ; foramens supra-orbitaires D	Tillier, 1983a
Devil's Tower	5 ans	incisure supra-orbitaire absente DG	Tillier, 1982
La Quina H18	6-8 ans	incisure supra-orbitaire absente DG	Tillier, 1987
Le Moustier 1	16 ans	incisure supra-orbitaire absente DG	Thompson et Bilsborough, 1997
Cariguēla	immature	incisure supra-orbitaire présente DG	de Lumley et Garcia-Sanchez, 1971
Qafzeh 13	naissance	incisure supra-orbitaire absente	Tillier, 1999
Qafzeh 15	9 ans	incisure supra-orbitaire absente	Tillier, 1999
Qafzeh 11	12-13 ans	incisure supra-orbitaire présente DG	Tillier, 1984
Le Figuier	3 ans	incisure supra-orbitaire présente DG	Billy, 1979
Pataud complexe 22	7 ans	incisure supra-orbitaire présente DG	Billy, 1975
Montgaudier 3	8-10 ans	incisure supra-orbitaire présente G	Gambier, 1987 Observ. pers.
Sungir 3	7-11 ans	incisure supra-orbitaire présente DG	Tillier, inédit
Romanelli 13	immature	incisure supra-orbitaire présente D + foramen	Fabbri, 1987
Isturitz 63	immature	incisure supra-orbitaire présente D +foramen	Gambier, 1990-1991

Tableau 190. Enfants fossiles dont la région supra-orbitaire est conservée (pré-néandertalien et *Homo sapiens neanderthalensis*, *Homo sapiens sapiens* du Paléolithique moyen, *Homo sapiens sapiens* du Paléolithique supérieur)

3. 3. 3. Différenciation d'une fente structurale médiale du processus palatin de l'os maxillaire, en plus d'une fente latérale

A partir de l'étude de l'enfant du Roc de Marsal, Maureille (1994, 1995) a proposé d'établir une distinction taxonomique entre enfants modernes et néandertaliens. Ces derniers se caractériseraient par la présence de deux fentes structurales sur le palais osseux, l'une médiale et l'autre latérale, alors que seule la fente latérale serait visible chez les enfants actuels.

Discussion

Lors de la description de cet enfant fossile, Madre-Dupouy (1992) a interprété, sur la face palatine de l'os, les segments S1 et S2 comme une suture incisive bifide et S3 comme l'ancienne "suture d'Albrecht".

Or, si l'on suit le trajet des trois sillons de la portion droite du maxillaire (figure 47), il apparaît que :
- le sillon S1 correspond sans aucun doute à une suture incisive, menant à la cloison interalvéolaire c/i2.
- le sillon S3 correspond à une fente structurale qui mène à la cloison interalvéolaire i1/i2 et que Maureille (1995) a nommé "médiale".
- le sillon S2, en revanche, ne peut correspondre à un segment de suture incisive bifide. En effet, cette variation morphologique n'a jamais été mentionnée par Le Double (1906) car il faudrait pour cela imaginer que l'os maxillaire soit formé de 2 noyaux osseux. Ce segment S2, qui part de la suture incisive et semble rejoindre le foramen de l'incisive latérale permanente, doit plutôt être considéré comme une seconde fente structurale, que Maureille (1995) a nommé "latérale".

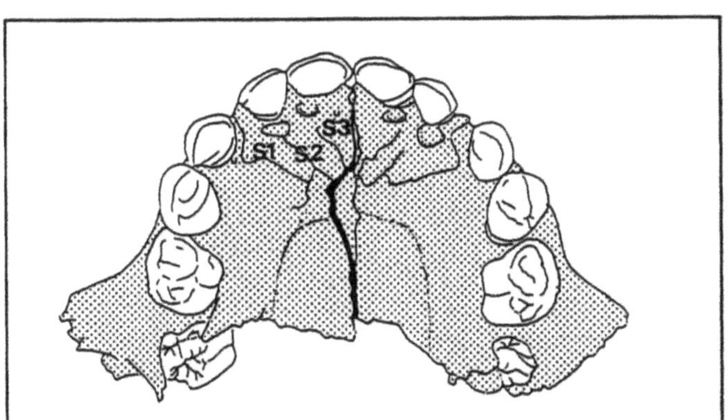

Figure 47. Face palatine de l'os maxillaire de l'enfant du Roc de Marsal (extrait de Madre-Dupouy, 1992)

Cependant, nous pensons que la dénomination "médiale" proposée par Maureille, (1995) pour le segment S3, ne convient pas, selon l'origine de cette fente structurale. Cette dernière s'est, en effet, individualisée en raison du développement du follicule de l'incisive permanente centrale et devrait donc porter le nom de "fente structurale centrale", de même que la fente S2, qui est dûe au développement du follicule de l'incisive permanente latérale, porte le nom de "fente structurale latérale".

Le terme "interincisif" peut également être discuté, car selon nos observations faites à la fois sur les enfants modernes récents et fossiles, lorsqu'une fente structurale est visible, elle ne prend pas toujours la direction de l'espace entre les incisives centrale et latérale. En effet, la fente se dirige souvent vers la dent déciduale ou le foramen situé antérieurement et qui laisse voir la dent permanente.

Ces deux types de fentes structurales ont également été décrits sur les enfants de Subalyuk 2 et Pech-de-l'Azé (tableau 192). Maureille (1994, 1995) a également noté leur présence sur l'enfant d'Engis 2.

L'enfant de La Quina H18 ne montre, sur la partie gauche de la face palatine du maxillaire, qu'une trace, en plus de la suture incisive, de ce qui pourrait être interprété comme une fente structurale latérale (tableau 192).
En revanche, le maxillaire droit de l'enfant de Devil's Tower ne porte aucune trace de fente structurale (tableau 192).

Lorsque les enfants néandertaliens sont comparés aux enfants modernes récents, aucune différence n'est constatée par rapport à la fréquence de fentes structurales latérales (p = 0.0548 et p = 1.0). En revanche, la fréquence des fentes structurales centrales est significativement supérieure chez les enfants néandertaliens, pour la deuxième classe d'âge uniquement (p = 0.0000) (tableau 191), ce qui rejoint l'hypothèse de Maureille (1994, 1995).

	Fente structurale latérale			
	Classe 2		Classe 3	
	n	%	n	%
présente	8	100	1	50
absente	0	0	1	50
Total	8	100	2	100

	Fente structurale centrale			
	Classe 2		Classe 3	
	n	%	n	%
présente	8	100	0	0
absente	0	0	1	100
Total	8	100	1	100

Tableau 191. Fréquences absolues et relatives des différents morphes des fentes structurales latérale et centrale, chez les enfants néandertaliens, âges séparés

Sur les enfants Qafzeh 11 et Qafzeh 10, les fentes structurales sont inexistantes, comme sur l'enfant Paléolithique supérieur de Montgaudier 3 (tableau 192).

A propos de l'enfant du Figuier, Billy (1979) décrit que près de l'extrémité interne de la suture incisive, "on observe encore un très court fragment non oblitéré d'une pseudo-collatérale ou suture endo-médognathique". Il est probable que ce très court fragment constitue une partie d'une fente structurale latérale.

Jusqu'à présent, une seule trace de fente structurale a été décrite sur un os maxillaire adulte fossile appartenant à l'espèce *Homo sapiens* : Riquet (1973 : 17) a, en effet, noté sur le jeune adulte des Hoteaux, la présence de "vestiges de la suture d'Albrecht".

Conclusions

Des enfants néandertaliens montrent une fréquence de fentes structurales centrales, significativement supérieure à celle observée chez les enfants modernes récents, comme l'a déjà mentionné Maureille (1994, 1995).

Cependant, ces traits anatomiques ne sont pas présents sur tous les enfants de la lignée néandertalienne (exemple Devil's Tower). Ils ont, de plus, été retrouvés sur des maxillaires d'enfants modernes récents, même si, chez ces derniers, les fréquences de la fente structurale centrale sont très faibles.

	Âge (*ca*)	**Fentes structurales latérales**	**Fentes structurales centrales**	**Sources des informations**
Pech-de-l'Azé	2 ½ ans	présentes	présentes	Patte, 1957
Roc de Marsal	3 ans	présentes	présentes	Maureille, 1995 Observ. pers.
Subalyuk 2	3 ans	présentes	présentes	Bartucz, 1940
Engis 2	4 ans	présentes	présentes	Maureille, 1995
Devil's Tower	5 ans	absente D	absente D	Maureille, 1995 Observ. pers.
La Quina H18	6-8 ans	trace G	-	Maureille, 1995
Qafzeh 10	6 ans	absentes	absentes	Observ. pers. (M)
Qafzeh 11	12-13 ans	absentes	absentes	Observ. pers.(M)
Le Figuier	3 ans	trace G	-	Billy, 1979
Montgaudier 3	8-10 ans	absente G	absente G	Observ. pers.

Tableau 192. Enfants fossiles dont le processus palatin de l'os maxillaire est conservé (*Homo sapiens neanderthalensis*, *Homo sapiens sapiens* du Paléolithique moyen, *Homo sapiens sapiens* du Paléolithique supérieur

3. 3. 4. Crêtes d'insertion du muscle ptérygoïdien médial identification d'un tubercule médial, en plus d'un tubercule inférieur

• Tubercule ptérygoïdien inférieur

La présence, dans le prolongement du *sulcus colli*, d'un tubercule ptérygoïdien inférieur correspondant à l'attache de l'aponévrose interptérygoïdienne, a été remarquée sur un grand nombre de mandibules adultes fossiles, et en particulier sur des néandertaliens.
Nous avons voulu vérifier si la formation d'un tel tubercule était précoce chez les néandertaliens, et si des différences dans les fréquences de ce caractère pouvaient être mises en évidence, au sein de l'espèce *Homo sapiens,* entre les enfants fossiles et les enfants modernes récents.

Discussion

Un fort et net développement de l'attache du muscle ptérygoïdien médial est décrit sur plusieurs mandibules immatures néandertaliennes comme Devil's Tower, Barakai, Sclayn SCLA 4A-1, Malarnaud 1 et la formation d'un tubercule ptérygoïdien **inférieur** est observable sur les mandibules de Teshik-Tash, Pech-de-l'Azé, Krapina 53, Le Moustier 1, Combe-Grenal III, Le Fate II, Roc de Marsal et Amud 7 (tableau 195).

Lorsque les enfants issus des séries ostéologiques sont comparés aux enfants néandertaliens, une différence significative est constatée, dans les fréquences de ce caractère, pour la dernière classe d'âge (p = 0.0000), le tubercule étant plus fréquent chez les enfants fossiles (tableau 193).

	Classe 2		Classe 3		Classe 4	
	n	%	**n**	%	**n**	%
présent	**2**	67	**0**	0	**5**	71
absent (crêtes seulement)	**1**	33	**1**	100	**2**	29
Total	3	100	1	100	7	100

Tableau 193. Fréquences absolues et relatives des différents morphes du tubercule ptérygoïdien inférieur, chez les enfants néandertaliens, âges séparés

Concernant les mandibules adultes néandertaliennes, un tubercule inférieur est également décrit sur le Regourdou (Piveteau, 1963-1966), La Quina H5 (Martin, 1923), La Ferrassie 1 (Heim, 1976) et la Chapelle-aux-Saints. A propos de cette dernière mandibule, Boule (1911-1913) n'a pas hésité à évoquer un régime herbivore pour expliquer le fort développement du muscle ptérygoïdien médial.
Billy et Vallois (1977) ont noté que l'épaisseur de la branche mandibulaire de Montmaurin pouvait atteindre 10 mm au niveau du tubercule ptérygoïdien inférieur.

Sur la branche mandibulaire de Kébara 2, les tubérosités du muscle ptérygoïdien médial sont également très saillantes et occupent toute la surface de l'angle mandibulaire (Tillier *et al.*, 1989). Il en est de même sur Shanidar 1, 2 et 4, et la dernière mandibule montre, selon Trinkaus (1983), l'une des insertions les plus marquées de tous les néandertaliens. Celles-ci sont plus atténuées sur Tabun II, voire absentes sur Tabun 1 et Amud 1.

On retrouve un tubercule ptérygoïdien inférieur sur les mandibules adultes pré-néandertaliennes d'Atapuerca comme AT-888, AT-950 (Rosas, 1997), et Arago 13 (Tillier *et al.,* 1989).

La signification de ce tubercule ptérygoïdien inférieur ne peut être clarifiée que si l'on considère la branche mandibulaire dans son ensemble (Creed-Miles *et al.*, 1996). Celle-ci est tronquée dans la région goniaque, chez les néandertaliens, et c'est dans la partie supérieure de cette zone que se situe le tubercule. Son relief positif est accentué par la présence d'une profonde fosse ptérygoïdienne, liée à une activité intense de remodelage dans la partie interne de la branche (Creed-Miles *et al.*, 1996).

Les crêtes d'insertion du muscle ptérygoïdien médial sont nettement marquées sur les mandibules de Qafzeh 11, 15 et 10 mais il n'y a pas individualisation d'un tubercule inférieur, à la différence de Qafzeh 13 (tableau 195).
La région goniaque des mandibules adultes issues de ce site ne montre que des crêtes obliques (Vandermeersch, 1981).

Aucun tubercule ptérygoïdien inférieur n'est décrit sur les mandibules immatures du Paléolithique supérieur. Seules des crêtes d'insertion musculaire sont visibles : certaines sont très marquées : La Madeleine 4, d'autres le sont moins : Romanelli 7 et Fontéchevade (tableau 195).

Sur les mandibules adultes, les reliefs d'insertion du muscle ptérygoïdien médial sont généralement très marqués : Les Forges 1, Laugerie-Basse et La Madeleine 1, entre autres (Bouvier, 1971).

Conclusions

La présence d'un tubercule ptérygoïdien inférieur sur certaines mandibules néandertaliennes ne peut correspondre qu'à un caractère plésiomorphe.
Ce trait anatomique, mis en évidence sur des mandibules de Primates non-humains (Bluntschli, 1929), a également été décrit sur la mandibule d'*Homo erectus* immature F1 et sur les mandibules adultes C1 et G1 de Zhoukoudian (Weidenreich, 1936).

La fréquence de ce tubercule est supérieure, chez les enfants néandertaliens, à celle de l'échantillon d'enfants modernes examinés, uniquement pour la dernière classe d'âge.

• **Tubercule ptérygoïdien médial**

Récemment, une distinction taxonomique entre hommes de morphologie moderne et Néandertaliens, basée sur la configuration d'un tubercule ptérygoïdien **médial (tpm)** a été définie par Rak *et al.* (1994, 1996), à partir de l'étude de la mandibule immature d'Amud 7.

Ce tubercule ne serait pas l'homologue du ptérygoïdien inférieur, mais correspondrait à une structure distincte située au niveau du bord supérieur de l'insertion musculaire, au-dessous du *sulcus colli*. Le jeune âge d'Amud 7 (10 mois), attesterait donc la nature génétique du caractère et infirmerait la relation avec une activité musculaire intense. Ce trait morphologique, selon les auteurs, serait également présent sur d'autres mandibules non-adultes néandertaliennes, telles que Pech-de-l'Azé, Roc de Marsal, Devil's Tower et Teshik-Tash (figure 48), mais aussi chez les adultes de Kébara 2, Tabun 1, La Ferrassie 1, La Chapelle-aux-Saints, Shanidar 1 et 2 et Krapina 53 et 63.

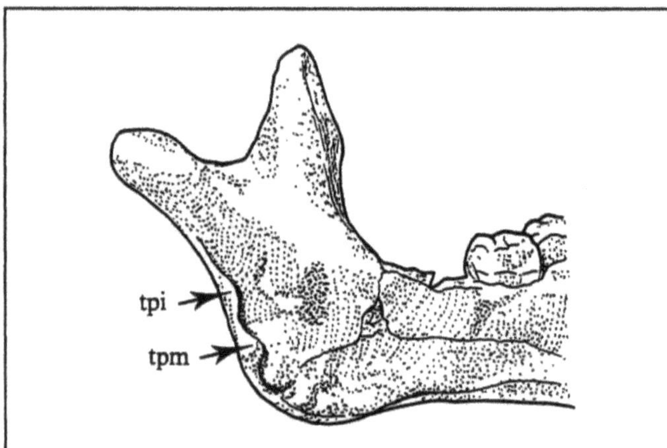

Figure 48. Face médiale de la branche mandibulaire gauche de l'enfant de Teshik-Tash.
tpi : tubercule ptérygoïdien inférieur et tpm : tubercule ptérygoïdien médial (modifié de Gremjackij, 1949)

Selon les mêmes auteurs, sur Qafzeh 11, la disposition des insertions musculaires serait typiquement "moderne", puisque les crêtes sont réparties de façon homogène le long du bord mandibulaire, sans développement d'un tubercule ptérygoïdien médial.

Ce caractère, absent des mandibules actuelles, même des plus robustes, serait certainement lié à des adaptations masticatrices uniques et à des modifications architecturales de la face néandertalienne. Il devrait donc être ajouté à la liste des caractères dérivés néandertaliens (Rak *et al.*, *op. cit.*). Selon les auteurs, en effet, sur les mandibules fossiles plus anciennes comme Zhoukoudian, Arago, Ternifine, ou KNMER-992, la morphologie des insertions serait de type moderne. Il en serait également ainsi sur des Australopithèques *afarensis* (AL-288), *robustus* (SK-23) et *boisei* (KNMER-729), et même sur des mandibules de chimpanzés et de gorilles (Rak *et al.*, 1994).
Il faut souligner que l'importance taxonomique de ce caractère a été mise en doute par Richards et Plourde (1995), ainsi que par Creed-Miles *et al.* (1996).

Discussion

Parmi les mandibules décrites par Rak *et al.* (1994, 1996) comme possédant ce caractère, seuls les fossiles originaux de Devil's Tower et du Roc de Marsal ont pu être directement observés.
Sur la branche mandibulaire droite de Devil's Tower, seule conservée, les insertions musculaires sont nettement différenciées, certes, mais elles ne ressemblent en rien au tubercule ptérygoïdien désigné comme "médial" sur le dessin de la mandibule de Teshik-Tash proposé par Rak *et al* (1994) (figure 48).
Sur l'enfant du Roc de Marsal, un tubercule, qualifié de "médial" étant donné sa position au-dessous du *sulcus colli*, est visible, entouré de deux crêtes bien marquées.

Par ailleurs, à partir de l'examen des moulages, il semblerait que ce tubercule soit absent de la mandibule de Malarnaud 1, mais visible sur celle de Sclayn SCLA 4A-1.

L'hypothèse de Rak *et al.* (1994) selon laquelle ce tubercule médial est présent sur toutes les mandibules immatures néandertaliennes, peut donc être discutée. De plus, cette morphologie se retrouve au sein des mandibules juvéniles modernes examinées avec une fréquence variant de 7 à 11 %, selon les classes d'âges (tableau 130).

Cependant, il est vrai que lorsque l'on compare les fréquences de ce caractère observées chez les enfants modernes récents et chez les enfants néandertaliens, le tubercule "médial" est significativement plus fréquent chez ces derniers, pour les classes d'âges 2 et 4 (p = 0.0000 pour les deux classes d'âges) (tableau 194).

	Classe 2		Classe 3		Classe 4	
	n	%	**n**	%	**n**	%
présent	**2**	67	**0**	0	**3**	75
absent (crêtes seulement)	**1**	23	**1**	100	**1**	25
Total	**3**	100	**1**	100	**4**	100

Tableau 194. Fréquences absolues et relatives des différents morphes du tubercule ptérygoïdien médial, chez les enfants néandertaliens, âges séparés

Conclusions

Bien que le tubercule ptérygoïdien médial ne s'observe sur des mandibules immatures modernes récentes, qu'avec des fréquences faibles, il ne nous semble pas justifié de rajouter ce caractère à la liste des autapomorphies néandertaliennes (*versus* Rak *et. al*, 1994), étant donné que ce caractère n'est, de plus, pas systématiquement présent sur toutes les mandibules néandertaliennes.

En outre, est-il réellement nécessaire de différencier un tubercule ptérygoïdien médial ? Ne peut-on pas assimiler ce caractère à un tubercule ptérygoïdien inférieur supplémentaire ?

	Âge (*ca*)	**Crêtes d'insertions et tubercules ptérygoïdiens**	**Sources des informations**
Irhoud 3	8-9 ans	crêtes nombreuses	Hublin, 1991
Krapina 53	10-11 ans	tpi D	Smith, 1976
Amud 7	10 mois	tpi et tpm DG	Rak *et al.*, 1994
Pech-de-l'Azé	2 ½ ans	tpm tpi D	Rak *et al.*, 1994 Ferembach, 1970
Roc de Marsal	3 ans	tpi et tpm tpi D	Rak *et al.*, 1996 Madre-Dupouy, 1992
Barakai	3 ans	crêtes bien marquées D	Faerman *et al.*, 1994
Devil's Tower	5 ans	crêtes bien marquées G tpm	Tillier, 1982 et Observ. pers. *versus* Rak *et al.*, 1994
Teshik-Tash	8-10 ans	tpi et tpm DG	Rak *et al.*, 1996
Le Fate II	9-10 ans	tpi G	Giacobini *et al.*, 1984
Sclayn SCLA 4A-1	10-11 ans	crêtes marquées et tpm D	Observ. pers.(M)
Malarnaud 1	11-13 ans	crêtes bien marquées à D	Observ. pers.(M)
Combe-Grenal III	14-18 ans	tpi G	Genet-Varcin, 1982
Le Moustier 1	16 ans	tpi D	Thompson et Bilsborough, 1997
Qafzeh 13	naissance	tpi D	Observ. pers.(M)
Qafzeh 10	6 ans	crêtes marquées D et G	Tillier, 1999
Qafzeh 15	9 ans	crêtes marquées D	Tillier, 1999
Qafzeh 11	12-13 ans	crêtes marquées	Tillier, 1984
La Madeleine 4	3 ans	crêtes marquées G	Observ. pers.
Fontéchevade	5-6 ans	crêtes peu saillantes	Gambier, 1989
Romanelli 7	14 ans	crêtes peu saillantes	Fabbri, 1987

Tableau 195. Enfants fossiles dont la région goniaque est conservée (*Homo sapiens* archaïque, pré-néandertalien et *Homo sapiens neanderthalensis*, *Homo sapiens sapiens* du Paléolithique moyen, *Homo sapiens sapiens* du Paléolithique supérieur) (tpm : tubercule ptérygoïdien médial ; tpi : tubercule ptérygoïdien inférieur)

III. DISCUSSION

1. Comparaisons entre les représentants immatures fossiles et actuels de l'espèce *Homo sapiens*

L'examen des 3 groupes de caractères morphologiques de la tête osseuse chez les enfants fossiles, ainsi que la comparaison de ces derniers avec les enfants modernes issus des collections ostéologiques européennes, autorisent plusieurs conclusions.

Caractères liés à la maturation osseuse

La suture métopique est présente de façon équivalente chez tous les individus de l'espèce *Homo sapiens* et sa fréquence chez les enfants néandertaliens ne diffère pas de celle que l'on observe chez les enfants modernes.
La *sutura mendosa* et les synchondroses intra-occipitales antérieure et postérieure, chez les enfants fossiles, et les néandertaliens en particulier, suivent un schéma de synostose identique à celui des enfants modernes récents, pour les 3 classes d'âges ayant permis des tests statistiques (classes 2 à 4).
L'ossification du plancher tympanique se déroule à la même vitesse, chez les enfants fossiles et les enfants issus des séries récentes.
Pour ces caractères, les représentants immatures fossiles de l'espèce *Homo sapiens* ne montrent donc pas de précocité ni de retard d'ossification par rapport aux enfants modernes récents.

En revanche, sur la face palatine, les enfants néandertaliens montrent une synostose plus rapide de la suture incisive que les enfants modernes récents pour la 3ème classe d'âge. De plus, la fermeture de cette suture, sur la composante nasale au-dessus de la crête conchale, est plus tardive chez ces enfants fossiles. Cette dernière observation concorde avec celle réalisée par Maureille (1994).

Les auteurs se sont souvent appuyés sur un seul cas, pour formuler des hypothèses concernant les différences de maturation osseuse entre les enfants fossiles, en particulier dans la comparaison entre les néandertaliens et les enfants actuels. En fait, si l'on admet la notion de variabilité individuelle, une suture ouverte ou fermée sur un seul individu ne peut plus suffire à prouver que la maturation osseuse est différente au sein d'un groupe entier.

Caractères qualifiés de juvéniles

Une position médiale du processus styloïde est observée chez les jeunes enfants néandertaliens, et ce morphe persiste tout au long de la croissance et même chez les adultes, à la différence des individus modernes récents. Ce caractère se rencontre également chez des jeunes enfants fossiles de morphologie moderne du Paléolithique moyen et supérieur : sa fréquence n'est alors pas différente de celle observée chez les enfants issus des séries récentes.

L'absence ou le caractère vestigial de l'incurvation mandibulaire antérieure est caractéristique des classes d'âges 2 et 3 chez les enfants néandertaliens et ceux de morphologie moderne du Paléolithique moyen et supérieur. C'est également le cas chez les enfants récents. Mais l'incurvation qui s'individualise avec la mise en place de la dentition permanente chez les enfants de morphologie moderne, reste absente ou seulement vestigiale, sur les mandibules néandertaliennes.
Des dépressions mandibulaires antérieures nettement marquées sont caractéristiques des jeunes enfants de morphologie moderne du Paléolithique moyen et supérieur et des enfants récents. Toutefois, même s'il n'est pas encore très fréquent, ce morphe est déjà visible sur quelques mandibules de jeunes enfants néandertaliens.

L'individualisation de ces deux derniers caractères serait donc étroitement liée à celle du menton osseux, qui est achevée chez les enfants de morphologie moderne et en cours chez les néandertaliens.

Enfin, les enfants néandertaliens, les enfants de morphologie moderne du Paléolithique moyen et les jeunes individus du Paléolithique supérieur, partagent avec les enfants issus des séries récentes, l'absence du pont mylo-hyoïdien.
En revanche, nous avons retrouvé, chez les adolescents du Paléolithique supérieur du gisement d'Isturitz, une fréquence de ce caractère supérieure à celle observée chez des enfants récents de même âge dentaire. Le caractère étant identifié sur 2 enfants et 1 adulte du même site, nous ne pouvons qu'émettre l'hypothèse que des liens génétiques existaient entre ces trois individus. Une même constatation peut être faite à propos du site de Romanelli. Rappelons cependant que l'unanimité sur la validité de ce caractère comme marqueur génétique, n'est pas acquise parmi les auteurs.
Les comparaisons de fréquences, pour la forme du sillon mylo-hyoïdien, entre enfants fossiles et enfants récents, ne montrent quant à elles, aucune différence.

Ces caractères juvéniles sont donc communs à tous les enfants de l'espèce *Homo sapiens*. Mis à part quelques cas, l'incurvation et les dépressions mandibulaires antérieures sont souvent moins marquées chez les non-adultes néandertaliens.

Caractères à connotation phylogénétique

Un pont osseux coupant l'incisure mastoïdienne est présent chez les jeunes enfants néandertaliens, mais il n'est pas systématique. Certains enfants de morphologie moderne du Paléolithique moyen montrent également ce caractère, qui

n'a pas été observé sur les enfants récents constituant nos échantillons.
A propos de la forme même de l'incisure mastoïdienne, les comparaisons de fréquences de certains morphes montrent des différences entre enfants néandertaliens et modernes récents.

La forme arrondie des orbites, associée le plus souvent à la face néandertalienne adulte, se met en place très tôt chez les enfants néandertaliens et les comparaisons de fréquences avec les enfants modernes récents montrent des différences significatives.
La forme rectangulaire des orbites, caractéristique des enfants et des adultes de morphologie moderne, pourrait suivre un schéma identique.
La forte saillie de l'épine nasale antérieure est visible chez les plus jeunes enfants néandertaliens, mais la fréquence de ce morphe n'est pas différente de celle que l'on trouve chez des enfants récents.

La fréquente multiplicité des foramens mentonniers caractérise les mandibules immatures néandertaliennes sur lesquelles une position reculée du foramen mentonnier s'observe dès la deuxième classe d'âge. Pour ces deux caractères, les comparaisons de fréquences entre enfants néandertaliens et modernes récents sont nettement significatives.
La position verticale du foramen mentonnier sur le corps mandibulaire des enfants du Paléolithique supérieur n'est pas différente de celle des enfants récents. En revanche, les enfants néandertaliens appartenant à la deuxième et à la troisième classes d'âges, montrent une fréquence plus élevée de foramens en position basse.

La fosse génio-glosse est présente tôt au cours de la croissance chez les néandertaliens, et la fréquence de ce caractère n'est pas différente de celle observée chez des enfants de morphologie moderne du Paléolithique moyen et supérieur. En revanche, les comparaisons des fréquences entre enfants fossiles de l'espèce *Homo sapiens* et enfants issus des séries récentes, montrent des différences significatives, le caractère étant très rare chez ces derniers.

La forme H-O du foramen mandibulaire est absente de presque toutes les mandibules immatures néandertaliennes. Ce morphe, présent sur des adultes de cette lignée, semble être un caractère lié à l'âge ou à une contrainte mécanique quelconque.
Un fort développement latéral du processus condylaire n'est pas constant chez tous les sujets de la lignée néandertalienne. Nous avons retrouvé ce caractère avec une fréquence non négligeable chez les enfants modernes récents appartenant à la première classe d'âge de notre classification (53% des mandibules de moins de 1 an).

Le statut phylogénétique de ces deux derniers caractères n'est donc pas très clair.

Il apparaît que la plupart des caractères utilisés pour décrire la morphologie de l'adulte néandertalien sans attribut phylogénétique, s'observent très tôt chez les enfants de la lignée et peuvent donc être qualifiés de "caractères précoces".

Toutefois, il est important de souligner que ces caractères précoces ne sont pas systématiquement présents chez tous les représentants immatures de la lignée néandertalienne. Ces traits ont, de plus, été observés soit sur des enfants modernes, soit sur des sujets de l'espèce *Homo erectus*, limitant ainsi l'importance de leur valeur autapomorphique pour le groupe des néandertaliens.

A la suite de nos observations, la valeur autapomorphique de certains caractères sélectionnés sur le crâne et la mandibule, caractères dits "spécifiques" aux enfants néandertaliens et dont la présence n'est pas systématique chez tous les enfants de cette lignée, est également à reconsidérer. De plus, comme dans le groupe de traits sans attribut phylogénétique, ces caractères dits autapomorphiques ont été observés sur des sujets non-adultes récents avec des fréquences non négligeables, en particulier pour ceux qui s'appliquent aux enfants des deux premières classes d'âges dentaires. C'est le cas notamment de la forme allongée du foramen magnum.

2. Approche de la variation individuelle chez les enfants fossiles

Comme nous l'avons mis en évidence dans le précédent chapitre, l'expression des caractères morphologiques de la tête osseuse est très variable chez les enfants récents, en fonction de l'âge, ou de l'origine géographique des sujets. Cette variabilité au sein d'un groupe fossile est très difficile à appréhender étant donné le peu d'individus représentés. De plus, qu'il s'agisse du Paléolithique moyen ou du Paléolithique supérieur, la tête osseuse des enfants est rarement conservée dans sa totalité.

2. 1. L'exemple de deux enfants appartenant à la même classe d'âge et au même stade évolutif

L'étude des fossiles a permis de dégager des variations morphologiques entre individus d'un même groupe d'âges dentaires proches. Nous avons ainsi choisi d'illustrer dans un premier temps l'exemple des enfants du Pech-de-l'Azé et du Roc de Marsal ; ces deux sujets néandertaliens sont d'âges dentaires très proches (respectivement *ca* 2½ ans et 3 ans), et issus de sites géographiquement distants d'une vingtaine de kilomètres seulement. Le tableau 196 prend en compte les trois catégories de caractères qui peuvent être observés en fonction de l'état de conservation des deux têtes osseuses.

	Pech-de-l'Azé	Roc de Marsal
suture métopique	**ouverte**	**synostosée**
suture incisive (face palatine)	**en cours de synostose**	**ouverte**
SIA	ouverte	ouverte
incurvation mandibulaire antérieure	absente	absente
dépression mandibulaire antérieure	**développée**	**absente**
sillon mylo-hyoïdien	peu profond	peu profond
pont mylo-hyoïdien	absent	absent
forme de l'entrée de l'orbite	ronde	ronde
nombre de foramen mentonnier	**1**	**2**
position des foramens / hauteur du corps mandibulaire	milieu	milieu et bas
position des foramens / dentition	m1	autour de m1
fosse génio-glosse	**absente**	**présente**
ouverture du foramen mandibulaire	arrière et haut	arrière et haut
lingula	saillante	saillante
développement latéral du processus condylaire	faible	faible
incisure supra-orbitaire	absente	absente
fente structurale latérale	présente	présente
fente structurale centrale	présente	présente
tpi	présent	présent
tpm	présent	présent

Tableau 196. Mise en évidence des variations des caractères morphologiques présents sur les enfants néandertaliens du Pech-de-l'Azé et du Roc de Marsal

Il apparaît que dans chacune des trois catégories de caractères sélectionnés, un ou deux morphes diffèrent entre les deux enfants :

- pour la catégorie de caractères impliqués dans des processus de maturation osseuse, la composante palatine de la suture incisive est en cours de synostose sur Pech-de-l'Azé alors qu'elle est totalement ouverte sur Roc de Marsal, ce qui peut paraître paradoxal compte tenu de l'âge respectif des individus.

- pour les deux autres catégories de caractères, ceux qualifiés de juvéniles et ceux qui ont une connotation phylogénétique, la mandibule du Pech-de-l'Azé présente les morphes "les plus modernes", à savoir des dépressions mandibulaires antérieures développées, un foramen mentonnier unique ainsi qu'une absence de fosse génio-glosse sur la face postérieure de la symphyse mentonnière.

Les deux enfants ayant des âges dentaires et des origines géographiques très proches, la source de l'explication des variations observées doit être recherchée ailleurs. L'ensemble de ces différences semble difficilement attribuable au dimorphisme sexuel, puisque parmi les caractères qui distinguent ces deux enfants, seules les fréquences de la composante palatine de la suture incisive varient significativement en fonction du sexe dans nos échantillons récents.

Une autre interprétation serait que ces différences pourraient être le reflet soit de la variation individuelle, soit d'une évolution diachronique, c'est-à-dire qu'elles seraient dûes à la "non-contemporanéité" des deux individus. Il serait donc important, pour discuter plus en avant de ces variations morphologiques, d'obtenir des précisions concernant la datation des deux fossiles.

2. 2. Un cas de variation morphologique synchronique

Dans de très rares cas, la contemporanéité stricte des sujets fossiles peut être établie. C'est le cas notamment des enfants du site Paléolithique supérieur de Sungir. En effet, les deux sujets, appartenant à la classe d'âge 4 de notre classification, proviennent d'une sépulture double (Bunak et Guerasimova, 1984).
Le tableau 197 prend en compte, pour les trois catégories de caractères, ceux qui peuvent être observés en fonction de l'état de conservation des deux têtes osseuses et des données accessibles.

	Sungir 3	Sungir 2
suture métopique	**absente**	**partielle**
sutura mendosa	**trace**	**synostosée**
SIA et SIP	synostosée	synostosée
incurvation mandibulaire antérieure	**développée**	**vestigiale**
forme de l'entrée de l'orbite	rectangulaire	rectangulaire
nombre de foramen mentonnier	1 D 1 G	1 D 1 G
position des foramens / dentition	m1-m2 D **m1 G**	P1-P2 D **P1-P2 G**
fosse génio-glosse	**présente**	**absente**
ouverture du foramen mandibulaire	arrière et haut	arrière et haut
I33 (indice du foramen magnum)	**84.3**	**73.6**

Tableau 197. Variations des caractères morphologiques présents sur les enfants de Sungir 2 et Sungir 3

Des observations fondées sur la morphologie des os coxaux de ces deux sujets montrent une tendance à un dimorphisme sexuel suggérant un sexe masculin pour Sungir 2, féminin pour Sungir 3 (Bruzek et Novotny, 1993).
Il apparaît que, dans chacune des trois catégories de caractères sélectionnés, un ou deux morphes diffèrent entre les deux enfants. A ce niveau seules la légère différence d'âge dentaire ou l'éventualité d'un dimorphisme sexuel pourraient être invoquées pour interpréter les variations observées.
Mais, aucun des caractères ayant des morphes différents entre les deux enfants fossiles ne présentent dans nos échantillons récents une liaison significative avec le sexe, pour la classe d'âge considérée.
Il semble donc dans le cas de Sungir 2 et 3, que 2 hypothèses restent envisageables, à savoir soit l'existence d'une variation biologique individuelle, soit l'expression d'un dimorphisme sexuel différent au Paléolithique supérieur.

2. 3. L'éventualité des liaisons entre les caractères

La recherche de liaisons entre les trois groupes de caractères sélectionnés dans l'étude des spécimens fossiles, n'est pas chose aisée. Du fait de la conservation incomplète des têtes osseuses immatures, le partage de caractères communs entre fossiles, comme la reconnaissance de liaisons entre les traits, sont difficiles à appréhender. L'exemple des caractères liés à la maturation osseuse et particulièrement celui de la non-synostose de la suture métopique illustre ce propos. Trois enfants néandertaliens et trois enfants du Paléolithique supérieur ayant une suture métopique persistante sont analysés dans le tableau 198.

Une majorité d'observations ne se réalise que pour les deux enfants néandertaliens les plus jeunes et dans leur cas, la liaison à l'âge ne peut être exclue. Dans les autres cas, le manque d'informations demeure un obstacle majeur.

	Pech-de-l'Aze	Subalyuk 2	Krapina 1	Predmosti 2	Predmosti 5	Predmosti 6
Suture métopique	complète	complète	complète	complète	complète	complète
Sutura mendosa	-	synostosée	-	-	-	synostosée
Suture incisive (face palatine)	**en cours de synostose**	**ouverte**	-	-	-	-
Synchondrose intra-occipitale antérieure	ouverte	ouverte	-	-	-	-
Synchondrose intra-occipitale postérieure	-	ouverte	-	-	-	ouverte
Foramen de Huschke	**présent**	**présent**	**absent**	-	-	-

Tableau 198. Variations des caractères liés à la maturation osseuse chez des enfants fossiles ayant en commun une suture métopique complète

CONCLUSIONS

Un des buts principaux de cet te recherche était, après une étude détaillée de la variabilité de plusieurs caractères de la tête osseuse, sur des enfants issus de séries ostéologiques, de reconsidérer ces traits anatomiques sur des fossiles immatures de l'espèce *Homo sapiens*.
Des éléments ont été apportés, permettant une remise en cause de certaines hypothèses couramment admises, à propos de la distinction qui affecte la vitesse de maturation osseuse, entre les enfants néandertaliens et les enfants modernes.

L'objectif n'étant pas de passer en revue tous les caractères justifiant la différenciation biologique entre hommes modernes et néandertaliens, nous avons fait le choix de retenir 3 catégories de caractères, qui semblent les plus pertinents pour ce type d'étude :
- des caractères impliqués directement dans des processus de maturation osseuse.
- des caractères qualifiés de "juvéniles".
- des caractères à connotation phylogénétique.

La plupart de ces caractères sont dits ostéoscopiques ; les autres sont définis comme des caractères discrets dans les populations adultes actuelles.

Les biais qui affectent toute recherche "paléo-ontogénétique", afférents à l'étude transversale de la croissance et au postulat d'une vitesse constante du développement dentaire des enfants depuis les premiers *Homo sapiens*, n'ont pu être évités.

Apport à l'étude de la variabilité morphologique au cours de l'ontogenèse

Comme cela a déjà été mentionné dans la discussion générale de la variabilité morphologique chez les enfants issus des séries récentes, la plupart des caractères étudiés sont liés à l'âge et leurs morphes varient en fonction de la croissance. Citons, entre autres, les synchondroses intra-occipitales ou la morphologie de l'incisure mastoïdienne.
Certains d'entre eux subissent des modifications régulières de leur morphologie au cours des quatre classes d'âges dentaires que nous avons définies : c'est le cas de la position du processus styloïde par rapport à l'incisure mastoïdienne et au foramen stylo-mastoïdien. D'autres, comme l'individualisation de l'incurvation mandibulaire antérieure, passent par des phases stationnaires au cours desquelles aucun changement morphologique significatif n'est constaté.

Certains traits ne montrent plus aucune variation significative de leur morphologie à partir du stade de l'adolescence, comme l'incisure et le foramen supra-orbitaires. D'autres, en revanche, n'achèvent leur évolution qu'après la 4ème catégorie de notre classification. Il s'agit par exemple de la saillie de l'épine nasale antérieure et de nombreux caractères mandibulaires, qui sont liés à l'acquisition complète de la dentition permanente.
Les trois catégories de caractères discrets pris en compte dans notre échantillon -caractères "hypostotics", "hyperostotics" et foramens surnuméraires- sont liées significativement à l'âge.

Parmi les caractères "hypostotics", nous avons établi que les sutures métopique et *mendosa* correspondent à des caractères discrets dès la 4ème classe d'âge. En effet, c'est à partir de ce seuil que ces sutures n'interviennent plus dans les processus de maturation osseuse.
Il en est de même pour les foramens mentonniers doubles et pour deux des caractères "hyperostotics" : l'incisure et le foramen supra-orbitaires.
En revanche, dans cette même catégorie, le pont mylo-hyoïdien ne revêt pas une valeur discrète avant le stade adulte. C'est également le cas de caractères "hypostotics" tels que le foramen de Huschke et la suture incisive.

Nous avons remarqué que les caractères discrets et les caractères ostéoscopiques ont un comportement identique vis-à-vis de leur apparition uni- ou bilatérale sur la tête osseuse.
En effet, quel que soit le type de caractère, lorsque sa fréquence absolue est élevée, son apparition est significativement bilatérale. Il s'agit de tous les morphes normalement présents pour une classe d'âge donnée ; cela s'applique, par exemple, aux dépressions mandibulaires antérieures très développées, durant les premières classes d'âges.

En revanche, lorsque la fréquence absolue d'un caractère est faible, son apparition devient aléatoire, soit uni- soit bilatérale. C'est le cas des morphes non caractéristiques d'une classe d'âge, comme des crêtes d'insertion ptérygoïdiennes nombreuses chez les très jeunes enfants. Dans les cas d'unilatéralité, aucun côté n'est privilégié.

De même, quelle que soit la nature des caractères, discrets ou ostéoscopiques, les liaisons entre eux sont difficiles à interpréter, car de nombreuses causes biologiques peuvent intervenir et influencer leur présence. Dans notre étude, il semble que les caractères liés entre eux représentent, en fait, l'expression d'une variable sous-jacente, qui en l'occurrence serait l'âge.

Les caractères "hypostotics" de notre échantillon sont liés entre eux, contrairement aux caractères "hyperostotics".

Les tests des liaisons entre sexes et caractères morphologiques nous ont simplement permis de conclure que, pour très peu d'entre eux, le dimorphisme sexuel est présent dès les stades immatures de l'ontogenèse. La forme de l'incisure mastoïdienne ou le développement latéral du processus condylaire sont deux exemples.
De plus, certains caractères impliqués dans les processus de maturation osseuse, tels que la *sutura mendosa* et les composantes palatine et nasale de la suture incisive, diffèrent significativement entre les deux sexes.
En conséquence, il nous semble sage de renoncer à tout emploi de ces caractères dans la diagnose sexuelle des sujets non-adultes fossiles, compte tenu du manque de connaissance à ce sujet concernant les enfants actuels.
De la même manière, nous voulons mettre en garde d'éventuels utilisateurs de nouveaux caractères morphologiques de la mandibule permettant une diagnose sexuelle dite "fiable" y compris chez les enfants (Loth et Henneberg, 1996, 1998). Il serait préférable de vérifier cette fiabilité notamment en effectuant des tests sur plusieurs séries de sexes connus, avant de généraliser l'utilisation de tels caractères. Leur utilisation pour des individus isolés, en particulier en paléoanthropologie, nous semble aléatoire (Coqueugniot et Bruzek, 1997).

Implications dans l'étude des enfants fossiles

L'étude de la variabilité morphologique de certains caractères sélectionnés sur la tête osseuse, au cours de l'ontogenèse, a permis de rediscuter des données concernant les enfants fossiles et tout particulièrement les néandertaliens.

Le schéma de synostose des sutures métopique et *mendosa* et celui des synchondroses intra-occipitales antérieure et postérieure, sont identiques chez tous les enfants fossiles de l'espèce *Homo sapiens*. Il en est de même pour l'ossification du plancher tympanique de l'os temporal. Pour ces caractères, les enfants néandertaliens ne montrent donc pas de précocité, ou de retard d'ossification, par rapport aux enfants modernes.
En revanche, des différences entre enfants modernes récents et néandertaliens ont été confirmées ou mises en évidence, dans la fermeture des composantes palatine et nasale de la suture incisive. Cependant, les variations qui existent, n'affectent souvent qu'une seule des classes d'âges examinées.

La proposition de différences de maturation osseuse entre enfants fossiles et actuels, repose le plus souvent sur un seul cas. L'un des objectifs de cette étude était de souligner l'importance de la variabilité individuelle, souvent négligée dans le cas des pièces fossiles. De fait, l'observation d'un morphe sur un seul individu **ne peut plus suffire** à prouver l'existence d'une différence qui affecterait les processus d'ossification de tout un groupe.

Les morphes particuliers aux premières classes d'âges chez les enfants issus des séries ostéologiques, se retrouvent également chez les enfants fossiles de l'espèce *Homo sapiens*. Ce sont notamment l'absence d'incurvation mandibulaire antérieure, ainsi qu'une position médiale du processus styloïde par rapport à l'incisure mastoïdienne et au foramen stylo-mastoïdien.

Cependant, alors que ces traits anatomiques disparaissent au cours de la croissance chez les enfants de morphologie moderne fossiles et récents, ces phénotypes persistent plus longtemps dans la lignée néandertalienne, puisqu'on les retrouve avec des fréquences non négligeables chez les adultes de ce groupe. C'est le cas de la position médiale du processus styloïde qui persiste sur plusieurs néandertaliens adultes européens, tels La Chapelle-aux-Saints, La Ferrassie 1, Spy 1 et 2 et La Quina H5, H10 et H27. Les néandertaliens du Proche-Orient comme Tabun 1 et Amud 1 montrent également ce phénotype.

Par ailleurs, des caractères souvent utilisés pour décrire la morphologie de l'adulte néandertalien, s'observent très tôt chez les enfants de la lignée : il s'agit par exemple de la position reculée du foramen mentonnier qui est perceptible dès le stade de la dentition déciduale. En effet, dès la deuxième classe d'âges, alors que le foramen mentonnier est, chez les enfants modernes récents, localisé le plus souvent sous l'intervalle c-m1 ou m1, il est déjà positionné sous m1-m2, chez les enfants néandertaliens. Ce décalage dans la position du foramen mentonnier se maintient au sein des classes d'âges suivantes. Ces observations, qui avaient déjà été esquissées par Patte (1957 : 205), vont à l'encontre des résultats de Nara (1994 : 98) pour qui la position reculée du trou mentonnier, dans la lignée néandertalienne, s'établit "quelque temps après la mise en place de la troisième molaire".

La signification phylogénétique de certains caractères, pour la reconnaissance de la morphologie néandertalienne dès le stade immature, serait à reconsidérer car leur présence n'est pas constante chez tous les représentants de la lignée ; de plus, il n'est pas rare de pouvoir observer ces traits sur des sujets non-adultes d'autres lignées, qu'il s'agisse d'enfants modernes, ou d'*Homo erectus*.

De la même façon, la valeur autapomorphique de certains caractères dits "spécifiques" aux néandertaliens mériterait d'être reconsidérée, à partir de l'étude des sujets non adultes récents. Citons la forme allongée du foramen magnum ou le développement latéral du processus condylaire. Ces deux caractères, présents avec des fréquences non négligeables chez les jeunes enfants modernes de nos échantillons, ne s'observent d'ailleurs pas systématiquement sur tous les fossiles néandertaliens **non-adultes et adultes**.

BIBLIOGRAPHIE

ACSADI G. et NEMESKERI J. (1970). *History of human life span and mortality*. Budapest, Akademiai Kiado.

AGUIRRE E. et LUMLEY de M.-A. (1977). Fossil Men from Atapuerca, Spain : Their Bearing on Human Evolution in the Middle Pleistocene. *J. Hum. Evol.*, 6 : 681-688.

AKAZAWA T., MUHESEN S., DODO Y., KONDO O., MIZOGUCHI Y., ABE Y., NISHIAKI Y., OHTA S., OGUCHI T. et HAYDAL J. (1995). Neanderthal Infant Burial From the Dederiyeh Cave in Syria. *Paléorient*, vol. 21/2 : 77-86.

ALBRECHT P. (1883). Sur les 4 os intermaxillaires, le bec-de-lièvre et la valeur morphologique des dents incisives supérieures de l'homme. *Soc. d'Anthrop. de Bruxelles* : 72-95.

ANGEL J. L. (1969). The Bases of Paleodemography. *Am. J. Phys. Anthrop.*, 30 : 427-437.

ANSON D. et SINGER J. (1955). Growth of the tympanic plate. *Ann. Otol. Rhinol. Laryng.*, 55 : 147-169.

ARDITO G. (1977). The Epigenetic Variants of the Skulls in some Ancient and Recent Italian Populations. *J. Hum. Evol.*, 6 : 689-695.

ARENSBURG B., KAFFE I. et LITTNER M. M. (1989). The Anterior Buccal Mandibular Depressions : Ontogeny and Phylogeny. *Am. J. Phys. Anthrop.*, 78 : 431-437.

ARENSBURG B. et NATHAN H. (1979). Anatomical observations on the mylohyoid groove, and the course of the mylohyoid nerve and vessels. *J. oral surgery*, 37 : 93-96.

ARENSBURG B. et TILLIER A.-m. (1983). A new Mousterian Child from Qafzeh (Israel) : Qafzeh 4a. *Bull. et Mém. de la Soc. d'Anthrop. de Paris*, t.10, série XIII : 61-69.

ARSUAGA J. L., MARTINEZ I., GRACIA A. et LORENZO C. (1997). The Sima de los Huesos Crania (Sierra de Atapuerca, Spain). A Comparative Study. *J. Hum. Evol.*, 33 : 219-281.

ASCENZI A. et SEGRE A. G. (1971). A new Neandertal Child Mandible from an Upper Pleistocene Site in Southern Italy. *Nature*, 233 : 280-283.

ASHLEY-MONTAGU M. F. (1935). The Premaxilla in the Primates. *Quart. Rev. Biol.*, 10 : 181-208.

AUGIER M. (1931). Squelette céphalique. *In* : POIRIER P. et CHARPY A. (eds.), *Traité d'Anatomie humaine*, t. 1 : 145-654.

BACON A.-M. (1989). Estimation de l'âge à la mort des enfants actuels et fossiles à partir des stries d'accroissement de l'émail dentaire. Avantages et inconvénients de la méthode. *Bull. et Mém. de la Soc. d'Anthrop. de Paris*, n. s., t. 1, n. 1-2 : 3-12.

BARTUCZ L. (1938). A Mussolini-barlang osembere. [The prehistoric man of the Mussolini Cave]. *In* : BARTUCZ L., DANCZA J., HOLLENDONNER F., KADIC O., MOTTL M., PATAKI V., PALOSI E., SZABO J. et VENDL A. (eds.), *A cserepfalui Mussolini-barlang (Subalyuk). Barlangtani monografia*, Geol. Hung. Ser. Paleontol., 14 : 49-99.

BARTUCZ L. (1940). Der Urmensch des Mussolini Höhle. *In* : BARTUCZ L., DANCZA J., HOLLENDONNER F., KADIC O., MOTTL M., PATAKI V., PALOSI E., SZABO J. et VENDL A. (eds.), *Die Mussolini Höhle (Subalyuk) bei Cserepfalu*, Geol. Hung. Ser. Paleontol., 14 : 49-105.

BATTAGEL J. M. (1994). Facial growth of males and females compared by tensor analysis. *Br. J. Orthod.*, 21 (3) : 245-257.

BAUGHAN B. et DEMIRJIAN A. (1978). Sexual Dimorphism in the Growth of the Cranium. *Am. J. Phys. Anthrop.*, 49 : 383-390.

BAUME L. J. (1961). Principles of cephalofacial development revealed by experimental biology. *Am. J. Orthod.*, 47 : 881.

BAUME L. J. (1968). Patterns of cephalofacial growth and development : a comparative study of the basicranial growth centers in rat and man. *Int. Dent. J.*, 18 : 489.

BEHRENTS R. G. et HARRIS E. F. (1991). The Premaxillary-Maxillary Suture and Orthodontic Mechanotherapy. *Am. J. Orthodontics and Dentofacial Orthopedics*, 99 : 1-6.

BERGMAN C. A. et STRINGER C. B. (1989). Fifty years after : Egbert an early Upper Palaeolithic Juvenile from Ksar Akil, Lebanon. *Paléorient*, 15/2 : 99-111.

BERRY A. C. (1975). Factors affecting the incidence of non-metrical skeletal variants. *J. Anat.*, 120, 3 : 519-535.

BERRY A. C. et BERRY R. J. (1967). Epigenetic variation in the human cranium. *J. Anat.*, 101, 2 : 361-379.

BEYNON A. D. et DEAN M. C. (1988). Distinct dental development patterns in early fossil Hominids. *Nature*, 335 : 509-514.

BILLY G. (1975). Etude anthropologique des restes humains de l'Abri Pataud. *In* : MOVIUS H. L. Jr (ed.), *Excavation of the Abri Pataud. Les Eyzies (Dordogne)*, American School of Prehistoric Research. Peabody Museum, Harvard University, 30 : 201-261.

BILLY G. (1979). L'enfant magdalénien de la grotte du Figuier (Ardèche). *L'Anthropologie (Paris)*, t. 83, n. 2 : 223-252.

BILLY G. (1980). The Magdalenian Child from the Cave Le Figuier (Ardeche) France. *J. Hum. Evol.*, 9 : 591-595.

BILLY G. et VALLOIS H. V. (1977). La mandibule pré-rissienne de Montmaurin. *L'Anthropologie (Paris)*, t. 81, n. 2 : 273-312 et n. 3 : 411-458.

BIRKNER R. (1980). *L'image radiologique typique du squelette. Aspect normal et variantes chez l'adulte et l'enfant.* Maloine, Paris.

BLAYO Y. (1975). La mortalité en France de 1740 à 1829. *Population*, 30 : 123-142.

BLUNTSCHLI H. (1929). Die Kaumusculatur des Orang-Utan und ihre Bedeutung für die Formung des Schädels. I. Das morphologische Verhalten. *Gegenbaur's Morphol. Jahrb.*, 63 : 531-606.

BOCQUET-APPEL J.-P. et XAVIER de MORAIS M. H. (1987). *Anthropologie et Histoire. Un essai de reconstitution de la variation biologique de la population portugaise au XIXe siècle.* Fondation Calouste Gulbenkian, Centre Culturel Portugais, Paris.

BOGIN B. (1997). Evolutionary Hypotheses for Human Childhood. *Yearb. Phys. Anthrop.*, 40 : 63-89.

BOISSAVIT-CAMUS B. (1988). La nécropole de Saint-Martin de Cognac. *Archéo. Médiév.*, XVIII : 378-379.

BOISSAVIT-CAMUS B. (1989). La nécropole de Saint-Martin de Cognac. *In : L'archéologie funéraire en Poitou. Pays de la Charente,* Bull. de liaison de l'AFAM : 23.

BOULE M. (1911-1913). L'homme fossile de La Chapelle-aux-Saints. *Ann. de Pal.*, 6 : 111-172 ; 7 : 21-56 et 85-192 ; 8 : 1-70.

BOUVIER J.-M. (1971). *Les mandibules humaines du Magdalénien français.* Thèse de Doctorat d'Etat en Anthropologie, Université Paris VII, 2 tomes (inédite).

BRAGA J. (1993). Ossification du processus styloïde chez les Pongidés. *C. R. Acad. Sci. Paris*, t. 317, série II : 273-277.

BRAGA J. (1995). *Définition de certains caractères discrets crâniens chez Pongo, Gorilla et Pan. Perspectives taxonomiques et phylogénétiques.* Thèse de Doctorat en Anthropologie, Université Bordeaux 1 (inédite).

BRAGA J. (1996). Nouvelles données sur l'insertion antérieure du septum nasal des grands singes africains. Applications en paléoanthropologie. *C. R. Acad. Sci. Paris*, t. 322, série II a : 1087-1092.

BROMAGE T. G. et DEAN M. C. (1985). Re-evaluation of the age at death of immature fossil hominids. *Nature*, 317 : 525-527.

BRUZEK J. (1991). *Fiabilité des procédés de détermination du sexe à partir de l'os coxal. Implications à l'étude du dimorphisme sexuel de l'homme fossile.* Thèse de Doctorat en Paléontologie humaine, Museum National d'Histoires Naturelles, Institut de Paléontologie humaine, Paris (inédite).

BRUZEK J. et NOVOTNY V. (1993). Diagnostic auxologique de l'os coxal des enfants de Sungir 2 et 3 (Paléolithique Supérieur, Russie). *Bull. et Mém. de la Soc. d'Anthrop. de Paris*, n. s., t. 5, n. 1-2 : 151-158.

BRUZEK J. SELLIER P. et TILLIER A.-m. (1996). Variabilité et incertitude de l'estimation de l'âge au décès en période périnatale. *In :* BUCHET L. (ed.), *L'enfant, son corps, son histoire,* actes des 7e Journées Anthropologiques de Valbonne (1994), Éditions APDCA, Sophia Antipolis : 187-200.

BUIKSTRA J. E. (1972). Techniques for coping with the age-regressive nature of non-metric traits. *Am. J. Phys. Anthrop.*, 37 : 431-432.

BUNAK V. V. et GUERASIMOVA M. M. (1984). Verkhnepaleoliticeskij cerep Sungir' 1 i ego mesto v rjadu drugikh Verkhnepaleologiceskikh cerepov [le crâne Sungir 1 du Paléolithique supérieur et sa place dans la série des autres crânes du Paléolithique supérieur]. *In :* ZUBOV A. A. et KHARITONOV V. M. (eds.), *Sungir, Antropologiceskoe issledovanie,* Izdat. Nauka, Akad. Nauk SSSR, Moskva : 14-99 (en russe).

CARPENTER J. C. (1976). A Comparative Study of Metric and Non-metric Traits in a Series of Modern Crania. *Am. J. Phys. Anthrop.*, 45 : 337-344.

CASTEX D. (1994). *Mortalité, morbidité et gestion de l'espace funéraire au cours du Haut Moyen-Age. Contribution spécifique de l'anthropologie biologique.* Thèse de Doctorat en Anthropologie, Université Bordeaux 1 (inédite).

CESNYS G. (1982). Relation of non-metric cranial traits to sex and age in the 1st-2nd millenia A. D. Lithuanian craniological materials. *Humanbiol. Budapest.*, 10 : 19-24.

CHANDEROT A. (1972). Comment interpréter la présence de plusieurs orifices mentonniers chez l'Homme adulte ? *Actualités odonto-stomat.*, 99 : 379-388.

CHEVERUD J. M. et BUIKSTRA J. E. (1981a). Quantitative Genetics of Skeletal Nonmetric Traits in the Rhesus Macaques on Cayo Santiago. 1 : Single trait heritabilities. *Am. J. Phys. Anthrop.*, 54 : 43-49.

CHEVERUD J. M. et BUIKSTRA J. E. (1981b). Quantitative Genetics of Skeletal Nonmetric Traits in the Rhesus Macaques on Cayo Santiago. 2 : Phenotypic, genetic, and environmental correlations between traits. *Am. J. Phys. Anthrop.*, 54 : 51-58.

CHEVERUD J. M. et BUIKSTRA J. E. (1981c). Quantitative Genetics of Skeletal Nonmetric Traits in the Rhesus Macaques on Cayo Santiago. 3 : Relative heritability of skeletal nonmetric and metric traits. *Am. J. Phys. Anthrop.*, 59 : 151-155.

COMAS J. (1942). Contribution à l'étude du métopisme. *Arch. Suisses Anthrop. Gén.*, 10 : 273-412.

CONDÉMI S. (1988). Caractères plésiomorphes et apomorphes de l'os temporal des néanderthaliens européens würmiens *In :* TRINKAUS E. (ed.), *L'Homme de Néanderthal*, vol. 3, l'anatomie, Liège : ERAUL 30 : 49-52.

CONDÉMI S. (1992). *Les Hommes fossiles de Saccopastore et leurs relations phylogénétiques*. Cahiers de Paléoanthropologie, Éditions du CNRS, Paris.

COON C. S. (1963). *The origin of races*. New York : A. A. Knopf, 2ème édition.

COQUEUGNIOT H. (1994). Equations d'estimation de la capacité crânienne chez l'enfant : application paléoanthropologique. *Anthropologie (Brno)*, XXXII/3 : 243-250.

COQUEUGNIOT H. et BRUZEK J. (1997). Incurvation de la branche mandibulaire : réévaluation de son importance dans la détermination sexuelle. Résumé des communications du 23ème colloque des Anthropologistes de Langue Française, GALF, Strasbourg (22-24 Mai, 1997) : 32.

COQUEUGNIOT H., LIGUORO D., TILLIER A.-m. et CHECH M., (1996). L'os frontal immature de la Chaise S. 15 (Abri Suard, La Chaise de Vouthon, Charente). Phylogénie et pathologie. *Paléo*, 8 : 9-18.

CORRUCCINI R. S. (1974). An Examination of the Meaning of Cranial Discrete Traits for Human Skeletal Biological Studies. *Am. J. Phys. Anthrop.*, 40 : 425-446.

COSSEDDU G. G., FLORIS G. et VONA G. (1979). Sex and Side Differences in the Minor Non-metrical Cranial Variants. *J. Hum. Evol.*, 8 : 685-692.

COULY G. (1991). *Développement céphalique. Embryologie. Croissance. Pathologie.* Éditions CdP, Paris.

CREED-MILES M., ROSAS A. et KRUSZYNSKI R. (1996). Issues in the identification of Neandertal derivative traits at early post-natal stages. *J. Hum. Evol.*, 30 : 147-153.

CRUBÉZY É. (1988). *Interactions entre facteurs bio-culturels, pathologie et caractères discrets. Exemple d'une population médiévale : CANAC (Aveyron).* Thèse de Médecine, Université de Montpellier (inédite).

CRUBÉZY É. (1991). *Caractères discrets et évolution. Exemple d'une population nubienne : Missiminia (Soudan).* Thèse de Doctorat en Anthropologie, Université Bordeaux 1 (inédite).

CRUBÉZY É. (1992). Caractères discrets et modifications de l'ontogenèse. *C. R. Acad. Sci. Paris*, t. 315, série III : 235-239.

CURRAN B. K. et WEAVER D. S. (1982). The Use of the Coefficient of Agreement and Likelihood Ratio Test To Examine the Development of the Tympanic Plate Using a Known-Age Sample of Fetal and Infant Skeletons. *Am. J. Phys. Anthrop.*, 58 : 343-346.

DAGNÉLIE P. (1975). *Théories et méthodes statistiques. Applications agronomiques. Volume II : les méthodes de l'inférence statistique.* Les Presses agronomiques de Gembloux, Éditions ASBL.

DASTUGUE J. (1984). De l'appréciation des caractères dits "discrets" en Anthropologie. *Bull. et Mém. de la Soc. d'Anthrop. de Paris*, t. 1, série XIV : 237-244.

DAVIDA E. (1914). Beiträge zur Persistenz der transitorischen Nähte. *Anat. Anz.*, 46 : 399-412.

DEAN M. C. (1987). Growth layers and incremental markings in hard tissues ; a review of the literature and some preliminary observations about enamel structure in *Paranthropus boisei*. *J. Hum. Evol.*, 16 : 157-172.

DEAN M. C., STRINGER C. B. et BROMAGE T. G. (1986). Age at Death of the Neanderthal Child From Devil's Tower, Gibraltar and the Implications for Studies of General Growth and Development in Neanderthals. *Am. J. Phys. Anthrop.*, 70 : 301-309.

DELAIRE J. (1974). Considérations sur l'accroissement du pré-maxillaire chez l'homme. *Rev. de Stomatol., Paris*, 75 : 951-970.

DELLINGER J. C. et LE MINOR J. M. (1993/1994). Morphologie de la synchondrose basi-exoccipitale au cours de la croissance humaine. *Arch. Anat. Hist. Embr. Norm. et Exp.*, 75 : 31-46.

DE VILLIERS H. (1968). *The skull of the South African Negro. A biometrical and morphological study.* Witwatersrand University Press, Johannesburg.

DODO Y. (1974). Non-metrical Cranial Traits in the Hokkaido Ainu and the Northern Japanese of Recent Times. *J. Anthrop. Soc. Nippon.*, 82 : 31-51.

DODO Y. (1987). Supraorbital Foramen and Hypoglossal Canal Bridging : The Two Most Suggestive Nonmetric Cranial Traits in Discriminating Major Racial Groupings of Man. *J. Anthrop. Soc. Nippon*, 95 : 19-35.

DODO Y. et ISHIDA H. (1987). Incidences of Non-metric Cranial Variants in Several Population Samples from East Asia and North America. *J. Anthrop. Soc. Nippon*, 95 : 191-177.

DUDAY H., LAUBENHEIMER F. et TILLIER A.-m. (1995). *Sallèles-d'Aude. Nouveau-nés gallo-romains.* Annales littéraires de l'université de Besançon 563, Centre de Recherches d'Histoire Ancienne 144, Série Amphores, 3, Belles Lettres. Paris.

DUPORT L. et VANDERMEERSCH B. (1976). La mandibule moustérienne de Montgaudier (Montbron, Charente). *C. R. Acad. Sc. Paris*, t. 283 : 1161-1164.

DYSON R. H. Jr (1968). Annotations and corrections of the relative chronology of Iran. *A Journal of Archeology*, 72 : 308-313.

DYSON R. H. Jr (1989). Rediscovering Hasanlu. *In :* DYSON R. H. et VOIGT M. M. (eds.), *East of Assyria : the Highland settlement of Hasanlu, Expedition*, 31, 2-3 : 3-11.

DYSON R. H. Jr et MUSCARELLA O. W. (1989). Constructing the Chronology and Historical Implications of Hasanlu IV. *Iran*, 27 : 1-27.

ELYAQTINE M. (1995). *Variabilité et évolution de l'os temporal chez Homo sapiens. Comparaison avec Homo erectus.* Thèse de Doctorat en Anthropologie, Université Bordeaux 1 (inédite).

ELYAQTINE M. (1997). L'os temporal du Petit-Puymoyen. *C. R. Acad. Sci. Paris, Sciences de la terre et des planètes*, 325 : 905-908.

ENLOW D. H. (1990). *Facial growth.* W. B. Saunders Comp. : Philadelphia.

ENLOW D. H. et BANG S. (1965). Growth and remodeling of the human maxilla. *Am. J. Orthod.*, 51 : 446-457.

ENNOUCHI E. (1968). Le deuxième crâne de l'Homme d'Irhoud. *Ann. de Pal., Vert.*, 54 : 117-128.

FABBRI P. F. (1987). Restes humains retrouvés dans la grotte Romanelli (Lecce, Italie) : étude anthropologique. *Bull. et Mém. de la Soc. d'Anthrop. de Paris*, t. 4, série XIV, n. 4 : 219-248.

FAERMAN M., ZILBERMAN U., SMITH P., KHARITONOV V. et BATSEVITZ V. (1994). A Neanderthal infant from the Barakai cave, Western Caucasus. *J. Hum. Evol.*, 27 : 405-415.

FANNING E. A. et MOORREES C. F. A. (1969). A comparison of permanent mandibular molar formation in Australian aborigenes and caucasoids. *Arch. Oral Biol.*, 14 : 999-1006.

FARKAS L. G., POSNICK J. C. et HRECZKO T. M. (1992). Growth patterns of the face : a morphometric study. *Cleft Palate-Craniofacial J.*, 29, 4 : 308-315.

FAZEKAS I. G. et KOSA F. (1978). *Forensic Fetal Osteology.* Akademiai Kiado, Budapest.

FEREMBACH D. (1970). Le crâne de l'enfant du Pech-de-l'Azé. *In* : FEREMBACH D., LEGOUX P., FENART R., EMPEREUR-BUISSON R. et VLCEK E (eds.), *L'enfant du Pech de l'Azé*, Arch. Inst. Paléont. Humaine, Masson, Paris, mémoire 33 : 13-51.

FERRARIO V. F., SFORZA C., MIANI A. Jr et SIGURTA D. (1997). Asymmetry of normal mandibular condyle shape. *Acta anat.*, 158, 4 : 266-273.

FRAIPONT C. (1936). *Les hommes fossiles d'Engis.* Arch. Inst. Paléont. Humaine, Masson, Paris, mémoire 16.

FRANCISCUS R. G. et TRINKAUS E. (1988a). The Neandertal Nose. *Am. J. Phys. Anthrop.*, 75 : 209-210.

FRANCISCUS R. G. et TRINKAUS E. (1988b). Nasal Morphology and the Emergence of *Homo erectus*. *Am. J. Phys. Anthrop.*, 75 : 517-527.

FRAYER D. W. (1992). The persistence of Neanderthal features in post-Neanderthal Europeans. *In* : BRAUER G. et SMITH F H. (eds.), *Continuity or Replacement ? Controversies in Homo sapiens Evolution*, A. A. Balkema, Rotterdam, Brookfield : 179-188.

GABIS R. V. (1956). Etude de la mandibule humaine de la station moustérienne de Petit-Puymoyen. *Bull. Soc. Géol. France*, 6 : 1021-1028.

GAMBIER D. (1985). Les restes humains du Paléolithique supérieur du gisement de la Balauzière (Gard). Etude anthropologique. *Bull. et Mém. de la Soc. d'Anthrop. de Paris*, t. 2, série XIV, n. 1 : 67-86.

GAMBIER D. (1986). Etude des os d'enfants du gisement aurignacien de Cro-Magnon, les Eyzies (Dordogne), *Bull. et Mém. de le Soc. d'Anthrop. de Paris*, t. 3, série XIV, n. 1 : 13-26.

GAMBIER D. (1987). Les crânes magdaléniens de Montgaudier (Charente). *Préhistoire de Poitou-Charentes. Problèmes actuels.* Éditions du CTHS, Paris : 61-76.

GAMBIER D. (1989). Fossil Hominids from the early Upper Palaeolithic (Aurignacian) of France. *In :* MELLARS P. et STRINGER C. (eds.), *The Human Revolution. Behavioural and Biological Perspectives on the Origin of Modern Humans*, Princeton, Edinburgh University Press, New Jersey : 194-211.

GAMBIER D. (1990-1991). Les vestiges humains du gisement d'Isturitz (Pyrénées-Atlantiques). Etude anthropologique et analyse des traces d'action humaine intentionnelle. *Antiquités Nationales*, 22/23 : 9-26.

GAMBIER D. (1991a). Les premiers Hommes modernes en France. *Les Dossiers d'Archéologie : L'Homme de Cro-Magnon*, n. 156 : 30-35.

GAMBIER D. (1991b). Les Hommes modernes d'Europe centrale. *Les Dossiers d'Archéologie : L'Homme de Cro-Magnon*, n. 156 : 36-41.

GAMBIER D. (1992). Les populations magdaléniennes en France. *In : Le Peuplement magdalénien. Paléogéographie physique et humaine,* Colloque de Chancelade, 10-15 octobre 1988, Éditions du CTHS, Paris : 41-51.

GAMBIER D. (1993). Les Hommes modernes du début du Paléolithique supérieur en France. Bilan des données anthropologiques et perspectives. *In :* CABRERA DE VALDES V.(ed.), *El Origen del Hombre moderno en el suroeste de Europa* : 409-430.

GAMBIER D. (ed.), (à paraître). *Anthropologie et Palethnologie funéraire des populations du Paléolithique supérieur d'Italie : l'exemple de la double sépulture d'enfants du site de Baoussé Roussé.* Antiquités Nationales, Réunion des Musées Nationaux, Saint-Germain-en-Laye.

GAMBIER D. et HOUËT F. (1993). *Hominid remains. An up-date. France Upper Palaeolithic.* Orban (ed.), Suppl. 6 to "Anthrop. et Prehis.".

GAMBIER D. et SACCHI D. (1991). Sur quelques restes humains leptolithiques de la grotte de La Crouzade (Aude). *L'Anthropologie (Paris)*, t. 95, n. 1 : 155-180.

GARCIA-SANCHEZ M. (1960). Restos humanos del Paleolitico medio y superior y del neo-eneolitico de Pinar (Granada). *In : Antropologia de Pinar. Barcelona 1960*, vol. XV, n. 2.

GASPARD M. (1978). *L'appareil manducateur et la manducation.* Première partie : Anatomie descriptive, ontogenèse et phylogenèse de la mandibule humaine. Premier volume. J. Prelat (ed.), Paris.

GENET-VARCIN E. (1982). Vestiges humains du Würmien inférieur de Combe Grenal, commune de Domme (Dordogne). *Ann. de Pal., Vert.-Invert.*, 68, 2 : 133-169.

GIACOBINI G. et LUMLEY de M.-A. (1983). Restes humains néandertaliens de la caverna delle fate (Finale, Ligurie Italienne). *L'Anthropologie (Paris)*, t. 87, n. 1 : 142-144.

GIACOBINI G., LUMLEY de M.-A., YOKOYAMA Y. et NGUYEN H. V. (1984). Neanderthal Child and Adult Remains from a Mousterian Deposit in Northern Italy (Caverna Delle Fate, Finale Ligure). *J. Hum. Evol.*, 13 : 687-707.

GINISTY D. (1983). *Contribution à la morphogenèse du menton humain.* Thèse de Doctorat en Génétique, option Anthropologie Biologique, Université Paris VII (inédite).

GLANVILLE E. V. (1969). Nasal Shape, Prognathism and Adaptation in Man. *Am. J. Phys. Anthrop.*, 30 : 29-38.

GOETHE J. W. (1832). *Die Schriften zur Naturwissenschaft.* H. Böhlaus Nachfolger, Weimar (1954).

GORJANOVIC-KRAMBERGER D. (1906). Der Diluviale Mensch von Krapina in Kroatien : ein Beitrag zur Paläoanthropologie. *In* : WALKHOFF O. (ed.), *Studien über die Entwicklungsmechanik des Primatenskelettes*, Kreidel, Wiesbaden : 59-277.

GOULD S. J. (1977). *Ontogeny and Phylogeny.* Harvard University Press, Cambridge MA.

GREEN R. F., SUCHEY J. M. et GOKHALE D. V. (1979). The Statistical Treatment of Correlated Bilateral Traits in the Analysis of Cranial Material. *Am. J. Phys. Anthrop.*, 50 : 629-634.

GREMJACKIJ M. M. (1949). Cerep rehenka neandertalsa iz grota teshik-tash, ioujnil ouzbekistan. *In* : GREMJACKIJ M. M. et NESTURKH M. F (eds.), *Teshik-Tash, Paleoliticeskij celovek.* Trudy naucno-issledovatel'skogo instituta antropologii, Moskva, Izdatel'stvo Moskovskogo gosudarstvennogo universiteta : 137-181 (en russe).

GRIZZLE J. E. (1967). Continuity correction in the Chi^2 test for 2 x 2 tables. *Amer. Statist.*, 21 (4) : 28-32.

GROB M. (1938). Über die röntgenologischen Nahtverhältnisse der hinteren Schädelgrube beim Kinde mit spezieller Berücksichtigung der *Sutura mendosa. Fortschr. Röntgenstrl.*, 57 : 265.

GUIHARD-COSTA A.-M. (1994). Fetal growth and human evolution : an hypothesis of heterochrony. *C. R. Acad. Sci. Paris*, t. 319, série II, n. 7 : 839-843.

GUTH C. (1978). Contribution des Néandertaliens de Krapina à la connaissance de la région temporale et plus spécialement du tympanal. *In : Krapinski pracovjek I evolucija Hominida*, Akad. Znan. Umjet : 193-212.

GUY H., MASSET C. et BAUD C.-A. (1997). Infant taphonomy. *Int. J. Osteoarcheology*, 7 : 221-229.

HAMY E. T. (1869). De l'épine nasale antérieure dans l'ordre des Primates. *Bull. et Mém. de le Soc. d'Anthrop. de Paris* : 1-15.

HAMY E. T. (1889). *Nouveaux matériaux pour servir à l'étude de la paléontologie humaine.* Cong. Int. d'Anthrop. et d'Archéol. Préhistoriques, Paris.

HANAKOVA H., STANA C. et STLOUKAL M. (1986). *Velkomoravske pohrebiste v Rajrade.* Narodni Muzeum v Praze, Prirodovedecke muzeum (en tchèque).

HANSSON T. ÖBER T. CARLSSON G. E. et KOPP S. (1977). Thickness of the soft tissue layers and the articular disc in the temporomandibular joint. *Acta Odont. Scand.*, 35 : 77-83.

HAUSER G. et DE STEFANO G. F. (1989). *Epigenetic Variants of the Human Skull.* Stuttgart : Schweizerbart.

HAUSER G., DE STEFANO G. F., BIASTIANINI A. et GUIDOTTI A. (1984). Supraorbital minor skeletal variants in fetuses and newborns. *Anthrop. Közl.*, 28 : 63-70.

HEIM J.-L. (1976). *Les hommes fossiles de la Ferrassie. Tome 1 : Le gisement. Les squelettes adultes (crâne et squelette du tronc).* Arch. Inst. Paléont. Humaine, mémoire 35.

HEIM J.-L. (1981-1982). Le dimorphisme sexuel du crâne des hommes de Néandertal. *L'Anthropologie (Paris)*, t. 85, n. 2 : 193-218 et t. 85/86, n. 3 : 451-469.

HEIM J.-L. (1982). *Les enfants néanderthaliens de la Ferrassie. Etude anthropologique et analyse ontogénique des Hommes de Néanderthal.* Masson, Paris, Fondation Singer Polignac.

HEIM J.-L. (1991). L'enfant Magdalénien de La Madeleine. *L'Anthropologie (Paris)*, 95 : 611-638.

HEIM J.-L. (1992). Le crâne magdalénien du Rond-du-Barry (Haute-Loire). *In : Le Peuplement magdalénien. Paléogéographie physique et humaine*, Colloque de Chancelade, 10-15 octobre 1988, Éditions du CTHS, Paris : 53-61.

HEIM J.-L. et GRANAT J. (1995). La mandibule de l'enfant néandertalien de Malarnaud (Ariège). Une nouvelle approche anthropologique par la radiographie et la tomodensitométrie. *Anthrop. et Préhis*, 106 : 75-96.

HERVOUET-MAWER C. (1992). *Les enfants de Coganc Saint-Martin (Charente) : Age au décès, physiopathologie dentaire.* Mémoire de DEA d'Anthropologie, Université Bordeaux 1 (inédit).

HOUËT F. (1988). *Étude de quelques caractères de la symphyse mandibulaire chez les Hominidés. Essais d'interprétation des processus évolutifs.* Mémoire de DEA d'Anthropologie, Université Bordeaux 1 (inédit).

HOVELACQUE A. et VIRENQUE R. (1913). Les formations aponévrotiques de la région ptérygomaxillaire chez l'homme et quelques mammifères. *C. R. Ass. Anat.*, 24 : 51-59.

HRDLICKA A. (1930). Mental fossae. *Am. J. Phys. Anthrop.*, 14 : 317-318.

HUBLIN J.-J. (1980). La Chaise Suard, Engis 2 et La Quina H18 : développement de la morphologie occipitale externe chez l'enfant prénéandertalien et néandertalien. *C. R. Acad. Sc. Paris*, t. 291 : 669-672.

HUBLIN J.-J. (1988). Les plus anciens représentants de la lignée prénéandertalienne. *In* : TRINKAUS E. (ed.), *L'Homme de Néandertal, L'anatomie*, vol. 3, Liège : Eraul 30 : 81-94.

HUBLIN J.-J. (1991). *L'émergence des Homo sapiens archaïques : Afrique du Nord-Ouest et Europe occidentale.* Thèse de Doctorat d'Etat en Anthropologie, Université Bordeaux 1 (inédite).

HUBLIN J.-J., SPOOR F., BRAUN M., ZONNEVELD F. et CONDÉMI S. (1996). A late Neandertal associated with Upper Palaeolithic artefacts. *Nature*, vol. 381 : 224-226.

HUBLIN J.-J. et TILLIER A.-m. (1981). The mousterian juvenile mandible from Irhoud (Morocco) : a phylogenic interpretation. *In* : STRINGER C. B. (ed.), *Aspects of human evolution,* Symposia of the Society of Human Biology, London : Taylor and Francis Ltd, vol. 21 : 167-185.

HUBLIN J.-J. et TILLIER A.-m. (1988). Les enfants moustériens de Jebel Irhoud (Maroc). Comparaison avec les Néandertaliens juvéniles d'Europe. *Bull. et Mém. de la Soc. d'Anthrop. de Paris*, t. 5, série XIV, n. 4 : 237-246.

HUBLIN J.-J. et TILLIER A.-m. (1991). *Aux Origines d'Homo sapiens.* Nouvelle Encyclopédie Diderot, PUF, Paris.

HUMPHREY L. T. (1998). Growth Patterns in the Modern Human Skeleton. *Am. J. Phys. Anthrop.*, 105 : 57-72.

HYLANDER W. L. (1975). The Human Mandible : Lever or Link ? *Am. J. Phys. Anthrop.*, 43 : 227-242.

ISRAEL H. (1973). Age Factor and the Pattern of Change in Craniofacial Structures. *Am. J. Phys. Anthrop.*, 39 : 111 - 128.

KADANOFF D. et JORDANOV J. (1977). Die Assymetrie der Form und Größe des Aditus orbitae beim Menschen. *Verh. Anat. Gesell.*, 71 : 1283-1288.

KADANOFF D. et MUTAFOV S. (1968). Über die Variationen der typisch lokalisierten überzähligen Knochen und Knochenfortsätze des Hirnschädels beim Menschen. *Anthrop. Anz.*, 31 : 28-39.

KALLAY J. (1970). Komparativne napomene o celjustima Krapinskih Praljudi s obzirom na polozaj mectu Hominidima. [Analyse comparative des fossiles de Krapina]. *In* : MALEZ M. (ed.), *Krapina 1899-1969*, Jugoslavenska Akademija Znanosti i Umjetnosti, Zagreb : 153-164.

KAMINA P. et RENARD M. (1994). *Tête osseuse. Articulation Temporo-Mandibulaire-Dents.* Maloine, Paris.

KAPPERS C. U. A. (1934). *An Introduction to the Anthropology of the Near East in Ancient and Recent times.* N. v. Noord-Hollandsche uitgevers maatschappi, Amsterdam.

KAUL S. S. et PATHAK R. K. (1984). The Mylohyoid Bridge in Four Population Samples From India, With Observations on Its Suitability as a Genetic Marker. *Am. J. Phys. Anthrop.*, 65 : 213-218.

KAUL S., ANAND V. et CORRUCCINI R. S. (1979). Non-metric Variation of the Skull in Samples of Four Indian Populations. *J. Hum. Evol.*, 8 : 693-697.

KELLOCK W. L. et PARSONS P. A. (1970a). A Comparison of the Incidence of Minor Nonmetrical Cranial Variants in Australian Aborigenes with Those of Melanesia and Polynesia. *Am. J. Phys. Anthrop.*, 33 : 235-240.

KELLOCK W. L. et PARSONS P. A. (1970b). Variation of Minor Non-metrical Cranial Variants in Australian Aborigenes. *Am. J. Phys. Anthrop.*, 32 : 409-421.

KIMURA K. (1977). Foramina and Notches on the Supraorbital Margin in some Racial Groups. *Acta Anat. Nippon.*, 52 : 203-209.

KOLOSSOV Y. G., KHARITONOV V. M. et YAKIMOV V. P. (1975). Palaeoanthropic Specimens from the site Zaskalnaya VI in the Crimea. *In* : TUTTLE R. H. (ed.), *Palaeoanthrology, Morphology and Palaeoeacology* : 419-428.

KRAUS B. S. et DECKER J. D. (1960). The Prenatal Inter-Relationships of the Maxilla and Premaxilla in the Facial Development of Man. *Acta anat.*, 40 : 278-294.

KROGMAN W. M. (1932). The morphological characters of the Australian skull. *J. Anat.*, 66 : 399-413.

KROGMAN W. M. (1940). The Peoples of Early Iran and Their Ethnic Affiliations. *Am. J. Phys. Anthrop.*, 26 : 269-308.

KROGMAN W. M. (1970). Growth of head, face, trunk and limbs in Philadelphia white and negro children of elementary and high school age. *Monogr. Soc. Res. Child. Develop.*, 136, 35 : 1.

KROGMAN W. M. et ISCAN M. Y. (1986). *The Human Skeleton in Forensic Medecine.* Second Edition. Charles C. Thomas Springfield (Illinois).

KRUYFF E. (1965). Occipital dysplasia in infancy. *Radiol.*, 85 : 501-506.

LANG J. et BAUMEISTER R. (1982). Über das postnatale Wachstum der Nasenhöhle. *Gegenbaurs Morph. Jb.*, 128 : 354-393.

LANG J., SCHAFFHAUSER O. et HOFFMANN S. (1983). Über die postnatale Entwicklung der transbasalen Schädelpforten : *Canalis caroticus, Foramen jugulare, Canalis hypoglossalis, Canalis condylaris* und *Foramen magnum*. *Anat. Anz.*, 153 : 315-357.

LATHAM R. A. (1970). Maxillary development and growth : the septo-premaxillary ligament. *J. Anat.*, 107, 3 : 471-478.

LE DOUBLE A. F. (1903). *Traité des variations des os du crâne de l'homme et de leur signification au point de vue de l'Anthropologie zoologique.* Vigot Frères, Paris.

LE DOUBLE A. F. (1906). *Traité des variations des os de la face de l'homme et de leur signification au point de vue de l'Anthropologie zoologique.* Vigot Frères, Paris.

LEBOURG L. et SEYDEL S. (1932). Nature, évolution et rôle des articulations de la face ; leur importance physio-pathologique. *Revue de Stomatologie*, t. XXXIV, n. 4 : 193-210.

LEGOUX P. (1966). *Détermination de l'âge dentaire des fossiles de la lignée humaine*. Maloine, Paris.

LEGOUX P. (1975). Présentation des dents des restes humains de l'Abri Pataud. *In* : MOVIUS H. L. Jr (ed.), *Excavation of the Abri Pataud. Les Eyzies (Dordogne)*, American School of Prehistoric Research, Peabody Museum, Harvard University, bull. n. 30 : 262-305.

LE MORT F. et GAMBIER D. (1992). Diversité du traitement des os humains au Magdalénien : un exemple particulier, le cas du gisement du Placard (Charente). *In : Le Peuplement magdalénien. Paléogéographie physique et humaine*, Colloque de Chancelade, 10-15 octobre 1988, Éditions du CTHS, Paris : 29-40.

LEWIS A. B. et GARN S. M. (1960). The relationship between tooth formation and other maturational factors. *Angle Orthodont*., 30 : 70-77.

LINC R. et FLEISCHMANN J. (1969). The occurence of metopism in our present population and its relationship to sinus frontalis. *Anthropologie (Brno)*, 7 : 35-40.

LIVSHITS G. et KOBYLIANSKY E. (1991). Fluctuating Asymmetry As a Possible Measure of Developmental Homeostasis in Humans : A Review. *Hum. Biol.*, 63 : 441-466.

LOTH S. R. et HENNEBERG M. (1996). Mandibular Ramus Flexure : A New Morphological Indicator of Sexual Dimorphism in the Human Skeleton. *Am. J. Phys. Anthrop.*, 99 : 473-485.

LOTH S. R. et HENNEBERG M. (1998). The Taung Child : South Africa's Native Son. *Abstracts of contributions to The Dual Congress, South Africa, 1998*, RAATH M.A., SOODYALL H., BARKHAN D., KUYKENDALL K. L. et TOBIAS P. V. (eds.).

LUMLEY de M. A. (1973). *Anténéandertaliens et Néandertaliens du bassin méditerranéen occidental européen*. Université de Provence, Éditions du CNRS, Paris, Études quaternaires 2.

LUMLEY de M. A. et GARCIA-SANCHEZ M. (1971). L'enfant néandertalien de Carigüela a Pinar (Andalousie). *L'Anthropologie (Paris)*, t. 75, 1-2 : 29-56.

LUNDY J. K. (1980). The Mylohyoid Bridge in the Khoisan of Southern Africa and Its Unsuitability as a Mongoloid Genetic Marker. *Am. J. Phys. Anthrop.*, 53 : 43-48.

LUSCHAN F. (1896). Defekte des *Os tympanicum* an künstlich deformierten Schädeln von Peruanern. *Z. Ethnol.*, 28 : 69-73.

MADELINE L. A. et ELSTER A. D. (1995). Suture closure in the human chondrocranium : CT assessment. *Radiology*, 196 : 747-756.

MADRE-DUPOUY M. (1992). *L'enfant du Roc de Marsal. Etude analytique et comparative*. Cahiers de Paléoanthropologie, Éditions du CNRS, Paris.

MAJO T. (1996). Réflexions méthodologiques liées à la diagnose sexuelle des squelettes non-adultes. *Bull. et Mém. de la Soc. d'Anthrop. Paris*, n. s., t. 8, 3-4 : 481-490.

MAJO T., TILLIER A.-m. et BRUZEK J. (1993). Test des fonctions discriminantes de Schutkowski impliquant l'ilium pour la détermination du sexe dans les séries d'enfants de sexe et d'âge connus. *Bull. et Mém. de la Soc. d'Anthrop. Paris*, 5 : 61-68.

MALLEGNI F., GIACOBINI G. et FABBRI P. F. (1988). *Hominid remains. An up-date. Italy*. Orban (ed.), Suppl. 1 to "Bull. Soc. Roy. Belge Anthrop. Préhist".

MALLEGNI F. et RONCHITELLI A. (1987). Découverte d'une mandibule néandertalienne à l'abri du Molare près de Scario (Salerno-Italie) : observations stratigraphiques et palethnologiques. Etude anthropologique. *L'Anthropologie (Paris)*, tome 91, n. 1 : 163-174.

MALLEGNI F. et TRINKAUS E. (1997). A reconsideration of the Archi 1 Neandertal mandibule. *J. Hum. Evol.*, 33 : 651-668.

MANN A. E., LAMPL M. et MONGE J. M. (1990a). Patterns of Ontogeny in Human Evolution : Evidence from Dental Development. *Yearb. Phys. Anthrop.*, 33 : 111-150.

MANN A. E., LAMPL M. et MONGE J. M. (1990b). Décomptes de périkymaties chez les enfants néandertaliens de Krapina. *Bull. et Mém. de la Soc. d'Anthrop. de Paris*, n. s., t. 2, n. 2 : 213-220.

MANN A. E. et VANDERMEERSCH B. (1997). An Adolescent Female Neandertal Mandibule From Montgaudier Cave, Charente, France. *Am. J. Phys. Anthrop.*, 103 : 507-527.

MARTIN H. (1923). *L'Homme fossile de La Quina*. Arch. Morph. Gén. Expér., fasc. 15.

MARTIN H. (1926a). L'enfant fossile de la Quina. *In : Recherches sur l'évolution du Moustérien dans le gisement de La Quina (Charente)*, vol. 4, Imprimerie Ouvrière, Angoulème.

MARTIN H. (1926b). Mâchoire humaine moustérienne trouvée dans la station de La Quina. *L'Homme préhistorique*, 22 : 3-21.

MARTIN R. (1928). *Lehrbuch der Anthropologie*. Jena, Fisher, Paris.

MARTINEZ I. et ARSUAGA J. L. (1997). The Temporal Bones from Sima de los Huesos Middle Pleistocene site (Sierra de Atapuerca, Spain). A Phylogenetic Approach. *J. Hum. Evol.*, 33 : 283-318.

MASSET C. (1973a). La démographie de populations inhumées. Essai de paléodémographie. *L'Homme*, 13 : 95-131.

MASSET C. (1973b). Influence du sexe et de l'âge sur la conservation des os humains. *In : L'homme, hier et aujourd'hui. Recueil d'études en hommage à André Leroi-Gourhan*, Paris : Cujas : 333-343.

MASSET C. (1976). Sur des anomalies d'ordre démographique observées dans quelques sépultures néolithiques. *In : IXe Congrès de l'UISPP (Nice, 1976, prétirage), Colloque "thèmes spécialisés"*, Éditions du CNRS, Paris : 78-107.

MATIEGKA J. (1934). *Homo Predmostensis. Fosilny clovek z Predmosti na Morave. I. Lebky. (L'Homme fossile de Predmosti en Moravie. I. Les crânes).* Ceska Akademie Ved a Umeni, Praha (en tchèque).

MAUREILLE B. (1993). L'os incisif, particularités chez le néandertalien immature. *C. R. Acad. Sci. Paris*, t. 316, série II : 831-837.

MAUREILLE B. (1994). *La face chez Homo erectus et Homo sapiens : recherche sur la variabilité morphologique et métrique.* Thèse de Doctorat en Anthropologie, Université Bordeaux 1, 2 vol (inédite).

MAUREILLE B. (1995). Un aspect de l'ontogenèse de la face : la *sutura incisiva* des Néandertaliens. *Anthrop. et Préhis.*, 106 : 65-74.

MAUREILLE B. et HOUËT F. (1993). Un aspect de la croissance faciale chez les Néandertaliens : l'exemple du maxillaire. *Bull. et Mém. de la Soc. d'Anthrop. de Paris*, n. s., t. 5 : 143-150.

McCOLLUM M. A., GRINE F. E., WARD S. C. et KIMBEL W. H. (1993). Subnasal morphological variation in extant hominoids and fossil hominids. *J. Hum. Evol.*, 24 : 87-111.

McCOWN T. et KEITH S. A. (1939). *The stone age of Mount Carmel. The fossil human remains from the Levalloiso-Mousterian. Volume II.* Clarendon Press, Oxford.

MELLARS P. et STRINGER C. (eds.) (1989). *The Human Revolution. Behavioural and Biological Perspectives on the Origin of Modern Humans*, Princeton, Edinburgh University Press, New Jersey.

MEREDITH H. V. (1957). Change in the Profile of the Osseous Chin During Childhood. *Am. J. Phys. Anthrop.*, vol. 15, n. s., n. 2 : 247-252.

MEYMANDI-NEJAD R. J. (1963). *Etude anatomo-radiographique du trou occipital chez l'homme (sur une série de 112 crânes du Laboratoire d'Anatomie de la Faculté de Médecine de Bordeaux).* Thèse de Médecine, Université Bordeaux II (inédite).

MILANESI Q., ROSSI V. et MESSERI P. (1980). Alcune osservazioni preliminari sui crani metopici di popolazioni europee ed extraeuropee conservati nella cranioteca del Museo Nazionale di Antropologia ed Etnologia di Firenze. *Sem. Sci. Antrop.*, 2 : 129-154.

MILES A. E. W. (1963). The dentition in the assessment of individual age in skeletal material. *In :* BROTHWELL D. R. (ed.), *Dental Anthropology*. New York, Pergamon : 191-210.

MINUGH N. S. (1983). The Mladec 3 child : Aspects of cranial ontogeny in early anatomically modern Europeans. *Am. J. Phys. Anthrop.*, 60 : 228.

MINUGH-PURVIS N. S. (1988). *Patterns of craniofacial growth and development in upper Pleistocene Hominids.* PhD. Diss., University of Pennsylvania.

MINUGH-PURVIS N. S. (1997). Can we identify a modern human growth signature in the fossil record ?. *Am. J. Phys. Anthrop.*, suppl. 24 : 170-171.

MINUGH-PURVIS N. S. et LEWANDOWSKI J. (1994). The most eastern Neandertal : Deciphering the morphology of Teshik-Tash 1. *Am. J. Phys. Anthrop.*, suppl. 18 : 147-148.

MINUGH-PURVIS N. S. et RADOVCIC J. (1991). Krapina A : Neandertal or not ? *Am. J. Phys. Anthrop.*, suppl. 12 : 132.

MITTLER D. M. et SHERIDAN S. G. (1992). Sex determination in subadults using auricular surface morphology : A forensic science perspective. *J. For. Sci.*, 37 : 1068-1075.

MOGGI-CECCHI J., TOBIAS P. V. et BEYNON A. D. (1998). The Mixed Dentition and Associated Skull Fragments of a Juvenile Fossil Hominid From Sterkfontein, South Africa. *Am. J. Phys. Anthrop.*, 106 : 425-465.

MOLLESON T. I., COX M., WALDRON A. H. et WHITTAKER D. K. (1993). *The Spitalfields Project. Vol.2. The Anthropology. The Middling Sort.* CBA Research Report 86.

MONGINI F. (1972). Remodelling of the mandibular condyle in the adult and its relationship to the condition of the dental arches. *Acta anat.*, 82 : 437-453.

MONGINI F. (1975). Dental abrasion as a factor in remodelling of the mandibular condyle. *Acta anat.*, 92 : 292-300.

MOONEY M. P. et SIEGEL M. I. (1986). Developmental relationship between premaxillary-maxillary suture patency and anterior nasal spine morphology. *Cleft Palate-Craniofacial J.*, 23 : 101-107.

MOORE W. J. et LAVELLE C. L. B. (1974). *Growth of the facial skeleton in Hominoïdea.* Academic Press, London.

MOORREES C. F. A., FANNING E. A. et HUNT E. E. Jr (1963). Age variation of formation stages for ten permanent teeth. *J. Dent. Res.*, 42 : 1490-1502.

MULLER H. (1977). Caractères non-métriques du squelette de la tête chez les populations médiévales de Thoiry et de Bavois. *Arch. Suisses d'Anthrop. gén.*, 41, 2 : 123-164.

MUSSI M., FRAYER D. W. et MACCHIARELLI R. (1989). Les vivants et les morts. Les sépultures du Paléolithique Supérieur en Italie et leur interprétation. *In* : HERSHKOVITZ I. (ed.), *People and Culture in Change*, Proceedings of the second symposium on Upper Palaeolithic, Mesolithic and Neolithic Populations of Europe and the Mediterranean Basin. Bar International Series 508 (i) : 435-458.

NARA T. (1994). *Etude de la variabilité de certains caractères métriques et morphologiques des Néandertaliens.* Thèse de Doctorat en Anthropologie, Université Bordeaux 1 (inédite).

NOWELL G. W. (1971). *An Aging of the Prehistoric Population of Tepe Hissar, Iran.* M. A. Thesis, University of Pennsylvania.

NOWELL G. W. (1978). An Evaluation of the Miles Method of Aging Using the Tepe Hissar Dental Sample. *Am. J. Phys. Anthrop.*, 49 : 271-276.

OAKLEY K. P., CAMPBELL B. G. et MOLLESON T. I. (1971). *Catalogue of Fossil Hominids. Part II : Europe.* Trustees of the British Museum (Natural History), London.

OETTEKING B. (1957). *Human craniology. Chiropractic Institute*, New York.

OLIVIER E. (1949). *Anatomie de la tête et du cou.* Legrand, Paris.

OLSON T. R. (1978). Hominid phylogenetics and the existence of *Homo* in Member I of the Swartkrans formation, South Africa. *J. Hum. Evol.*, 7 : 159-178.

OSSENBERG N. S. (1969). *Discontinuous Morphological Variation in the Human Cranium.* PhD. Diss., University of Toronto.

OSSENBERG N. S. (1970). The Influence of Artificial Cranial Deformation on Discontinuous Morphological Traits. *Am. J. Phys. Anthrop.*, 33 : 357-372.

OSSENBERG N. S. (1974). The mylohyoid bridge : an anomalous derivative of Meckel's cartilage. *J. Dent. Res.*, 53 : 77-82.

OSSENBERG N. S. (1976). Within and Between Race Distances in Population Studies Based on Discrete Traits of the Human Skull. *Am. J. Phys. Anthrop.*, 45 : 701-716.

OSSENBERG N. S. (1981). An Argument for the Use of Total Side Frequencies of Bilateral Nonmetric Skeletal Traits in Population Distance Analysis : The Regression of Symmetry on Incidence. *Am. J. Phys. Anthrop.*, 54 : 471-480.

OTTE M., TOUSSAINT M. et BONJEAN D. (1993). Découverte de restes humains immatures dans les niveaux moustériens de la grotte Scladina à Andenne (Belgique). *Bull. et Mém. de la Soc. d'Anthrop. Paris*, n. s., t. 5 : 327-332.

OWEN C. P., WILDING R. J. C. et MORRIS A. G. (1991). Changes in mandibular condyle morphology related to tooth wear in a prehistoric human population. *Archs Oral Biol.*, 36, 11 : 799-804.

PAP A., TILLIER A.-m., ARENSBURG B. et CHECH M. (1996). The Subalyuk neanderthal remains (Hungary) : a re-examination. *Annls Hist.-Nat. Mus. Natn. Hung.*, 88 : 233-270.

PATTE E. (1957). *L'enfant néandertalien du Pech de l'Azé.* Masson et Cie, Paris.

PATURET G. (1951). *Traité d'anatomie humaine. T. 1 : ostéologie, arthrologie, myologie.* Libraires de l'académie de Médecine, Masson et Cie, Paris.

PERIZONIUS W. R. K. (1979a). Non-metric Cranial Traits : Sex Difference and Age Dependence. *J. Hum. Evol.*, 8 : 679-684.

PERIZONIUS W. R. K. (1979b). Non-metric Cranial Traits : Symmetry and Side Difference I, II. *Proc. Koninkl. Nederl. Akad. Wetensch.*, 82 : 91-112.

PETERSEN W. (1975). A demographer's view of prehistoric demography. *Curr. Anthrop.*, 16 : 227-245.

PEYRE E. (1979). La population mérovingienne de la nécropole de Maule (France, Yvelines), analyse anthropologique univariée qualitative et quantitative des crânes. *Bull. et Mém. de la Soc. d'Anthrop. de Paris*, 6 : 47-84.

PICQ P. G. (1990). *L'articulation temporo-mandibulaire des Hominidés. Biomécanique, allométrie, anatomie comparée et évolution.* Cahiers de paléoanthropologie, Editions du CNRS, Paris.

PICQ P. G. (1996). Biométrie de la croissance et processus ontogénétiques au cours de l'évolution des Hominidés. *Cahiers d'Anthropologie et Biométrie Humaine (Paris)*, XIV, n. 1-2 : 417-426.

PIVETEAU J. (1963-1966). La grotte du Régourdou (Dordogne). Paléontologie humaine. *Ann. Paléont.*, 49 : 285-304 ; 50 : 155-194 ; 51 : 162-196 ; 52 : 163-194.

PIVETEAU J., LUMLEY de H. et LUMLEY de M. A. (1963). Découverte de restes néanderthaliens dans la grotte de l'Hortus (Valflaunès, Hérault). *C. R. Acad. Sci. Paris*, 256 : 40-44.

PLACKETT R. L. (1964). The continuity correction in 2 x 2 tables. *Biometrika*, 51 : 327-337.

POIRIER P. et CHARPY A. (1931). *Traité d'Anatomie Humaine.* Masson, Paris, t. 1.

RADOVCIC J., SMITH F. H., TRINKAUS E. et WOLPOFF M. (1988). *The Krapina Hominids, an illustrated catalog of skeletal collection.* Mladost, Zagreb.

RAK Y. (1986). The Neanderthal : a new look at an old face. *J. Hum. Evol.*, 15 : 151-164.

RAK Y. (1995). Does any mousterian cave present evidence of two hominid species ? Communication présentée à Tokyo, University Museum Symposium : *Neanderthals and Modern Humans in West Asia.*

RAK Y., KIMBEL W. H. et HOVERS E. (1994). A Neanderthal infant from Amud Cave, Israel. *J. Hum. Evol.*, 26 : 313-324.

RAK Y., KIMBEL W. H. et HOVERS E. (1996). On neandertal autapomorphies discernible in neandertal infants : a response to Creed-Miles *et al. J. Hum. Evol.*, 30 : 155-158.

RAMIREZ-ROZZI F. (1993). Microstructure et développement de l'émail dentaire des Néandertaliens de Zafarraya, Espagne. Temps de formation et hypocalcification de l'émail dentaire. *C. R. Acad. Sci.*, 316 : 1635-1642.

REDFIELD A. (1971). A New Aid to Aging Immature Skeletons : Development of the Occipital Bone. *Am. J. Phys. Anthrop.*, 33 : 207-220.

REIMANN F., GEDIKOGLU G. et TALASLI U. (1978). Metopism in iron deficiency disease. A roentgenological investigation. *Fortschr. Röntgenstrl.*, 129 (2) : 246-249.

RIAHI S. (1997). *Guide antérieur et orthodontie*. Thèse d'Odontologie, Université Bordeaux II (inédite).

RICE S. H. (1997). The analysis of ontogenetic trajectories : When a change in size or shape is not heterochrony. *Proc. Natl. Acad. Sci. USA*, 94 : 907-912.

RICHARDS G. D. et PLOURDE A. M. (1995). Reconsideration of the "Neanderthal" Infant, Amud-7. *Am. J. Phys. Anthrop.*, 20 (suppl.) : 180-181.

RIQUET R. (1973). Le crâne Magdalénien des Hoteaux (Ain). *Bull. de la Soc. d'Anthrop. du Sud-Ouest.*, 9, 2 : 15-23.

ROCHA M. A. (1995). Les collections ostéologiques humaines identifiées du Musée Anthropologique de l'Université de Coimbra. *Antrop. Port.*, col. 13 : 7-38.

ROSAS A. (1987). Two new mandibular fragments from Atapuerca/Ibeas (SH site). A reassessment of the affinities of the Ibeas mandibles sample. *J. Hum. Evol.*, 16 : 417-427.

ROSAS A. (1995). Seventeen new mandibular specimens from the Atapuerca/Ibeas Middle Pleistocene Hominids sample (1985-1992). *J. Hum. Evol.*, 28 : 533-559.

ROSAS A. (1997). A gradient of size and shape for the Atapuerca sample and Middle Pleistocene hominid variability. *J. Hum. Evol.*, 33 : 319-331.

ROYER de VERBIZIER J.-P. (1995). *Éruption et calcification dentaires dans un échantillon d'enfants actuels âgés de 5 à 16 ans : étude de la variabilité. Discussion des schémas de référence*. Mémoire de DEA d'Anthropologie, Université Bordeaux 1 (inédit).

SANSILBANO-COLLILIEUX M. (1994). *Biologie et espace funéraire au Moyen-Age. Les nécropoles de l'ancien évêché de Poitiers (fin IVe siècle) et Saint-Martin de Cognac (VII-XVe siècles)*. Thèse de Doctorat en Anthropologie, Université Bordeaux 1 (inédite).

SAUNDERS S. R. (1978). *The development and distribution of discontinuous morphological variation of the human infracranial skeleton*. Ottawa, National Museums of Canada, Archaeological Survey of Canada, Paper n.81.

SAUNDERS S. R. (1989). Nonmetric Skeletal Variation. *In* : ISCAN M. Y. et KENNEDY K. A. R. (eds.), *Reconstruction of Life from the Skeleton*, New York, Wiley-Liss, Inc. : 95-108.

SAUNDERS S. R. et HOPPA R. D. (1993). Growth Deficit in Survisors and Non-Survivors : Biological Mortality Bias in Subadult Skeletal Samples. *Yearb. Phys. Anthrop.*, 36 : 127-156.

SAUNDERS S. R., DE VITO C., HERRING A., SOUTHERN R. et HOPPA R. D. (1993). Accuracy Tests of Tooth Formation Age Estimations for Human Skeletal Remains. *Am. J. Phys. Anthrop.*, 92 : 173-188.

SAWYER D. R., ALLISON M. J., ELZAY R. P. et PEZZIA A. (1978). The Mylohyoid Bridge of Pre-Columbian Peruvians. *Am. J. Phys. Anthrop.*, 48 : 9-16.

SCHEUER J. L. et McLAUGHLIN-BLACK S. (1994). Age Estimation from the *Pars Basilaris* of the Fetal and Juvenile Occipital Bone. *Int. J. Osteoarcheology*, vol. 4 : 377-380.

SCHMERLING P. C. (1933). *Recherches sur les ossements fossiles découverts dans les cavernes de la province de Liège*. IIème Volume. P. J. Collardin, Liège.

SCHMIDT E. F. (1933). Tepe Hissar Excavations 1931. *Museum Journal*, 23 : 323-487.

SCHMIDT E. F. (1937). *Excavations at Tepe Hissar Damghan*. Philadelphia, University of Pennsylvania Press.

SCHOUR I. et MASSLER M. (1940). Studies in tooth developpment : the growth pattern of human teeth. *J. Am. Dent. Assoc.*, 27 : 1778-1793 et 1918-1931.

SCHUTKOWSKI H. (1987). Sex determination of fetal neonate skeletons by means of discriminant analysis. *Inter. J. Anthrop.*, 2, 4 : 347-352.

SCHUTKOWSKI H. (1990). *Zur Geschlechtsdiagnose von Kinderskeletten. Morphologische, metrische und diskriminanzanalytische Untersuchungen*. Diss., Univ. Göttingen.

SCHUTKOWSKI H. (1993). Sex Determination of Infant and Juvenile Skeletons : I. Morphognostic Features. *Am. J. Phys. Anthrop.*, 90 : 199-205.

SCHWALBE G. (1914). Ueber einen in der Nähe von Weimar gefundenen Unterkiefer des *Homo primigenius*. *Anat. Anz.*, 47 : 337-345.

SCHWARTZ D. (1969). *Méthodes statisiques à l'usage des Médecins et des Biologistes*. Flammarion Médecine Sciences, Collection "statistique en Biologie et en Médecine". Paris, 3ème édition.

SELF S. G. et LEAMY L. (1978). Heritability of quasi-continuous skeletal traits in a randombred population of house mouse. *Genetics*, 88 : 109-120.

SELLIER P. (1989). Hypotheses and estimators for the demographic interpretation of the Chalcolithic population from Mehrgarh, Pakistan. *East and West*, 39 : 11-42.

SELLIER P. (1993). L'estimation de l'âge des foetus et des enfants morts en période périnatale : une révision de Fazekas et Kosa (1978). Communication au colloque *Croissance et vieillissement* (21ème Colloque du Groupement des Anthropologistes de Langue Française, Bordeaux, 13-15 mai 1993).

SENYÜREK M. S. (1959). A study of the deciduous teeth of the fossil Shanidar infant. A comparative study of the milk teeth of fossil men. *Publications of the Faculty of Languages, History and Geography, University of Ankara, Publications of the Division of Palaeoanthropology*, 2, 128 : 1-174.

SHAPIRO R. et JANZEN A. H. (1960). *The normal skull, a Roentgen study*. Hoeber Inc., Harper Brothers, New York.

SIMONTON F. V. (1923). Mental Foramen in the Anthropoids and in Man *Am. J. Phys. Anthrop.*, 6, 4 : 413-421.

SIMPSON S. W. et McCOLLUM M. A. (1993). Premaxilla in African Apes : Comment on Mooney et Siegel (1991). *Am. J. Phys. Anthrop.*, 90 : 247-252.

SJØVOLD T. (1984). A report on the heritability of some cranial measurements and non-metric traits. *In :* VAAN VARK G. N. et HOWELLS W. W. (eds.), *Multivariate Statistics in Physical Anthropology.* Dordrecht, D. Reidel : 223-246.

SKINNER M. F. (1997). Age at death of Gibraltar 2. *J. Hum. Evol.*, 32 : 469-470.

SKINNER M. F. et SPERBER G. H. (1982). *Atlas of Radiographs of Early Man.* Alan R. Liss, Inc. New York.

SMITH F. H. (1976). *The Neandertal remains from Krapina. A descriptive and comparative study.* Report of investigations n. 15, University of Tennessee, Knoxville.

SMITH F. H. (1978). Evolutionary Significance of the Mandibular Foramen Area in Neandertals. *Am. J. Phys. Anthrop.*, 48 : 523-532.

SMITH F. H. (1984). Fossils hominids from the upper Pleistocene of central Europe and the origin of modern Europeans. *In :* SMITH F. H. et SPENCER F. (eds.) *: The Origins of Modern Humans. A World Survey of the Fossil Evidence.* Alan R. Liss, Inc., New York : 137-210.

SMITH F. H. et SPENCER F. (eds.) (1984). The Origins of Modern Humans. A World Survey of the Fossil Evidence. Alan R. Liss, Inc. New York.

SMITH P. et ARENSBURG B. (1977). A Mousterian skeleton from Kebara Cave. *In :* BAR YOSEF O. et ARENSBURG B. (eds.), Moshe Stekelis Volume, Jerusalem, Israel Exploration Society : 164-176.

SOBOTTA J. (1985). *Atlas d'anatomie humaine, tome 1 : tête, cou, membre thoracique.* H. FERNER H. et STAUBESAND J. (eds.), 2ème édition française sous la direction de A. Dhem et A. Gouazé. Urban et Schwarzenberg. Munich, Vienne, Baltimore, Éditions Médicales Internationales, Paris.

STANA C. (1977). Slovanska pohrebiste v Rajhrade a v Rajhradicich u Rebesovic, Prehled vyzkumu 1975, AU CSAV Brno : 54-55 (en tchèque).

STEWART T. D. (1968). Identification by the skeletal structures. *In* : CAMPS F. E. (ed.), *Gradwohl's Legal Medicine*, J. Wright and Son, Bristol : 123-154.

STLOUKAL M. et HANAKOVA H. (1978). Die Länge des Langknochen altslawischer Bevölkerungen unter besonderer Berücksichtigung von Wachstumsfragen. *Homo*, 29 : 53-69.

STONE A. C., MILNER G. R., PÄÄBO S. et STONEKING M. (1996). Sex Determination of Ancient Human Skeletons Using DNA. *Am. J. Phys. Anthrop.*, 99 : 231-238.

STRINGER C. B. et DEAN M. C. (1997). Age at death of Gibraltar 2-a reply. *J. Hum. Evol.*, 32 : 471-472.

STRINGER C. B., DEAN M. C. et MARTIN R. D. (1990). A comparative study of cranial and dental development within a recent british sample and among neandertals. *In :* DeROUSSEAU C. J. (ed.), *Primate Life History and Evolution,* New-York : Wiley-Liss Inc. : 115-152.

STRINGER C. B., HUBLIN J.-J. et VANDERMEERSCH B. (1984). The origin of anatomically modern humans in western Europe. *In :* SMITH F. H. et SPENCER F. (eds.), *The Origins of Modern Humans. A World Survey of the Fossil Evidence.* Alan R. Liss, Inc., New York : 51-136.

STUART-MACADAM P. (1985). Porotic Hyperostosis : Representative of a Childhood Condition. *Am. J. Phys. Anthrop.*, 66 : 391-398.

SUZUKI H. et TAKAI F. (1970). *The Amud Man and His Cave Site.* University of Tokyo, Japan.

SYSAK N. S. (1960). The age morphology of the human cranium. *Anat. Anz.*, 108 : 1-19.

SZILVASSY J. (1981). Zur Entwicklung der Stirnhöhlen. *Anthrop. Anz.*, 39 : 138-149.

TELMON N., ROUGE D., BRUGNE J. F., SEVIN A., LARROUY G. et ARBUS L. (1993). Critères ostéoscopiques d'exploration du vieillissement. L'exemple de la nécropole médiévale de Saint-Étienne de Toulouse. *Bull. et Mém. de la Soc. d'Anthrop. Paris*, n. s., t. 5 : 293-300.

THOMA A. (1963). The dentition of the Subalyuk Neandertal Child. *Z. Morph. Anthrop.*, 54, 2 : 127-150.

THOMA A. (1975). Were the Spy fossils evolutionnary intermediates between classic neandertal and modern man? *J. Hum. Evol.*, 4 : 387-410.

THOMPSON J. L. et BILSBOROUGH A. (1997). The current state of the Le Moustier 1 skull. *Acta Praehistorica et Archaeologia*, 29 : 17-38.

TILLIER A.-m. (1979). Restes crâniens de l'enfant moustérien Homo 4 de Qafzeh (Israël). La mandibule et les maxillaires. *Paléorient,* 5 : 67-85.

TILLIER A.-m. (1981). Evolution de la région symphysaire chez les *Homo sapiens* juvéniles du Paléolithique moyen : Pech de l'Aze 1, Roc de Marsal et La Chaise 13. *C. R. Acad. Sci. Paris*, 293 : 725-727.

TILLIER A.-m. (1982). Les enfants néanderthaliens de Devil's Tower (Gibraltar) *Z. Morph. Anthrop.*, 73, 2 : 125-148.

TILLIER A.-m. (1983a). Le crâne d'enfant d'Engis 2 : un exemple de distribution des caractères juvéniles, primitifs et néanderthaliens. *Bull. Soc. Roy. Belge Anthrop. Préhist.*, 94 : 51-75.

TILLIER A.-m. (1983b). L'enfant néanderthalien du Roc de Marsal (Campagne du Bugue, Dordogne). Le squelette facial. *Ann. de Pal., Vert.-Invert.*, vol. 69, fasc. 2 : 137-149.

TILLIER A.-m. (1984). L'enfant Homo 11 de Qafzeh (Israël) et son apport à la compréhension des modalités de la croissance des squelettes moustériens. *Paléorient*, 10, 1 : 7-48.

TILLIER A.-m. (1986). Quelques aspects de l'ontogenèse du squelette crânien des Néanderthaliens. *In :* NOVOTNY V. V. et MIZEROVA A. (eds.), *Fossil*

Man - New Facts, New Ideas. Anthropos, (Brno), vol. 23 : 207-216.

TILLIER A.-m. (1987). L'enfant de La Quina H18 et l'ontogénie des néanderthaliens. *In : Préhistoire de Poitou-Charentes, problèmes actuels*, Éditions du CTHS, Paris : 201-206.

TILLIER A.-m. (1988). La place des restes de Devil's Tower (Gibraltar) dans l'ontogenèse des Néanderthaliens. *Bull. et Mém. de la Soc. d'Anthrop. de Paris*, t. 5, série XIV, n. 4 : 257-266.

TILLIER A.-m. (1989). The evolution of modern humans : evidence from young mousterian individuals. *In :* MELLARS P. et STRINGER C. (eds.), *The Human Revolution. Behavioural and Biological Perspectives on the Origin of Modern Humans*, Princeton, Edinburgh University Press, New Jersey : 286-297.

TILLIER A.-m. (1992). The origin of Modern Humans in Southwest Asia : ontogenetic aspects. *In :* AKAZAWA T., AOKI K. et KIMURA T. (eds.), *The Evolution and Dispersal of Modern Humans in Asia*, Tokyo, Hokusen-sha : 16-28.

TILLIER A.-m. (1995). Paléoanthropologie et pratiques funéraires du Levant méditérranéen durant le Paléolithique moyen : le cas des sujets non-adultes. *Paléorient*, 21/2 : 63-76.

TILLIER A.-m. (1998). Ontogenetic variation in late Pleistocene *Homo sapiens* from the near East. Implication for methodological bias in reconstructing evolutionary biology. *In :* AKAZAWA T., AOKI K. et BAR-YOSEF O. (eds.), *Neanderthals and Modern Humans in Western Asia*, Tokyo University Museum Symposium : 381-390.

TILLIER A.-m. (1999). *Les enfants moustériens de Qafzeh. Interprétations phylogénétique et paléoauxologique.* Cahiers de Paléoanthropologie, Éditions du CNRS, Paris.

TILLIER A.-m., ARENSBURG B. et DUDAY H. (1989). La mandibule et les dents du Néanderthalien de Kébara (Homo 2), Mont Carmel, Israël. *Paléorient*, 15/2 : 39-58.

TILLIER A.-m. et DUDAY H. (1990). Les enfants morts en période périnatale. *Bull. et Mém. de la Soc. d'Anthrop. de Paris*, n. s., t. 2, n. 3-4 : 89-98.

TILLIER A.-m. et GENET-VARCIN E. (1980). La plus ancienne mandibule d'enfant découverte en France dans le gisement de La Chaise de Vouthon (Abri Suard) en Charente. *Z. Morph. Anthrop.*, 71, 2 : 196-214.

TILLIER A.-m., MANN A. E., MONGE J. M. et LAMPL M. L. (1995). L'ontogenèse, la croissance de l'émail dentaire et l'origine de l'homme moderne. *Anthrop. et Préhis.*, 106 : 97-104.

TILLMANN B. et LORENZ R. (1978). The stress at the human atlanto-occipital joint. *Anat. Embryol.*, 153 : 269-277.

TOMPKINS R. L. (1996). Relative Dental Development of Upper Pleistocene Hominids to Human Population Variation. *Am. J. Phys. Anthrop.*, 99 : 103-118.

TORGERSEN J. (1951). The Developmental Genetics and Evolutionary Meaning of the Metopic Suture. *Am. J. Phys. Anthrop.*, 9 : 193-210.

TOUSSAINT M. (1996). D'Engis à Sclayn, les Néandertaliens mosans. *In* : BONJEAN D (ed.), *Neandertal. Grotte Scladina. Andenne*, Éditions ASBL, Archéologie Andennaise : 49-61.

TOUSSAINT M., OTTE M., BONJEAN D., BOCHERENS H., FALGUERES C. et YOKOYAMA Y. (1998). Les restes humains néandertaliens immatures de la couche 4A de la grotte Scladina (Andenne, Belgique). *C. R. Acad. Sci. Paris, Sciences de la terre et des planètes*, 326 : 737-742.

TRINKAUS E. (1978). Bilateral Assymetry of Human Skeletal Non-metric Traits. *Am. J. Phys. Anthrop.*, 49 : 315-318.

TRINKAUS E. (1983). *The Shanidar Neandertals.* Academic Press, New York.

TRINKAUS E. (1984). Neandertal pubic morphology and gestation length. *Curr. Anthrop.*, 25 : 509-514.

TRINKAUS E. (1993). Variability in the position of the mandibular mental foramen and the identification of Neandertal apomorphies. *Riv. Antropol.*, 71 : 259-274.

TROFIMOVA T. A. (1984). Cerepa detej èpokhi verkhnego paleolita iz Sungirja [Les crânes d'enfants de l'époque du Paléolithique supérieur de Sungir]. *In :* ZUBOV A. A. et KHARITONOV V. M. (eds.), *Sungir, Antropologiceskoe issledovanie*, Izdat. Nauka, Akad. Nauk SSSR, Moskva : 144-155 (en russe).

UBELAKER D. H. (1978). *Human Skeletal Remains. Excavation, Analysis, Interpretation.* Taraxacum, Washington.

VALLOIS H. V. (1958). La grotte de Fontéchevade II : Anthropologie. *Arch. Inst. Paléont. Humaine*, 29 : 1-164.

VALLOIS H. V. (1969). Le temporal néandertalien H27 de La Quina. Etude anthropologique. *L'Anthropologie (Paris)*, t. 73, 5-6 : 365-400.

VALLOIS H. V. (1971). Le crâne trépané magdalénien de Rochereil. *Bull. de la Soc. Préhis. Française*, t. 68 : 485-495.

VALLOIS H. V. (1972). Le crâne magdalénien des Hoteaux, notes anthropologiques. *Bull. et Mém. de la Soc. d'Anthrop. de Paris*, 12, t. 9 : 7-25.

VALLOIS H. V. et BENNEJEANT C. (1913). Le développement du canal dentaire et la vascularisation des dents de la machoire inférieure aux différents âges. *Bull. et Mém. de la Soc. d'Anthrop. de Paris* : 569-585.

VALLOIS H. V. et CADENAT E. (1926). Le développement du prémaxillaire chez l'homme. *Archives de Biologie*, vol. 36 : 361-425.

VANDERMEERSCH B. (1981). *Les Hommes Fossiles de Qafzeh (Israël).* Cahiers de Paléoanthropologie, Éditions du CNRS, Paris.

VECCHI F. (1968). Sesso e variazioni di caratteri discontinui del cranio. *Riv. Antropol.*, 55 : 283-290.

VIRCHOW R. (1920). *Die menschlichen Skeletreste aus dem Kämpfe'schen Bruch im Travertin von Ehringsdorf bei Weimar*. G. Fischer, Jena.

VLCEK E. (1969). *Neandertaler der Tschechoslowakei*. Tschechoslowakeschen Akademie die Wissenschaften, Praha.

VLCEK E. (1970). Etude comparative onto-phylogénétique de l'enfant du Pech de l'Azé par rapport à d'autres enfants néandertaliens. *In* : FEREMBACH D., LEGOUX P., FENART R., EMPEREUR-BUISSON R. et VLCEK E (eds.), *L'enfant du Pech de l'Azé*, Arch. Inst. Paléont. Humaine, Masson, Paris, mémoire 33 : 149-180.

VON BERG A. et CONDÉMI S. (1997). *Nouvelle découverte de fossile humain à Ochtendung (RFA)*. Communication à la 1819ème séance de la Société d'Anthropologie de Paris : Le peuplement de l'Europe centrale du Paléolithique à nos jours.

WALKER A. et LEAKEY R. (1993). *The Nariokotome Homo erectus skeleton*. A. WALKER et R. LEAKEY (eds.), Springer Verlag.

WARYNSKI D. (1888). Contribution à l'étude du bec-de-lièvre simple et complexe. *Archiv. Pathol. Anat.*, 112 : 507-534.

WEAVER D. S. (1979). Application of the Likelihood Ratio Test to Age Estimation Using the Infant and Child Temporal Bone. *Am. J. Phys. Anthrop.*, 50 : 263-270.

WEAVER D. S. (1980). Sex Differences in the Ilia of a Known Sex and Age Sample of Fetal and Infant Skeletons. *Am. J. Phys. Anthrop.*, 52 : 191-195.

WEIDENREICH F. (1936). The mandible *of Sinanthropus pekinensis*. A comparative study. *Paleontologia sinica*, série D, vol.VII, fasc. 3 : 1-150.

WEIDENREICH F. (1943). The skull *of Sinanthropus Pekinensis*. A comparative study on a primitive hominid skull. *Paleontologia Sinica*, new series D, n. 10 : 1-291.

WEIDENREICH F. (1945). The Paleolithic Child From Teshik-Tash Cave in Southern Uzbekistan (Central Asia). *Am. J. Phys. Anthrop.*, 3, n. 2 : 151-163.

WILLIAMS P. L., BANNISTER L. H., BERRY M. M., COLLINS P., DYSON M., DUSSEK J. E. et FERGUSON M. W. J. (1995). *Gray's Anatomy. The anatomical basis of medicine and surgery*. 38th edition, Churchill Livingstone.

WOLPOFF M. H. (1979). The Krapina Dental Remains. *Am. J. Phys. Anthrop.*, 50 : 67-114.

WOLPOFF M. H. (1980). *Paleoanthropology*. New York : Afred A. Knopf.

WOLPOFF M. (1996-1997). *Human Evolution*. The Mc Graw Hill Companies, Inc. College Custom Series.

WOOD-JONES F. (1929). The Australian skull. *J. Anat.*, 63 : 352-355.

YAKIMOV V. P. (1980). New materials of skeletal remains of ancient peoples in the territory of the Soviet Union. *In : Current argument on Early Man*. LARS-KÖNIG KÖNIGSSON (ed.), Pagemon Press : 152-169.

YALE S. H., ALLISON B. D. et HAUPTFUERER J. D. (1966). An epidemiological assessment of mandibular condyle morphology. *Oral Surgery*, 21 : 169-177.

YAMANO S. et YAMAGUCHI B. (1965). On the *canalis mylohyoideus*. *Acta Anat. Nippon*, 40 : 18.

ZEGURA S. L. (1975). Taxonomic Congruence in Eskimoid Populations. *Am. J. Phys. Anthrop.*, 43 : 271-284.

ANNEXES :

TABLEAUX COMPLÉMENTAIRES

Suture incisive sur les fosses nasales

Liaison au sexe

Sexe \ Classe		1	2	3	4
Filles	**n \ N**	**0 \ 12**	**8 \ 14**	**2 \ 10**	**28 \ 32**
	%	0	57	20	87.5
Garçons	**n \ N**	**0 \ 12**	**7 \ 32**	**5 \ 20**	**14 \ 24**
	%	0	22	25	58

Tableau 18 b. Fréquences absolues et relatives de la suture incisive **en cours de synostose (n)**, chez les enfants européens, âges et sexes séparés, côtés confondus

Sexe \ Classe		1	2	3	4
Filles	**n \ N**	**0 \ 12**	**0 \ 14**	**0 \ 10**	**2 \ 32**
	%	0	0	0	6.25
Garçons	**n \ N**	**0 \ 12**	**0 \ 32**	**0 \ 20**	**6 \ 24**
	%	0	0	0	25

Tableau 18 c. Fréquences absolues et relatives de la suture incisive **synostosée (n)**, chez les enfants européens, âges et sexes séparés, côtés confondus

Variabilité géographique

Origine \ Classe		1	2	3	4
Europe occident	**n \ N**	**30 \ 214**	**30 \ 100**	**30 \ 76**	**90 \ 120**
	%	14	30	39	75
Moravie	**n \ N**	**0 \ 0**	**9 \ 22**	**22 \ 80**	**60 \ 178**
	%	0	41	27.5	34
Iran	**n \ N**	**0 \ 4**	**2 \ 8**	**4 \ 12**	**48 \ 60**
	%	0	25	33	80

Tableau 20 b. Fréquences absolues et relatives de la suture incisive **en cours de synostose (n)**, chez les enfants, âges et origines géographiques séparés, côtés confondus

Origine \ Classe		1	2	3	4
Europe occident	**n \ N**	**0 \ 214**	**0 \ 100**	**2 \ 76**	**10 \ 120**
	%	0	0	3	8
Moravie	**n \ N**	**0 \ 0**	**1 \ 22**	**5 \ 80**	**29 \ 178**
	%	0	4.5	6	16
Iran	**n \ N**	**0 \ 4**	**0 \ 8**	**0 \ 12**	**4 \ 60**
	%	0	0	0	7

Tableau 20 c. Fréquences absolues et relatives de la suture incisive **synostosée (n)**, chez les enfants, âges et origines géographiques séparés, côtés confondus

Suture incisive sur la face nasale au-dessous de la crête conchale

Liaison au sexe

Sexe \ Classe		1	2	3	4
Filles	**n \ N**	**1 \ 12**	**5 \ 12**	**2 \ 8**	**10 \ 14**
	%	8	42	25	71
Garçons	**n \ N**	**2 \ 12**	**2 \ 30**	**0 \ 20**	**10 \ 12**
	%	17	7	0	83

Tableau 23 b. Fréquences absolues et relatives de la suture incisive **synostosée (n)**, chez les enfants européens, âges et sexes séparés, côtés confondus

Sexe \ Classe		1	2	3	4
Filles	**n \ N**	**4 \ 12**	**6 \ 12**	**4 \ 8**	**2 \ 14**
	%	33	50	50	14
Garçons	**n \ N**	**3 \ 12**	**12 \ 30**	**11 \ 20**	**0 \ 12**
	%	25	40	55	0

Tableau 23 c. Fréquences absolues et relatives de la suture incisive **en cours de synostose (n)**, chez les enfants européens, âges et sexes séparés, côtés confondus

Variabilité géographique

Origine \ Classe		1	2	3	4
Europe occident	**n \ N**	**14 \ 214**	**9 \ 96**	**6 \ 68**	**38 \ 72**
	%	6.5	9	9	53
Moravie	**n \ N**	**0 \ 0**	**0 \ 16**	**18 \ 74**	**51 \ 140**
	%	0	0	24	36
Iran	**n \ N**	**0 \ 2**	**0 \ 8**	**0 \ 12**	**30 \ 54**
	%	0	0	0	56

Tableau 25 b. Fréquences absolues et relatives de la suture incisive **synostosée (n)**, chez les enfants, âges et origines géographiques séparés, côtés confondus

Origine \ Classe		1	2	3	4
Europe occident	**n \ N**	**34 \ 214**	**52 \ 96**	**44 \ 68**	**25 \ 72**
	%	16	54	65	35
Moravie	**n \ N**	**0 \ 0**	**7 \ 16**	**26 \ 74**	**47 \ 140**
	%	0	44	35	33.5
Iran	**n \ N**	**0 \ 2**	**4 \ 8**	**6 \ 12**	**22 \ 54**
	%	0	50	50	40

Tableau 25 c. Fréquences absolues et relatives de la suture incisive **en cours de synostose (n)**, chez les enfants, âges et origines géographiques séparés, côtés confondus

Synchondrose intra-occipitale postérieure

Liaison au sexe

Sexe \ Classe		1	2	3	4
Filles	**n \ N**	**0 \ 18**	**0 \ 24**	**0 \ 12**	**2 \ 44**
	%	0	0	0	4.5
Garçons	**n \ N**	**0 \ 18**	**0 \ 36**	**2 \ 22**	**2 \ 28**
	%	0	0	9	7

Tableau 35 b. Fréquences absolues et relatives de la SIP **médialement synostosée (n)**, chez les enfants européens, âges et sexes séparés, côtés confondus

Sexe \ Classe		1	2	3	4
Filles	**n \ N**	**0 \ 18**	**14 \ 24**	**5 \ 12**	**0 \ 44**
	%	0	58	42	0
Garçons	**n \ N**	**0 \ 18**	**14 \ 36**	**6 \ 22**	**0 \ 28**
	%	0	39	27	0

Tableau 35 c. Fréquences absolues et relatives de la SIP **latéralement synostosée (n)**, chez les enfants européens, âges et sexes séparés, côtés confondus

Sexe \ Classe		1	2	3	4
Filles	**n \ N**	**18 \ 18**	**10 \ 24**	**2 \ 12**	**0 \ 44**
	%	100	42	17	0
Garçons	**n \ N**	**18 \ 18**	**22 \ 36**	**4 \ 22**	**0 \ 28**
	%	100	61	18	0

Tableau 35 d. Fréquences absolues et relatives de la SIP **toute ouverte (n)**, chez les enfants européens, âges et sexes séparés, côtés confondus

Variabilité géographique

Origine \ Classe		1	2	3	4
Europe occident	**n \ N**	**240 \ 242**	**88 \ 134**	**48 \ 110**	**0 \ 190**
	%	99	66	44	0
Moravie	**n \ N**	**4 \ 4**	**15 \ 16**	**39 \ 78**	**4 \ 178**
	%	100	94	50	2
Iran	**n \ N**	**6 \ 6**	**2 \ 2**	**3 \ 10**	**0 \ 48**
	%	100	100	30	0

Tableau 37 b. Fréquences absolues et relatives de la SIP **toute ouverte (n)**, chez les enfants, âges et origines géographiques séparés, côtés confondus

Origine \ Classe		1	2	3	4
Europe occident	**n \ N**	**0 \ 242**	**2 \ 134**	**4 \ 110**	**10 \ 190**
	%	0	1	4	5
Moravie	**n \ N**	**0 \ 4**	**1 \ 16**	**2 \ 78**	**2 \ 178**
	%	0	6	2.5	1
Iran	**n \ N**	**0 \ 6**	**0 \ 2**	**1 \ 10**	**4 \ 48**
	%	0	0	10	8

Tableau 37 c. Fréquences absolues et relatives de la SIP **médialement synostosée (n)**, chez les enfants, âges et origines géographiques séparés, côtés confondus

Origine \ Classe		1	2	3	4
Europe occident	**n \ N**	**0 \ 242**	**14 \ 134**	**40 \ 110**	**180 \ 190**
	%	0	10	36	95
Moravie	**n \ N**	**0 \ 4**	**0 \ 16**	**37 \ 78**	**172 \ 178**
	%	0	0	47	97
Iran	**n \ N**	**0 \ 6**	**0 \ 2**	**5 \ 10**	**43 \ 48**
	%	0	0	50	89.5

Tableau 37 d. Fréquences absolues et relatives de la SIP **toute synostosée (n)**, chez les enfants, âges et origines géographiques séparés, côtés confondus

Position médiale du processus styloïde par rapport à l'incisure mastoïdienne et au foramen stylo-mastoïdien

Liaison au sexe

Sexe \ Classe		1	2	3	4
Filles	**n \ N**	**9 \ 10**	**11 \ 12**	**8 \ 8**	**28 \ 36**
	%	90	92	100	78
Garçons	**n \ N**	**2 \ 8**	**25 \ 32**	**16 \ 18**	**20 \ 24**
	%	25	78	89	83

Tableau 44 b. Fréquences absolues et relatives de la position **alignée (n)** du processus styloïde, chez les enfants européens, âges et sexes séparés, côtés confondus

Sexe \ Classe		1	2	3	4
Filles	**n \ N**	**0 \ 10**	**0 \ 12**	**0 \ 8**	**8 \ 36**
	%	0	0	0	22
Garçons	**n \ N**	**0 \ 8**	**1 \ 32**	**0 \ 18**	**2 \ 24**
	%	0	3	0	8

Tableau 44 c. Fréquences absolues et relatives de la position **latérale (n)** du processus styloïde, chez les enfants européens, âges et sexes séparés, côtés confondus

Variabilité géographique

Origine \ Classe		1	2	3	4
Europe occident	**n \ N**	**81 \ 188**	**21 \ 104**	**5 \ 72**	**3 \ 128**
	%	43	20	7	2
Moravie	**n \ N**	**0 \ 0**	**3 \ 24**	**6 \ 86**	**4 \ 150**
	%	0	12.5	7	3
Iran	**n \ N**	**0 \ 2**	**0 \ 0**	**0 \ 16**	**0 \ 50**
	%	0	0	0	0

Tableau 46 b. Fréquences absolues et relatives de la position **médiale (n)** du processus styloïde, chez les enfants, âges et origines géographiques séparés, côtés confondus

Origine \ Classe		1	2	3	4
Europe occident	**n \ N**	**2 \ 188**	**4 \ 104**	**27 \ 72**	**43 \ 128**
	%	1	4	37.5	33.5
Moravie	**n \ N**	**0 \ 0**	**2 \ 24**	**4 \ 86**	**4 \ 150**
	%	0	8	5	3
Iran	**n \ N**	**0 \ 2**	**0 \ 0**	**2 \ 16**	**3 \ 50**
	%	0	0	12.5	6

Tableau 46 c. Fréquences absolues et relatives de la position **latérale (n)** du processus styloïde, chez les enfants, âges et origines géographiques séparés, côtés confondus

Incurvation mandibulaire antérieure

Liaison au sexe

Sexe \ Classe		1	2	3	4
Filles	**n \ N**	**4 \ 4**	**0 \ 0**	**0 \ 8**	**0 \ 30**
	%	100	0	0	0
Garçons	**n \ N**	**0 \ 0**	**0 \ 0**	**0 \ 4**	**0 \ 18**
	%	0	0	0	0

Tableau 49 b. Fréquences absolues et relatives de l'incurvation mandibulaire antérieure **vestigiale (n)**, chez les enfants européens, âges et sexes séparés

Sexe \ Classe		1	2	3	4
Filles	**n \ N**	**0 \ 4**	**0 \ 0**	**4 \ 8**	**26 \ 30**
	%	0	0	50	87
Garçons	**n \ N**	**0 \ 0**	**0 \ 0**	**0 \ 4**	**16 \ 18**
	%	0	0	0	89

Tableau 49 c. Fréquences absolues et relatives de l'incurvation mandibulaire antérieure **développée (n)**, chez les enfants européens, âges et sexes séparés

Variabilité géographique

Origine \ Classe		1	2	3	4
Europe occident	**n \ N**	**2 \ 102**	**15 \ 49**	**6 \ 48**	**3 \ 74**
	%	2	31	12.5	4
Moravie	**n \ N**	**0 \ 1**	**8 \ 16**	**12 \ 62**	**10 \ 112**
	%	0	50	19	9
Iran	**n \ N**	**0 \ 2**	**0 \ 9**	**4 \ 11**	**8 \ 47**
	%	0	0	36	17

Tableau 50 b. Fréquences absolues et relatives de l'incurvation mandibulaire antérieure **vestigiale (n)**, chez les enfants, âges et origines géographiques séparés

Origine \ Classe		1	2	3	4
Europe occident	**n \ N**	**0 \ 102**	**4 \ 49**	**6 \ 48**	**63 \ 74**
	%	0	8	12.5	85
Moravie	**n \ N**	**0 \ 1**	**0 \ 16**	**10 \ 22**	**85 \ 112**
	%	0	0	16	76
Iran	**n \ N**	**0 \ 2**	**0 \ 9**	**0 \ 11**	**35 \ 47**
	%	0	0	0	74

Tableau 50 c. Fréquences absolues et relatives de l'incurvation mandibulaire antérieure **développée (n)**, chez les enfants, âges et origines géographiques séparés

Incisure mastoïdienne

Liaison au sexe

Sexe \ Classe		1	2	3	4
Filles	**n \ N**	**0 \ 0**	**9 \ 12**	**4 \ 8**	**5 \ 26**
	%	0	75	50	19
Garçons	**n \ N**	**0 \ 0**	**23 \ 28**	**5 \ 10**	**0 \ 18**
	%	0	82	50	0

Tableau 65 b. Fréquences absolues et relatives de l'incisure **peu profonde étroite (n)**, chez les enfants européens, âges et sexes séparés, côtés confondus

Sexe \ Classe		1	2	3	4
Filles	**n \ N**	**0 \ 0**	**0 \ 12**	**0 \ 8**	**6 \ 26**
	%	0	0	0	23
Garçons	**n \ N**	**0 \ 0**	**0 \ 28**	**1 \ 10**	**2 \ 18**
	%	0	0	10	11

Tableau 65 c. Fréquences absolues et relatives de l'incisure **profonde large (n)**, chez les enfants européens, âges et sexes séparés, côtés confondus

Sexe \ Classe		1	2	3	4
Filles	**n \ N**	**0 \ 0**	**1 \ 12**	**0 \ 8**	**4 \ 26**
	%	0	8	0	15
Garçons	**n \ N**	**0 \ 0**	**3 \ 28**	**1 \ 10**	**0 \ 18**
	%	0	11	10	0

Tableau 65 d. Fréquences absolues et relatives de l'incisure **peu profonde large (n)**, chez les enfants européens, âges et sexes séparés, côtés confondus

Variabilité géographique

Origine \ Classe		1	2	3	4
Europe occident	**n \ N**	**0 \ 4**	**19 \ 102**	**8 \ 56**	**10 \ 108**
	%	0	19	14	9
Moravie	**n \ N**	**0 \ 0**	**4 \ 18**	**6 \ 60**	**10 \ 108**
	%	0	22	10	9
Iran	**n \ N**	**0 \ 2**	**4 \ 4**	**8 \ 14**	**4 \ 48**
	%	0	100	57	8

Tableau 67 b. Fréquences absolues et relatives de l'incisure **peu profonde et large (n)**, chez les enfants, âges et origines géographiques séparés, côtés confondus

Origine \ Classe		1	2	3	4
Europe occident	**n \ N**	**0 \ 4**	**14 \ 102**	**15 \ 56**	**48 \ 108**
	%	0	14	27	44
Moravie	**n \ N**	**0 \ 0**	**3 \ 18**	**32 \ 60**	**72 \ 108**
	%	0	17	53	67
Iran	**n \ N**	**0 \ 2**	**0 \ 4**	**0 \ 14**	**27 \ 48**
	%	0	0	0	56

Tableau 67 c. Fréquences absolues et relatives de l'incisure **profonde et étroite (n)**, chez les enfants, âges et origines géographiques séparés, côtés confondus

Origine \ Classe		1	2	3	4
Europe occident	**n \ N**	**0 \ 4**	**1 \ 102**	**2 \ 56**	**14 \ 108**
	%	0	1	3.5	13
Moravie	**n \ N**	**0 \ 0**	**2 \ 18**	**6 \ 60**	**22 \ 108**
	%	0	11	10	20
Iran	**n \ N**	**0 \ 2**	**0 \ 4**	**0 \ 14**	**7 \ 48**
	%	0	0	0	14.5

Tableau 67 d. Fréquences absolues et relatives de l'incisure **profonde et large (n)**, chez les enfants, âges et origines géographiques séparés, côtés confondus

Forme de l'entrée de l'orbite

Liaison au sexe

Sexe \ Classe		1	2	3	4
Filles	**n \ N**	**0 \ 6**	**0 \ 2**	**0 \ 0**	**2 \ 28**
	%	0	0	0	7
Garçons	**n \ N**	**2 \ 10**	**0 \ 0**	**0 \ 2**	**2 \ 16**
	%	20	0	0	12.5

Tableau 70 b. Fréquences absolues et relatives de la forme **ovale (n)** de l'entrée de l'orbite, chez les enfants européens, âges et sexes séparés, côtés confondus

Sexe \ Classe		1	2	3	4
Filles	**n \ N**	**0 \ 6**	**0 \ 2**	**0 \ 0**	**4 \ 28**
	%	0	0	0	14
Garçons	**n \ N**	**0 \ 10**	**0 \ 0**	**0 \ 2**	**2 \ 16**
	%	0	0	0	12.5

Tableau 70 c. Fréquences absolues et relatives de la forme **carrée (n)** de l'entrée de l'orbite, chez les enfants européens, âges et sexes séparés, côtés confondus

Sexe \ Classe		1	2	3	4
Filles	**n \ N**	**2 \ 6**	**0 \ 2**	**0 \ 0**	**18 \ 28**
	%	33	0	0	64
Garçons	**n \ N**	**2 \ 10**	**0 \ 0**	**1 \ 2**	**10 \ 16**
	%	20	0	50	62.5

Tableau 70 d. Fréquences absolues et relatives de la forme **rectangle (n)** de l'entrée de l'orbite, chez les enfants européens, âges et sexes séparés, côtés confondus

Variabilité géographique

Origine \ Classe		1	2	3	4
Europe occident	**n \ N**	**16 \ 22**	**4 \ 18**	**4 \ 60**	**11 \ 175**
	%	73	22	7	6
Moravie	**n \ N**	**0 \ 0**	**4 \ 20**	**6 \ 38**	**9 \ 91**
	%	0	20	16	10
Iran	**n \ N**	**2 \ 2**	**0 \ 6**	**2 \ 6**	**4 \ 48**
	%	100	0	33	8

Tableau 72 b. Fréquences absolues et relatives de la forme **ronde (n)** de l'entrée de l'orbite, chez les enfants, âges et origines géographiques séparés, côtés confondus

Origine \ Classe		1	2	3	4
Europe occident	**n \ N**	**2 \ 22**	**2 \ 18**	**1 \ 60**	**8 \ 175**
	%	9	11	2	5
Moravie	**n \ N**	**0 \ 0**	**0 \ 20**	**1 \ 38**	**21 \ 91**
	%	0	0	3	23
Iran	**n \ N**	**0 \ 2**	**0 \ 6**	**2 \ 6**	**3 \ 48**
	%	0	0	33	6

Tableau 72 c. Fréquences absolues et relatives de la forme **ovale (n)** de l'entrée de l'orbite, chez les enfants, âges et origines géographiques séparés, côtés confondus

Origine \ Classe		1	2	3	4
Europe occident	**n \ N**	**0 \ 22**	**6 \ 18**	**27 \ 60**	**89 \ 175**
	%	0	33	45	51
Moravie	**n \ N**	**0 \ 0**	**6 \ 20**	**23 \ 38**	**32 \ 91**
	%	0	30	60	35
Iran	**n \ N**	**0 \ 2**	**0 \ 6**	**2 \ 6**	**7 \ 48**
	%	0	0	33	14.5

Tableau 72 d. Fréquences absolues et relatives de la forme **carrée (n)** de l'entrée de l'orbite, chez les enfants, âges et origines géographiques séparés, côtés confondus

- **Épine nasale antérieure**

Liaison au sexe

Sexe \ Classe		1	2	3	4
Filles	**n \ N**	**5 \ 7**	**5 \ 9**	**5 \ 7**	**13 \ 16**
	%	71	56	71	81
Garçons	**n \ N**	**4 \ 9**	**11 \ 18**	**5 \ 9**	**7 \ 11**
	%	44	61	56	64

Tableau 75 b. Fréquences absolues et relatives du morphe **très saillant (n)** de l'épine nasale antérieure, chez les enfants européens, âges et sexes séparés

Sexe \ Classe		1	2	3	4
Filles	**n \ N**	**2 \ 7**	**1 \ 9**	**1 \ 7**	**0 \ 16**
	%	28.5	11	14	0
Garçons	**n \ N**	**0 \ 9**	**3 \ 18**	**1 \ 9**	**1 \ 11**
	%	0	17	11	9

Tableau 75 c. Fréquences absolues et relatives du morphe **faible (n)** de l'épine nasale antérieure, chez les enfants européens, âges et sexes séparés

Variabilité géographique

Origine \ Classe		1	2	3	4
Europe occident	**n \ N**	**20 \ 114**	**17 \ 53**	**18 \ 35**	**24 \ 56**
	%	17	32	51	43
Moravie	**n \ N**	**0 \ 1**	**5 \ 9**	**19 \ 39**	**36 \ 62**
	%	0	55.5	49	58
Iran	**n \ N**	**0 \ 2**	**1 \ 5**	**5 \ 8**	**9 \ 25**
	%	0	20	62.5	36

Tableau 76 b. Fréquences absolues et relatives du morphe **saillant (n)** de l'épine nasale antérieure, chez les enfants, âges et origines géographiques séparés

Origine \ Classe		1	2	3	4
Europe occident	**n \ N**	**2 \ 114**	**5 \ 53**	**4 \ 35**	**2 \ 56**
	%	2	9	11	3.5
Moravie	**n \ N**	**0 \ 1**	**0 \ 9**	**3 \ 39**	**0 \ 62**
	%	0	0	7	0
Iran	**n \ N**	**0 \ 2**	**0 \ 5**	**0 \ 8**	**2 \ 25**
	%	0	0	0	8

Tableau 76 c. Fréquences absolues et relatives du morphe **faible (n)** de l'épine nasale antérieure, chez les enfants, âges et origines géographiques séparés

Position du foramen mentonnier sur le corps

Liaison au sexe

Sexe \ Classe		1	2	3	4
Filles	**n \ N**	**2 \ 10**	**4 \ 10**	**2 \ 16**	**6 \ 44**
	%	20	40	12.5	14
Garçons	**n \ N**	**3 \ 10**	**2 \ 28**	**8 \ 20**	**5 \ 24**
	%	30	7	40	21

Tableau 84 b. Fréquences absolues et relatives des foramens mentonniers **en bas (n)** du corps, chez les enfants européens, âges et sexes séparés, côtés confondus

Variabilité géographique

Origine \ Classe		1	2	3	4
Europe occident	**n \ N**	**0 \ 214**	**3 \ 138**	**1 \ 118**	**13 \ 168**
	%	0	2	1	8
Moravie	**n \ N**	**0 \ 0**	**0 \ 20**	**2 \ 106**	**12 \ 190**
	%	0	0	2	6
Iran	**n \ N**	**0 \ 0**	**1 \ 16**	**0 \ 16**	**4 \ 84**
	%	0	6	0	5

Tableau 86 b. Fréquences absolues et relatives des foramens mentonniers **en haut (n) du corps**, chez les enfants, âges et origines géographiques séparés, côtés confondus

Origine \ Classe		1	2	3	4
Europe occident	**n \ N**	**41 \ 214**	**35 \ 138**	**37 \ 118**	**39 \ 168**
	%	19	25	31	23
Moravie	**n \ N**	**0 \ 0**	**4 \ 20**	**23 \ 106**	**48 \ 190**
	%	0	20	22	25
Iran	**n \ N**	**0 \ 0**	**4 \ 16**	**4 \ 16**	**9 \ 84**
	%	0	25	25	11

Tableau 86 c. Fréquences absolues et relatives des foramens mentonniers **en bas (n) du corps**, chez les enfants, âges et origines géographiques séparés, côtés confondus

Position du foramen mentonnier par rapport à la dentition

Liaison au sexe

Sexe \ Classe		1	2	3	4
Filles	**n \ N**	**6 \ 10**	**4 \ 10**	**2 \ 16**	**0 \ 44**
	%	60	40	12.5	0
Garçons	**n \ N**	**9 \ 10**	**17 \ 28**	**2 \ 20**	**0 \ 24**
	%	90	61	10	0

Tableau 89 b. Fréquences absolues et relatives des foramens mentonniers **sous c-m1 (n)**, chez les enfants européens, âges et sexes séparés, côtés confondus

Sexe \ Classe		1	2	3	4
Filles	**n \ N**	**0 \ 10**	**0 \ 10**	**0 \ 16**	**28 \ 44**
	%	0	0	0	64
Garçons	**n \ N**	**0 \ 10**	**0 \ 28**	**3 \ 20**	**15 \ 24**
	%	0	0	15	62

Tableau 89 c. Fréquences absolues et relatives des foramens mentonniers **sous m1-m2 (n)**, chez les enfants européens, âges et sexes séparés, côtés confondus

Sexe \ Classe		1	2	3	4
Filles	**n \ N**	**0 \ 10**	**0 \ 10**	**0 \ 16**	**6 \ 44**
	%	0	0	0	14
Garçons	**n \ N**	**0 \ 10**	**0 \ 28**	**0 \ 20**	**4 \ 24**
	%	0	0	0	17

Tableau 89 d. Fréquences absolues et relatives des foramens mentonniers **sous m2 (n)**, chez les enfants européens, âges et sexes séparés, côtés confondus

Sexe \ Classe		1	2	3	4
Filles	**n \ N**	**0 \ 10**	**0 \ 10**	**0 \ 16**	**1 \ 44**
	%	0	0	0	2
Garçons	**n \ N**	**0 \ 10**	**0 \ 28**	**0 \ 20**	**0 \ 24**
	%	0	0	0	0

Tableau 89 e. Fréquences absolues et relatives des foramens mentonniers **sous m2-M1 (n)**, chez les enfants européens, âges et sexes séparés, côtés confondus

Variabilité géographique

Origine \ Classe		1	2	3	4
Europe occident	**n \ N**	**148 \ 214**	**68 \ 137**	**14 \ 118**	**0 \ 166**
	%	69	50	12	0
Moravie	**n \ N**	**0 \ 0**	**6 \ 25**	**6 \ 106**	**3 \ 190**
	%	0	24	6	2
Iran	**n \ N**	**0 \ 0**	**8 \ 16**	**0 \ 16**	**0 \ 82**
	%	0	50	0	0

Tableau 91 b. Fréquences absolues et relatives des foramens mentonniers **sous c-m1 (n)**, chez les enfants, âges et origines géographiques séparés, côtés confondus

Origine\Classe		1	2	3	4
Europe	**n \ N**	**0 \ 214**	**9 \ 137**	**31 \ 118**	**129 \ 166**
occident	%	0	6	26	78
Moravie	**n \ N**	**0 \ 0**	**3 \ 25**	**29 \ 106**	**137 \ 190**
	%	0	12	27	72
Iran	**n \ N**	**0 \ 0**	**0 \ 16**	**4 \ 16**	**60 \ 82**
	%	0	0	25	73

Tableau 91 c. Fréquences absolues et relatives des foramens mentonniers **sous m1-m2 (n)**, chez les enfants, âges et origines géographiques séparés, côtés confondus

Origine \ Morphe		m2	m2-M1
Europe	**n \ N**	**12 \ 166**	**2 \ 166**
occident	%	7	1
Moravie	**n \ N**	**17 \ 190**	**0 \ 190**
	%	9	0
Iran	**n \ N**	**7 \ 82**	**0 \ 82**
	%	9	0

Tableau 91 d. Fréquences absolues et relatives des foramens mentonniers **sous m2 (n)** et **sous m2-M1 (n)**, chez les enfants de la classe d'âge 4, origines géographiques séparées, côtés confondus

Forme allongée du foramen magnum

Liaison au sexe

Sexe \ Classe		1	2	3	4
Filles	**n \ N**	**1 \ 2**	**3 \ 5**	**2 \ 4**	**14 \ 22**
	%	50	60	50	64
Garçons	**n \ N**	**2 \ 3**	**6 \ 13**	**5 \ 8**	**6 \ 13**
	%	67	46	62.5	46

Tableau 108 b. Fréquences absolues et relatives de la forme **intermédiaire (n)** du foramen magnum, chez les enfants européens, âges et sexes séparés

Sexe \ Classe		1	2	3	4
Filles	**n \ N**	**1 \ 2**	**1 \ 5**	**0 \ 4**	**0 \ 22**
	%	50	20	0	0
Garçons	**n \ N**	**0 \ 3**	**6 \ 13**	**0 \ 8**	**0 \ 13**
	%	0	46	0	0

Tableau 108 c. Fréquences absolues et relatives de la forme **allongée (n)** du foramen magnum, chez les enfants, âges et sexes séparés

Variabilité géographique

Origine \ Classe		1	2	3	4
Europe	**n \ N**	**5 \ 9**	**11 \ 23**	**18 \ 24**	**41 \ 68**
occident	%	56	48	75	60
Moravie	**n \ N**	**0 \ 0**	**1 \ 2**	**12 \ 18**	**58 \ 66**
	%	0	50	67	88
Iran	**n \ N**	**0 \ 2**	**0 \ 0**	**1 \ 2**	**19 \ 22**
	%	0	0	50	86

Tableau 109 b. Fréquences relatives et absolues de la forme **intermédiaire (n)** du foramen magnum, chez les enfants, âges et origines géographiques séparés

Origine \ Classe		1	2	3	4
Europe	**n \ N**	**1 \ 9**	**8 \ 23**	**0 \ 24**	**1 \ 68**
occident	%	11	35	0	1
Moravie	**n \ N**	**0 \ 0**	**1 \ 2**	**0 \ 18**	**1 \ 66**
	%	0	50	0	1.5
Iran	**n \ N**	**2 \ 2**	**0 \ 0**	**1 \ 2**	**1 \ 22**
	%	100	0	50	4.5

Tableau 109 c. Fréquences relatives et absolues de la forme **allongée (n)** du foramen magnum, chez les enfants, âges et origines géographiques séparés

Vascularisation supra-orbitaire. Absence d'incisure

Liaison au sexe

Sexe \ Classe		1	2	3	4
Filles	**n \ N**	**13 \ 16**	**13 \ 14**	**13 \ 14**	**34 \ 39**
	%	81	93	93	87
Garçons	**n \ N**	**15 \ 18**	**19 \ 20**	**24 \ 25**	**23 \ 24**
	%	83	95	96	96

Tableau 113 b. Fréquences absolues et relatives de **l'incisure supra-orbitaire (n)**, chez les enfants européens, âges et sexes séparés, côtés confondus

Sexe \ Classe		1	2	3	4
Filles	**n \ N**	**1 \ 16**	**0 \ 14**	**0 \ 14**	**5 \ 39**
	%	6	0	0	13
Garçons	**n \ N**	**0 \ 18**	**1 \ 20**	**1 \ 25**	**1 \ 24**
	%	0	5	4	4

Tableau 113 c. Fréquences absolues et relatives du **foramen supra-orbitaire (n)**, chez les enfants européens, âges et sexes séparés, côtés confondus

Variabilité géographique

Origine\Classe		1	2	3	4
Europe	**n \ N**	**172 \ 220**	**93 \ 101**	**91 \ 102**	**163 \ 181**
occident	%	78	92	89	90
Moravie	**n \ N**	**4 \ 4**	**18 \ 24**	**99 \ 108**	**185 \ 217**
	%	100	75	92	85
Iran	**n \ N**	**4 \ 4**	**5 \ 6**	**10 \ 13**	**56 \ 59**
	%	100	83	77	95

Tableau 115 b. Fréquences absolues et relatives de **l'incisure supra-orbitaire (n)**, chez les enfants, âges et origines géographiques séparés, côtés confondus

Origine\Classe		1	2	3	4
Europe occident	**n \ N**	**11 \ 220**	**1 \ 101**	**4 \ 102**	**15 \ 181**
	%	5	1	4	8
Moravie	**n \ N**	**0 \ 4**	**5 \ 24**	**9 \ 108**	**28 \ 217**
	%	0	21	8	13
Iran	**n \ N**	**0 \ 4**	**0 \ 6**	**3 \ 13**	**3 \ 59**
	%	0	0	23	5

Tableau 115 c. Fréquences absolues et relatives du **foramen supra-orbitaire (n)**, chez les enfants, âges et origines géographiques séparés, côtés confondus

Crêtes d'insertion du muscle ptérygoïdien médial : identification d'un tubercule médial, en plus d'un tubercule inférieur

Liaison au sexe

Sexe \ Classe		1	2	3	4
Filles	**n \ N**	**0 \ 10**	**0 \ 8**	**2 \ 16**	**1 \ 38**
	%	0	0	12.5	3
Garçons	**n \ N**	**0 \ 8**	**2 \ 14**	**0 \ 20**	**0 \ 22**
	%	0	14	0	0

Tableau 126 b. Fréquences absolues et relatives des crêtes **uniques (n),** chez les enfants européens, âges et sexes séparés, côtés confondus

Sexe \ Classe		1	2	3	4
Filles	**n \ N**	**0 \ 10**	**0 \ 8**	**10 \ 16**	**16 \ 38**
	%	0	0	62.5	42
Garçons	**n \ N**	**2 \ 8**	**4 \ 14**	**10 \ 20**	**6 \ 22**
	%	25	28	50	27

Tableau 126 c. Fréquences absolues et relatives des crêtes **triples (n),** chez les enfants européens, âges et sexes séparés, côtés confondus

Sexe \ Classe		1	2	3	4
Filles	**n \ N**	**0 \ 10**	**0 \ 8**	**0 \ 16**	**14 \ 38**
	%	0	0	0	37
Garçons	**n \ N**	**0 \ 8**	**1 \ 14**	**3 \ 20**	**10 \ 22**
	%	0	7	15	45

Tableau 126 d. Fréquences absolues et relatives de **quatre crêtes et plus (n),** chez les enfants européens, âges et sexes séparés, côtés confondus

Sexe \ Classe		1	2	3	4
Filles	**n \ N**	**6 \ 10**	**0 \ 8**	**0 \ 16**	**1 \ 38**
	%	60	0	0	2
Garçons	**n \ N**	**5 \ 8**	**2 \ 14**	**0 \ 20**	**3 \ 22**
	%	62.5	14	0	14

Tableau 126 e. Fréquences absolues et relatives de **tubercules ptérygoïdiens (n)**, chez les enfants européens, âges et sexes séparés, côtés confondus

Variabilité géographique

Origine \ Classe		1	2	3	4
Europe occident	**n \ N**	**79 \ 212**	**17 \ 98**	**7 \ 98**	**3 \ 136**
	%	37	17	7	2
Moravie	**n \ N**	**0 \ 0**	**0 \ 6**	**2 \ 60**	**1 \ 118**
	%	0	0	3	1
Iran	**n \ N**	**0 \ 4**	**0 \ 10**	**0 \ 10**	**0 \ 68**
	%	0	0	0	0

Tableau 128 b. Fréquences absolues et relatives des crêtes **uniques (n),** chez les enfants, âges et origines géographiques séparés, côtés confondus

Origine \ Classe		1	2	3	4
Europe occident	**n \ N**	**89 \ 212**	**45 \ 98**	**24 \ 98**	**33 \ 136**
	%	42	46	24	24
Moravie	**n \ N**	**0 \ 0**	**0 \ 6**	**8 \ 60**	**10 \ 118**
	%	0	0	13	8
Iran	**n \ N**	**0 \ 4**	**5 \ 10**	**0 \ 10**	**5 \ 68**
	%	0	50	0	7

Tableau 128 c. Fréquences absolues et relatives des crêtes **doubles (n),** chez les enfants, âges et origines géographiques séparés, côtés confondus

Origine \ Classe		1	2	3	4
Europe occident	**n \ N**	**6 \ 212**	**23 \ 98**	**51 \ 98**	**50 \ 136**
	%	3	23	52	37
Moravie	**n \ N**	**0 \ 0**	**2 \ 6**	**21 \ 60**	**45 \ 118**
	%	0	33	35	38
Iran	**n \ N**	**0 \ 4**	**0 \ 10**	**5 \ 10**	**20 \ 68**
	%	0	0	50	29

Tableau 128 d. Fréquences absolues et relatives des crêtes **triples (n),** chez les enfants, âges et origines géographiques séparés, côtés confondus

Origine \ Classe		1	2	3	4
Europe occident	**n \ N**	**38 \ 212**	**12 \ 98**	**9 \ 98**	**8 \ 136**
	%	18	12	9	6
Moravie	**n \ N**	**0 \ 0**	**2 \ 6**	**0 \ 60**	**2 \ 118**
	%	0	33	0	2
Iran	**n \ N**	**4 \ 4**	**5 \ 10**	**0 \ 10**	**3 \ 68**
	%	100	50	0	4

Tableau 128 e. Fréquences absolues et relatives de **tubercules ptérygoïdiens (n),** chez les enfants, âges et origines géographiques séparés, côtés confondus

	S. métopique														
S. métopique	Chi²	p	Phi²	*S. mendosa*											
S. mendosa	130.00	***0.00000***	*0.336*	Chi²	p	Phi²	SIA								
SIA	81.70	***0.00000***	**0.194**	170.60	***0.00000***	*0.372*	Chi²	p	Phi²	SIP					
SIP	158.10	***0.00000***	*0.384*	222.30	***0.00000***	*0.490*	349.70	***0.00000***	***0.672***	Chi²	p	Phi²	F. Huschke		
F. Huschke	106.40	***0.00000***	**0.250**	123.19	***0.00000***	**0.260**	178.37	***0.00000***	*0.348*	198.12	***0.00000***	*0.397*	Chi²	p	Phi²
S. incisive-fapa.	136.60	***0.00000***	*0.397*	135.40	***0.00000***	*0.360*	163.16	***0.00000***	*0.397*	159.54	***0.00000***	*0.397*	99.63	***0.00000***	**0.240**
S. incisive-fona.	55.26	***0.00000***	**0.160**	44.23	***0.00000***	**0.116**	76.94	***0.00000***	**0.194**	70.44	***0.00000***	0.176	20.38	***0.00004***	0.048
S. insicive-fana. <	68.70	***0.00000***	**0.221**	48.21	***0.00000***	**0.144**	62.60	***0.00000***	**0.176**	76.17	***0.00000***	**0.221**	39.05	***0.00000***	**0.102**
S. incisive-fana. >	11.37	0.07000	0.036	1.32	0.51000	0.004	4.97	0.29000	0.014	8.26	0.21000	0.026	0.49	0.78000	0.001
Fente latérale	20.65	*0.00211*	0.063	13.30	*0.00129*	0.036	10.45	**0.03341**	0.026	21.07	*0.00178*	0.053	12.19	*0.00224*	0.029
Fente centrale	2.07	0.91000	0.006	1.34	0.50000	0.004	1.60	0.80773	0.004	2.52	0.86000	0.006	3.79	0.15000	0.008
Forme f. magnum	15.46	**0.01600**	0.078	19.11	***0.00007***	0.078	21.59	***0.00024***	0.090	27.69	***0.00011***	**0.109**	14.22	***0.00082***	0.058
Forme orbites	10.14	0.33000	**0.109**	7.69	0.05288	0.084	19.12	*0.00397*	**0.212**	22.70	*0.00690*	**0.250**	7.11	0.06800	0.073
Epine nas. Ant.	39.14	***0.00000***	**0.116**	26.08	***0.00000***	0.073	11.94	**0.01774**	0.032	29.97	***0.00004***	0.084	15.58	***0.00041***	0.040
Incisure mast.	193.90	***0.00000***	***0.563***	204.43	***0.00000***	***0.533***	155.20	***0.00000***	*0.360*	232.35	***0.00000***	***0.563***	147.99	***0.00000***	*0.325*
Processus stylo.	61.70	***0.00000***	**0.176**	56.97	***0.00000***	**0.144**	40.92	***0.00000***	0.090	71.20	***0.00000***	**0.168**	42.90	***0.00000***	0.090
Vascular. s. o.	17.09	**0.04200**	0.040	24.04	***0.00002***	0.058	19.72	*0.00310*	0.044	19.25	**0.02280**	0.044	14.85	*0.00195*	0.032
Nb f. mentonniers	3.16	0.78000	0.008	4.55	0.10000	0.012	1.44	0.83000	0.003	2.17	0.90000	0.005	0.78	0.67000	0.002
Ht f. mentonniers	2.55	0.86000	0.006	5.44	0.06500	0.014	5.90	0.20603	0.012	4.59	0.59000	0.010	7.11	**0.02800**	0.017
F. ment. / dents	109.22	***0.00000***	*0.325*	159.90	***0.00000***	*0.423*	248.42	***0.00000***	***0.593***	236.50	***0.00000***	***0.593***	142.70	***0.00000***	*0.336*
Inc. mand. ant.	58.54	***0.00000***	**0.260**	96.90	***0.00000***	*0.462*	153.23	***0.00000***	***0.640***	140.77	***0.00000***	***0.608***	88.04	***0.00000***	*0.384*
Dépres.mand. ant.	122.60	***0.00000***	*0.348*	136.60	***0.00000***	*0.360*	215.50	***0.00000***	***0.504***	203.90	***0.00000***	*0.490*	140.45	***0.00000***	*0.325*
Fosse g.-glosse	1.66	0.64000	0.004	0.00	0.98000	0.000	0.04	0.97000	0.000	1.69	0.63900	0.004	0.78	0.37000	0.002
F. mandibul.	31.46	***0.00000***	0.096	24.94	***0.00000***	0.068	22.05	***0.00002***	0.058	30.90	***0.00000***	0.078	28.35	***0.00000***	0.073
Lingula	33.52	***0.00001***	**0.109**	19.95	***0.00005***	0.058	4.30	0.36000	0.010	11.50	0.07000	0.032	6.25	**0.04300**	0.017
Sillon m. hyoïd.	2.63	0.85000	0.008	0.67	0.71000	0.002	1.60	0.80000	0.004	7.68	0.26000	0.020	0.38	0.82000	0.001
Pont m.hyoïd.	1.10	0.77000	0.003	0.79	0.37000	0.002	3.42	0.18000	0.008	2.40	0.49000	0.005	0.02	0.87000	0.000
Crêtes ptery.	151.90	***0.00000***	***0.504***	128.80	***0.00000***	*0.384*	99.50	***0.00000***	**0.270**	163.24	***0.00000***	*0.462*	72.60	***0.00000***	**0.194**
Dvt. lat. condyle	39.30	***0.00000***	**0.137**	55.90	***0.00000***	**0.168**	33.51	***0.00000***	0.096	44.99	***0.00000***	**0.130**	42.90	***0.00000***	**0.123**

Tableau 134 (feuillet 1). Liaisons entre caractères. Résultats des tests du Chi² (et probabilités) et du Phi²

Probabilité du Chi² :	Phi ² :
$0.00000 \le p < 0.00100$	***$\Phi^2 \ge 0.500$***
$0.00100 \le p < 0.01000$	*$0.500 > \Phi^2 \ge 0.300$*
$0.01000 \le p < 0.05000$	**$0.300 > \Phi^2 \ge 0.100$**
$p \ge 0.05000$	$\Phi^2 < 0.100$

	S. incisive-fapa.																	
	Chi²	p	Phi²	S. incisive-fona.														
S. incisive-fona.	114.19	0.00000	0.240	Chi²	p	Phi²	S. insicive-fana. <											
S. insicive-fana. <	98.54	0.00000	0.230	205.60	0.00000	0.476	Chi²	p	Phi²	S. incisive-fana. >								
S. incisive-fana. >	53.69	0.00000	0.137	59.06	0.00000	0.144	89.49	0.00000	0.221	Chi²	p	Phi²	Fente latérale					
Fente latérale	45.22	0.00000	0.096	15.65	0.00352	0.032	17.63	0.00146	0.040	17.40	0.00161	0.044	Chi²	p	Phi²	Fente centrale		
Fente centrale	4.76	0.78000	0.010	6.24	0.18000	0.012	3.10	0.53000	0.006	18.75	0.00088	0.048	34.26	0.00000	0.073	Chi²	p	Phi²
Forme f. magnum	9.10	0.33000	0.048	9.33	0.05326	0.048	4.64	0.32000	0.029	1.60	0.80000	0.010	5.05	0.28000	0.026	5.49	0.23000	0.029
Forme orbites	10.54	0.56000	0.130	6.62	0.35600	0.084	8.79	0.18000	0.144	3.63	0.72000	0.068	6.69	0.35000	0.084	2.96	0.81000	0.036
Epine nas. Ant.	38.49	0.00001	0.109	3.22	0.52000	0.008	10.67	0.03000	0.032	1.30	0.86000	0.004	3.59	0.46000	0.010	3.27	0.51000	0.008
Incisure mast.	220.35	0.00000	0.578	70.26	0.00000	0.185	75.71	0.00000	0.221	12.25	0.58000	0.036	26.07	0.02535	0.073	13.43	0.49000	0.036
Processus stylo.	49.45	0.00000	0.123	20.44	0.00231	0.053	21.27	0.00164	0.058	13.45	0.03600	0.040	7.86	0.24000	0.020	7.11	0.31000	0.017
Vascular. s. o.	18.74	0.09400	0.048	6.70	0.34900	0.017	11.35	0.07700	0.032	4.93	0.55000	0.014	6.32	0.38000	0.017	2.24	0.89000	0.005
Nb f. mentonniers	3.63	0.88000	0.008	0.92	0.92200	0.002	4.74	0.31000	0.012	1.53	0.82000	0.004	8.78	0.06662	0.023	0.45	0.97000	0.001
Ht f. mentonniers	17.83	0.02200	0.044	5.37	0.25000	0.012	2.46	0.65000	0.006	1.36	0.84000	0.004	8.40	0.77000	0.020	4.66	0.32000	0.012
F. ment. / dents	188.18	0.00000	0.462	62.33	0.00000	0.152	76.49	0.00000	0.203	11.48	0.17000	0.032	18.95	0.01510	0.048	4.47	0.81000	0.010
Inc. mand. ant.	115.34	0.00000	0.518	56.07	0.00000	0.250	63.02	0.00000	0.314	19.66	0.00058	0.102	13.58	0.00875	0.063	0.83	0.93000	0.004
Dépres.mand. ant.	180.05	0.00000	0.423	59.25	0.00000	0.137	63.35	0.00000	0.160	12.28	0.05597	0.032	18.18	0.00578	0.044	1.06	0.98000	0.003
Fosse g.-glosse	0.84	0.93000	0.002	1.02	0.59000	0.002	0.88	0.64000	0.002	6.00	0.04971	0.017	0.21	0.89000	0.001	0.31	0.85000	0.001
F. mandibul.	30.37	0.00000	0.078	9.84	0.00700	0.026	9.60	0.00800	0.029	0.62	0.73000	0.002	6.45	0.03973	0.017	0.31	0.85000	0.000
Lingula	28.27	0.00043	0.078	9.70	0.04574	0.026	7.72	0.10000	0.023	7.57	0.10000	0.026	8.18	0.08400	0.023	3.55	0.46000	0.010
Sillon m. hyoïd.	11.30	0.18000	0.029	10.58	0.03167	0.026	11.10	0.02000	0.032	6.15	0.18000	0.020	2.88	0.57000	0.008	3.79	0.43000	0.010
Pont m.hyoïd.	3.60	0.46000	0.008	0.20	0.90000	0.001	1.81	0.40000	0.005	0.73	0.69000	0.002	1.51	0.46000	0.004	0.08	0.95000	0.000
Crêtes ptery.	102.90	0.00000	0.292	49.76	0.00001	0.144	42.28	0.00011	0.137	24.76	0.03701	0.084	16.53	0.28000	0.048	14.41	0.41000	0.044
Dvt. lat. condyle	43.46	0.00000	0.123	5.48	0.24000	0.014	9.84	0.04317	0.032	7.30	0.12000	0.026	7.32	0.11000	0.023	2.95	0.56000	0.008

Tableau 134 (feuillet 2). Liaisons entre caractères. Résultats des tests du Chi² (et probabilités) et du Phi²

Probabilité du Chi² :	Phi² :
$0.00000 \leq p < 0.00100$	***$\Phi^2 \geq 0.500$***
$0.00100 \leq p < 0.01000$	*$0.500 > \Phi^2 \geq 0.300$*
$0.01000 \leq p < 0.05000$	**$0.300 > \Phi^2 \geq 0.100$**
$p \geq 0.05000$	$\Phi^2 < 0.100$

	Forme f. magnum			Forme orbites			Epine nas. Ant.			Incisure mast.			Processus stylo.			Vascular. s. o.		
	Chi²	p	Phi²	Chi²	p	Phi²	Chi²	p	Phi²	Chi²	p	Phi²	Chi²	p	Phi²	Chi²	p	Phi²
Forme orbites	4.47	0.61000	0.053															
Epine nas. Ant.	13.52	*0.00897*	0.073	8.19	0.22000	0.096												
Incisure mast.	27.44	**0.01686**	**0.144**	25.81	0.21000	*0.348*	64.91	***0.00000***	**0.212**									
Processus stylo.	2.45	0.87000	0.012	10.13	0.33000	**0.137**	15.79	**0.01488**	0.048	125.02	***0.00000***	**0.281**						
Vascular. s. o.	5.97	0.42000	0.026	17.77	**0.03785**	**0.185**	6.75	0.34000	0.017	33.47	**0.04118**	0.090	38.70	***0.00001***	**0.102**			
Nb f. mentonniers	1.04	0.90000	0.006	1.89	0.92000	0.032	4.34	0.36000	0.012	11.26	0.66000	0.029	7.56	0.27000	0.020	1.48	0.96000	0.004
Ht f. mentonniers	4.08	0.39000	0.023	6.33	0.38000	**0.116**	3.48	0.48000	0.010	16.73	0.27000	0.044	23.12	***0.00076***	0.058	2.98	0.81000	0.006
F. ment. / dents	27.82	***0.00051***	**0.168**	22.80	**0.02942**	*0.423*	23.32	*0.00297*	0.068	168.54	***0.00000***	*0.449*	66.79	***0.00000***	**0.168**	41.67	***0.00040***	**0.109**
Inc. mand. ant.	9.08	0.05913	**0.160**	7.21	0.30000	**0.160**	8.34	0.07900	0.040	147.18	***0.00000***	***0.689***	37.12	***0.00000***	**0.176**	7.12	0.30000	0.032
Dépres.mand. ant.	1.53	0.95000	0.008	15.03	0.90000	**0.260**	12.95	**0.04375**	0.036	177.30	***0.00000***	*0.462*	48.78	***0.00000***	**0.123**	29.44	***0.00055***	0.073
Fosse g.-glosse	0.83	0.65000	0.005	1.13	0.76000	0.020	2.87	0.23000	0.008	2.99	0.88000	0.006	0.80	0.84000	0.002	1.32	0.72000	0.003
F. mandibul.	6.43	**0.04005**	0.040	1.37	0.71000	0.008	2.15	0.34000	0.007	65.03	***0.00000***	**0.185**	7.79	0.05046	0.020	1.95	0.58000	0.005
Lingula	5.27	0.26000	0.032	3.22	0.78000	0.058	4.17	0.38000	0.014	62.13	***0.00000***	**0.185**	42.69	***0.00000***	**0.123**	12.23	0.05697	0.036
Sillon m. hyoïd.	2.10	0.71000	0.012	0.72	0.99000	0.012	2.04	0.72000	0.006	10.16	0.74000	0.029	35.85	***0.00000***	0.096	8.17	0.22000	0.023
Pont m.hyoïd.	3.46	0.17000	0.020	2.70	0.43000	0.014	1.21	0.54000	0.004	16.19	**0.02338**	0.044	0.34	0.95000	0.001	0.35	0.94000	0.001
Crêtes ptery.	15.85	0.32000	**0.109**	8.75	0.99000	**0.176**	33.33	*0.00258*	**0.116**	172.47	***0.00000***	***0.518***	67.18	***0.00000***	**0.194**	41.56	*0.00478*	**0.123**
Dvt. lat. condyle	5.57	0.23000	0.036	3.07	0.79000	0.063	7.97	0.09200	0.026	73.40	***0.00000***	**0.230**	35.82	***0.00000***	**0.109**	8.85	0.18000	0.026

Tableau 134 (feuillet 3). Liaisons entre caractères. Résultats des tests du Chi² (et probabilités) et du Phi²

Probabilité du Chi² :	Phi ² :
0.00000 ≤ p < 0.00100	***Φ² ≥ 0.500***
0.00100 ≤ p < 0.01000	*0.500 > Φ² ≥ 0.300*
0.01000 ≤ p < 0.05000	**0.300 > Φ² ≥ 0.100**
p ≥ 0.05000	Φ² < 0.100

	Nb f. mentonniers			F. ment. / dents			F. ment. / dents			Inc. mand. ant.			Dépres.mand. ant.			Fosse g.-glosse		
	Chi^2	p	Phi^2	Chi^2	p	Phi^2	Chi^2	p	Phi^2	Chi^2	p	Phi^2	Chi^2	p	Phi^2	Chi^2	p	Phi^2
Ht f. mentonniers	6.65	0.15000	0.010															
F. ment. / dents	15.20	0.05532	0.026	9.94	0.26000	0.017												
Inc. mand. ant.	3.79	0.43000	0.010	14.92	*0.00486*	0.044	166.44	***0.00000***	*0.490*									
Dépres.mand. ant.	12.25	0.05654	0.020	26.12	***0.00021***	0.044	377.48	***0.00000***	***0.656***	146.58	***0.00000***	*0.423*						
Fosse g.-glosse	0.06	0.96000	0.000	0.67	0.71000	0.001	0.88	0.92000	0.002	3.29	0.19000	0.008	4.44	0.21000	0.007			
F. mandibul.	2.86	0.23000	0.006	1.91	0.38000	0.004	25.24	***0.00004***	0.048	16.63	***0.00024***	0.048	39.54	***0.00000***	0.073	0.05	0.81000	0.0001
Lingula	6.85	0.14000	0.012	28.71	***0.00001***	0.058	20.15	*0.00976*	0.040	14.57	*0.00567*	0.044	12.74	**0.04733**	0.026	0.97	0.61000	0.002
Sillon m. hyoïd.	4.25	0.37000	0.008	31.22	***0.00000***	0.058	6.56	0.58000	0.012	2.02	0.73000	0.005	8.10	0.23000	0.014	0.40	0.81000	0.0004
Pont m.hyoïd.	0.21	0.89000	0.000	0.66	0.71000	0.001	3.49	0.47000	0.006	0.00	1.00000	0.000	4.86	0.18000	0.008	0.05	0.82000	0.0001
Crêtes ptery.	15.51	0.34000	0.032	9.18	0.81000	0.020	159.15	***0.00000***	*0.336*	97.84	***0.00000***	*0.314*	136.66	***0.00000***	**0.292**	28.13	***0.00021***	0.058
Dvt. lat. condyle	13.03	**0.01112**	0.029	5.28	0.25000	0.012	47.96	***0.00000***	**0.109**	24.73	***0.00006***	0.084	43.69	***0.00000***	0.096	0.43	0.80000	0.001

Tableau 134 (feuillet 4). Liaisons entre caractères. Résultats des tests du Chi^2 (et probabilités) et du Phi^2

Probabilité du Chi^2 :	Phi^2 :
$0.00000 \leq p < 0.00100$	***$\Phi^2 \geq 0.500$***
$0.00100 \leq p < 0.01000$	*$0.500 > \Phi^2 \geq 0.300$*
$0.01000 \leq p < 0.05000$	**$0.300 > \Phi^2 \geq 0.100$**
$p \geq 0.05000$	$\Phi^2 < 0.100$

	F. mandibul.			Lingula			Sillon m. hyoïd.			Pont m.hyoïd.			Crêtes ptery.		
	Chi^2	**p**	**Phi^2**	**Chi^2**	**p**	**Phi^2**	**Chi^2**	**p**	**Phi^2**	**Chi^2**	**p**	**Phi^2**	**Chi^2**	**p**	**Phi^2**
Lingula	8.95	**0.01135**	0.017												
Sillon m. hyoïd.	0.23	0.89000	0.0004	81.08	***0.00000***	**0.160**									
Pont m.hyoïd.	0.15	0.69000	0.0001	0.49	0.78000	0.001	0.64	0.72000	0.001						
Crêtes ptery.	39.55	***0.00000***	0.084	8.30	0.87000	0.017	24.64	**0.03829**	0.048	6.58	0.47000	0.014			
Dvt. lat. condyle	18.57	***0.00009***	0.040	9.77	**0.04436**	0.023	4.74	0.31000	0.010	1.32	0.51000	0.003	42.95	***0.00009***	**0.102**

Tableau 134 (feuillet 5). Liaisons entre caractères. Résultats des tests du Chi^2 (et probabilités) et du Phi^2

Probabilité du Chi^2 :	Phi^2 :
0.00000 ≤ p < 0.00100	***Φ^2 ≥ 0.500***
0.00100 ≤ p < 0.01000	*0.500 > Φ^2 ≥ 0.300*
0.01000 ≤ p < 0.05000	**0.300 > Φ^2 ≥ 0.100**
p ≥ 0.05000	Φ^2 < 0.100

www.ingramcontent.com/pod-product-compliance
Lightning Source LLC
LaVergne TN
LVHW072254300926
849160LV00018B/1663